E-Book inside.

Mit folgendem persönlichen Code können Sie die
E-Book-Ausgabe dieses Buches downloaden:

80182−21z6p−56r14−8008k

Registrieren Sie sich unter

www.hanser-fachbuch.de/ebookinside

und nutzen Sie das E-Book auf Ihrem Rechner*, Tablet-PC
und E-Book-Reader.

Der Download dieses Buches als E-Book unterliegt gesetzlichen Bestimmungen bzw.
steuerrechtlichen Regelungen, die Sie unter **www.hanser-fachbuch.de/ebookinside**
nachlesen können.

* Systemvoraussetzungen: Internet-Verbindung und Adobe® Reader®

Beims / Fleischer / Kroker

Service als Prinzip

Bleiben Sie auf dem Laufenden!

Unser **Computerbuch-Newsletter** informiert
Sie monatlich über neue Bücher und Termine.
Profitieren Sie auch von Gewinnspielen und
exklusiven Leseproben. Gleich anmelden unter:

www.hanser-fachbuch.de/newsletter

Martin Beims
Roland Fleischer
Nico Kroker

Service als Prinzip

7 Management-Prinzipien
für glückliche Kunden

HANSER

Die Autoren:

Martin Beims, Alzenau
Dr. Roland Fleischer, Maintal
Nico Kroker, Goldbach

Bibliografische Information der Deutschen Nationalbibliothek:

Die Deutsche Nationalbibliothek verzeichnet diese Publikation in der Deutschen Nationalbibliografie; detaillierte bibliografische Daten sind im Internet über *http://dnb.d-nb.de* abrufbar.

© 2022 Carl Hanser Verlag München, *www.hanser-fachbuch.de*
Lektorat: Brigitte Bauer-Schiewek
Copy editing: Petra Kienle, Fürstenfeldbruck
Layout: Manuela Treindl, Fürth
Umschlagdesign: Marc Müller-Bremer, München, *www.rebranding.de*
Umschlagrealisation: Max Kostopoulos
Titelbild: © *www.diekommunikative.de*, Artdirektion: Anke Beckmann, Illustrator: Bastian Kraus
Druck und Bindung: Eberl & Koesel GmbH, Altusried-Krugzell
Ausstattung patentrechtlich geschützt. Kösel FD 351, Patent-Nr. 0748702
Printed in Germany

Print-ISBN: 978-3-446-46385-1
E-Book-ISBN: 978-3-446-46614-2
E-Pub-ISBN: 978-3-446-46616-6

Inhalt

Vorwort IX

1   Der Service der Zukunft 1

2   Die Welt des Kunden verstehen 9
2.1   Verstehen als Prozess 11
2.2   Service Design 15
      2.2.1   Informieren im Service Design 15
      2.2.2   Experimentieren im Service Design 21
      2.2.3   Verifizieren im Service Design 25
2.3   Marketing 27
      2.3.1   Informieren im Marketing 30
      2.3.2   Experimentieren im Marketing 31
      2.3.3   Verifizieren im Marketing 32
2.4   Verkauf 33
      2.4.1   Informieren im Verkauf 34
      2.4.2   Experimentieren im Verkauf 37
      2.4.3   Verifizieren im Verkauf 38
2.5   Leistung 39
      2.5.1   Informieren in der Leistung 40
      2.5.2   Experimentieren in der Leistung 42
      2.5.3   Verifizieren in der Leistung 43
2.6   Community 45
      2.6.1   Informieren für die Community 47
      2.6.2   Experimentieren in der Community 48
      2.6.3   Verifizieren der Community 49

3   Den Menschen in den Mittelpunkt stellen 51
3.1   Die Rolle der Menschen im Service 51
3.2   Wunschkunden 56
3.3   Bedürfnisse, Motive und Verhalten 59
3.4   Werte und Prinzipien 63
3.5   Kunden im Service 69
3.6   Mitarbeiter im Service 78

4   Vom Ende her denken **91**

4.1   Ende ohne Ende 96

4.2   Das Geschäftsmodell 101

4.3   Das Servicemodell 105

4.4   Das Liefermodell 112

4.5   Das Betriebsmodell 118

4.6   Das richtige Maß 122

5   Relevante Ergebnisse zählen **123**

5.1   Warum wir Ergebnisse brauchen 123

    5.1.1   Ergebnisse 124

    5.1.2   Relevanz 129

    5.1.3   Zählen 132

5.2   Ergebnisse im Service 134

    5.2.1   Vereinbarungen 134

        5.2.1.1   Servicevereinbarungen 136

        5.2.1.2   Interne Liefervereinbarungen 140

        5.2.1.3   Projektaufträge 140

        5.2.1.4   Vereinbarungen mit Mitarbeitern 142

    5.2.2   Ergebnis-Checks 143

        5.2.2.1   Operative Ergebnis-Checks 143

        5.2.2.2   Taktische Ergebnis-Checks 143

        5.2.2.3   Strategische Ergebnis-Checks 144

5.3   Arbeiten mit Kennzahlen 146

5.4   Wertschöpfung im Service 148

5.5   Service Controlling 150

5.6   Servicekosten 155

5.7   Servicepricing 157

5.8   Budget 160

6   Systeme zur Zusammenarbeit schaffen **161**

6.1   Systeme 163

6.2   Organisation 165

    6.2.1   Lebenszyklus und Wahl der Systeme 165

    6.2.2   Hierarchie versus Selbstorganisation 168

6.3   Aufbauorganisation 169

    6.3.1   Vertikale und horizontale Zusammenarbeit 174

6.4   Ablauforganisation 178

6.5   Kommunikation 186

6.6   Projekte, Programme und Co. 189

7   Mit Vertrauen und Verantwortung führen. **193**

7.1   Eine Begriffsbestimmung. 193

7.2   Verantworung übernehmen. 207

7.3   Verantwortung übergeben 212

7.4   Team- und Mitarbeiterentwicklung. 222

8   Einfach machen **235**

8.1   Einfach ist nicht kompliziert 240

8.2   Komplizierte Systeme vermeiden 243

8.3   Komplizierte Systeme erkennen 244

8.4   Komplizierte Systeme vereinfachen 245

8.5   Komplexität beherrschen. 248

8.6   Fertig statt perfekt 249

8.7   Einfach machen und das universelle Servicemodell. 251

8.8   Letzter Aufruf für deine Servicereise 252

9   Die Autoren **255**

Literatur **257**

Stichwortverzeichnis. **259**

Vorwort

- Wenn in diesem Buch bei personellen Bezeichnungen die männliche oder weibliche Form gewählt wurde (z. B. Kunde, Chefin), so sind damit in gleicher Weise die Mitarbeiter der jeweils nicht genannten Geschlechter gemeint.
- Wenn von Unternehmen die Rede ist, so sind damit in gleicher Weise auch andere Organisationen wie Behörden, Körperschaften usw. gemeint

Die Herausforderung

Der Markt für Service verändert sich seit einigen Jahren deutlich. Die Innovationszyklen, also die Zeit, in der sich Dinge verändern, werden immer kürzer. Durch die globale Verfügbarkeit relevanter Informationen sehen Kunden immer schneller und immer mehr neue Dinge, die für ihr Geschäft nützlich sein könnten. Als Konsequenz daraus verändern sich die Bedürfnisse ebenfalls immer schneller und immer häufiger. Wer erfolgreich Service anbieten möchte, muss darauf reagieren, denn die inzwischen globale Verfügbarkeit vieler Services verändert auch die Marktsituation der Anbieter. Kunden haben heute viel mehr Möglichkeiten und eine viel niedrigere Schwelle, die Entscheidung zu treffen, Service an anderer Stelle zu beziehen

Aber nicht nur die Kunden erwarten ein hervorragendes Serviceerlebnis. Auch die Bedürfnisse und Anforderungen der Mitarbeitenden haben sich verändert. Klassische Hierarchien mit Befehl und Kontrolle funktionieren heute immer seltener. Stattdessen geht es darum, wie Menschen so eingebunden werden können, dass sie ihren besten Beitrag entsprechend ihrer Fähigkeiten leisten können.

Viele Organisationen machen sich mehr Gedanken darüber, wie Service effizient gesteuert werden kann, und konzentrieren sich folglich auf Prozesse, Richtlinien, Verfahren und Strukturen. Dabei geht aber oft der Blick für den Kunden und seine Bedürfnisse verloren. Das geht so weit, dass Kundenbedürfnisse nicht erfüllt werden, mit dem Hinweis, dass das so nicht im System gebucht werden könne. Auf der anderen Seite verlieren die Mitarbeitenden im Service durch zu viele Regeln die Begeisterung für den Service. Anstatt die wesentlichen Kundenbedürfnisse zu befriedigen, werden immer mehr Zusatzleistungen erbracht, die aber kaum zum Nutzen oder zur Zufriedenheit beitragen. Mit solchen Herausforderungen haben wir es beinahe täglich zu tun, wenn wir mit unseren Kunden über deren Servicethemen sprechen.

Wir stellen fest, dass Frameworks wie ITIL und Co viel zur Professionalisierung des Service Management beigetragen haben und immer noch beitragen. Auf der anderen Seite fühlen sich Mitarbeitende aufgrund dieser starren Vorgaben nicht mehr wohl. Vorher definierte Prozessaufgaben werden stupide abgearbeitet und das aktive Einbringen einzelner Mitarbeiterinnen und Mitarbeiter ist nicht mehr möglich.

Nach und nach wurde uns klar: „Das wollen und müssen wir anders machen!". Wir wollten nicht länger die Probleme bewundern und haben uns daher entschlossen, unsere Erfahrungen zusammenzutragen und in ein schlüssiges Konzept für besseren Service zu überführen. Die Idee der Serviceprinzipien ist dabei schon 2018 geboren worden. Es hat aber etwas Zeit gebraucht, die Schätze, die sich in den Prinzipien verbergen herauszuarbeiten und nutzbar zu machen. Das haben wir mit diesem Buch getan.

Idee des Buchs

Wir wollen in diesem Buch keine allgemeingültigen Rezepte für guten Service postulieren. Das würde der Vielfalt im Service und in den Anforderungen der Kunden nicht gerecht werden. Wir wollen stattdessen Ideen, Denkanstöße und auch konkrete Werkzeuge an die Hand geben, die auf dem Weg zu einer guten Servicekultur nützlich sind.

Wir suchen in diesem Buch nach einem Weg, auf die Professionalisierung durch klassische Frameworks und Methoden aufzubauen, und überlegen, wie wir Service kundenorientiert gestalten können, ohne dass die Mitarbeitenden in zu starre Vorgaben und Korsette gezwängt werden.

Statt starrer Frameworks und Vorgaben wollen wir durch klar formulierte und nachhaltige Prinzipien inklusive konkreter Tipps und Werkzeuge Leitplanken der Zusammenarbeit schaffen. Dazu haben wir gemeinsam mit unseren Kunden und basierend auf unserer jahrelangen Erfahrung die sieben Serviceprinzipien entwickelt, die wir in diesem Buch vorstellen und besprechen.

Danke

An allererster Stelle geht unser Dank an das großartige aretas Team. Alle haben geduldig unsere „Manuskriptabgabepanik" ausgehalten und uns immer wieder durch Reviews, Feedback, Fragen und eine riesige Portion Inspiration unterstützt. Ohne euch hätten wir das Buch vermutlich heute immer noch nicht fertig. Petra Schipper, Pia Birner, Patrick Amrhein und Sören Scharf, wir sind überglücklich, ein so großartiges Team an unserer Seite zu haben. Danke!

Ein zusätzlicher Dank geht an Sören, der neben seinen Projekten unermüdlich an der grafischen Gestaltung der Illustrationen gearbeitet und so dafür gesorgt hat, dass auch diese dem Anspruch unseres Buchs entsprechen.

Und da sich so ein Buch vor allem in der Freizeit schreibt, ein herzliches Dankeschön auch an unsere Familien, die unsere manchmal schlechte Laune und Gereiztheit ausgehalten und uns unermüdlich motiviert haben, es zu Ende zu bringen. Danke Melanie, Michaela und Silvi, Jana, Anne, Finn und Frank.

1 Der Service der Zukunft

Wir leben in aufregenden Zeiten. Sowohl technologische als auch gesellschaftliche Entwicklungen vollziehen sich scheinbar immer schneller. Das Internet mit den Möglichkeiten der Vernetzung von Menschen und Maschinen verändert unsere Welt nachhaltig und rasant. Begriffe wie Big Data, Industrie 4.0, Digitalisierung, Künstliche Intelligenz und andere Hypes machen deutlich, wie eng viele aktuelle wirtschaftliche und gesellschaftliche Themen mit der technischen Entwicklung verknüpft sind. Seit den frühen achtziger Jahren des letzten Jahrhunderts schreitet die Digitalisierung unaufhaltsam voran. Wir digitalisieren einfach alles. Es begann mit dem Austausch von Nachrichten. Aus dem Brief wurde die E-Mail. Seitdem wurde so vieles digitalisiert, dass es uns kaum noch auffällt: Wir hören digitale Musik, schauen hochauflösende Videostreams und lassen uns von digitalen Karten leiten. Sogar die soziale Interaktion haben wir digitalisiert. Wir schreiben Kurznachrichten auf dem Smartphone und posten unsere Urlaubsbilder auf sogenannten sozialen Plattformen. Kaum ein Bereich in unserem Umfeld bleibt von der Digitalisierung unberührt.

Die Geschäftsmodelle vieler moderner Konzerne basieren ausschließlich auf digitalen Produkten und Leistungen. Wir schaffen uns ein digitales Abbild der Welt. Für Unternehmen bedeutet das neue, oft viel direktere Geschäftsmodelle. Informationen werden zum zentralen Produktionsfaktor und sind inzwischen wesentlich bedeutender für den Geschäftserfolg als Rohstoffe oder Anlagegüter. Die Besitzer der Informationen werden zum Großgrundbesitzer der modernen Geschäftswelt. Lange waren es eher die Interaktionen mit dem Menschen, die Gegenstand der Digitalisierung waren. Inzwischen rücken die Dinge in den Vordergrund. Viele Geräte im privaten Bereich stellen eigene Informationen bereit und sind digital per App steuerbar. Ob Leuchten, Heizungsthermostate, Türöffner oder Sicherheitskameras wir haben alles unter digitaler Kontrolle. Geräte und Maschinen liefern dabei sowohl Informationen zu ihrer Identität und ihren Eigenschaften als auch Informationen zu ihrer Umgebung, z. B. Messwerte von Sensoren. Diese Informationen der Objekte und Geräte können über das globale Datennetzwerk abgerufen und beeinflusst werden. Diese Vernetzung von Objekten und Geräten ist das Internet der Dinge (engl.: Internet of Things – IoT). Es stellt eine Verbindung zwischen realer und virtueller Welt her. Informationen werden durch viele verteilte Dinge bereitgestellt. Digitale Dienste erlauben die Informationsverarbeitung und die aktive Steuerung dieser Dinge. Im Zusammenspiel der Dinge im Internet der Dinge mit den Diensten im Internet der Dienste werden völlig neue Wirtschaftsräume erschlossen.

In der Industrie wird die Produktion unter dem Stichwort Industrie 4.0 digitalisiert. Komponenten und Produkte kennen ihre Eigenschaften, ihre nächste Station in der logistischen Kette und den Kunden, für den sie produziert werden. Maschinen lesen die Informationen an Werkstücken, um die exakten Arbeitsabläufe darauf abzustimmen. Anschließend geben sie Informationen an das Werkstück zurück. Ein manueller Eingriff ist in dieser Welt nur noch selten nötig. Die Kommunikation erfolgt zwischen Maschinen und Werkstücken. Das ermöglicht zum Beispiel die automatisierte Fertigung deutlich kleinerer Stückzahlen.

Anfangs haben wir vor allem Informationen aus Interaktionen mit Menschen digitalisiert, die wiederum dem Menschen nutzen sollen. Je vollständiger unser digitales Abbild der Welt wird, desto weniger Interaktion mit dem Menschen ist nötig. Die Auswahl aus mehreren Optionen, sogenannte Mikroentscheidungen, treffen Computer schon heute meist besser als Menschen. Denken Sie nur an selbstfahrende Autos. Wie lange wird es dauern, bis Computer in der Lage sind, komplexe, zukunftsoffene Entscheidungen für uns zu treffen? Was heißt das für uns? Wie viele und welche Entscheidungen wollen wir uns abnehmen lassen? Immer mehr Daten zu Personen, Orten, Objekten und Produkten sind digital verfügbar, doch was nutzt uns die umfangreiche digitale Abbildung der Welt, wenn sie Mängel oder Lücken hat? Vollständige und richtige Daten spielen eine immer größere Rolle. Je stärker Geschäftsprozesse digitalisiert werden, desto größer der potenzielle Schaden durch fehlerhafte Daten. Je mehr Komponenten in die Kommunikation eingebunden werden, desto wichtiger werden darüber hinaus einheitliche Regeln für Identifizierung und Kommunikation. In der digitalen Welt haben wir gigantische Datenmengen angehäuft und die Datenmengen wachsen weiter. Die aktuellen Speichermöglichkeiten halten mit dieser Entwicklung noch Schritt. Die Herausforderung besteht darin, diese Daten durch entsprechende Technologien und Analysewerkzeuge auszuwerten und zu wertvollen Informationen zu verbinden. Der Mensch scheint in dieser digitalisierten Welt nur noch eine Nebenrolle zu spielen, doch der Eindruck täuscht. Zum einen ist diese Entwicklung kein Selbstzweck, sondern dient der Realisierung von Nutzen für Kunden, zum anderen müssen die Infrastrukturen für die Digitalisierung erstellt, erhalten und weiterentwickelt werden. Die Digitalisierung hat so weitreichende Konsequenzen wie die Industrialisierung in ihrer Zeit, nicht nur gesellschaftlich, sondern auch ganz praktisch in den einzelnen Unternehmen. Während die IT früher Support für die Kernprozesse eines Unternehmens lieferte, rückt sie mit digitalen Services direkt in den Fokus und an die Touchpoints mit dem Kunden. Statt im Hintergrund zu agieren, treten (IT-)Serviceorganisationen auf die Bühne und werden sichtbar für alle Beteiligten, besonders für die Kunden. Gleichzeitig verändert sich die Art der Interaktion der Kunden mit den jeweiligen Fachbereichen. Sie treten im Gegenzug in den Hintergrund und liefern Backstage die Daten und Informationen für digitalisierte Services an den Touchpoints (Bild 1.1)

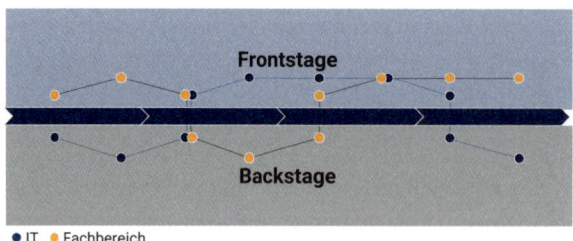

● IT ● Fachbereich

Bild 1.1
Frontstage – Backstage

Kunden erwarten Freundlichkeit, Hilfsbereitschaft und Lösungsorientierung, aber in einer digitalisierten Welt bekommt besonders Service darüber hinaus eine neue Bedeutung. Kunden haben meist keinen Bezug zu Big Data, Cloud Computing oder Industrie 4.0. Dafür spüren sie negative Auswirkungen der noch nicht ausgereiften oder fehlenden Digitalisierung umso mehr. Im Service entstehen viele Probleme dadurch, dass Informationen die Kunden nicht erreichen oder schlecht bis gar nicht zugänglich sind. Häufig sorgt hier mangelnde Datenintegration für einen verbesserungswürdigen Informationsaustausch. Eine solche fehlende Synchronisation von Kundendaten kann für viel Unmut sorgen. Oft ist die interne Distanz zwischen den einzelnen Fachbereichen noch zu ausgeprägt, sodass der Informationsaustausch nur ungenügend funktioniert. Häufig herrscht an dieser Stelle eine starre Silostruktur und die Teams leben nur selten eine horizontale Vernetzung. Eine gemeinsame Betrachtung von Digitalisierung und erstklassigem Service mit Blick auf den Nutzer ist daher für alle Branchen unabdingbar. IT und Fachbereiche müssen diese gemeinsame Arbeit am und mit dem Kunden erst lernen. In Zukunft werden andere Kenntnisse und Fertigkeiten nötig sein als heute. Während die IT stärker auf die Anforderungen und Bedürfnisse der Kunden achten muss und vor allem kommunikative Fähigkeiten in den Fokus rücken, müssen die Fachbereiche oftmals den Umgang mit den Mitteln der IT, vor allem in Bezug auf die Umsetzung der Geschäftslogik in die IT-Systeme, erlernen. Kein modernes Unternehmen kann im digitalen Wandel auf wirksame IT-Systeme verzichten. Mittlerweile existiert kaum ein Unternehmensprozess, der ohne Unterstützung von IT-Services auskommt. Allerdings ergeben sich aus dieser Situation neue Abhängigkeiten. Die Grenze zwischen Geschäftsprozessen und IT-Services verwischt. Damit rücken aber auch die Prozesse und Methoden des IT Service Managements immer weiter in den Fokus des Geschäfts und werden zum Teil direkt zu Teilen des Geschäftsprozesses. In der gemeinsamen Sicht auf den Service wird IT Service Management zu einer Teildisziplin des Service Managements für die gesamte Organisation. IT Service Management geht im Enterprise Service Management auf. Gleichzeitig können wir uns die einseitige Sicht auf interne Prozesse und Strukturen nicht mehr erlauben. Das führt dazu, dass wir bei allen Überlegungen den Kunden viel stärker in die Betrachtung einbeziehen müssen. Effektives Service Management, das sich kontinuierlich weiterentwickelt und an neue Rahmenfaktoren anpasst, ist deshalb in Zeiten des digitalen Wandels unabdingbar.

Generation Y

Wir müssen aber auch noch einer anderen Entwicklung ins Auge sehen. Alternde Bevölkerung, sinkende Geburtenrate, Fachkräftemangel – die demografische Entwicklung wirkt sich massiv auf das Wirtschaftsleben in Deutschland aus. Unternehmen haben immer größere Schwierigkeiten, junge, gut ausgebildete Mitarbeiter zu finden. Dies bedeutet für die Arbeitgeber, dass sie attraktiv bleiben und mit bestimmten Faktoren wie Gehalt, Arbeitszeiten, Unternehmenskultur und Arbeitsbedingungen positiv aus der Masse hervorstechen müssen. Unternehmen kämpfen bereits heute um die besten Talente. Unternehmen stehen nicht nur im wirtschaftlichen Wettbewerb zueinander, auch der Wettbewerb um qualifiziertes Personal nimmt an Schärfe zu. Gab es früher ein Überangebot an Bewerbern, hat sich dies heute in vielen Geschäftszweigen wie etwa der IT- und Technikbranche und der Kreativwirtschaft geändert: Nur wer den Bewerbern die besten Bedingungen bietet, hat die Chance, die vielversprechendsten zukünftigen Fachkräfte zu gewinnen. Doch was macht einen guten Arbeitgeber aus? Was lockt begabte Berufseinsteiger heute in die Unternehmen? Was motiviert ein Talent, sich für einen Job zu entscheiden? Die sogenannte Generation Y (geboren zwischen 1980 und 1990) strebt nicht nur auf den Arbeitsmarkt, sondern inzwischen vermehrt auch in Führungspositionen. Dabei ist der Name Programm: Die Generation Y – aus dem Englischen „why" – hinterfragt geltende Regelungen, beäugt feste Strukturen kritisch und verlässt eingetretene Pfade. Damit einher geht ein fulminanter Wandlungs- und Modernisierungsprozess des gesamten Arbeitsmarkts. Aufgewachsen mit großen Freiheiten und fern von existenziellen Nöten, zugleich gewohnt an digitale Medien, die Flexibilität von Ort und Zeit, die sie bieten, und den sofortigen

Zugriff auf jede erdenkliche Art an Information suchen sie nach individueller Freiheit und sind bereit, die Gestaltung ihrer Zukunft in die eigenen Hände zu nehmen. Das gilt genauso für die Generation Z, die inzwischen auch auf den Arbeitsmarkt drängt. Charakteristisch ist der Wunsch, in einem intakten, von Vertrauen geprägtem Umfeld zu arbeiten, um die berufliche Tätigkeit als einen positiven Teil des Lebens begreifen zu können. Eine wichtige Stellung nimmt hier zum Beispiel die Gestaltung der Arbeitszeiten ein. Gerade in kreativen, denkintensiven Berufen fordern immer mehr Arbeitnehmer Flexibilität. Eine reine Nine-to-five-Anwesenheitspflicht gilt zunehmend als unattraktiv. Wer allerdings glaubt, allein mit mehr Freiheiten und flexibler Arbeitszeitgestaltung den Kampf um die besten Talente zu gewinnen, irrt. Denn allgemein geht es für die Millennials im Erwerbsleben um sehr viel mehr. So schnen sich viele von ihnen nach einem tieferen Sinn, dem die ausgeübte Tätigkeit dient. Neben Gehalt, mehr Freiheiten und modernen Arbeitsstrukturen sind Unternehmen also gut beraten, diesem Verlangen nachzukommen. Welchen Wert liefert das Unternehmen für die Gesellschaft, welchen Beitrag kann und soll jeder einzelne Arbeitnehmer zu diesem Ergebnis leisten? „Diese Fragen treiben viele junge Menschen um, moderne Unternehmen sollten daher ihr eigenes Tun hinterfragen und Antworten dazu liefern. Dafür reicht es nicht, eine Vision zu entwerfen und diese der Organisation überzustülpen. Werte haben einen sehr persönlichen Bezug und können nicht allgemeingültig vorgegeben werden. Aus der Frage, was das Unternehmen eigentlich leisten möchte, gilt es daher, Prinzipien für die gemeinsame Arbeit zu entwickeln und diese statt starrer Regeln in der eigenen Kultur zu verankern". So besteht vielfach der Wunsch nach Selbstverwirklichung, flachen Hierarchien und vor allem auch nach Entscheidungsfreiräumen. Angehörige der Generation Y begnügen sich oftmals nicht mehr damit, sich in bestehende Strukturen einzufügen, sie wollen lieber selbst Verantwortung tragen und eigene Ideen einbringen. Voraussetzung hierfür ist – neben Werten und Prinzipien, die charakteristisch für das Unternehmen stehen – vor allem Vertrauen und eine damit einhergehende Wertschätzung, um an den unternehmerischen Entscheidungsprozessen partizipieren zu können. Die Wunschliste junger Berufstätiger umfasst heutzutage also nicht mehr nur einen sicheren Arbeitsplatz und finanzielle Unabhängigkeit, sondern ist vor allem durch die arbeitskulturellen Bedingungen geprägt. Dank ihrer guten Verhandlungsposition auf dem Bewerbermarkt wohnt den unter 40-Jährigen ein neues Selbstbewusstsein inne, das vorherige Generationen so nicht kannten. „Die Ypsiloner sehen sich keinesfalls mehr als die dem Chef gehorchenden Befehlsempfänger von einst, sondern sie wollen mitgestalten, verkrustete Strukturen aufbrechen und ihr tägliches Handeln mit einem tieferen Sinn, mit gesellschaftlichem Mehrwert versehen". Somit unterliegt der gesamte Arbeitsmarkt immensen Veränderungsprozessen – die Ansprüche von Mitarbeitern und Bewerbern steigen. Um als Arbeitgeber attraktiv zu bleiben, sind Unternehmen daher gut beraten, sich den Anforderungen der modernen Arbeitswelt anzupassen. Der Anspruch auf Sinn, Eigenverantwortung und Teilhabe ist bezeichnenderweise im Service nicht nur ein einseitiger Wunsch der Talente, sondern essenzielle Bedingung für guten Service.

Was ist eigentlich Service?

Die Erbringung von Dienstleistungen ist vermutlich so alt wie das Zusammenleben von Menschen in Gruppen. Während die ersten Dienstleistungen vor allem dem Zusammenhalt innerhalb der Gruppe dienten, wurden daraus im Laufe der Entwicklung der Zivilisation eigenständige Berufe und Wirtschaftszweige. Mit dieser Entwicklung hat sich auch der Begriff des Service differenziert.

Während in einigen Branchen Services Zusatzleistungen beschreiben, etwa im Handel und in der Logistik, oder Service Teil der Leistungskette ist, wie im Restaurant, ist der Servicebegriff in anderen Branchen mit den Wartungs- und Reparaturleistungen nach dem Verkauf verbunden (Aftersales). In der IT wird häufig die komplette Leistungskette bestehend aus Systemen und Dienstleistungen als Service verstanden. In der Medizin ist überhaupt nicht von Service die Rede, obwohl die Leistungen den Supportleistungen der IT enorm ähneln. Spannenderweise wird in der deutschen Sprache teilweise zwischen Service und Dienstleistung unterschieden, wobei die Dienstleistung eine nicht produkthafte Leistung beschreibt. Der Service ist dann lediglich ein Moment besonderer Aufmerksamkeit gegenüber dem Kunden. So ist es auch gut zu verstehen, dass der Begriff Service bei jedem eine andere Assoziation hervorruft, je nachdem, in welchem Kontext er oder sie zuhause ist. Die Zahl der Definitionen des Servicebegriffs ist daher verständlicherweise groß. Das Wort Service kommt ursprünglich aus dem Lateinischen und heißt, wörtlich übersetzt, einen Sklavendienst leisten.

Nach Prof. Dr. Jan Lies [Lies, 2012] ist ein Service ein Dienst, den jemand freiwillig leistet. Der Service ist gekennzeichnet durch die nicht produktualisierte (Wirtschafts-)Leistung, die entweder die Kernleistung eines Unternehmens darstellt oder die erstellten Produkte als Zusatzleistung unterstützt. In der Literatur finden wir viele weitere zum Teil ähnliche Definitionen [Bruhn/Hadwich, 2018], [Pepels, 2007].

In der Literatur zum IT Service Management wird ein Service definiert als ein Mittel zur Erzeugung von Nutzen für einen Kunden, ohne dass dieser die spezifischen Kosten und Risiken der Leistungserbringung trägt" [Service Operation, 2011].

Ich begrüße die wissenschaftliche Auseinandersetzung mit diesem für mich essenziellen Thema sehr und ich verdanke dem Studium der Literatur einige sehr erhellende Momente. Ich könnte an dieser Stelle die Gemeinsamkeiten der verschiedenen Definitionen herausstellen, wichtige Differenzierungen vornehmen oder Kritik an der einen oder anderen Definition üben. Gemeinsam mit meinen Kollegen habe ich einen anderen Weg gewählt. Nicht, weil ich denke, dass die Definitionen falsch sind, sondern weil wir gemeinsam in vielen Jahren Beratung im Service erfahren haben, dass die Definitionen in der Praxis nur begrenzten Nutzen haben.

Wir können uns dem Service auch aus dem Erleben in alltäglichen Situationen nähern. Jeder von uns kennt Beispiele von gutem und schlechtem Service. Ohne dass wir eine klare Definition des Service bräuchten, bewerten wir in diesen Situationen den Service.

 Beispiele:
- Den Friseurbesuch bewerten wir nicht nur nach der Qualität des Haarschnitts, sondern auch nach dem Ambiente, der Freundlichkeit des Personals oder der guten Tasse Kaffee während der Wartezeit.
- Eine Onlinebestellung bewerten wir nicht nur danach, ob die bestellte Ware pünktlich ankommt, sondern auch danach, wie einfach der Bestellvorgang war und ob unsere bevorzugte Bezahlmethode genutzt werden konnte.

In einigen Fällen lassen sich klare Qualitätsanforderungen formulieren, z. B. die Lieferzeit für eine Bestellung, die Reaktionszeit bei Beschwerden oder die Dauer bis zur Behebung von Störungen. Die Qualität eines Service muss immer exzellent sein. Kein Unternehmen kann sich schlechten Service auf Dauer leisten. Die Frage ist auch nicht, ob gut oder nicht, sondern welche Eigenschaften in welcher Ausprägung. Ob eine Hotline mit einem Tagesbetrieb von 08:00–17:00 oder mit einer Rund-um-die-Uhr-Betreuung gut ist, hängt von den konkreten Erwartungen des Kunden ab. Wenn Sie diese Frage mit jeder beliebigen Serviceeigenschaft erörtern, ist die Antwort immer die gleiche: Fragen Sie Ihren Kunden.

In anderen Fällen machen wir gut oder schlecht an der persönlichen Reaktion des Service-erbringers fest, z. B. die unfreundliche Reaktion eines Kellners, das Beharren auf kleinlichen Vorschriften. Generell gilt hier, dass Unternehmen die Erwartung der Kunden an das Serviceerlebnis aktiv steuern müssen. Für viele hat bewusst oder unbewusst das Service-erlebnis einen mindestens genauso hohen Stellenwert wie die Servicequalität. So subjektiv diese Bewertung auch sein mag, so real ist die Wirkung. Kunden, die einen Service als unzureichend empfinden, werden nach einem anderen, besseren Service Ausschau halten. Obgleich das im B2B-Bereich ungleich komplizierter ist als im B2C-Umfeld, ist das Ergebnis am Ende das gleiche.

Für uns steckt hier ein Element, das alle Servicedefinitionen vereint: Service wird erlebt. Service ist daher für uns: „Jede erlebbare Leistung, die dem Kunden einen Nutzen bietet." Ganz gleich, ob wir von einem Haarschnitt sprechen, einer Behandlung beim Arzt oder Physiotherapeuten, einer Probefahrt eines neuen Autos, einer Produktdemo oder einem Wartungsdienst für eine Maschine. Ich könnte die Liste der Services aus allen beschriebenen Bereichen noch lange fortführen.

Diese Betrachtung schließt die unterschiedlichen existierenden Definitionen ein, hat jedoch weitreichende Konsequenzen für die Anwendung von Modellen, Prozessen und Prinzipien für Service. Die wichtigste Konsequenz ist die, dass sich Unternehmen, ganz gleich, ob Hersteller von Produkten oder Dienstleister aller Art, sich in den Dienst des Kunden stellen müssen – ganzheitlich.

Das erfordert Kundenorientierung und ist eine Frage der Unternehmenskultur oder besser eine Frage der Servicekultur. Sabine Hübner sagt in ihren Keynotes folgenden Satz dazu: „Servicekultur ist die Summe der Geschichten, die zu den Leistungen eines Unternehmens erzählt werden."

Guter Service basiert auf einer Reihe simpler Prinzipien. Diese stellen wir in den folgenden Kapiteln vor (Bild 1.2).

1. **Die Welt des Kunden verstehen**
   Erst wenn ein Unternehmen Verständnis für die Abläufe und das Geschäft des Kunden erlangt, kann ein Service als Antwort auf konkrete Bedürfnisse des Kunden entstehen. Damit gelingt es, die Wertschöpfung des Kunden zu verbessern. Dafür sind Erfahrungen der Probleme und Potenziale des Kunden aus erster Hand erforderlich. Ein möglichst direkter Austausch mit dem Kunden und aktives Zuhören sind dafür Voraussetzung. Der Dienstleister übernimmt so Verantwortung für das Ergebnis beim Kunden.

2. **Den Menschen in den Mittelpunkt stellen**
   Services werden von Menschen für Menschen erbracht. Daher ist der Mensch, vor Prozessen, Frameworks und Systemen, entscheidend für den Erfolg der Leistungserbringung. Untaugliche Mittel und Verfahren sind die Hauptursache für Ineffizienz und Mitarbeiter-unzufriedenheit. Auf der anderen Seite sind soziale und emotionale Aspekte wichtig für die Akzeptanz des Service beim Kunden. Dabei geht es nicht um Perfektion, sondern um Tauglichkeit in der Wahrnehmung des Kunden. Konsequente Orientierung an den Bedürfnissen der Menschen lässt so eine Win-Win-Situation entstehen.

Die Welt des Kunden verstehen

Den Menschen in den Mittelpunkt stellen

Vom Ende her denken

Relevante Ergebnisse zählen

Systeme zur Zusammenarbeit schaffen

Mit Vertrauen und Verantwortung führen

Einfach machen

Bild 1.2 Sieben Serviceprinzipien

3. Vom Ende her denken

Nur wer das Gesamtbild kennt, kann sicher jedes Puzzleteil an seinen Platz legen. Da jedes Serviceereignis einmalig ist, müssen alle notwendigen Details der Leistungserbringung schon bei der Planung des gesamten Service berücksichtigt werden. Vom Ende her denken heißt, sowohl Ziele und Ergebnisse der Serviceerbringung zu kennen als auch eine Vorstellung davon zu entwickeln, wie der Kunde die Leistung erlebt. Dadurch entsteht Klarheit in Bezug auf die Anforderungen an den Service, die Serviceorganisation und ihre Prozesse sowie notwendige Maßnahmen.

4. Relevante Ergebnisse zählen

Die Aufgabe eines Unternehmens ist es, Ergebnisse mit einem konkreten Nutzen für die Kunden zu erzeugen. Es ist dem Kunden gegenüber verpflichtet, diesen Nutzen nachzuweisen. Dazu ist es notwendig, den Nutzen messbar zu machen, um sinnvoll steuern zu können. Messbare Ergebnisse haben einen positiven Effekt auf die Zufriedenheit und Motivation der Servicemitarbeiter, da sie so erkennen, was sie erreicht haben und erreichen können. Das sorgt für bessere Services, weil sichtbar gemacht wird, was noch nicht optimal ist, und Optionen zur Verbesserung identifiziert werden.

5. Systeme zur Zusammenarbeit schaffen

Systeme und Strukturen ermöglichen es, Aufgaben unabhängig von Einzelnen nachvollziehbar, wiederholbar und steuerbar zu etablieren. Das verbessert die Effizienz und ist darüber hinaus Voraussetzung für sinnvolle Automatisierung. Dazu muss zunächst Zusammenarbeit im Team und über Teamgrenzen hinweg organisiert und anschließend systematisiert werden, um Silos und Monopole zu verhindern.

6. Mit Vertrauen und Verantwortung führen

Besonders im Service ist es wichtig, dass Mitarbeiter, die den Service leisten, ihre Aufgaben kennen und Verantwortung übernehmen. Das beinhaltet die Verantwortung für das Ergebnis sowie das Kundenerlebnis. Gelingen kann das nur durch Klarheit in der

Verantwortungsübergabe und durch gelebtes Vertrauen in die Leistungen der Mitarbeiter. Dazu gehört auch eine Kultur der Ergebniskontrolle im Sinne eines zielgerichteten und wertschätzenden Feedbacks, welches der stetigen Verbesserung der Leistungen und des Kundenerlebnisses dient. Vertrauen wächst mit der Verbindlichkeit in der Verantwortungsübergabe.

7. **Einfach machen**

Meist machen wenige Varianten den Großteil des Volumens der Aufgaben aus. Es ist besser, diese gut zu machen, als alle Varianten abzubilden und dafür die häufig anfallenden Aufgaben unnötig umständlich zu machen. Je einfacher Service gestaltet wird, desto weniger fehleranfällig, leichter zu nutzen, zu steuern und zu automatisieren ist dieser. Einfach machen bedeutet aber auch, mit kleinen Schritten zu starten, die Wirkung zu beobachten und bei Bedarf Korrekturen und Erweiterungen vorzunehmen. Geschwindigkeit geht hier vor Vollständigkeit. So kommt die Organisation schnell ins Handeln und kann aus den Erfahrungen lernen.

2 Die Welt des Kunden verstehen

„Am Beginn des Verstehens steht immer, dass wir zunächst aushalten, nicht zu verstehen."

Ute Lauterbach (* 1955), deutsche Autorin und Alltagsphilosophin [Lauterbach 2001]

Jeder will zufriedene Kunden, Kunden, die gerne wiederkommen und ihr Geld gerne für eine gute Leistung ausgeben. Aber auch zufriedene Kunden verlagern Geschäfte zu Wettbewerbern oder beenden die Zusammenarbeit. Einfach so, ohne vorher mit ihrem Dienstleister darüber zu sprechen. Kunden sind nicht loyal, Frechheit!

Warum handeln Kunden so? Dafür gibt es sicher nicht nur einen Grund. In fast jedem Fall ist dieses Kundenverhalten jedoch ein Hinweis darauf, dass das Interesse am Kunden und seiner konkreten Situation nicht ausreichend war. Wer glaubt, er wüsste schon, was seine Kunden brauchen, und diese wären nur zu blind, das zu erkennen, begibt sich auf den Weg der Ignoranz und dieser führt unweigerlich zum Verlust weiterer Kunden.

 Ein alltägliches Serviceerlebnis

Wir waren vor ein paar Jahren auf der Suche nach einem Kredit für den Kauf eines Hauses. Wir hatten uns schon viele Gedanken gemacht, wie viel wir bereit waren, monatlich für die Rückzahlung des Kredits auszugeben, hatten auch schon die marktüblichen Konditionen recherchiert und eine einigermaßen klare Vorstellung von den Rahmenbedingungen eines solchen Kredits. Wir hatten uns eine Obergrenze für die monatliche Belastung überlegt, um auch beim Wegfall eines Gehalts gut über die Runden zu kommen. Mit dieser Vorbereitung gingen wir zu unserer Bank. Der Bankberater hörte sich unsere Wünsche aufmerksam an, fragte hier und da nach und machte uns direkt ein Angebot. Das Angebot lief darauf hinaus, dass wir einen Teil der Summe über einen noch abzuschließenden Bausparvertrag finanzieren sollten, der bei Ablauf der Zinsbindung den Rest der Schuld tilgen sollte. Das Konstrukt hörte sich logisch an, hat uns aber dennoch verwirrt. Der monatliche Betrag überstieg das von uns gesetzte Limit um sage und schreibe 80 %. Ich wies den netten jungen Mann also auf diesen Umstand hin, aber statt unsere Wünsche adäquat zu berücksichtigen, argumentierte er für die im Endeffekt günstigeren Gesamtkosten und ließ sich auch durch unsere Einwände nicht beirren. Genauso erging es uns bei mehreren Banken. Unseren Kredit haben wir schließlich bei einer Bankberaterin abgeschlossen, die uns zugehört, nach unseren Beweggründen gefragt und ein entsprechendes Angebot gemacht hat. Sie hatte verstanden.

Ein Verkäufer kann ein Produkt, das dem Kunden nicht gefällt oder das nicht ganz seinen Erwartungen entspricht, einfach zurücknehmen. Im besten Fall bietet er eine Alternative an. Ok, war wohl nichts, neuer Versuch. Auch bei Gewerken kommen Nacharbeiten häufig vor. Egal, ob es sich dabei um die neu entwickelte Software, die Leistungen des Innenarchitekten, den neuen Flyer oder den Berliner Flughafen handelt. In allen Fällen finden diese Nacharbeiten an Produkten statt, die auch nach der Leistung noch Bestand haben. Ob Wandlung oder Nacharbeit, beides geht mit Kosten einher. Allerdings machen diese in der Regel nur einen kleinen Teil des Werts von Produkt oder Gewerk aus.

Bei Dienstleistungen geht das nicht. Mit Erbringung der Leistung ist die Arbeit vollbracht. Eine Wandlung ist nicht mehr möglich. Der finanzielle Verlust liegt hier bei 100 %. Ein Dienstleister muss zudem tiefer in die Trickkiste greifen, um einen unzufriedenen Kunden dennoch weiterhin zu seinen Kunden zählen zu können. Das gilt insbesondere, wenn die Leistungserbringung im direkten Kundenkontakt erfolgt. Eine schlechte Leistung kann das Vertrauen des Kunden in die Leistung des Mitarbeiters beschädigen, unabhängig davon, ob der Mitarbeiter einen Fehler gemacht hat oder nicht. Hier wird es schnell persönlich. Bei einem fehlerhaften Produkt sagen wir hingegen beinahe entschuldigend: „Das ist wohl ein Montagsgerät." Eine persönliche Schuldzuweisung findet nicht statt.

Daher ist es im Service essenziell, die Bedürfnisse und Anforderungen des Kunden zu verstehen, bevor die Leistung erbracht wird. Dienstleister müssen alles daransetzen, die Welt ihres Kunden zu verstehen. Der kontinuierliche Austausch mit Kunden muss Teil der Unternehmens-DNA sein. Dabei geht es nicht um eine allgemeine Marktanalyse oder um Kundenumfragen, sondern um das persönliche Gespräch oder noch besser darum, in die Welt des Kunden einzutauchen und am eigenen Leib zu erleben, was ihn beschäftigt.

Ich persönlich würde den interaktiven Austausch mit echten Menschen jederzeit anderen Methoden vorziehen. Im persönlichen Dialog wird die Grundlage für eine gute Zusammenarbeit gelegt, indem Beziehungen aufgebaut und gefestigt werden. Im besten Fall gibt es in einem Unternehmen auf allen Ebenen und an allen Touchpoints mit den Kunden Menschen, die aktiv an der Partnerschaft mit den Kunden arbeiten und persönliche Kontakte pflegen [Schüller, 2014]. Indirekte Befragungsmethoden werden der Wichtigkeit der einzelnen Kunden oft nicht gerecht.

Der persönliche Kontakt tritt jedoch immer weiter in den Hintergrund. Stattdessen steht uns inzwischen eine beinahe unerschöpfliche Quelle persönlicher Informationen aus allen Bereichen des sozialen Lebens unserer Kunden zur Verfügung. Dank der weiten Verbreitung aller Arten sozialer Medien sind wir in der Lage, unsere Kunden zu durchleuchten und beinahe intim kennenzulernen. Durch persönlichen Kontakt gelingt uns Ähnliches nur bei unseren engsten Freunden. Willkommen im Zeitalter der Digitalisierung!

Sobald wir Angebote aus dem Internet nutzen, entsteht ein digitales Abbild unserer Persönlichkeit. Das geschieht nicht nur, wenn wir Persönliches in sozialen Medien teilen, sondern auch durch den Besuch von Websites und die Nutzung von Suchmaschinen. Jede Aktivität wird, auf die eine oder andere Weise, registriert und analysiert. Werbung und andere Inhalte werden auf Basis der Vorlieben unserer digitalen Persönlichkeit zusammengestellt. Wir bekommen also vor allem das zu sehen, was unserer digitalen Persönlichkeit gefällt oder gefallen könnte.

Kritiker sehen darin vor allem die Risiken eines Eingriffs in die Privatsphäre und die Möglichkeiten der Manipulation. Aus der Sicht eines Unternehmers finden sich hier jedoch nahezu unbegrenzte Möglichkeiten der Individualisierung von Produkten und Leistungen, die perfekt auf die persönlichen Anforderungen und Bedürfnisse des Kunden zugeschnitten sind. Die Gesellschaft ist gerade dabei, die Grenzen des digitalen Territoriums abzustecken. Die Regeln für das Zusammenleben in der digitalen Welt werden sich dabei sicher weiterentwickeln.

Ganz gleich, wie dieser Prozess verläuft und zu welchem Ende er gelangt, der Zweck eines Unternehmens bleibt, Nutzen für seine Kunden und damit in der Regel Nutzen für die Gesellschaft zu stiften. Damit das gelingt, muss jeder Hersteller von Produkten und jeder Dienstleister die Welt des Kunden verstehen, um genau die Lösungen anzubieten, die ihre Kunden benötigen. Unternehmen, die nicht in der Lage sind, einen Mehrwert zu bieten, verschwinden, völlig zurecht, vom Markt.

■ 2.1 Verstehen als Prozess

„Verstehen ist Wissen plus praktische Erfahrung"

unbekannter Verfasser

Um wirklich zu verstehen, genügt es nicht, sich Wissen anzueignen. Es bedarf immer des praktischen Erlebens. Das wird in der wissenschaftlichen Arbeit inzwischen seit mehreren Jahrhunderten erfolgreich praktiziert.

Wissenschaftler beginnen immer damit, zu einem noch nicht vollständig beschriebenen Phänomen Daten zu sammeln. Danach werden die Daten ausgewertet, strukturiert und in einen logischen Zusammenhang gebracht. Aus der Analyse der Daten entsteht ein Modell, welches das Phänomen erklärt. Dieses Modell wird nun durch Experimente hinterfragt. Zweck der Experimente ist es immer, das Modell zu falsifizieren, also zu beweisen, dass das Modell nicht geeignet ist. Wenn das Modell sich als nicht geeignet erweist, dann wird es entsprechend der gewonnenen Erkenntnisse angepasst und erneut Experimenten unterworfen. Auf diese Weise wird das Modell immer besser. Solange es jedoch den Experimenten standhält, gehen alle von der Richtigkeit des Modells aus und arbeiten damit weiter.

In den letzten Jahrzehnten sind eine ganze Reihe von Methoden entstanden, die nach genau diesem Mechanismus funktionieren: der PDCA-Zyklus von W.E. Deming [Deming, 1982], die Lean-Startup-Methode von E. Ries [Ries, 2017], das Design Thinking von IDEO [Brown, 2009] und das Agile Project Management mit Scrum, um nur einige zu nennen. Sie alle nutzen Varianten des fundamentalen Prozesses, mit dem sich die Menschheit seit der Entdeckung des Feuers weiterentwickelt hat. Genau diesen Zyklus machen wir uns zunutze, um die Welt des Kunden zu verstehen. Er besteht aus drei Schritten (Bild 2.1):

Bild 2.1 Informieren, Experimentieren, Verifizieren

1. **Informieren**

   Wenn wir uns einer Aufgabe nähern, dann ist es entscheidend, die Aufgabe genau zu beschreiben. Ganz gleich, ob es sich bei der Aufgabe um ein Problem handelt, das es zu lösen gilt, oder um eine andere Herausforderung, der wir uns stellen wollen. Die Beschreibung ist essenziell, da wir damit entscheiden, welche Aufgabe wir eigentlich lösen wollen und wie genau diese Aufgabe aussieht. Damit engen wir automatisch den Lösungsraum ein. Das ist gut, weil wir uns damit auf das Wesentliche konzentrieren. Das birgt aber auch die Gefahr, dass wir uns auf das Falsche konzentrieren. In diesem Schritt ist es hilfreich, eine klare Abgrenzung zu machen und auch zu beschreiben, was nicht Aufgabe ist oder was eben nicht mehr zur Aufgabe gehört. Dieser Schritt wird oft als Scoping (engl. Scope: Umfang, Geltungsbereich) bezeichnet. Je besser wir die Aufgabe verstehen, desto besser können wir sie auch beschreiben.

   Daher sollten Informationen gesammelt werden, mit denen sich die Situation beschreiben lässt. Manche Informationen sind z. B. über eine Recherche im Internet frei zugänglich, andere Informationen entspringen unserer eigenen Erfahrung, Analyse oder Forschung. Die wichtigsten Informationen bekommen wir aber immer von unseren Kunden, weil die Aufgaben, die wir im Service lösen müssen, immer die Aufgaben des Kunden sind. Seine Situation zu verstehen, ist der Kern aller unserer Bemühungen.

   Nach der Auswertung der gesammelten Informationen kann eine Hypothese erarbeitet und formuliert werden. Diese Hypothese ist die Basis für die Suche nach Lösungen und deren Umsetzung. Nicht selten stellen wir hier fest, dass wir neue oder andere Werkzeuge und

Methoden brauchen, um die Aufgabe zu bewältigen. Notwendiges Wissen bezüglich der Werkzeuge und Methoden können wir uns mit Hilfe von Büchern, Fachartikeln, Webinaren oder YouTube-Videos selbst erarbeiten oder wir besuchen einschlägige Trainings. Mit der Hypothese und den erforderlichen Methoden und Werkzeugen im Gepäck, können wir uns auf den Weg machen, die Aufgabe zu lösen.

2. **Experimentieren**

Anders als im wissenschaftlichen Kontext müssen wir nicht die Lücke im Modell suchen, aber das Experiment machen wir schon. Dabei beginnt es wie bei jedem guten Experiment damit, dass Ideen gesammelt werden, um die Aufgabe zu lösen. Dabei gilt: a) Keine Idee ist zu weit hergeholt und b) je mehr desto besser. In der Phase des Experimentierens ist vor allem Kreativität gefragt und der Mut, sich auf neues Terrain vorzuwagen und einen Lösungsansatz zu finden. Erst am Ende der Ideenfindung wird eine Idee ausgewählt und in Form eines Modells umgesetzt. Jetzt sind Erfahrung und Expertise nötig, um ein erfolgversprechendes Modell zu erstellen. Modell meint hier kein theoretisches oder konzeptionelles Produkt, sondern ein ganz konkret nutzbares Ergebnis – ein Prototyp, eine Landingpage, ein Gesprächsskript für die Telefonakquise, was auch immer als Antwort auf die Aufgabe geeignet erscheint.

3. **Verifizieren**

Gerade, wenn die Aufgabe neu ist, neue Methoden oder Werkzeuge erfordert und wir nicht auf eigene Erfahrungen zurückgreifen können, ist es entscheidend, sich auf neue Erfahrungen einzulassen. Fehler und Rückschläge gehören dazu. Ziel ist es, herauszufinden, ob das Modell als Lösung für die Aufgabe geeignet ist oder eben nicht. Genau wie in der Phase des Informierens, ist es hier von großer Bedeutung, den Kunden einzubeziehen. Die Lösung muss nicht unseren eigenen Ansprüchen genügen, sondern denen des Kunden. „Der Wurm muss dem Fisch schmecken, nicht dem Angler." Es erfordert etwas Mut, ein Modell, einen Prototyp, eine Landingpage oder irgendein anderes Ergebnis, welches offensichtlich noch nicht „fertig" ist, von einem Kunden bewerten zu lassen. Es bleibt uns natürlich immer selbst überlassen, welches Qualitätsniveau wir als ausreichend erachten, um damit den Kunden zu konfrontieren. Wenn unser qualitativer Anspruch an dieser Stelle jedoch zu hoch ist, kann es passieren, dass wir uns mit viel Aufwand verlaufen und die qualitative hochwertige Leistung am Kundenbedarf vorbeigeht. Verifizieren bedeutet daher, anhand klarer Kriterien Fehlschläge zu erkennen und so schnell wie möglich zu entscheiden, ob es sinnvoll ist, mit einem angepassten Modell weiterzumachen oder lieber ganz von vorne neu zu starten. Frei nach dem Motto: „Wenn du merkst, dass dein Pferd tot ist, steig ab!"

Der Nutzen dieses einfachen Zyklus ist die hohe Lerngeschwindigkeit. Das Lernziel ist immer ein noch besseres Verständnis der Welt des Kunden. Wir verzichten hier gezielt auf ausgefeilte Konzepte und geben der Praxis den Vorzug vor der Theorie. Das klingt verschwenderisch, ist es aber ganz und gar nicht. Das Verständnis für den Kunden wächst auf diese Weise sehr schnell und wir vermeiden Sackgassen. Um nicht in die Beliebigkeit abzurutschen, brauchen wir jedoch einen Rahmen, in dem wir uns bewegen. Diesen Rahmen zeigen wir im Kapitel „Vom Ende her denken". Im Ergebnis bekommen wir einen zielgerichteten Trial and error-Prozess und wir werden noch sehen, dass das Vorgehen für Produkte, Dienstleistungen, E-Mails, Social-Media-Kampagnen und viele weitere Ergebnisse in gleicher Weise angewendet werden kann. Da dieses Modell ein rasches Experimentieren beinhaltet, sehen wir es im Kapitel „Einfach Machen" wieder.

Wir haben bis hierher gesehen, warum es wichtig ist, die Welt des Kunden zu verstehen, und haben gerade ein fundamentales Handwerkszeug kennengelernt. Jetzt wollen wir uns im Detail anschauen, wie das funktioniert. Im Service gibt es viele Gelegenheiten, von den Kunden zu lernen, und wir sollten davon so viele wie möglich nutzen. Aus der Sicht eines Serviceverantwortlichen können fünf Arbeitsbereiche unterschieden werden, in denen der Dienstleister Gelegenheit hat, das Verständnis für seine Kunden zu verbessern. Jeder Arbeitsbereich hat einen anderen Zweck und die Ergebnisse könnten unterschiedlicher nicht sein. Daher sind die konkreten Methoden, die in den einzelnen Arbeitsbereichen Anwendung finden, sehr unterschiedlich. In den folgenden Abschnitten stellen wir die Arbeitsbereiche mit ihren Methoden vor.

Design

Zweck des Servicedesigns ist die Gestaltung eines neuen Service, als Antwort auf ein ungelöstes Kundenproblem. Das ist der Arbeitsbereich, in dem sich Dienstleister neu erfinden und neue Märkte erschließen. Wem es gelingt, das beste Verständnis von der gewählten Kundengruppe und ihrer Probleme zu entwickeln, wird mit seinem Service den Wettbewerbern enteilen. Der Dienstleister nimmt hier die Rolle des Forschenden ein, während der Kunde als Experte Einsichten in sein Wissen gewährt.

> *„Wenn man mir eine Stunde Zeit geben würde, ein Problem zu lösen,*
> *von dem mein Leben abhängt, würde ich 40 Minuten dazu verwenden, es zu studieren,*
> *15 Minuten dazu, Lösungsmöglichkeiten zu prüfen, und 5 Minuten, um es zu lösen."*
>
> Albert Einstein

Das Ziel in dieser Phase ist die Entwicklung neuer Services aus dem Verständnis unerfüllter und möglicherweise sogar unausgesprochener Bedürfnisse und Anforderungen, um diese in das Serviceportfolio aufzunehmen.

Die von der Firma IDEO entwickelte und besonders in Deutschland vom Hasso-Plattner-Institut of Design Thinking (HPI) in Potsdam propagierte Methodik setzt auf bewährte Bausteine und bietet einen Prozess für Innovation. Der Prozess stellt sicher, dass relevante Problemstellungen erkannt und verstanden werden, Lösungen schnell gefunden und in ersten Versionen implementiert werden und diese schließlich durch Tests und direktes Kundenfeedback verifiziert werden. In dieser Einfachheit gleicht der Prozess dem Modell des Lean Startup von Eric Reis.

Marketing

Service Marketing hat die Aufgabe, Aufmerksamkeit für die Dienstleistungen zu generieren und schließlich Kontakt zu kaufbereiten Kunden herzustellen. Das setzt die Wahl des richtigen Marketing-Mix voraus. Sich im täglichen Werbelärm zu behaupten, erfordert zudem ein gutes Gespür für den richtigen Zeitpunkt und die richtige Art der Kundenansprache. Marketer sprechen vom Lead Nurturing. Interessenten werden an den Touchpoints entlang der Customer Journey gehegt und gepflegt, bis sie bereit für einen Kaufabschluss sind.

Verkauf

Gerade im B2B-Geschäft kommt dem Verkauf eine große Bedeutung zu. Ziel ist es, einem interessierten Kunden ein Angebot zu machen, das er nicht ablehnen kann. Da wir es hier oft mit mehr als einer Person zu tun haben, welche Kaufentscheidungen beeinflussen kann, ist es essenziell, die Stakeholder und ihre persönlichen Bedürfnisse zu kennen. Die gezielte Ansprache und die Beeinflussung jedes Einzelnen führen schließlich zum Auftrag.

Leistung

Sowohl für den Kunden als auch für den Dienstleister führen alle Bemühungen und Kontakte der Kundenreise auf diesen Moment hin – den Moment, in dem der Kunde die Leistung tatsächlich in Anspruch nimmt. Es kommt darauf an, den Kunden mit seinen individuellen Bedürfnissen wahrzunehmen und so individuell wie möglich darauf zu reagieren. Voraussetzung für zufriedene Kunden ist die Erfüllung der selbst geweckten Erwartungen.

Community

Kunden suchen häufig nach anderen Kunden, um sich mit ihnen über ihre Erfahrungen auszutauschen. Der Dienstleister kann diesen Austausch nutzen, um seinerseits wertvolle Tipps und andere nützliche Informationen an einen treuen Kundenkreis weiterzugeben. Communities sind darüber hinaus eine exzellente Quelle für konstruktive Anregungen zur Weiterentwicklung der Leistungen.

■ 2.2 Service Design

2.2.1 Informieren im Service Design

Informieren bedeutet immer, einen konkreten Sachverhalt zu durchdringen. Dazu sollte geklärt werden, welcher Sachverhalt verstanden werden muss oder eben welches Problem gelöst werden soll. Zunächst muss daher die richtige Frage gefunden werden, um nicht die Analyse schon durch die Fragestellung einzugrenzen. Die Automobilindustrie hat sich beispielsweise sehr lange mit der Frage nach der Reduzierung des Schadstoffausstoßes herkömmlicher Motoren befasst, statt zu fragen, wie eine praktikable und wirtschaftliche Antriebstechnik in Zukunft aussieht.

Ist die Fragestellung gefunden, folgt eine gründliche Analyse der Problemstellung. Iterationen sind hier gewünscht. Es ist möglich, dass während der Analyse die Fragestellung angepasst wird. Im Zentrum der Analyse stehen die Nutzer, also die Menschen, die zukünftig von der geplanten Innovation profitieren sollen. Lösungen und Lösungsansätze spielen in dieser Phase noch keine Rolle.

Eine zentrale Rolle spielt jedoch die Zielgruppe. Ziel ist es, die zukünftigen Benutzer sowie deren Wünsche und Bedürfnisse so gut wie möglich zu verstehen. Dazu soll deren tägliches Erleben und Verhalten so genau wie möglich beobachtet werden. Es geht nicht nur um Anforderungen, sondern auch um Widersprüche und Spannungen in der Zielgruppe, denn sie sind ein guter Hinweis auf Innovationspotenzial. Warum sind die bisher vorhandenen Lösungen nicht ausreichend und was stand bisher besseren Lösungen im Weg? Fragen Sie in dieser Phase vor allem „Warum?" und nicht „Wie?". Der Fokus muss bei allen Fragen stets auf dem Nutzen und den Möglichkeiten statt auf Produkten, Prozessen und Features liegen. Es ist wichtiger zu verstehen, warum der Kunde etwas benötigt, als wie er etwas getan haben will. Die Empathy Map ist ein Werkzeug, das neben faktischen Anforderungen und Eigenschaften, orientiert an den Sinnesorganen, hilft, die Menschen in der Zielgruppe besser zu verstehen [Curedale, 2019] (Bild 2.2).

Bild 2.2 Empathy Map

Zielgruppen werden häufig nach einfachen Kriterien ermittelt. Diese geben Eigenschaften des idealen Kunden wieder: Alter, Geschlecht, Bildungsstand, soziales Umfeld, Gehalt, Beruf und weitere Eigenschaften, die sich beobachten lassen. Dabei gilt die Annahme, dass diese Parameter das Kaufverhalten beeinflussen.

Das so beschriebene Bild unseres idealen Kunden wird als Persona beschrieben. Die Persona bekommt einen Namen, ein Gesicht, einen Beruf und alle weiteren Eigenschaften, die wir uns für diesen Kunden überlegt haben (Bild 2.3).

Das entstehende Bild ist allerdings, so konkret wir es auch beschreiben, nur eine sehr grobe Darstellung des idealen Kunden. Kaufentscheidungen treffen Kunden auf Basis unterbewusster Prozesse, die zu Verhaltenspräferenzen führen. Verhaltenspräferenzen entstehen dabei durch unsere grundlegenden Motive und unser Wertemodell. Informationen zu Motiven und Werten unserer Kunden stehen uns natürlich nicht für jeden Einzelfall zur Verfügung. Wir können auch nicht die individuellen Befindlichkeiten jedes einzelnen Kunden analysieren, aber das ist glücklicherweise auch gar nicht notwendig. Entscheidend ist, dass Kunden Verhaltenspräferenzen haben. Wir müssen nur nach dem Verhalten suchen, das zu unseren Leistungen passt, und dabei ist es völlig ok, zu verallgemeinern. Diese Abstraktion ist der Schlüssel zur Vereinfachung, die es uns später ermöglicht, konkrete Lösungen zu finden.

Elisa – Buchhalterin

Motto: "Genauigkeit ist mir wichtig."

Relevanz

Anteil an der Zielgruppe (80%)

Kurzbeschreibung

Elisa arbeitet in der Debitorenbuchhaltung. Sie prüft Buchungen, die nicht vollautomatisch abgelaufen sind. Ihre Kernaufgabe ist die Klärung von Differenzen.

Ein Tag im Leben von ...					
7:30	**9:00**	**12:00**	**14:00**	**17:00**	**19:30**
Briefing mit Managerin	Prüfen der Buchungs-belege	Kurze Mittagspause mit Kollegen	Zusammen-stellen des Tagesberichts	...	...
Kategorisieren der Klärfälle	Klären der Prio-1-Differenzen per Telefon	Klären weiterer Prio-1-Differenzen	Vernichten der bearbeiteten physischen Belege		
Sortieren der Belege					

♛ Verantwortungen & Aufgaben

Elisa prüft Rechnungsbelege und klärt Differenzen mit Lieferanten.

Sie klärt Differenzen mit ihren persönlichen Ansprechpartnern und stellt die korrekte Buchung sicher.

🏃Herausforderungen & Wünsche

Elisa wünscht sich, dass ihre Lieferanten am elektronischen Belegaustausch teilnehmen.

Das System, mit dem Elisa arbeitet, ist sehr langsam. Sie muss oft warten, bis die Belege angezeigt werden. Sie wünscht sich einen schnelleren Zugriff.

Bild 2.3 Persona

Zum Abschluss der Problemanalyse werden die gesammelten Informationen geordnet, gewichtet und verdichtet. Dabei zählen nicht nur die gesammelten Fakten, sondern auch die gefundenen Zwischentöne und Emotionen. Die gesammelten Nutzerbedürfnisse und Einblicke in deren Erfahrungswelt werden später als Erkenntnisse für neue Designmöglichkeiten genutzt. Ergebnis dieser Phase ist eine gemeinsame Sichtweise als Grundlage für die weitere Arbeit an der Innovation. Eine Reihe Werkzeuge haben sich für diese Aufgabe als erfolgversprechend erwiesen:

Sammeln von Informationen

Kundeninterviews

Der Kunde ist der Experte auf seinem Gebiet. Er kennt seine Aufgaben und seine Probleme. Kundeninterviews bergen jedoch das Risiko der Betriebsblindheit. Der Kunde ist voreingenommen. Dadurch können blinde Flecken bei der Problemanalyse entstehen.

Für einen konstruktiven, persönlichen Austausch mit dem Kunden gelten ein paar Grundregeln.

 Do's

- Seien Sie neugierig und hören Sie zu. Der Kunde sollte mehr als 80 % der Zeit sprechen. Geben Sie ihm Zeit nachzudenken und fragen Sie zum besseren Verständnis nach. Dadurch geben Sie dem Kunden Raum und zeigen echtes Interesse.
- Seien Sie emphatisch. Erkennen Sie die Bedürfnisse des Kunden und werten Sie nicht. Die Wahrnehmung des Kunden ist entscheidend. Das muss nicht objektiv sein. Mit Empathie holen Sie Ihren Kunden emotional ab und es entstehen persönliche Bindungen.

- dentifizieren Sie Fakten und suchen Sie nach Belegen. Fragen Sie nach konkreten Situationen, Zahlen, Abläufen etc. so konkret wie möglich. Verallgemeinerungen sind wertlos. Werden Sie so spezifisch wie möglich.
- Konzentrieren Sie sich auf die wichtigsten Fakten und relevante Fälle. Halten Sie sich nicht mit Sonderfällen und unwichtigen Details auf. Die Häufigkeiten und Relevanz einzelner Sachverhalte spielen eine große Rolle. Das hilft bei der Identifizierung des drängendsten, schmerzlichsten Problems.

Don'ts

- Belehren Sie Ihren Kunden nicht. Der Kunde ist der Experte in seinem Job. Geben Sie ihm Gelegenheit, seine Erfahrungen zu teilen.
- Vermeiden Sie zu verkaufen, wenn Sie sich nicht gerade in der Akquise befinden. Wenn es Ihr Ziel ist, den Kunden zu verstehen, gilt es, voreilige Schlüsse unbedingt zu vermeiden.
- Verstellen Sie sich nicht und bleiben Sie authentisch. Das Kundengespräch ist kein Theater, in dem Sie Ihre Rolle spielen und einen Text aufsagen. Es ist ein Gespräch unter Partnern, das Sie mit Interesse und Respekt führen sollten.

Expertengespräche: Solche Gespräche bilden in der Regel einen Spezialfall der Kundeninterviews, mit den gleichen Chancen und Risiken. Branchenexperten, die nicht direkt zum Kundenkreis gehören, können hier eine Alternative sein. Das Risiko der Betriebsblindheit ist hier deutlich geringer. Erfahrungen von Branchenexperten sind in der Regel verdichtete Erfahrungen aus unterschiedlichen Kundensituationen. Zudem sind diese natürlich auch subjektiv und von den Motiven und Werten des Experten geprägt.

Kundenpraktikum

Im Praktikum oder auch „Shadowing" kann das eigene Erleben mit Expertengesprächen verbunden werden. Der Vorteil eines Kundenpraktikums ist die eigene Wahrnehmung. Dadurch können die Aussagen des Kunden besser eingeordnet werden. Außerdem kann durch ein Praktikum ein weiteres Problem von Interviews vermieden werden. Kunden sind subjektiv bei der Bewertung von Situationen und haben sich nicht selten an Probleme gewöhnt. Im Interview oder Expertengespräch werden solche Situationen nicht aktiv angesprochen. Da der Interviewer die Situation nicht kennt, kann er auch nicht danach fragen. Das Praktikum sollte mehrere Tage umfassen und die praktische Mitarbeit unbedingt einschließen. Es hat sich bewährt, ein Tagebuch anzufertigen, um die Erlebnisse während des Praktikums zu dokumentieren. Bei der Konzentration auf eine Rolle oder Aufgabe kann aus dem Tagebuch ein „Tag im Leben von ..." herausgearbeitet werden und eine Persona erstellt werden.

5W

Die „Fünf Warum?" eignen sich gut, um von einer oberflächlichen Anforderung zum Kern des Problems vorzudringen.

Open innovation & crowd sourcing

In den meisten Fällen findet Innovation im Rahmen der eigenen Organisation statt. Das hat den Vorteil, dass Ergebnisse im Besitz der Organisation bleiben und gegebenenfalls urheberrechtlich geschützt werden können. Die innovativen Möglichkeiten sind dabei auf die Organisation und ihre Fähigkeiten beschränkt. Open innovation oder crowd sourcing bieten Möglichkeiten, die Ideen, Fähigkeiten und Erfahrungen anderer in die Entwicklung einzubeziehen.

Social listening

Die sozialen Medien haben in den letzten Jahren eine neue Informationsquelle geschaffen. Kunden und Nutzer tauschen ihre Meinung zu Services und Produkten auf vielfältige Weise miteinander aus. Social listening ist die gezielte Auswertung von zugänglichen Informationen aller Art. Die meisten Informationen, ob aus sozialen Medien, Nachrichten, Internetpräsenz der Unternehmen oder Blogs, stehen heute online zur Verfügung und sind für jedermann einsehbar. Viele Fragen zum Verhalten der Kunden können bereits mit einfachen Mitteln beantwortet werden. Zum Beispiel können mit Answer the public zu einem Schlüsselwort die häufigsten Suchanfragen ermittelt werden. Google Alerts listet zu einem Schlüsselwort aktuelle Nachrichten, Blogs, Webseiten, Videos, Bücher und Diskussionen. Mit Talkwalker können verschiedene Blogs, soziale Medien und andere Dienste ausgewertet werden, um Erkenntnisse zu aktuellen Themen zu gewinnen. Viele Unternehmen sind hier schon aktiv. Gerade im Mittelstand und bei kleineren Unternehmen liegen in diesem Bereich noch ungenutzte Potenziale für die Entwicklung neuer Services und Produkte.

Visualisieren, analysieren und Erkenntnisse formulieren

Persona

Die Identifikation mit der Rolle des Benutzers ist wichtig für das Verständnis seiner Herausforderungen und Wünsche. Die Identifikation gelingt am besten, wenn sich die Eigenschaften an einer konkreten Person festmachen lassen, einer Person mit Namen, Gesicht, Werten und spezifischen Verhaltensweisen. Dazu werden die bisher gesammelten Erkenntnisse bezüglich einer Nutzergruppe zusammengetragen und auf eine fiktive Person übertragen. Je konkreter die beschriebenen Eigenschaften, Wünsche und Bedürfnisse der Persona sind, desto mehr Erkenntnisse wird sie liefern. Folgende Informationen sollten für eine Persona mindestens zusammengetragen werden:

1. *Name:* Wir identifizieren uns mit Personen besser, sobald sie einen Namen haben.
2. *Gesicht (Bild):* Es fällt uns leichter, einem Menschen gegenüber empathisch zu sein, als einer Liste an Eigenschaften.
3. *Aufgaben und Verantwortungen:* Die Beschreibung der Aufgaben und Verantwortungen gibt uns den Kontext, in dem unsere Persona arbeitet. Wünsche und Herausforderungen haben ihre Bedeutung in diesem Kontext.
4. *Wünsche und Herausforderungen:* Diese Frage ist der Kern der Beschreibung der Persona, weil sie die zu lösende Aufgabe beschreibt.

Empathy Map

Während die Persona stärker auf die Aufgaben und Verhaltensweisen der Kunden fokussiert, bildet die Empathy Map die Wahrnehmungen des Kunden ab und fokussiert daher stark auf den Kunden als Mensch. Es werden verschiedene Perspektiven betrachtet: Was sagt und tut der Kunde? Was denkt und fühlt er? Was hört und was sieht er? Was tut ihm weh und wie könnten Verbesserungen erzeugt werden? Die Erkenntnisse sind entscheidend für das Customer Experience Design. Diese Alternative zur Persona werden wir uns noch ausführlich in Kapitel 3 *„Den Menschen in den Mittelpunkt stellen"* ansehen.

Nutzenanalyse (Value Proposition)

Die Value Proposition bringt den Zusammenhang zwischen dem Kunden mit seinen Problemen und Wünschen und den wichtigsten Eigenschaften der Lösungen auf den Punkt. Die Value Proposition basiert auf einem Werkzeug von Alexander Osterwalder [Osterwalder/Pigneur 2014]. Wir haben das Modell auf die konkreten Bedürfnisse im Service adaptiert.

Die Nutzenanalyse besteht aus zwei Teilen. Auf der **Kundenseite** (in Bild 2.4 auf der rechten Seite) werden folgende Informationen gesammelt:

1. *Wunschkunde*

   Die Beschreibung der Persona des Wunschkunden ist essenziell, da dadurch der Rahmen für alle weiteren Aktivitäten im Service gesetzt wird. Wir haben bereits weiter oben in diesem Abschnitt beschrieben, wie eine Persona erstellt wird. Der Begriff Wunschkunde mag etwas verwirren, weil die meisten vermutlich eher etwas mit dem Begriff Zielkunden anfangen können. Wir nutzen den Begriff aus zwei Gründen: zum einen, weil die Aggressivität der Sprache zu oft zu Aggressivität im Verhalten führt und wir das gerade im Service für unangebracht halten. Zum anderen, weil wir dadurch den Blick darauf richten, dass wir uns im Service unsere Kunden tatsächlich aussuchen oder wünschen. Das tun wir ohnehin – bewusst oder unbewusst. Mit der Art, wie wir uns positionieren, wie wir uns darstellen und auf was wir Wert legen, ziehen wir ganz bestimmte Kunden an und stoßen andere ab. Hier zu formulieren, was wir uns wünschen, hilft uns also, unsere Wunschkunden gezielt anzuziehen.

2. *Kernaufgabe*

   Auch hier haben wir schon viele Informationen gesammelt, als wir die Persona beschrieben haben. Jetzt geht es darum, die wichtigste Aufgabe zu identifizieren, bei der es Herausforderungen oder Probleme bei unseren Wunschkunden gibt. Weil wir uns nicht in aktuellen Tätigkeiten verlieren wollen, ist es entscheidend, die Aufgaben ergebnisorientiert zu formulieren. Es ist wichtiger, zu wissen, welches Ergebnis erstellt werden soll, als zu wissen, was heute dafür getan wird.

3. *Herausforderung*

   Hier geht es um den größten Schmerz der Kunden, den sogenannten Kittelbrennfaktor. Wenn wir diesen Schmerz lindern oder im besten Fall vollständig abstellen können, haben unsere Kunden einen konkreten Nutzen. Jede rationale Argumentation beginnt hier, weil diese Herausforderung der rationale Treiber für die Kaufentscheidung des Kunden ist.

4. *Wunsch*

   Die meisten Kunden entscheiden aber gar nicht rational, sondern emotional. Daher ist es wichtig, die emotionalen Treiber für Kaufentscheidungen zu kennen. Das sind versteckte Bedürfnisse der Kunden. Hierzu gehören grundlegende Motive wie Macht, Ansehen, Neugier, Sicherheit etc.

Auf der Seite des **Dienstleisters** (in Bild 2.4 auf der linken Seite) werden die Antworten auf die Kundensicht gesammelt:

1. *Glaubwürdigkeit*

   Meine Wunschkunden werden nur dann zu mir finden, wenn wir Anknüpfungspunkte finden, die über die fachliche Leistung hinausgehen. Zudem müssen Dienstleister die Erwartungen und Wünsche des Wunschkunden auch glaubwürdig verkörpern. Wenn Wunschkunden abenteuerlustige Individualisten sind, ist ein biederer Auftritt eines Reiseveranstalters mit Schlips und Kragen eher unpassend.

Bild 2.4 Value Proposition

2. *Service*
   Hier verdichten wir die Lösung auf einige wenige fundamentale Aussagen zur Beschreibung der Leistung als Antwort auf die Kernaufgabe des Kunden und zur Beschreibung des Charakters der Lösung.

3. *Rationaler Nutzen*
   Mit dem Service werden Ergebnisse erzielt, die die Schmerzen des Kunden lindern. Diese Ergebnisse werden durch konkrete Eigenschaften oder Leistungen des Service ermöglicht. Die Formulierung des Nutzens ist eine direkte Antwort auf die Herausforderungen des Kunden.

4. *Emotionaler Nutzen*
   Die versteckten Bedürfnisse des Kunden, seine Motive und Werte adressieren wir über Garantien und das Kundenerlebnis. Es ist möglich, dass verschiedene Bedürfnisse adressiert werden. Da jedoch einige Bedürfnisse miteinander unvereinbar sind, müssen wir uns entscheiden, welchen Persönlichkeitstyp wir ansprechen und welchen nicht.

2.2.2 Experimentieren im Service Design

Zunächst geht es darum, eine möglichst große Zahl an Ideen zu sammeln. Hier ist Kreativität gefragt. Kreativität erfordert Provokation statt Konvention und Beweglichkeit statt Bequemlichkeit. Die entsteht allerdings nicht unter Laborbedingungen oder im Büroalltag. Daher hilft es sehr, wenn besondere Räume für diese Arbeit zur Verfügung stehen. Kreativität braucht Platz, eine offene Atmosphäre und Zeit.

Erst im zweiten Schritt werden die gesammelten Ideen zu Clustern sortiert und die am besten geeigneten Ideen ausgewählt. Während es beim Ideen sammeln um die Quantität geht, endet dieser Auswahlprozess mit einigen wenigen Ideen, die dann konsequent weiterverfolgt werden. Ideen können nach unterschiedlichen Kriterien ausgewählt werden. Entscheidend ist, dass in dieser Phase auch herausfordernde Ideen eine Chance brauchen. Wirkliche Innovation entsteht oft da, wo Zweifel an der Umsetzbarkeit herrschen.

Ausgewählte Ideen werden nun umgesetzt. Die Umsetzung erfolgt zunächst als Prototyp. Prototypen dienen dazu, die ausgewählten Ideen greifbar und erlebbar zu machen. Sie müssen nicht perfekt sein, sondern schnell und gut verständlich. Es ist erwünscht, dass sie während des Prozesses mehrfach verworfen, geändert und optimiert werden. Je weniger Aufwand in einen Prototyp gesteckt wurde, desto leichter fällt es, ihn aufzugeben. Wer sich in seine Prototypen verliebt, vergibt Chancen zur weiteren Innovation. Ganz besonders in dieser Phase gilt es, möglichst früh möglichst viele Fehler zu machen, um Erkenntnisse für die Realisierbarkeit zu gewinnen.

Prototypen sind etwas Haptisches. Bauklötze, Lego, Schere, Kleber, Papier, Rollenspiele – alles ist erlaubt. Oft genügt es, sich bei der Erstellung eines Prototyps auf die wichtigste Eigenschaft zu konzentrieren. Gerade bei komplexen Lösungen führt das schneller zum Ziel. Es können auch mehrere Prototypen zur gleichen Zeit entwickelt werden. So können Eigenschaften verschiedener Prototypen im Test vom Kunden miteinander verglichen werden.

Auch für diese Aufgaben gibt es einen großen Fundus an Werkzeugen. Wir haben hier exemplarisch einige zusammengetragen:

Ideen sammeln

Brainstorming
Bei dieser wohl am weitesten verbreiteten Methode werden die Ideen in der Gruppe durch freies Assoziieren, Fantasieren und das Aufgreifen der Ideen anderer erzeugt, gesammelt und protokolliert. Jeder trägt das bei, was ihm oder ihr einfällt. Ziel ist eine große Anzahl an Ideen mit einem möglichst weiten Spektrum. Brainstorming wird meist mit bewussten Beschränkungen durchgeführt, sowohl zeitlich als auch thematisch. Folgende Prinzipien haben sich beim Brainstorming bewährt:

- Vielfalt ist Trumpf – je unterschiedlicher die Teilnehmer, desto besser das Ergebnis
- Zeit ist knapp – zeitlicher Druck ist eher förderlich als hinderlich
- Klarheit und Fokus – eine gute Beschreibung des Problems ist schon die halbe Miete.
- Viel hilft viel – für Qualität kann später gesorgt werden, jetzt kommt es auf die Menge an.
- Nichts ist unmöglich – Neues entsteht jenseits der Erfahrungen.

Brainwriting
Das Brainwriting ist dem Brainstorming sehr ähnlich, allerdings haben die Teilnehmer Gelegenheit, in Ruhe nachzudenken und Ihre Ideen zu dokumentieren, bevor sie in der Gruppe ausgetauscht werden. Das hilft besonders den leiseren Menschen im Team.

Mindmapping
Beim Mindmapping werden Assoziationen in einer Baumstruktur notiert. Auf diese Weise können komplexe Zusammenhänge sichtbar gemacht werden. Mindmapping hilft dabei, den Gedanken und Ideen Struktur zu geben. Eine Mindmap kann auch zur Strukturierung der Ideen eines Brainstormings genutzt werden.

Morphologischer Kasten

Im Morphologischen Kasten werden die Ausprägungen eines vorher gewählten Satzes an Attributen auf verschiedene Weise kombiniert. Die Ergebnisse können zu neuen Sichtweisen inspirieren.

SCAMPER

Diese Methode ist ein sehr systematischer Ansatz, um bestehende Lösungen zu hinterfragen. Die einzelnen Ansätze können auch als Restriktionen beim Brainstorming genutzt werden. SCAMPER bedeutet im Einzelnen:

1. *Substituieren (S)*
   Es werden Teile, Komponenten, Materialien, Personen, Leistungen, Prozesse oder Nutzer durch andere ersetzt.

2. *Kombinieren (C)*
   Verschiedene Services, Ideen, Anforderungen oder Verwendungszwecke werden miteinander vermischt.

3. *Adaptieren (A)*
   Es werden Parallelen, Nachahmungen oder Ähnlichkeiten gesucht.

4. *Modifizieren (M)*
   Wie wäre eine andere Bedeutung, Farbe, Bewegung, Richtung, Ton, Geruch, Form, Situation, Größe oder ein anderer Zeitraum?

5. *Projizieren (P)*
   Die Suche nach alternativer Verwendung so, wie sie ist, oder nach Anpassung

6. *Eliminieren (E)*
   Durch Weglassen einzelner Bestandteile wird vereinfacht oder auf das Wesentliche reduziert.

7. *Umkehren (R)*
   Neues entsteht hier durch bewusstes Umdrehen, Umstülpen, auf den Kopf stellen, Rückwärtsgehen oder eine entgegengesetzte Nutzung.

Ideen bewerten

Abstimmung

Durch eine Abstimmung mit Klebepunkten werden die favorisierten Ideen ausgewählt.

4-Kategorien

Es wird nach a) der vernünftigsten Idee, b) der begeisterndsten Idee, c) der Lieblingsidee und d) der langfristigsten Idee gesucht.

Prototyp entwickeln

Basteln

Mit Schere, Kleber, Papier und anderen Utensilien lassen sich greifbare Resultate erzielen. Damit können auch Serviceszenarien erlebbar werden.

Bauklötze oder Legosteine

Mit Bauklötzen oder Legosteinen lassen sich sowohl Produkte als auch Serviceszenarien nachbilden.

Rollenspiele

Rollenspiele eignen sich besonders gut für innovative Dienstleistungen, weil das Kundenerlebnis wahrnehmbar wird.

Customer Journey Map

Die Visualisierung der Abläufe und Prozesse im Service ist ein wichtiges Werkzeug, um die Kundenkontakte bewusst zu machen. Auf Basis der so gewonnenen Erkenntnisse können Kundenkontakte gestaltet und zu positiven Erlebnissen des Kunden werden. Die Customer Journey Map wird verwendet, um die Erlebnisse des Kunden, seine Gedanken, Gefühle und Aktivitäten an den einzelnen Kontaktpunkten zu beschreiben [Keller/Ott, 2018]. Auf diese Weise dient sie a) als Basis für das Service Design, insbesondere für die Gestaltung der Kontaktpunkte und, b) als Basis für die Einordnung des Kundenfeedbacks und damit zur Identifizierung von Verbesserungspotenzialen.

Die Customer Journey Map (Bild 2.5) sollte folgende Informationen enthalten:

1. *Phasen der Interaktion*
   Die Aktivitäten im Service werden in logischen Abschnitten beschrieben. Die Beschreibung erfolgt aus Kundensicht, also so, wie Kunden die einzelnen Phasen der Interaktion wahrnehmen.

2. *Kundenziele*
   In jeder Phase haben Kunden ein ganz konkretes Ziel, das sie erreichen möchten, das Ziel lässt sich auch als Ergebnis beschreiben. Das Ziel bestimmt sowohl die Aktivitäten als auch die Wahrnehmung des Erlebnisses.

3. *Kundenaktivitäten*
   Wer Ziele erreichen möchte, muss etwas dafür tun. Daher werden Kunden in jeder Phase spezifische Dinge tun, um das jeweilige Ziel zu erreichen. Die Kundenaktivitäten zu kennen, erlaubt uns die Gestaltung der Erlebnisse in dieser Situation.

Phase			
Kundenziel			
Kunden-aktivitäten			
Touchpoint			
Erlebnis			
Serviceziel			
Service-aktivitäten			
Erkenntnis			

Bild 2.5 Customer Journey

4. *Touchpoints*

   Die Art des Touchpoints bestimmt unseren Spielraum bei der Gestaltung des Kundenerlebnisses. Eine Webseite, ein Telefonat, ein Automat, die Online-Interaktion mit einem Chatbot oder einer Person oder eine persönliche Interaktion im direkten Kontakt bieten jeweils andere Möglichkeiten und auch Herausforderungen zur Gestaltung des Kundenerlebnisses.

5. *Kundenerlebnis*

   Bei der Gestaltung der Kontaktpunkte kann dieser Abschnitt dazu verwendet werden, die gewünschten Erlebnisse der Kunden zu beschreiben. Bei der Einordnung des Kundenfeedbacks wird die Zufriedenheit der Kunden in einer einfachen Sterne-Bewertung mit null bis fünf Sternen dargestellt. Darüber hinaus ist die Zuordnung von Kernaussagen der Kunden zu den Bewertungen empfehlenswert. Im besten Fall können die Kernaussagen mit Kundenzitaten untermauert werden. Die Bewertung dient dann als Maß für die Dringlichkeit von Maßnahmen zur Verbesserung.

6. *Serviceziele*

   Während die Kundenziele die Sicht des Kunden in den einzelnen Phasen widerspiegeln, geben die Serviceziele die Sicht des Dienstleisters wieder. Auch Dienstleister haben konkrete Erwartungen an die Ergebnisse in den einzelnen Phasen.

7. *Serviceaktivitäten*

   Mit den Serviceaktivitäten liefert der Dienstleister die Ergebnisse für die Kunden. Hier entscheidet sich, ob die Kundenziele erreicht werden, oder nicht.

8. *Erkenntnisse*

   Zielkonflikte zwischen den Servicezielen und den Kundenzielen führen immer zu einem unterdurchschnittlichen Kundenerlebnis. Daher sollten solche Zielkonflikte identifiziert und aufgelöst werden. Auch eine Diskrepanz zwischen gewünschtem Kundenerlebnis und dem Kundenfeedback erfordert eine Reaktion. Die Customer Journey Map liefert dafür Erkenntnisse durch klare Strukturen und Fokus auf einzelne Phasen und Aktivitäten.

Clickdummies

Bei digitalen Angeboten hat es sich bewährt, die Nutzeroberfläche in einem frühen Stadium bereitzustellen, unabhängig davon, ob schon Funktionalität hinter den einzelnen Schaltflächen, Menüs und Masken existiert.

2.2.3 Verifizieren im Service Design

Verifikation der Prototypen erfolgt durch Tests zusammen mit den potenziellen Nutzern. Das Feedback von außen ist das wesentliche Element der Tests. Was gefällt den Testern besonders gut? Welche Wünsche äußern sie? Welche Fragen werden gestellt? Haben die Tester neue oder ergänzende Ideen? Alle diese Rückmeldungen sollten sorgfältig verarbeitet und in neue Iterationen umgesetzt werden. Testen ist nicht verkaufen! Es dient der Verbesserung der Prototypen entsprechend der Erfahrungen der Anwender. Gerade, wenn Nutzer einen Prototyp testen, kommt es darauf an, nicht zu viel zu erklären, sondern einfach darauf zu achten, wie der Prototyp genutzt wird. Auch und gerade dann, wenn der Prototyp nicht so genutzt wird wie ursprünglich vorgesehen. Die Beobachtungen lassen oft Rückschlüsse auf die Annahmen und Denkmuster des Nutzers zu. Die Tests sollten auf jeden Fall sorgfältig dokumentiert werden. In den frühen Phasen der Entwicklung spielen die ausgefeilten Techniken des Requirements Engineering noch eine untergeordnete Rolle. Daher können Tests auch noch nicht gegen klar formulierte Anforderungen mit definierten Testfällen durchgeführt werden. Das ändert sich mit weiteren Iterationen. Je spezifischer die Anforderungen werden und je klarer einzelne Eigenschaften ausdifferenziert werden können, desto wichtiger wird genau diese Disziplin.

Die Tests haben den Zweck, den Prototypen auf seine Eignung zur Lösung des Kundenproblems hin zu prüfen. So können Fehlentwicklungen schnell erkannt werden. Fehlentwicklungen sind in dieser Phase nichts Schlechtes, sie sind lediglich Teil der Lernerfahrung. Es ist allerdings wichtig zu entscheiden, ob es sinnvoll ist, mit einem angepassten Modell weiterzumachen oder besser einen Schritt zurückzugehen. Ein Sprung zurück – auch bis in die Phase des Informierens ist selbstverständlicher Bestandteil des iterativen Prozesses. Einer der Grundsätze des Design Thinking lautet daher: „Scheitere früh und häufig." Das erfordert vor allem ein Umdenken in der Fehlerkultur. Fehler sind in diesem Prozess nicht nur unvermeidlich, sie sind Teil des Lernprozesses und für die Weiterentwicklung unbedingt erforderlich.

Die Tests sollten die Eignung des Prototyps in mindestens folgenden Perspektiven prüfen:

- **Wünschbarkeit**
  Ist die Lösung für den Kunden attraktiv genug? Die Antwort auf diese Frage kann nur der Kunde geben. Allerdings spielen dabei oft gesellschaftliche Fragestellungen eine Rolle, z. B. passt die Lösung zu den gesellschaftlichen und politischen Rahmenbedingungen?

- **Machbarkeit:**
  Ist die Lösung technisch umsetzbar? Welche Hindernisse müssen ggf. noch überwunden werden?

- **Wirtschaftlichkeit**
  Stehen die Kosten zur Lösung des Kundenproblems in einem vernünftigen Verhältnis zum Nutzen, der beim Kunden entsteht? Nur dann ist der Kunde bereit, dafür zu bezahlen.

- **Nutzbarkeit**
  Ist die Lösung praktisch anwendbar? Welche praktischen Probleme ergeben sich aus der Nutzung? Ist die Lösung einfach genug? Welcher Aufwand entsteht bei der Nutzung?

Tests sollten auf jeden Fall protokolliert werden. Dabei helfen strukturierte Testprotokolle. Je nach Art und Umfang des Service, können auch klar ausgearbeitete Test Cases hilfreich sein. Bei allen Arten von digitalen Angeboten (Business-Applikationen, Portale, Apps, Webshops etc.) sind Test Cases unabdingbar. Die Test Cases stehen im direkten Zusammenhang mit den erwarteten Ergebnissen entlang der Customer Journey. Sowohl Front Stage (also sichtbar für den Kunden) als auch Backstage (unsichtbar für den Kunden, aber wichtig für den Dienstleister). In frühen Tests geht es mehr um eine allgemeine Einschätzung des Prototyps. Je fortgeschrittener die Entwicklung ist, desto konkreter werden die Anforderungen an die Funktionalität, die Garantien und das Kundenerlebnis, die dann getestet werden sollten.

■ 2.3 Marketing

„Man muss seine Kunden kennenlernen, wenn man möchte, dass einen die Kunden kennenlernen"

Georg-Wilhelm Exler, *www.zitate.de*

Es gibt eine ganze Reihe guter, aber sehr unterschiedlicher Definitionen des Begriffs „Marketing". Wir konzentrieren uns hier auf folgende Definition:

 „Marketing ist die gezielte Ausrichtung der Unternehmensaktivitäten an den Bedürfnissen des Kunden."

Die wichtigsten Aktivitäten wurden bereits in den 1950er-Jahren von N. H. Borden als „Marketing Mix" publiziert [Borden, 1964] und 1960 von J. McCarthy [McCarthy, 1960] als die „4P" (Product, Price, Placement, Promotion) des Marketings formuliert. B. H. Booms und M. J. Bitner haben den Marketing Mix in den 1980er-Jahren aufgegriffen und für Dienstleistungen um drei Elemente (Personell, Process Management, Physical Facilities) zum „7P"-Modell erweitert [Booms/Bittner, 1982].

 Die 7 P beschreiben die Aufgabengebiete, deren Ergebnisse für das erfolgreiche Marketing eines Service erarbeitet werden müssen.

- *Produkt:* Das Produkt oder der Service muss für den Kunden einen Nutzen bieten. Das Design, die Eigenschaften und die Produktstory müssen diesen Nutzen transportieren.

- *Preis:* Der Preis bestimmt einen großen Teil der Wahrnehmung beim Kunden. Er muss zum Service und zum Marktsegment passen. Ein Service im Premiumsegment kann nicht zu Dumpingpreisen angeboten werden.

- *Platzierung:* Ob der Service online, über Partner, oder direkt angeboten wird, richtet sich vor allem danach, wo der Wunschkunde danach sucht.

- *Promotion:* Die Kommunikation mit Ihren Interessenten ist das A und O des Marketings. Einen Service, den keiner kennt, kann auch keiner nutzen.

- *Personal:* Services werden von Menschen für Menschen gemacht. Daher bilden die Auswahl und Ausbildung der Mitarbeiter sowie die Ausprägung der Servicekultur eine der wichtigsten Aufgaben. Kein Service ist so gut, dass er nicht durch Fehler im direkten Kundenkontakt einen Shitstorm auslösen könnte.

- *Prozesse:* Die Gestaltung der Serviceprozesse mit Ihren Touchpoints hat einen entscheidenden Einfluss auf das Serviceerlebnis des Kunden. Serviceprozesse müssen einfach, schnell und transparent sein.

- *Physikalische Umgebung:* Da der Service selbst immateriell ist, nutzen wir Anker der Umgebung für den ersten Eindruck. Das kann die Einrichtung sein oder das Design einer Webseite. Das Corporate Design unterstützt die Markenkommunikation und erleichtert es dem Kunden, Vertrauen aufzubauen.

Im Abschnitt Abschnitt 2.2 haben wir uns schon mit einigen dieser Aspekte beschäftigt. Weitere Teile des Marketing Mix werden wir bei anderen Prinzipien wiederfinden. In diesem Abschnitt konzentrieren wir uns auf das Anpreisen und Anbieten von Dienstleistungen, also vor allem auf die Promotion.

Dazu ist es entscheidend, eine Strategie zu entwickeln und umzusetzen, wie wir die Wunschkunden auf uns aufmerksam und zu Käufern machen können.

Wie jede gute Strategie folgt auch die Marketing-Strategie dem einfachen Muster von „Informieren, Experimentieren und Verifizieren".

In der Literatur wird hier die Kundenreise (Customer Journey) beschrieben oder etwas moderner der Prozess des „Lead nurturing". Lead nurturing bedeutet hier die aktive Pflege und Förderung von Interessenten vom Erstkontakt bis zum Kaufabschluss und darüber hinaus. Wenn wir die Aktivitäten der Kundenreise auf die Bedürfnisse der Kunden ausrichten wollen, müssen wir uns die verschiedenen Situationen anschauen, in denen sich der Kunde entlang dieser Reise wiederfindet.

Das Werkzeug, mit dem wir uns diese Kundenreise genau anschauen und planen können, haben wir bereits kennengelernt. Es ist die Customer Journey Map. Bild 2.6 zeigt ein Beispiel in Bezug auf das Marketing.

Bild 2.6 Customer Journey Marketing

Aufmerksamkeit Touchpoints

Wenn ein potenzieller Kunde sich des Problems bewusst wird, beginnt er, nach Informationen zu suchen. Er recherchiert sein Problem.

Aufmerksamkeit kann durch Außenwerbung (Plakate, Videowände etc.), Fernsehwerbung, Anzeigen in den Printmedien oder durch Präsenz auf Messen erlangt werden. Diese Offlinekommunikation hat allerdings den Nachteil einer großen Streuung. Interessierte und nicht Interessierte werden gleichermaßen angesprochen und blenden die bunte Reklame gerne aus. Zur Überprüfung der Wirksamkeit einzelner Maßnahmen sind hier oft große Anstrengungen erforderlich.

Die Möglichkeiten in der Onlinekommunikation sind da deutlich differenzierter. Auch hier können Anzeigen genutzt werden, diese erreichen jedoch gezielt bestimmte Nutzergruppen. Die Algorithmen der sozialen Medien erlauben es, Kunden individuell nach ihren Präferenzen und Verhaltensweisen zu adressieren. Die Wirksamkeit einzelner Maßnahmen kann in der Regel leicht durch das Klickverhalten der Kunden gemessen werden. Das ermöglicht uns ein besseres Kundenverständnis.

Der Kunde ist in der Rolle des Forschers. Er sammelt Informationen zu seinem Problem. In dieser Phase kommt es darauf an, dem Kunden Informationen zu liefern, die ihm helfen, das Problem und seine Auswirkungen zu verstehen. An dieser Stelle können Studien, Statistiken und Infografiken mit passendem Inhalt helfen, die Aufmerksamkeit des Kunden zu erlangen.

Interesse Touchpoints

Sobald der Kunde sich einen Überblick über die Dimension des Problems verschafft hat, wird er sich nach Lösungsmöglichkeiten umsehen. Oft geht das sogar Hand in Hand mit der Problemrecherche.

Kunden in dieser Situation übernehmen die Rolle des Sammlers. Für sie steht jetzt das Verständnis der Lösungsansätze im Vordergrund. Es geht ihnen darum, die verschiedenen Herangehensweisen bewerten zu können, um später eine Auswahl zu treffen.

In dieser Phase braucht der Kunde detaillierte Informationen zu den verschiedenen Lösungen. Diese Informationen bekommt er am besten in Form eines Whitepapers, einer Checkliste, oder eines Videos, das den Nutzen der Lösungsoptionen erklärt.

Auswahl Touchpoints

Wenn der Kunde das Problem und die Herangehensweisen an eine Lösung verstanden hat, wird er nach Lösungsalternativen suchen und die verschiedenen Optionen gegeneinander abwägen. Er wählt einen Dienstleister (oder ein Produkt) aus.

In dieser Situation werden Kunden zum kritischen Prüfer. Sie haben schon einiges an Informationen gesammelt und können das Problem und die Lösungsoptionen einschätzen. Es geht jetzt darum, die verschiedenen Lösungen und Anbieter miteinander zu vergleichen. Dazu werden kritische Fragen gestellt. Bei der Auswahl wollen Kunden keine unnötigen Risiken eingehen.

Jetzt ist es an der Zeit, den Nutzen der Leistung deutlich zu machen und Vertrauen in die Leistungsfähigkeit aufzubauen. Vertrauen ist in dieser Situation das Zünglein an der Waage. Vertrauen können Sie sich verdienen, in dem Sie Ihren Kunden Sicherheit, Transparenz und Verbindlichkeit bieten. Dazu können Fallstudien, Garantien, Demos und Ablaufpläne nützlich sein. Am besten funktionieren jedoch Referenzen und Empfehlungen, weil diese nicht von Ihnen sind, sondern Ihnen von dritten geschenkt werden. Die Aussagen einer unbeteiligten Partei werden hoch eingeschätzt, weil hier kein Eigeninteresse vermutet wird.

2.3.1 Informieren im Marketing

Für die Ansprache der Interessenten ist das Wissen um ihre Probleme und Wünsche von größter Bedeutung. Welche das genau sind, dafür haben wir uns im Service Design entschieden. Daher sind Erkenntnisse des Service Designs Ausgangspunkt aller weiteren Maßnahmen. So kennen wir bereits unsere Wunschkunden. Wir wissen, was sie tun und wie sie sich verhalten. Auch ihre Probleme und Wünsche haben wir schon analysiert und die ersten Lernzyklen haben diese Erkenntnisse auch schon hinter sich. Damit haben wir schon einiges an Wissen, mit dem wir beginnen können.

Da Marketing ein Wettbewerb um die Aufmerksamkeit des Kunden ist, müssen wir jetzt herausfinden, was genau die Aufmerksamkeit unserer Wunschkunden weckt. Dabei sind die folgenden Fragen hilfreich:

- Welche Ansprache passt zu meinen Kunden?
- Welche Terminologie und Sprache nutzt er?
- Wie sieht der Kunde das Problem?
- Welchen Schmerz verursacht das und wie äußert sich der Schmerz?
- Welche Motive und Werte leiten meinen Wunschkunden?
- Was braucht er genau in dieser Situation, um den nächsten Schritt gehen zu können?
- Wie können wir es dem Kunden noch einfacher machen?

Antworten auf diese Fragen bekommen wir direkt von unseren Wunschkunden, wenn wir den Zugang zu ihnen schon haben. Diesen Zugang bekommen wir zum Beispiel mit der Einrichtung von Communities, aber dazu später mehr. Wenn uns der Zugang zu unseren Wunschkunden fehlt oder wir nur wenige Kunden haben, die zu dieser Gruppe gehören, dann müssen wir andere Wege finden. Das geschieht, wenn wir Leistungen auf einem für uns völlig neuen Markt anbieten wollen. In diesem Fall können die Erkenntnisse über Umfragen oder Marktforschungs-Calls gewonnen werden. Allerdings sind die Informationen bei weitem nicht so belastbar, wie sie es bei einem direkten Kontakt zu den Wunschkunden wären. Im Zeitalter der Digitalisierung können wir diese Lücke schließen und unsere Wunschkunden kennenlernen, auch wenn wir keinen direkten persönlichen Kontakt zu ihnen haben, oft sogar besser, als es uns mit persönlichem Kontakt jemals möglich gewesen wäre. Wenn wir in den sozialen Medien Werbung schalten, dann können wir die Nutzer eingrenzen, denen diese Werbung gezeigt wird. Ein guter Startpunkt sind die Eigenschaften unserer Wunschkunden, wie wir sie im Service Design beschrieben haben. Die Plattformen erstellen dann auf Basis eines Algorithmus eine digitale Form der Persona unserer Wunschkunden, die auf die Werbung reagieren. Die digitale Persona wird mit Hilfe der Nutzerreaktionen ständig verfeinert. Daher braucht es heute auch keine blinkenden oder schrill leuchtenden Banner mehr. Passt das Verhalten der Nutzer zu dem Verhalten der digitalen Persona, bekommen sie die Werbung zu sehen. Passt ihr Verhalten nicht, werden sie auch nicht belästigt. Die Informationen kommen da an, wo sie auf Interesse stoßen. Für die Vermarktung von Leistungen ist das ein riesiger Schritt.

Nicht jeder hat ein Millionenbudget für Marketing. Mit diesen Mitteln kann aber jeder genau seine Zielgruppe erreichen, auch mit deutlich kleineren Budgets. Inzwischen gibt es eine ordentliche Auswahl an Werkzeugen, mit denen die Wirkung von Marketingaktivitäten in den sozialen Medien überwacht und gesteuert werden kann.

2.3.2 Experimentieren im Marketing

Jetzt geht es darum, die Geschichten zu diesen Informationen und Erkenntnissen zu erzählen. Geschichten sind es, die das Interesse der Kunden wecken. Wir haben im letzten Abschnitt schon gesehen, dass sich die benötigten Inhalte je nach Kundensituation unterscheiden und so sind auch die Geschichten sehr unterschiedlich.

In der Aufmerksamkeitsphase müssen wir das Problembewusstsein des Interessenten verstärken. Er befindet sich frei nach John P. Kotter in der ersten von acht Phasen seines Veränderungsprozesses. Hier muss demnach ein Bewusstsein für die Dringlichkeit geschaffen werden. Dazu bieten sich folgende Formen für die Geschichte an:

1. **Studie**
   Eine Studie beschreibt die Situation, gibt Informationen zu Auswirkung und Verbreitung des Problems und setzt das Problem in einen größeren Kontext. Die Studie nennt Zahlen, Daten und Fakten. Die Bewertung des Sachverhalts setzt einen Rahmen, der dem Interessenten eine Bewertung ermöglicht.

2. **Infografik**
   Die Infografik ist eine gerade in sozialen Medien beliebte Form, Zahlen, Daten und Fakten in einen Kontext zu stellen und so wie bei einer Studie einen Rahmen für die Problembewertung zu geben. Die visuelle Aufbereitung der Erkenntnisse ermöglicht den Interessenten einen leichteren Zugang zu den Informationen.

3. **Blog**
   Blogs können das Problem über wahrnehmbare Symptome verdeutlichen. Abseits von Zahlen und Fakten können so Motive und Werte der Interessenten angesprochen werden.

In dieser Phase ist es entscheidend, dass der Kunde bei seiner Recherche auf das Angebot des Dienstleisters trifft. Dazu sind verschiedene Maßnahmen möglich.

Klassische Maßnahmen sind zum Beispiel:

- Plakatwerbung
- Anzeigen in Zeitungen und Magazinen
- Fernsehwerbung
- Messeauftritte
- Konferenzen

Maßnahmen des Online-Marketings sind:

- Suchmaschinenoptimierung (SEO)
- Suchmaschinenanzeigen (SEA)
- Social-Media-Kampagnen einschließlich Anzeigen bei Facebook, LinkedIn, Instagram, YouTube etc.

Die Interessephase des Kunden

In dieser Phase hat der Kunde sich schon für das Angebot des Dienstleisters interessiert und dies durch die bereitwillige Übergabe seiner Kontaktinformationen bekundet. Dadurch wird es jetzt möglich, den Kunden gezielt und direkt anzusprechen, zum Beispiel per E-Mail. Auch die Interaktion mit einem Chatbot auf der Webseite ist eine Option.

Sicher bieten sich noch weitere Möglichkeiten, Interessenten mit nützlichen Informationen zu versorgen. Es gibt an dieser Stelle noch kein Richtig oder Falsch. Wichtiger als die Frage nach der besten Form ist die Frage danach, welche Informationen bereitgestellt werden und wie die gewählte Geschichte beim Kunden ankommt.

Da diese Phase je nach Kunde und Art der Lösung durchaus auch lang sein kann, kommt es darauf an, den Kontakt zum Kunden nicht abreißen zu lassen. Eine Möglichkeit dazu ist eine sogenannte „Drip"-Kampagne. Dabei werden verschiedene nützliche Informationen zur Lösung zum Beispiel per E-Mail über einen längeren Zeitraum an den Kunden versendet. Wenn diese Kampagnen gut auf die Bedürfnisse des Kunden abgestimmt sind, empfindet der Kunde das als nützlich und hilfreich. Der Grat zwischen hilfreicher Information und einer unerwünschten Mailflut ist allerdings schmal.

Entscheidend ist es, die richtigen Maßnahmen auf den richtigen Kanälen zur richtigen Zeit und mit der richtigen Botschaft durchzuführen. Wer sich hier nicht verzetteln will, braucht eine Marketing-Strategie – auch, weil in der Regel mehrere Kanäle parallel genutzt werden.

Zu einer modernen Marketing-Strategie gehören folgende Komponenten:

- ansprechende Webseite (Landingpage),
- Suchmaschinenoptimierung (SEO),
- Suchmaschinenanzeigen (SEA),
- Content Marketing,
- E-Mail-Marketing,
- Social-Media-Marketing.

2.3.3 Verifizieren im Marketing

Die Wirkung der Marketingmaßnahmen, ob klassisch oder Online-Marketing, sollte kontinuierlich überprüft werden. Keiner ist davor gefeit, Fehler zu machen. Schnell kann eine Werbekampagne zu unerwarteten Reaktionen führen. Das kann positiv sein, wenn ein Post „viral" geht. Die Reaktionen können aber auch in Hohn und Spott umschlagen oder sich sogar zu einem Shitstorm entwickeln.

Beim Monitoring der Marketingmaßnahmen geht es aber nicht nur um diese Extreme, auch weil sie eher selten sind. Viel wichtiger ist es, die wirkungsvollen Maßnahmen von den wirkungslosen oder wirkungsarmen Maßnahmen zu unterscheiden und konsequent auf die Maßnahmen zu setzen, die die höchste Aufmerksamkeit erzeugen.

Die Werkzeuge dazu sind:

- **Split-Tests**
  Bei Split- oder A/B-Tests werden alternative Posts, Mailings oder andere Maßnahmen parallel einem initialen Empfängerkreis präsentiert. Der Vergleich der Wirkung lässt einen Wettbewerb der Maßnahmen entstehen, beim dem die wirkungsvollere Maßnahme gewinnt. Bei geschickter Auswahl der getesteten Variablen, also der Unterschiede der verglichenen Maßnahmen, kann die Kundenansprache schnell auf die Wunschkunden optimiert werden.

- **Funnel metrics**

  Das Monitoring relevanter Kennzahlen entlang der Customer Journey ist Voraussetzung für die Bewertung der Wirksamkeit einzelner Maßnahmen und ganzer Kampagnen. Wie wir noch in Kapitel 5 *„Relevante Ergebnisse zählen"* sehen werden, kommen hier der Auswahl der Kennzahlen und dem besonnenen Umgang mit den Ergebnissen eine große Bedeutung zu. Hohe Klickraten allein lassen noch nicht auf den Erfolg schließen.

- **Lead scoring**

  Auf den verschiedenen Stationen der Kundenreise können Informationen zu einzelnen Interessenten gesammelt werden. Diese Informationen erlauben die Bewertung der Kundensituation und damit die gezielte Ansprache einzelner Interessenten durch den Vertrieb, sobald der Interessent bereit dazu ist. Diese Bereitschaft wird durch einen Lead score ermittelt.

■ 2.4 Verkauf

> *„Wir lassen uns im Allgemeinen besser durch Gründe überzeugen,*
> *die wir selbst gefunden haben, als durch solche, die uns andere nennen."*
>
> Blaise Pascal, Les Pensées

Das Marketing soll Aufmerksamkeit erzeugen und das erfolgt immer in einer 1:n-Ansprache. Ob in der Form des Marktschreiers, der mit seinen Angeboten Kunden an seinen Verkaufsstand lockt, mit Plakaten, Anzeigen, Messeständen oder etwas leiser mit den Mitteln des Inbound Marketing. Irgendwann kommt aber der Moment, in dem eine direkte Ansprache eines Kunden erforderlich ist. Jetzt geht es nicht mehr darum, Aufmerksamkeit zu erzeugen, sondern um den Kaufabschluss. Das Interesse des Kunden haben wir schon. Vermutlich hat er schon Informationen auf unserer Webseite gefunden. Im besten Fall konnten wir ihm spezifische Informationen zu seinem Problem und unserem Lösungsangebot bereitstellen. Jetzt wollen wir unsere Leistungsfähigkeit unter Beweis stellen. Dazu müssen wir eine persönliche Beziehung und vor allem Vertrauen aufbauen.

Wenn die angebotene Leistung einzigartig ist, geht es vermutlich nur noch um die Konditionen und Fragen der Inanspruchnahme der Leistung. In der Regel müssen wir uns jedoch gegen Wettbewerber durchsetzen und unsere Überlegenheit gegenüber ihrem Angebot argumentieren.

Wenn Leistungen vollständig online angeboten werden, dann besteht der Verkauf nur aus ein paar Klicks auf der Webseite des Anbieters oder in einem Onlineshop. Hier findet keine persönliche 1:1-Kommunikation statt. In anderen Fällen steht der Verkauf in direkter Verbindung mit der Leistungserbringung. In diesen Fällen wird die Kaufabwicklung Teil der Leistungserbringung. Ein separater Vertrieb ist nicht erforderlich.

Einen klassischen Vertrieb finden wir fast nur im B2B-Geschäft. Hier haben wir es dann aber auch fast immer mit komplexen Verkaufsvorhaben mit mehreren Stakeholdern zu tun. Jeder Stakeholder muss hier individuell adressiert werden.

Die Reise vom Interessenten zum aktiven Kunden wird nicht umsonst oft als Trichter beschrieben, in dem die Anzahl der Interessenten immer weiter abnimmt, je weiter die Reise fortgeschritten ist. Wir verlieren auf dem Weg Interessenten aus den unterschiedlichsten Gründen und es ist sinnvoll, diese Verluste so gering wie möglich zu halten. Wir müssen uns aber klar machen, dass die Gründe nicht immer bei uns liegen. Interessenten springen ab, weil das Problem, welches wir lösen, für sie nicht oder nicht mehr relevant ist. Einigen wird unsere Lösung nicht gefallen oder eine andere gefällt ihnen besser. Ja, es wird Interessenten geben, die mit uns als Dienstleister nicht klarkommen, bei denen wir nicht das nötige Vertrauen aufbauen können, weil ihre Werte oder Glaubenssätze nicht mit unseren übereinstimmen. Es werden am Ende nur die Interessenten zu unseren Kunden, die in allen Phasen ihrer Kundenreise mit uns kompatibel sind.

Können wir es da riskieren, den Zyklus von informieren, experimentieren und verifizieren aufrechtzuhalten? Hier muss doch alles beim ersten Mal sitzen, oder nicht? Unsere Kunden erwarten selbstverständlich Kompetenz und Professionalität auch und gerade vom Vertrieb. Sie erwarten aber auch Flexibilität und Einfühlungsvermögen. Es ist daher wichtig, die Situation des Kunden zu erfassen (Informieren), die Optionen für eine Reaktion zu kennen und umzusetzen (Experimentieren) und die Reaktion des Kunden einzufangen (Verifizieren). All das kann in einem einzelnen Verkaufsgespräch komprimiert sein.

2.4.1 Informieren im Verkauf

In der Verkaufsphase haben wir die Möglichkeit, auf die individuellen Wünsche unserer Kunden einzugehen. Auch wenn der Service stark standardisiert ist, um die Erbringung zu vereinfachen und die Qualität sicherzustellen, erwarten Kunden hier eine gewisse Flexibilität. Dadurch kann der Nutzen beim Kunden verbessert werden. Im Verkauf ist es entscheidend, die Ziele der Stakeholder und ihre Motive zu verstehen und darauf einzugehen.

Die Stakeholder haben Bedürfnisse auf der Sachebene und der emotionalen Ebene.

Auf der Sachebene spielen folgende Aspekte eine Rolle:

1. *Funktionalität*
   Die Eigenschaften und Funktionen der Lösung müssen dem Problem des Stakeholders zugeordnet werden. Kunden entscheiden hier über die Eignung der Lösung.

2. *Qualität*
   Messbare Leistung und definierte Leistungsniveaus sind für den Kunden ein Unterscheidungskriterium.

3. *Leistungsfähigkeit*
   Die Fähigkeit des Dienstleisters wird in Form von Zertifikaten und Referenzen nachgewiesen.

4. *Garantien*
   Gerade in Bezug auf Schnelligkeit (Lieferzeit), Verfügbarkeit, Sicherheit etc. gelten Garantien bis hin zur Erstattung von Entgelten.

5. *Innovation*
   Anders als bei Produkten steht der Investitionsschutz hier nicht im Vordergrund, Kunden denken hier jedoch in der Regel langfristig und suchen nach Leistungen, die den zukünftigen Anforderungen gewachsen sind.

Die meisten Kaufentscheidungen werden auf der emotionalen Ebene getroffen. Wie wir aus den Arbeiten von Dan Ariely (Denken hilft zwar, nützt aber nichts) wissen, sind unsere Entscheidungen zumeist emotionale Entscheidungen [Ariely, 2015]. Unsere Ratio dient dabei lediglich als eine Art Pressesprecherin, die diese Entscheidung rational erklären soll. Daher sollte im Gespräch mit den Stakeholdern sehr viel Wert auf die emotionale Seite der Entscheidungsfindung gelegt werden. Die emotionale Seite wird geprägt durch die Motive jedes einzelnen Stakeholders. Kaufentscheidungen können positiv beeinflusst werden, wenn die Motive der einzelnen Stakeholder angesprochen werden.

6. *Macht*
   Machtorientierte Menschen werden eine Leistung danach bewerten, ob sie ihre Macht steigern oder schmälern wird.

7. *Status*
   Statusbewusste Menschen suchen implizit immer nach größerem Ansehen sowohl innerhalb als auch außerhalb des Unternehmens.

8. *Sicherheit*
   Sicherheitsbewusste Menschen brauchen eine Rechtfertigung für ihre Entscheidung.

9. *Bequemlichkeit*
   Der Grad der persönlichen Mitwirkung und des eigenen Beitrags eines Stakeholders kann eine Entscheidung beeinflussen.

10. *Zugehörigkeit*
    Menschen mit einem starken Unabhängigkeitsmotiv suchen eher eine Alleinstellung, während beziehungsorientierte Menschen den Konsens in der Gruppe bevorzugen. Bei entsprechender Zusammensetzung der Gruppe der Stakeholder kann die Meinung anderer eine große Rolle spielen.

11. *Anerkennung*
    Menschen, die nach Anerkennung durch andere suchen, neigen dazu, ihre Entscheidung davon abhängig zu machen, für welche Wahl sie die größere Anerkennung bekommen. Auf jeden Fall werden sie sich gegen ein Scheitern wappnen und schon vor der Entscheidung nach Rechtfertigungen suchen.

Auf der Sachebene muss eine Antwort auf die Herausforderungen des Kunden gegeben werden. Diese Antwort muss die Leistungen in Beziehung zu den größten Schmerzen des Kunden setzen und die zu erwartenden Ergebnisse deutlich machen.

Auf der emotionalen Ebene besteht die Aufgabe darin, für jeden Stakeholder die Erfüllung seiner individuellen Bedürfnisse durch die Leistung darzustellen. Das ist die eigentliche Herausforderung im Verkauf.

SPIN-Fragetechnik

Wer fragt führt. Die SPIN-Fragetechnik ist gleichsam ein Fahrplan durch die Entscheidungsmechanismen des Kunden.

SPIN ist eine systematische Fragetechnik, die nicht nur tiefe Einblicke in die Bedürfnisse des Kunden erlaubt, sondern den Kunden zu einer Kaufentscheidung leitet. **Situationsfragen** klären mit Fakten und Zahlen die Situation des Kunden. Mit **Problemfragen**, die die Schwierigkeiten und Probleme aus der Situation aufdecken, wird vom Kunden der Bedarf bewusst gemacht, indem er die Wünsche nennt, die seiner Alltagsproblematik entspringen. **Implikationsfragen** machen den Schmerz der Situation deutlich spürbar und **Nutzenfragen** zeigen den Ausweg aus dieser Lage auf, was schließlich zum Kaufabschluss führen soll.

Mit den Antworten liefert der Kunde die Argumente für seine Entscheidung selbst. Es geht hier also nicht darum, mit den besten Argumenten zu überzeugen, sondern einen Zugang zur Denkwelt des Kunden zu finden. Je besser die Fragen den Kunden anregen, seine Situation zu hinterfragen und die Lösung in seine Gedanken zu integrieren, desto wahrscheinlicher wird es, dass er sich für unsere Leistungen entscheidet.

Stakeholder-Analyse

An komplexen Verkaufsprozessen sind auf Kundenseite oft viele Personen in unterschiedlichen Rollen beteiligt. Einkäufer und Fachbereiche sind dabei oft nur Prüfer, die Einfluss auf die Kaufentscheidung haben, sie aber nicht treffen können. Daher ist es von fundamentaler Bedeutung, den PaPo, also den Entscheider mit Pain und Power, zu identifizieren und zu überzeugen.

Eine bewährte Methode ist die Einschätzung der Stakeholder nach folgenden Attributen:

1. *Funktion*
   Einkauf, Fachbereich, Rechtsbereich, Datenschutz etc.

2. *Rolle im Verkaufsprozess*
   z. B. Prüfer, Entscheider, Sponsor

3. *Macht*
   Einschätzung der Tendenz zur Machtausübung

4. *Fachliche Ziele*
   (Offizielle) Interessen im Unternehmenskontext

5. *Persönliche Ziele*
   (Versteckte) persönliche Motive

6. *Haltung*
   Einstellung des Stakeholders zum Vorhaben und zum Dienstleister

Customer Relationship Management

CRM dient dem Aufbau und der Pflege der Beziehung zum Kunden. Da Kundenkontakte an verschiedenen Kontaktpunkten und mit unterschiedlichen Personen stattfinden können, ist eine systematische Aufbereitung der Kontakte, getroffener Vereinbarungen und anderer Ergebnisse, wie Kaufverhalten, Beschwerden, Lob etc. hilfreich. Je besser wir unsere Kunden und ihr persönliches Umfeld kennen, desto besser und individueller können wir darauf reagieren.

Die Informationen, die wir im Online-Marketing häufig nutzen, gehören den Anbietern – Facebook, Google, Amazon oder andere. Der Zugang zu diesen Informationen ist oft nur über den Anbieter und innerhalb seiner Plattform möglich. Kundeninformationen, die wir mit unseren eigenen Mitteln des Customer Relationship Managements sammeln, sind für uns uneingeschränkt nutzbar. Daher ist es von unschätzbarem Wert, eigene Informationen zu sammeln.

2.4.2 Experimentieren im Verkauf

Gerade im Verkauf kommt es auf individuelle Interaktionen an. Jede Kundensituation ist anders. Die Stakeholder haben andere Bedürfnisse, sie achten auf andere Details und auch die Rahmenbedingungen für einen Kauf sind unterschiedlich. Daher kommt es im Verkauf darauf an, die individuelle Situation zu erfassen und darauf zu reagieren. So informativ vorbereitete Verkaufspräsentationen auch sein können, sie gehen doch meistens an den Bedürfnissen der Kunden vorbei. Eine flexible Vorgehensweise auf Basis der bereits gesammelten Informationen hat sich hier bewährt. Das gilt für die ersten Kontakte am Telefon und vertiefende persönliche Gespräche über die Angebotserstellung und die Angebotspräsentation bis hin zu den Vertragsverhandlungen und dem Kaufabschluss.

Call-/Contact-Skript

Für die Ansprache einzelner Kunden empfiehlt sich die Dokumentation eines Contact-Skripts. Es dient als roter Faden für das Gespräch. Im Gespräch können dann die einzelnen Teile des Gesprächs variieren.

1. *Ansprache und Rapport*
   Zu Beginn eines Gesprächs bauen wir Vertrauen zu unserem Gesprächspartner auf. Dank unserer Spiegelneuronen sind wir in der Lage, ein Art Finetuning unserer Kommunikation vorzunehmen. Im günstigsten Fall gleichen wir Wortschatz, Tonlage, Lautstärke etc. dem Gesprächspartner an. Das passiert völlig unbewusst. Bei einem persönlichen Gespräch kommen noch Gestik und Mimik, also die Körpersprache, dazu. Es ist hilfreich, im Gespräch auf diesen Rapport zu achten, so lässt sich erkennen, ob sich der Gesprächspartner wohlfühlt oder nicht.

2. *Fragetechnik*
   Mit Fragetechnik können jetzt die Anforderungen und Bedürfnisse des Kunden herausgearbeitet werden. Die Aufmerksamkeit des Kunden haben wir schon. Jetzt geht es darum, Anknüpfungspunkte an seine konkreten Probleme und Bedürfnisse zu finden.

3. *Umgang mit möglichen Fragen und Einwänden*
   Wir können Vertrauen aufbauen, wenn wir auf Fragen und vor allem auf Einwände vorbereitet sind. Wenn eine passende Antwort gerade nicht zur Verfügung steht, werden die Fragen notiert und später geklärt. Es ist es ein Zeichen von Souveränität, Wissenslücken einzugestehen. Es gibt uns darüber hinaus einen konkreten Anlass zum erneuten Kundenkontakt.

4. *Identifizieren von Motiven*
   Wir können die Stakeholder nicht direkt nach ihren versteckten Bedürfnissen fragen. Die Wahrscheinlich ist hoch, dass unseren Stakeholdern diese Motive ohnehin nicht bewusst sind. Daher müssen wir aktiv nach entsprechenden Indikatoren suchen. Hier ist Menschenkenntnis gefragt. Entsprechende Ansätze finden sich in der NLP-Methodik oder beim Reiss Motivation Profile (RMP) [Reiss, 2009].

5. *Gesprächsabschluss*
   Am Ende eines jeden Gesprächs mit dem Kunden sollte eine konkrete Handlungsaufforderung (Call to action, CTA) stehen. Entscheidend ist hier, die Kommunikation nicht abreißen zu lassen.

Stakeholder-Management

Die gezielte Ansprache einzelner Stakeholder sollte in einem Maßnahmenplan gebündelt werden. Entscheidend ist, dass die Botschaften herausgearbeitet werden, mit denen die Stakeholder überzeugt werden können. Die Botschaften adressieren dabei ihre jeweiligen Motive.

> *„Menschen kommen fast immer zu ihren Überzeugungen auf Basis dessen,*
> *was sie attraktiv finden, nicht aufgrund von Beweisen."*

Blaise Pascal, De l'art de persuader (1658)

Angebot und Angebotspräsentation

Ein gutes Angebot beantwortet vier Kernfragen:

1. *Warum?*
   Hier zeigt der Dienstleister kurz und prägnant den Nutzen für den Kunden auf. Er beantwortet damit die Frage, warum der Kunde gerade diese Leistung in Anspruch nehmen sollte, und die Frage, warum ausgerechnet von ihm.

2. *Was?*
   Das Angebot muss selbstverständlich eine Beschreibung der Leistungen enthalten. Hier werden typischerweise die Leistungen, Qualitätsparameter, Zeitplanung und weitere relevante Leistungsmerkmale beschrieben.

3. *Wie?*
   Neben dem Vorgehensmodell oder Ablauf der Leistung müssen die Rahmenbedingungen der Leistungserbringung definiert sein.

4. *Was habe ich davon?*
   Da diese Frage für jeden Stakeholder unterschiedlich beantwortet werden muss, fließen hier die Botschaften aus dem Stakeholder-Management ein.

Jede dieser Fragen kann für den einen Kunden anders beantwortet werden als für einen anderen, auch wenn sich die Leistung inhaltlich nicht unterscheidet. Das liegt vor allem daran, dass die Kundensituationen unterschiedlich sind und daher unterschiedliche Aspekte priorisiert werden. Darüber hinaus besteht in der Angebotspräsentation die einzigartige Chance, die versteckten Bedürfnisse der Stakeholder zu adressieren. Im persönlichen Gespräch kann auf verschiedene Bedürfnisse und Motive individuell reagiert werden.

2.4.3 Verifizieren im Verkauf

Wie wir gesehen haben, sind Verkaufssituationen sehr individuelle Aufgabenstellungen. Daher spielen Empathie und Flexibilität in der Situation eine große Rolle. Die Überprüfung der eigenen Leistungen im Verkauf erfolgt in der Regel unmittelbar im Experiment durch Feedback des Kunden in den einzelnen Phasen des Verkaufs:

1. Nachfrage im Erstgespräch. Bereits im ersten Gespräch mit dem Kunden sollte Feedback vom Kunden eingeholt werden. Es ist wichtig zu verstehen, ob die Informationen hilfreich, die Lösung adäquat und das weitere Vorgehen hinreichend transparent sind.

2. Nachfassen nach Übergabe des Angebots

3. Feedback der Stakeholder

4. Nachfrage zur Entscheidung

5. Sowohl bei der Angebotspräsentation als auch nach der Auftragserteilung oder auch einer Absage sollte Feedback der Stakeholder eingeholt werden. Dabei ist es entscheidend, die Entscheidungsgründe der Stakeholder zu hinterfragen. Die Antwort „Der Preis hat nicht gestimmt" ist selten richtig und nie hilfreich.

Da die meisten Einschätzungen hier sehr subjektiv sind, ist eine „unabhängige" Überprüfung sinnvoll.

Daher sollten neben dem direkten Feedback des Kunden weitere Checks vorgenommen werden. Dazu gehören:

1. *Peer-Review*
   Im Gespräch mit einem Kollegen lassen sich Annahmen hinterfragen und die gewählten Botschaften optimieren. Oft genügt es schon, die Kundensituation anderen zu erläutern, um Lücken und unsichere Annahmen zu entlarven.

2. *Gewonnen/Verloren-Analyse*
   Durch das Review der gewonnenen und verlorenen Angebote können systematische Fehler im Angebotsprozess erkannt und vermieden werden. Grundlage hierfür ist allerdings eine adäquate Dokumentation der Verkaufsvorgänge.

■ 2.5 Leistung

> *„Exzellenz ist eine Kunst, die durch Training und Gewöhnung erlangt wird. Wir handeln nicht richtig, weil wir eine Tugend oder Exzellenz haben, sondern wir haben beides, weil wir richtig gehandelt haben. Wir sind, was wir wiederholt tun. Exzellenz ist also keine Tat, sondern eine Gewohnheit. Es ist leicht, etwas gut zu machen, aber es ist nicht leicht, eine beständige Gewohnheit zu entwickeln, so zu handeln."*
>
> Aristoteles

Nach der Entwicklung großangelegter Marketingkampagnen und intensiver Interaktion mit dem Kunden im Verkauf, kommt mit dem Beginn der Leistung der Moment, in dem der Dienstleister seine Leistungsfähigkeit zeigen kann und Nutzen für den Kunden stiften soll. Jetzt ist doch mal genug zugehört. Die Welt des Kunden haben wir doch jetzt verstanden und wir sind auf seine Bedürfnisse eingegangen oder etwa nicht?

Der Moment, in dem ein Nutzer die beauftragte Leistung erhält, ist der Moment, in dem sich die Spreu vom Weizen trennt. Genau in diesem Moment muss die Leistung stimmen. Wie wir schon an verschiedenen Stellen gesehen haben, kommt es hier nicht nur auf die Leistungsqualität an, sondern auch und vor allem auf das Erlebnis des Nutzers (User Experience). Letztere wird durch die individuelle Wahrnehmung im Moment der Leistungsabnahme bestimmt. Dazu gehören auch die kleinen individuellen Reaktionen auf konkrete Wünsche des Nutzers. Begeisterung kann entstehen, wenn das Erlebnis ganz persönlich auf den Nutzer zugeschnitten ist. Die Personalisierung der Leistung muss dabei im Rahmen des geplanten

Standards und der definierten Leitplanken bleiben, andernfalls lässt sich die Qualität nicht oder nur schwer sicherstellen.

Im B2B-Geschäft kommt noch eine Komplikation dazu. Kunde und Nutzer sind nicht die gleiche Person. Die Interessen und Bedürfnisse des Nutzers können sich daher von den Bedürfnissen des Kunden unterscheiden. Während der Dienstleister im Verkauf die Bedürfnisse des Kunden adressiert hat, muss er jetzt die Bedürfnisse der Nutzer erfüllen. Dabei verschieben sich nicht selten Prioritäten und Qualitätserwartungen. Der Dienstleister ist hier insbesondere beim Management der Erwartungen gefordert.

2.5.1 Informieren in der Leistung

Wir können die Leistungen im Service in fünf Aufgabenbereiche gliedern:

1. Erfüllen von Anfragen

2. Beseitigen von Störungen

3. Vereinbaren zusätzlicher Leistungen

4. Reagieren auf Sonderwünsche

5. Reagieren auf Beschwerden

Jede dieser Aufgaben beginnt mit einer Aufnahme von Informationen zur konkreten Situation des Kunden oder Nutzers. Ähnlich wie im Verkauf ist ein Gesprächsleitfaden für die Ermittlung der Nutzerbedürfnisse hilfreich. Die Aufnahme dieser Information kann durch Dialogskripte unterstützt werden. Dialogskripte geben dem Austausch mit dem Kunden Struktur und fördern ein zielorientiertes Gespräch. Je nach Art der Leistung kann ein Dialogskript sehr starr sein oder eher ein Leitfaden oder eine Checkliste, um die wichtigsten Fragen zu klären und nichts zu vergessen. Dazu nutzen wir die SALVE-Methode. SALVE ist ein strukturiertes Fragemodell, mit dem Aufgaben situativ erfasst und Ergebnisse vereinbart werden können.

- **Situation/Symptom**
  Die ersten Fragen zielen immer auf die wahrgenommene Situation des Kunden. Anforderungen, Störungen oder Bedürfnisse entstehen aus konkreten Situationen heraus.

- **Aufgabe**
  Die zu lösende Aufgabe wird im zweiten Schritt konkretisiert. Dazu wird die Situation analysiert. Bei Anforderungen dienen die Fragen dazu, die Lösungsoptionen einzugrenzen, bei Störungen soll die Ursache eingegrenzt werden.

- **Lösungsvorschlag**
  ragen zum Lösungsvorschlag lassen sich am besten mit den Implikationsfragen der SPIN-Methode vergleichen. Ziel ist es, eine geeignete Lösung zu finden. Dabei ist es oft entscheidend, dass der Kunde oder Nutzer die Lösung als geeignet versteht.

- **Verbindlichkeit**
  Nachdem eine Lösungsoption gefunden ist, brauchen wir eine Zustimmung oder Erlaubnis für die Umsetzung. Während die anderen Fragen dieser Methode offene Fragen sind, den Kunden also zum Dialog anregen sollen, ist diese Frage immer eine geschlossene Frage. Ohne eine klare Zustimmung können wir den letzten Schritt nicht gehen.

▪ **Ergebnis**

Das vereinbarte Ergebnis und die nächsten Schritte werden noch kurz zusammengefasst und damit ist der Dialog abgeschlossen. Gleiches geschieht, wenn wir Leistungen online oder an einem Automaten auswählen. Das Dialogskript spiegelt sich hier in der Benutzerführung (Menüs, Formulare, Dialogboxen) wider.

Anhand der gesammelten Informationen gestalten sich die Aktivitäten in den genannten fünf Aufgabenbereichen im Service.

1. **Erfüllen von Anfragen im Rahmen des vereinbarten Service**

   Anfragen initiieren die Leistungserfüllung. Wenn nicht schon mit dem Auftrag alle Leistungsparameter geklärt werden können, dann ist jetzt der Zeitpunkt gekommen, um diese Parameter zu vereinbaren. Der Kellner im Restaurant und die Rezeptionistin im Hotel stellen Gästen Fragen zu konkreten Wünschen und Leistungsvarianten, um die Leistung den individuellen Wünschen der Gäste anzupassen. Die Leistungen werden aus einem festen Leistungskatalog zusammengestellt.

2. **Beseitigen von Störungen**

   Die Analyse von Störungen ist oft ein schwieriges Thema. Auf der einen Seite brauchen wir möglichst viele genaue Informationen zur Störung, um sinnvoll reagieren zu können. Auf der anderen Seite ist aber der Kunde oder Nutzer oft gar nicht in der Lage, unseren Informationsbedarf zu decken, weil er oder sie sich gar nicht mit den Details des Service befassen will oder schlichtweg keine Expertise hat. Ein Dialogskript sollte daher den Erfahrungshorizont des Nutzers berücksichtigen.

3. **Vereinbaren von Leistungserweiterungen (up selling)**
   und weiterer Leistungen aus dem Portfolio (cross selling)

   Während der Leistungserbringung ergeben sich zahlreiche Möglichkeiten für den Dienstleister, zusätzliche Bedarfe des Kunden zu identifizieren und diese für den Verkauf weiterer Leistungen zu nutzen. Neben der Chance auf zusätzlichen Leistungsumsatz geht es dabei vor allem darum, die Erwartungen des Kunden an die Leistung zu erfüllen. Kunden haben nicht immer die Grenzen der Leistung präsent und sind dankbar für eine angebotene Ergänzung. Der Verkauf von zusätzlichen Leistungen während der Leistungserbringung ist die leichteste Art des Verkaufs. Das sollte jedoch gut vorbereitet sein.

4. **Reagieren auf Sonderanforderungen des Kunden,**
   außerhalb des definierten Service

   Kein Service ist so durchdacht und vollständig, dass Kunden keine Sonderwünsche haben. Sonderwünsche sind Leistungen, die der Dienstleister eben nicht angebots- und lieferreif bereitstellen kann. Manche Sonderanforderungen können durch Rekombination bestehender Leistungen dargestellt werden oder in anderer Weise auf bestehende Leistungen zurückgeführt werden. Wenn das nicht gelingt, dann ist ein guter Prozess zur Bewertung und Entscheidung über die Leistung notwendig.

5. **Reagieren auf Beschwerden**

   Niemand ist scharf auf Beschwerden, zumal diese oft eher emotional vorgebracht werden. Auch wenn es oft schwerfällt, in diesen Situationen sachlich zu bleiben, ist gerade ein guter Umgang mit Beschwerden ein Mittel der Kundenbindung. Eine gute Hilfe bietet die im folgenden Abschnitt beschriebene LEARN-Methode.

2.5.2 Experimentieren in der Leistung

Während des Designs haben wir den Service mit all seinen Eigenschaften, Leistungsmerkmalen und Abläufen definiert und durch einige Iterationen zur Marktreife gebracht. Eigentlich sollten wir jetzt einfach nur tun, was wir geplant haben. In der Praxis brauchen wir hier jedoch ein gutes Gespür für die Situation, um auf die vielen kleinen Dinge reagieren zu können, die eben nicht so oder nicht so detailliert geplant wurden. Solche Varianzen können in der Regel gut durch die Kompetenz der Mitarbeiter abgefangen und im Rahmen der Leistungserbringung oft direkt umgesetzt werden. Es ist aber immer darauf zu achten, ob die Änderungen den gesamten Service stören oder gar behindern. Derartige Veränderungen sollten dann einem Änderungsmanagement unterliegen. Das kann informell geschehen, wenn die Umgebung, in der der Service erbracht wird, klein ist und Nebenwirkungen der Veränderung überblickt werden können. Je größer die Umgebung ist, desto stärker sollte der Änderungsprozess formalisiert sein, weil mit der Umgebung in der Regel auch die Anzahl der Wirkbeziehungen wächst. Dann müssen Schnittstellen und der Einfluss auf andere Services und Verfahren berücksichtigt werden.

Typischerweise sind es aber eher kleine Dinge, die hier einfach auch mal ausprobiert werden sollten. Dazu gehören kleine Veränderungen der Kundenansprache, Optimierungen im Ablauf und die Anpassung des Kundenerlebnisses, um auf akute oder veränderte Bedürfnisse zu reagieren.

Wir erleben in der Praxis der Serviceerbringung auch immer wieder Situationen, in denen die Kunden nicht mit unserer Leistung einverstanden sind und sich beschweren. Der richtige Umgang mit diesen Beschwerden ist nicht nur eine Frage der Kundenzufriedenheit, sondern auch eine Möglichkeit, Chancen zu ergreifen. Dabei kann das LEARN-Modell eingesetzt werden. Es hilft, mit einer oft emotional aufgeladenen Situation souverän umzugehen. LEARN steht für Listen (Zuhören), Empathize (Mitgefühl zeigen), Apologize (Entschuldigen), React (Reagieren), Now (unmittelbar).

- **Listen**
  Wenn Kunden Beschwerden vortragen, dann empfiehlt es sich, genau hinzuhören und nachzufragen. Es ist wichtig, den Hintergrund der Beschwerde zu verstehen, und zwar aus der Sicht des Kunden. Der Kunde ist unzufrieden und will diese Unzufriedenheit loswerden. Durch aktives Zuhören können wir eine Verbindung zu ihm/ihr und der Situation aufbauen. Erst durch dieses Interesse wird der zweite Schritt wirkungsvoll.

- **Empathize**
  Das Mitgefühl ist entscheidend. Dadurch wechseln wir gleichsam die Seiten. Wir sind nicht länger Teil des Problems, sondern werden zur Chance auf eine Lösung. Doch Vorsicht! Menschen haben eine feine Antenne dafür, ob unser Mitgefühl echt ist oder nur im Skript steht. Durch das Interesse an der Situation und der Person wird Mitgefühl erst glaubhaft.

- **Apologize**
  Durch eine Entschuldigung erkennen wir die Verantwortung für die Unzufriedenheit des Kunden an. Das ist wichtig, weil wir dem Kunden so signalisieren, dass wir verstanden haben. Die Beschwerde ist angekommen.

- **React**
  etzt kommt es auf eine adäquate Reaktion an. Diese Reaktion soll einen Ausgleich für den wahrgenommenen Schaden schaffen. Es können auch verschiedene Angebote gemacht werden. Es ist aber wichtig, dass die Reaktion verhältnismäßig ausfällt.

- **Now**
  Die Reaktion sollte unmittelbar erfolgen. Dadurch bleiben direkt ein positiver Eindruck und ein Gefühl des errungenen Erfolgs.

Dieser Umgang mit Beschwerden lässt sich im direkten Kundenkontakt genauso anwenden, wie in den sozialen Medien. In den sozialen Medien sollte allerdings darauf geachtet werden, dass der Prozess weitgehend in der direkten Kommunikation stattfindet, da schon kleine Kommunikationsfehler zu einem Shitstorm ausarten können.

2.5.3 Verifizieren in der Leistung

In vielen Unternehmen werden sogenannte Service-Review-Gespräche zwischen Dienstleister und Kunde durchgeführt, um Optimierungspotenziale zu erkennen und Maßnahmen zur Verbesserung zu vereinbaren. In diesen Service-Review-Gesprächen berichtet der Dienstleister die erreichte Servicequalität und eventuelle Abweichungen in Bezug auf die vereinbarten Qualitäten. Solche Gespräche lassen sich auch dazu nutzen, ein Stimmungsbild des Kunden zu ermitteln. Dabei werden allerdings oft nur die als schlecht wahrgenommenen Ereignisse diskutiert. Verbesserungen können hier nur punktuell angegangen werden.

Es hat sich daher bewährt, auf verschiedenen Ebenen (bewusst außerhalb der Vertriebsroutine) regelmäßige Gespräche zu etablieren. Dazu können und sollten alle Mitarbeiter ermutigt werden, die Kontakt mit dem Kunden haben, sei es im Vertrieb, im Kundendienst oder in der Abrechnung der Leistungen, vom Mitarbeiter bis zur Geschäftsführung.

Dabei müssen nicht immer seitenlange Fragebögen abgearbeitet werden, oft genügen ein paar Fragen am Rande eines Telefonats im Rahmen der regelmäßigen Kontakte mit dem Kunden. Entscheidend ist, dass der Kunde Gelegenheit bekommt, seinem Dienstleister seine Welt zu zeigen. Der Dienstleister muss hier mit offenem Ohr zuhören und mitschreiben. Auf diese Weise werden an allen Touchpoints mit dem Kunden konkrete Potenziale identifiziert. Die Herausforderung, die gesammelten Informationen zu konsolidieren, um ein komplettes Bild zu erzeugen, ist vergleichsweise klein.

Nehmen Sie Kritik und Feedback an und rechtfertigen Sie sich nicht. Die Meinung des Kunden, seine Wahrnehmung und seine Einschätzungen können die Leistungsfähigkeit des Dienstleisters entscheidend voranbringen, auch wenn es im ersten Moment weh tut. Sie bekommen hier gerade eine kostenlose Beratung. Das muss nicht kommentiert werden, ein „Danke" genügt.

- **Servicequalitätsreports**
  Nicht nur im B2B-Umfeld ist es sinnvoll, Servicequalitäten zu vereinbaren. Über sogenannte Service Level Agreements (SLA) werden dabei die Merkmale und die Mindestqualität dieser Merkmale vereinbart und die Interpretation dieser Merkmale über Kennzahlen definiert.

- **Kundenzufriedenheitsumfrage**
  Mit gezielten Fragen und einer Bewertung (z. B. Schulnoten 1 bis 6) kann die Zufriedenheit der Kunden mit verschiedenen Aspekten des Service ermittelt werden. Dabei muss der Aufwand für den Kunden geringgehalten werden, da die Teilnahmequote mit jeder zusätzlichen Frage sinkt.

- **Net Promotor Score (NPS)**

  Beim Net Promotor Score wird die Kundenzufriedenheit mit einer einzigen Frage ermittelt: „Würdest Du den Service weiterempfehlen?" Dadurch lässt sich zwar eine gute Einschätzung der Zufriedenheit erlangen, ein Hinweis auf Verbesserungspotenziale fehlt jedoch vollständig.

- **Kundendialog**

  Durch den gezielten und kontinuierlichen Dialog mit dem Kunden an allen Touchpoints ergibt sich ein gutes Bild von der Zufriedenheit der Kunden mit allen Teilen der Leistung. Die relevanten Fragen werden dabei in die Kundenkommunikation an den Touchpoints integriert, sodass ganz ohne Fragebögen ein umfassendes Bild von der Leistung aus Kundensicht entsteht. Diese Methode eignet sich besonders im B2B-Umfeld, da hier verschiedene Personen des Kunden und des Dienstleisters an den Touchpoints agieren.

- **Service Reviews**

  Service Reviews dienen im B2B-Geschäft in der Regel dazu, die erreichte Servicequalität und eventuelle Korrekturmaßnahmen zwischen dem Kunden und dem Dienstleister abzustimmen. Die Agenda eines Service Reviews ist typischerweise:

  1. Bericht zur Servicequalität

  2. Bericht besonderer Ereignisse

  3. Bericht zu erforderlichen Korrekturen und Verbesserungspotenzialen

  4. Abstimmung der Maßnahmen

  5. Statusbericht zu vereinbarten Maßnahmen aus früheren Service Reviews

  Es ist hilfreich, neben den vereinbarten Servicequalitäten auch über die Zufriedenheit des Kunden zu sprechen, weil sich auch daraus Maßnahmen ergeben können.

- **Social Listening**

  Wie wäre es, wenn wir den Gesprächen unserer Kunden lauschen könnten, genau in dem Moment, wo sie sich darüber unterhalten, wie toll Ihr Service gewesen ist und dass ihnen besonders die freundliche Mitarbeiterin an der Hotline aufgefallen ist. Wenn nur der umständliche Zahlungsablauf und die unflexible Reaktion auf diesen Sonderwunsch nicht gewesen wäre. Diese und weitere Informationen zu Ihrem Service bekommen wir, ob wir wollen oder nicht, heute meist in den sozialen Medien. Wie auch in persönlichen Beziehungen ist es hier wichtig, genau zuzuhören und gegebenenfalls nachzufragen, um tatsächlich aus den Erkenntnissen zu lernen.

■ 2.6 Community

Produkte und Dienstleistungen werden primär über ihren Nutzen für eine spezifische Kundengruppe wahrgenommen. Wir haben schon gesehen, wie wichtig dieser Nutzen für den Erfolg eines Produkts oder einer Dienstleistung ist. Kunden assoziieren Ihr Produkt oder Ihre Dienstleistung mit ihrem gewünschten Ergebnis und der Tatsache, dass Sie ihnen helfen, dies in irgendeiner Weise zu erreichen. Je besser wir die Welt des Kunden verstehen, desto besser gelingt es uns, überflüssige Merkmale und Funktionen zu identifizieren und einfach wegzulassen. Diese Reduktion auf den wesentlichen Nutzen zeichnet Unternehmen aus, die die Welt ihrer Kunden verstehen. Dafür gibt es zahlreiche Beispiele: Google hat die Funktionalität der Suche so weit reduziert, dass es nur noch eine Eingabezeile auf der Webseite gibt. Apple hat mit der Einführung der Gestik-Steuerung auf Schalter und Taster verzichtet. Amazon hat mit One-Click-Buy das Einkaufen im Internet drastisch vereinfacht. Die Liste der Vereinfachungen könnte ich noch lange fortsetzen.

Wenn wir Kunden emotional engagieren, dann sorgen wir über die Nutzenargumentation hinweg für Loyalität und Bindung. Einige Unternehmen erzeugen eine derartig starke emotionale Bindung, dass diese Emotionen allein ausreichen, um eine herausragende Marktstellung zu erreichen. Auch hierfür gibt es eine ganze Reihe von Beispielen. Red Bull erreicht mit dem Versprechen von Freiheit („Red Bull verleiht Flügel") ein Millionenpublikum. Marken wie Puma, Adidas, Nike etc. erreichen ihre Kunden beinahe ausschließlich über die emotionale Verbindung zu Erfolg. Axe bindet seine Kunden über das Versprechen von sexueller Anziehung.

Die ultimative Bindung entsteht aber erst durch den Aufbau von sozialem Kapital. Menschen haben ein großes Bedürfnis nach anderen Menschen. Den einen geht es dabei um die Zugehörigkeit, das Gefühl der Gemeinschaft, anderen wollen in einem exklusiven Kreis gesehen werden und Teil von etwas Besonderem sein. Kunden dabei zu helfen, soziales Kapital aufzubauen, scheint nicht gerade eine Aufgabe für ein wettbewerbsfähiges Unternehmen zu sein und dennoch ist es genau das, was erfolgreiche Unternehmen heute tun – nicht ganz selbstlos, aber mit Nutzen für beide Seiten.

Kunden und Interessenten sind offen für Informationen von Kunden und Kollegen. Sie suchen solche Informationen geradezu. Sie suchen nach Referenzen und schauen sich Bewertungen anderer an, wo immer sie können. Je besser wir uns darauf verstehen, unsere Kunden zu vernetzen und sie beim Aufbau von sozialem Kapital zu unterstützen, desto bereitwilliger werden sie Informationen mit anderen teilen.

Amazon hat es vorgemacht, als sie Kunden die Möglichkeit gaben, Rezensionen der Bücher zu veröffentlichen, die sie auf Amazons Website gekauft hatten. Inzwischen geht Amazon noch weiter, indem Top-Rezensenten mit eigenen Seiten ausgestattet werden und Abzeichen erhalten, um deren Ruf in der Buchkäufer-Community zu fördern.

Kundenbeiräte, in denen sich Kunden mit Erfahrungen, Feedback und Wünschen an das Produkt oder eine Leistung eines Unternehmens engagieren, gibt es seit Jahren und sind oft eine effektive Möglichkeit, Kunden zu binden und Leistungen zu verbessern. Einige Unternehmen wie SAP oder Microsoft gehen hier noch einen Schritt weiter. Durch den Aufbau von Nutzergruppen, in denen sich Kunden mit anderen Teilnehmern aus ihrer Branche austauschen können, bekommen sie tiefe Einblicke in die Probleme und Bedarfe dieser Branchen und haben so oft einen erheblichen Vorsprung bei der Lösung der drängendsten Probleme.

Dabei steht nicht die Vermarktung der bestehenden Produkte und Lösungen im Vordergrund, sondern die drängenden Probleme in der Branche. Während sich die Teilnehmer über ihre Herausforderungen und Erfahrungen austauschen und untereinander Netzwerke bilden, haben die Initiatoren einen exklusiven Einblick in die Gedankenwelt der Kundengruppe.

Communities haben also das Zeug dazu, aus Kunden Fans zu machen, die sich aus einer ganz eigenen Motivation heraus für das Unternehmen und seine Leistungen stark machen. Im Gegensatz zu den sozialen Netzwerken, in denen es um die Person und ihre Interaktion mit anderen Personen und Inhalten geht, steht bei einer Community das einende Thema im Mittelpunkt. Die Verbindung mit anderen, der Austausch von Informationen, die Teilnahme an Diskussionen und alle weiteren Aktivitäten erfolgen zielgerichtet im Hinblick auf dieses Thema.

Der Nutzen für die Kunden ergibt sich in folgenden Bereichen:

1. **Zugriff auf Erfahrungen, Unterstützung und Feedback von Peers**
   Jenseits der Marketingaussagen des Unternehmens bekommen die Teilnehmer in der Community Informationen und Erfahrungen von Anwendern aus erster Hand. Die Hilfsangebote der Peers haben nicht den oft unangenehmen Beigeschmack des Verkaufs.

2. **Anerkennung einer fachkundigen Gemeinschaft**
   Gerade bei speziellen Themen ist es oft schwierig, Anerkennung für das eigene Wissen oder die errungenen Erfolge zu bekommen. In der Community ist das viel eher möglich, weil alle über das Thema verbunden sind und die Erfahrungen oft sehr ähnlich sind.

3. **Exklusiver Zugang zu exklusiven Informationen und Aktionen**
   Die Teilnahme an Diskussionen und dem Austausch von Erfahrungen erlaubt es auch, Entwicklungen früh zu erkennen. Nicht selten werden hier auch exklusive Einblicke des Unternehmens gewährt. Auch Aktionen wie Messen, Konferenzen oder auch Vergünstigungen beim Leistungsbezug sind denkbar.

4. **Persönliches Karrierenetzwerk**
   Nicht zuletzt ist ein persönliches Netzwerk für die eigene Entwicklung von unschätzbarem Wert. Gerade, wenn es gelingt, sich in der Community einen Namen zu machen, kann das der eigenen Karriere zu einem deutlichen Schub verhelfen.

Auch der Dienstleister kann aus einer guten Community enormen Wert schöpfen. Dabei geht es hier nicht um einen weiteren Verkaufskanal, sondern um:

1. **Glaubwürdige Erfolgsgeschichten und Empfehlungen (direkt vom Kunden)**
   Beim Austausch untereinander wird zwar auch über Unzulänglichkeiten und Fehlleistungen des Dienstleisters gesprochen, die Teilnehmer würden sich aber kaum einer Community anschließen, bloß, um ihren Unmut loszuwerden. Anerkennung finden die Teilnehmer durch ihre eigenen Erfolge und die teilen sie in der Community mit anderen. Eine bessere Empfehlung kann ein Unternehmen nicht bekommen.

2. **Kundenbindung mit geringem Aufwand**
   Auch wenn Kunden gerade keinen akuten Bedarf haben, so bleiben sie über die Community im engen Kontakt. Das Unternehmen bleibt so im Gedächtnis und wird bei passenden Themen als Erstes angesprochen.

3. **Informationen zu neuen/geänderten Bedürfnissen/Chancen aus erster Hand**
   Die drängenden Probleme der Kunden werden in der Community diskutiert. Dadurch hat das Unternehmen immer einen Finger am Puls der Wunschkunden und kann direkt mit neuen oder geänderten Leistungen auf neue oder veränderte Bedürfnisse reagieren.

4. **Testgruppe**

Die Community bietet sich auch für schnelles Feedback an. So kann auf dem gesamten Entwicklungspfad, sowohl von neuen Leistungen als auch bei der Weiterentwicklung bestehender Leistungen, auf kompetente und bereitwillige Tester gezählt werden. Dadurch können Fehlentwicklungen weitgehend ausgeschlossen werden.

Kunden nehmen gerne an solchen Communities teil, wenn ihr Nutzen groß ist. Viele Kunden ziehen sich aber auch wieder zurück, wenn sie das Gefühl haben, in eine Art organisierte Kaffeefahrt hineingeraten zu sein, bei der das einzige Ziel der Verkauf weiterer Leistungen ist.

2.6.1 Informieren für die Community

Eine Community muss sorgfältig geplant und vorbereitet werden. Wir haben bereits unsere Wunschkunden identifiziert und kennen ihre Bedürfnisse. Für die Planung der Community kommt es jetzt darauf an, herauszufinden, welchen Nutzen unsere Wunschkunden von der Community erwarten.

Einige Kunden nutzen die Community aus Freude, Spaß, Interesse und Herausforderung. Sie suchen Rat und Informationen zum Thema, das auf der Community diskutiert wird oder haben Spaß daran, Erfahrungen, Meinungen und Wissen mit anderen zu teilen und sich auszutauschen. Die Kontaktpflege zu Peers steht im Vordergrund.

Andere Kunden sind motiviert durch den Einfluss, den sie auf andere in der Community ausüben können (Machtprinzip), suchen nach Integration in gewisse Gruppen (Zugehörigkeitsprinzip) und freuen sich über Erfolge und Fortschritt (Leistungsmotiv). Sie suchen nach Anerkennung und Feedback und nutzen die Gelegenheit zur Profilierung. Sie gebe gerne Antworten auf gestellte Fragen, stellen ihre Projekte in Blogbeiträgen vor oder schreiben Anleitungen für andere User.

Die Motive der Mitglieder können durch eine ganze Reihe von Formaten unterstützt werden. Die wichtigsten sind:

- **Hilfe und Unterstützung**
  Günstigen, aber sehr praktischen Support bekommen Kunden durch Q&A und HowTos, die von anderen Kunden oder Nutzern erstellt werden. Durch Möglichkeiten, die gegebenen Antworten als hilfreich zu markieren, werden die besten Tipps entsprechend gewichtet.

- **Wissen und Erfahrungen**
  Allgemeine Diskussionen zu definierten Themen (Threads) können über Foren realisiert werden. Darin können Kunden ihre Gedanken zum Thema zur Diskussion stellen und so ihren Horizont erweitern.

- **Anerkennung und Status**
  Durch das Erstellen von Artikeln ist es den Teilnehmern möglich, ihre Erfolge oder auch nur ihre Einschätzungen zu teilen und so Anerkennung in der Gruppe zu finden. Auf der anderen Seite sind solche Beiträge auch Inspiration und Wissensquelle für andere.

- **Meinungen und Trends**
  Mit Umfragen innerhalb der Community lassen sich rasch Meinungsbilder und Trends ermitteln. Dieses Content-Format hilft insbesondere bei stark kontroversen Themen, schnell Stimmungsbilder aufzufangen, und sorgt für Reichweite durch Sharing.

- **Innovation und Impulse**
  Durch öffentliche Pinnwände, auf denen Teilnehmer ihre Ideen, Projekte oder auch nur interessante Fundstücke teilen, entsteht eine Galerie mit allem, was sich Teilnehmer zu einem Thema merken und mit anderen teilen möchten. Pinnwände sind eine gute Quelle für Inspirationen und Impulse und können die Entwicklung innerhalb einer Community erheblich fördern.

- **Exklusivität und Status**
  Geschlossene Bereiche innerhalb der Community sind gleichsam der VIP-Bereich für Kunden. Das Unternehmen hat in einem solchen geschlossenen Bereich die Möglichkeit, besondere Incentives für die VIPs, Previews auf geplante Leistungen und andere hilfreiche Materialien anzubieten. Dabei ist es durchaus möglich, den VIP-Bereich kostenpflichtig zu gestalten.

Die Planung einer Community beinhaltet folgende drei Schritte:

1. **Positionierung der Community**
   Eine Community lebt davon, dass die Teilnehmer durch ein gemeinsames, einendes Thema verbunden sind. Das kann a) ein gemeinsames Ziel, b) eine gemeinsame Erfahrung oder c) ein gemeinsames Interesse sein. Kunden nehmen nur dann an der Community teil, wenn das Thema ihr Interesse weckt. Das Interesse allein genügt aber nicht. Die Community muss ihren Mitgliedern einen einzigartigen Nutzen bieten.

2. **Planung der Formate und der Struktur**
   Die Auswahl der oben genannten Formate richtet sich nach der Positionierung der Community. Struktur ist erforderlich, um die Interessen der Mitglieder zu bündeln und zu fokussieren. Der Nutzen für die Mitglieder sollte stets im Vordergrund stehen.

3. **Planung der Community-Kultur**
   Eine Community wird zu einem einzigartigen Ort der Begegnung, wenn die Mitglieder eine gemeinsame Kultur entwickeln. Dazu gehören eine gemeinsame Sprache, gemeinsame Überzeugungen und Gebräuche sowie gemeinsame Rituale und Verhaltensweisen. Hier sind zum einen Regeln, zum anderen aber auch eine aktive Moderation gefragt. Die Community-Kultur bestimmt maßgeblich, wie bestimmte Sachverhalte gedeutet werden.

2.6.2 Experimentieren in der Community

Um von Beginn an Kunden für eine Community zu begeistern, kommt es darauf an, dass die Community sofort Nutzen bietet. Daher sind zum Start vor allem Formate wichtig, zu denen das Unternehmen selbst, als Betreiber der Community, einen Beitrag leisten kann. Dazu bieten sich vor allem Artikel sowie Q&A und HowTos an, da für diese Formate Inhalt auch ohne Kunden erstellt und veröffentlicht werden kann. Die Community lebt von den Beiträgen, ohne Beiträge kein Austausch. Daher ist es essenziell, dass sowohl für den Start als auch zur Aufrechterhaltung des Dialogs redaktionelle Beiträge geteilt werden oder Diskussionen aktiv angestoßen werden. Selbst wenn die Community groß genug ist, um allein von Mitgliederbeiträgen getragen zu werden, kann es sinnvoll sein, die Diskussion durch Moderatorenbeiträge zu fokussieren.

Für potenzielle Mitglieder der Community gibt es zwei Hürden, zum einen das Auffinden der Community, zum anderen der Start des Dialogs. Die Community braucht gewissermaßen ihr eigenes Marketing, um von den interessierten Menschen gefunden zu werden. Dazu sollten zu Beginn Kunden aus dem Bestand persönlich eingeladen werden. Auch ein Launch-Event kann ein gutes Mittel sein, um eine vernünftige Mitgliederbasis zu erreichen. Je nach Zielsetzung und Kreis der gewünschten Mitglieder können aber auch Werbekampagnen in den sozialen Medien nützlich sein.

Um Mitglieder der Community zum Austausch anzuregen, sollte es gezielte Aufforderungen zur Interaktion geben. Das kann durch die Einladung und eine Willkommensnachricht geschehen oder mit Hilfe von persönlichen Einladungen zum Teilen von Erfahrungen. Je besser es gelingt, Teilnehmer zumindest für einen Beitrag zu motivieren, desto schneller gewinnt die Community an Relevanz.

Der einfachste Einstieg in die Interaktion für die ersten Teilnehmer erfolgt über Foren. Foren können mit ein paar Beiträgen der Moderatoren gestartet werden.

Weitere Formate wie Umfragen und Pinnwände brauchen eine belastbare Größe der Community und können später umgesetzt werden.

Welche Formate, Inhalte, Strukturen und Regeln auf Dauer hilfreich sind und welche nicht, wird in den meisten Fällen recht schnell deutlich. Es ist nicht selten, dass sich Formate und Strukturen mit der Zeit ändern, weil sich das Verhalten der Mitglieder verändert.

2.6.3 Verifizieren der Community

Eine gute Community hat nachhaltigen Wert für das Unternehmen durch a) erhöhte Kundenbindung, b) verbesserte Kundenzufriedenheit, c) verstärktes Empfehlungsmarketing, d) Zugang zu Erfolgsgeschichten, e) Zugang zu Marktwissen und weiteren Nutzenpotenzialen. Die Community ist jedoch keine Verkaufsplattform und auch kein zusätzlicher Marketingkanal, der direkt mit Verkaufserfolgen verbunden werden könnte.

Die Messung des Erfolgs der Community sollte daher nicht an den Verkaufszahlen oder den zusätzlichen Leads festgemacht werden.

Erfolg der Community lässt sich auf drei Ebenen bewerten:

1. **Aktivität der Community**
   Je mehr Mitglieder sich aktiv in der Community beteiligen, desto größer ist der Nutzen für alle Beteiligten. Die wichtigsten Kennzahlen sind die Anzahl der Mitgliederbeiträge pro Woche und der Anteil der aktiven Mitglieder. Ein Anteil aktiver Mitglieder von unter 5 % ist allerdings keine Seltenheit. Viele Mitglieder wollen nur Informationen sammeln. Nur wenige sind bereit, ihr Wissen und ihre Erfahrung zur Diskussion zu stellen.

2. **Beitrag der Community zur Attraktivität im Markt**
   Gerade offene Communities können einen hohen Beitrag zur Sichtbarkeit in den Online-Medien leisten. So tragen Posts zu einem guten Ranking bei der Suchmaschinenoptimierung (SEO) bei. Formate wie Q&A und auch HowTos sind hilfreich in Bezug auf die sogenannte „organische" Suche, also das Auffinden von Seiten ohne Anzeigen in den Suchmaschinen. Das Unternehmen wird hier zwar eher indirekt gefunden, da die Community aber mit dem Unternehmen und dem Unternehmenszweck verknüpft ist, fällt der letzte Schritt vergleichsweise leicht. Hier eignen sich klassische Kennzahlen wie Klickraten, um die Attraktivität zu bewerten.

3. **Beitrag der Community zur Reduktion der Marketingkosten**

Gerade Kunden, die über einzelne Beiträge in der Community auf das Unternehmen aufmerksam werden, haben einen wichtigen Schritt schon gemacht. Im günstigsten Fall bestätigen die Beiträge der Community die Kompetenz des Unternehmens und erzeugen so Vertrauen in die Leistungsfähigkeit. Kunden, die sich in der Community gut aufgehoben fühlen, entwickeln darüber hinaus eine emotionale Bindung zum Unternehmen und seinen Leistungen. Das Unternehmen wird so zur „ersten Wahl" bei entsprechendem Bedarf des Kunden und reduziert so auch Aufwände in Marketing und Vertrieb entlang der Customer Journey.

Fazit

- Communities sind elementarer Bestandteil der Kundenbindung.
- Kundennutzen der Community hat Priorität.
- Deutungshoheit kann durch Inhalte und Moderation erlangt werden.
- Eine gute Community senkt die Kosten für Marketing (SEO/SEA).
- Communities sind wichtige Informationsquellen für Design und Verbesserung.

3 Den Menschen in den Mittelpunkt stellen

■ 3.1 Die Rolle der Menschen im Service

Service wird von Menschen für Menschen gemacht. Bevor wir darauf im Detail eingehen, gilt es zu klären, was Service eigentlich ist. Das ist gar nicht so einfach, wie man im ersten Moment vermuten mag, denn mit dem Wort „Service" verbindet jeder etwas anderes. Dafür spielen zahlreiche Faktoren eine Rolle. Zum Beispiel die Perspektive, aus der auf den Service geschaut wird: Serviceanbieter oder Konsument? Oder die Branche, in der man sich bewegt. Der eine versteht darunter Ersatzteillieferungen, der nächste einen Friseurbesuch. Die übernächste wiederum versteht darunter einen IT-Service oder eine App, die bereitgestellt wird. Nicht selten erzeugt Service mit all seinen zugehörigen Aufgaben, Vereinbarungen und Tätigkeiten bei vielen Unternehmen Reibungspunkte. Was ist Service und wozu und in welchem Umfang wird er überhaupt benötigt?

Unter welchen Bedingungen wird Service in Anspruch genommen?

Service wird vor allem dann in Anspruch genommen, wenn eine Leistung oder ein Produkt nicht selbst hergestellt oder umgesetzt werden kann, möchte oder soll. Genau genommen ist damit auch die Einstellung von neuen Mitarbeitern in einem Unternehmen eine Inanspruchnahme eines Service. Denn der neue Mitarbeiter übernimmt beispielsweise die Ausführung einer Leistung, für die die Führungskraft gegebenenfalls keine Zeit hat oder die entsprechenden Fähigkeiten fehlen. Die unterschiedlichen Interpretationsmöglichkeiten haben es auch unserem Unternehmen schwer gemacht, genau zu definieren, was Service genau ist – oder sein soll.

Eines steht bei Service immer im Vordergrund: ein Bedürfnis oder ein Problem, welches adressiert bzw. gelöst werden soll. Sofern Sie das nicht selbst bewerkstelligen können, wollen, dürfen oder sollen, brauchen Sie einen Service, der dies übernimmt. Ein Service liefert also Nutzen für jemanden, der ein Problem gelöst haben möchte oder sich einen Vorteil von der Inanspruchnahme des Service verspricht. Das sagt bereits etwas über den unterschiedlichen Stellenwert aus, den Service haben kann. Es gibt Services, die Probleme lösen, die durch einen selbst nicht gelöst werden können. Es gibt aber auch Services, die eingekauft werden, weil die Fähigkeiten, Ambitionen oder schlicht die Zeit für die Problemlösung fehlen. Und es gibt Services, die in Anspruch genommen werden, um einen bestimmten Vorteil, persönlich, wirtschaftlich oder anderer Art zu haben. Die Hintergründe dazu sind vielfältig.

Eine sehr wichtige Rolle spielt die Wertigkeit des Service. Wenn der Service ein Problem löst, das sonst niemand lösen kann, und zudem die Dringlichkeit hoch ist, hat das Auswirkungen auf die Inanspruchnahme und auch den Preis des Service. Kurz, wenn man die Lösung dringend braucht, muss der Service gegebenenfalls teuer eingekauft werden. Jeder von uns kennt den Service eines Friseurs. Alternativ könnte man sich die Haare auch selbst schneiden, gegebenenfalls ist man dann jedoch nicht mit dem Ergebnis, also der Leistung zufrieden. Der Service des Haareschneidens beim Friseur liefert also die Lösung für das Problem.

Der Faktor Zeit oder Bequemlichkeit kann ebenso in der Wertigkeit unterschiedlicher Menschen verschieden hoch bewertet werden, was sich auf die Bereitschaft, einen Service zu nutzen, auswirkt. Vielleicht möchte man aber auch einfach keine Zeit in etwas investieren, obwohl theoretisch die Kompetenz zur Bewältigung der Aufgabe vorhanden ist. Hierzu passt zum Beispiel die Einstellung eines neuen Mitarbeiters, der dann die entsprechende Aufgabe übernimmt.

Zusammengefasst gibt es also verschiedene Dimensionen wie Zeit, Fähigkeiten oder auch die fehlende Ambition oder andere persönliche Prioritäten, die darüber entscheiden, ob ein Service eingekauft wird oder nicht. Ergänzend dazu muss der Nutzen immer im Zusammenhang zur Wertigkeit für die Zielgruppe, also die Menschen, die vom Service profitieren wollen, beachtet werden. Je niedriger die Wertigkeit eines Service wahrgenommen wird, desto geringer ist die Bereitschaft, für den Nutzen des Services zu bezahlen.

Es gibt allerdings nicht nur Leistungen, die ich nicht erbringen kann oder will, sondern auch solche, die ich nicht erbringen darf. Dies sind zum Beispiel Behördenleistungen. Um beim Beispiel des Friseursalons zu bleiben, gibt es dort die Anforderung, einen Nachweis zu erbringen, dass es einen Betriebssicherheitsbeauftragten im Salon gibt. Dazu muss sich jemand aus dem Friseurbetrieb zum Betriebssicherheitsbeauftragen schulen lassen. Das heißt, hier wird ein Service – also die Schulung – eingekauft, der eigentlich weder gewollt noch gebraucht, aber gesetzlich vorgeschrieben wurde.

Ist ein Service von einer Maschine auch ein Service?

Services werden von Menschen für Menschen erbracht. Auch dann, wenn Maschinen im Fertigungsprozess involviert sind, denn die entsprechenden Maschinen wurden zuvor von Menschen programmiert oder zusammengebaut. Und vor allem haben in der Regel Menschen die Ideen für die Services, die später mit Hilfe von Maschinen automatisiert werden. Auch der nachgelagerte Support wird von Menschen für Menschen gemacht. Auch ein Service, der von einer Künstlichen Intelligenz (KI) erbracht wird, wird zuvor von Menschen eingerichtet, programmiert und erzeugt. Selbst, wenn die KI irgendwann so weit ist, selbst dazuzulernen, muss dieses Wissen zuvor durch Menschen bereitgestellt werden. Bestes Beispiel dafür sind Chatbots. Bei guten Chatbots merkt man eventuell erst bei der dritten oder vierten Interaktion, dass die Antworten nicht von einem Menschen kommen. Unabhängig davon, inwieweit sich Maschinen bereits weiterentwickelt haben und dies noch werden, können Sie unserer Meinung nach einen hochwertigen Kundenservice, der diesen Namen auch verdient, nicht vollständig ersetzen. Auch wenn KI irgendwann in der Lage sein wird, die reine Leistungserbringung vollständig zu ersetzen: Noch kann sie nicht den emotionalen, also den menschlichen Teil der Interaktion abdecken.

Kundenorientierung und Kundenberührungspunkte

Ob Mensch oder Maschine, es ist wichtig, kundenorientierte Lösungen anzubieten. Ein passendes Beispiel ist der Onlinekauf einer Fahrkarte, während man bereits im Zug ist. Ein ehemals komplizierter Vorgang, der nicht an den Bedürfnissen des Kunden ausgerichtet war, wurde nun vereinfacht. Bei der bisherigen Vorgehensweise machte es den Anschein, dass die Leistung in die bereits bestehende Infrastruktur eingepasst wurde und nicht umgekehrt. Demnach musste der Kunde sich nach der internen Struktur des Anbieters richten, um den Service zu nutzen. Wer öfter Zug fährt, weiß vielleicht, was wir meinen.

Fahren Sie Bahn? Zumindest für lange Strecken kann ich behaupten, überzeugter Bahnfahrer zu sein. Wenn ich die verfügbaren Fernverkehrsmittel ehrlich vergleiche, ist Zug fahren die Nummer eins. Selbst in der Pünktlichkeit schlägt die Bahn, trotz aller Mängel, mein Auto in einer fairen Betrachtung um Längen. Trotzdem treten immer wieder Situationen auf, die mich antreiben, Geschichten wie diese zu erzählen:

Mobile Tickets? Ja, aber …

Haben Sie einmal versucht, online ein Bahnticket zu kaufen? Ich mache das inzwischen ständig und lade die Fahrkarte dann auch direkt auf mein Mobiltelefon. So habe ich immer alles im Blick: Reiseplan, Reservierungen, Ticket, eventuelle Verspätungen und vieles mehr. So weit, so angenehm. Doch leider funktioniert das so richtig gut nur im Bereich des Fernverkehrs. Im Nahverkehr kann von derartigem Komfort nicht die Rede sein. Ohne Bedenken hatte ich kürzlich mein Ticket Richtung Heimat mit dem ICE nur bis zum nächsten ICE-Bahnhof gebucht statt direkt in meinen kleinen Heimatort. Natürlich war ich unterwegs entspannt, schließlich konnte ich auf meiner Bahn-App schnell nach passenden Verbindungen suchen. Gesagt, getan. Ich wählte also eine Uhrzeit aus, gab Start- und Zielbahnhof ein und schon lieferte die Suchfunktion eine perfekt geeignete Verbindung. Die nur gut fünf Minuten zum Umsteigen sind zwar knapp, aber mein ICE schien laut App pünktlich zu sein. Schnell entschied ich mich für diese Verbindung und wollte gerade auf „Ticket kaufen" klicken. Aber Moment … der Knopf für „Ticket kaufen" ist nicht da. Was war passiert?

Ein wenig Recherche brachte zu Tage, dass es offenbar nicht möglich war, ein Regionalexpress-Ticket online zu kaufen. Jedenfalls dann nicht, wenn die gewünschte Verbindung keinen Fernverkehrs-Anteil hat. Irritiert suchte ich mir Rat bei einer sehr freundlichen, aber leider auch eiligen Zugbegleiterin, deren Vorschlag lautete: „Bei Ankunft aussteigen, am Automaten ein Ticket ziehen und danach in den anderen Zug einsteigen." Wie gesagt, ich hatte bei absoluter Pünktlichkeit fünf Minuten Umsteigezeit. Sie kennen vielleicht die Fahrkartenautomaten der Bahn und die Tunnelsysteme zum fußläufigen Gleiswechsel an den Bahnhöfen? Das schien mir beinahe unmöglich zu bewerkstelligen.

Eine schnell recherchierte weitere Möglichkeit, nämlich die zu dieser Zeit neue Funktion „Verbundtickets kaufen" in der Bahn-App, erwies sich in meinem persönlichen Fall leider ebenfalls als Fehlschlag. Der für meine Region vermutlich zuständige regionale Verbund, der RMV, machte offenbar bei der App noch nicht mit. Herauszufinden, ob meine Vermutung bezüglich des Regionalverbundes sich als richtig herausstellt, bleibt mir als Kunde überlassen. Entschuldigung? Warum eigentlich? Ich habe doch Start- und Zielbahnhof der gewünschten Verbindung eingegeben. Wenn die Bahn nicht weiß, welcher Regionalverbund zuständig ist, wer denn bitte dann? Was ist da schiefgegangen?

Es gibt innerhalb der Bahn offenbar verschiedene technische Plattformen zur Buchung regionaler Tickets und von Tickets für den Fernverkehr. Das ist zunächst in Ordnung und vermutlich gibt es berechtigte Gründe dafür. Allerdings interessiert das sehr gewiss den Anwender nicht. In einem intuitiven Interface bestellt der User ein Ticket von wo nach wo auch immer. Die Schwierigkeit intern unterschiedlicher Plattformen darf niemals Auswirkungen auf den Kunden haben – auch wenn das Entwicklungsaufwand bedeutet. Kurios: Versuchte ich, eine Fernverbindung zu buchen, war der regionale Anteil ohne Probleme mitbuchbar. Technisch möglich war es also offenbar schon damals. Es geht demzufolge einzig und allein um das Design des User Interface. Ich bin allem Anschein nach nicht der einzige Kunde mit diesen denkbar plausiblen Anforderungen. Schließlich gibt es seit einiger Zeit die neue Funktion „Verbundtickets kaufen". Wenn die Bahn-App also offensichtlich beides (Fern- und Regionaltickets) leisten kann, warum muss ich dann als User manuell in andere Menüs wechseln? Einfacher wäre es, die Funktionen im Interface zu verbinden, oder?

Unser Beispiel hat wieder mal die Bahn getroffen, weil alles so schön plastisch ist und sich jeder in solchen Situationen wiederfinden kann. Dabei handelt es sich keineswegs um ein exklusives Problem bei der Bahn. Es ist ein weit verbreiteter Fehler in zahlreichen Projekten zur Digitalisierung. Noch immer wird zu sehr von innen nach außen gedacht statt von außen nach innen. Die Bedürfnisse der Anwender müssen schon im Servicedesign deutlich mehr Berücksichtigung finden. Ist das nicht der Fall, wie in meinem geschilderten Beispiel, verschlechtert das unweigerlich die Kundenbeziehung. Wer wirklich guten Service leisten will, muss diesen neu denken. Der Nutzer und dessen Erfahrungen mit den Produkten müssen immer richtungsweisend für die Gestaltung sein. Dessen Wünsche und Bedürfnisse sollten vom ersten Moment der Produktentwicklung die wesentlichen Leitplanken der Entwicklung bilden.

Ziel sollte es also sein, statt von bestehenden internen Strukturen auszugehen, die genauen Bedürfnisse der Kunden zu analysieren, um sie zufriedenzustellen. Die Ergebnisse dieser Analyse sind der Taktgeber für die Gestaltung eines Serviceangebots in der für den Kunden passenden Form. Bei der Umsetzung entstehen Kundenberührungspunkte. Einige davon können aktiv wahrgenommen und gesteuert werden, auf andere hat man wiederum keinen oder nur wenig Einfluss. Wenn man in einem Hotel an der Rezeption steht, dann sieht man in der Regel nur den Rezeptionisten und interagiert mit ihm. Das ist jedoch nicht die einzige Person, mit der man tatsächlich interagiert, im Hintergrund wirkt weiterer Service: Eine andere Person stellt die Rechnung aus, eine weitere reinigt das Hotelzimmer. Das heißt, es gibt bei fast allen Serviceleistungen Berührungspunkte an vielen weiteren Stellen.

Klassisch ist es so, dass Dienstleister manche Berührungspunkte aktiv sehen und aktiv steuern können. Hingegen ist die Wahrnehmung über die Firmenwebseite, Werbung oder Aktivitäten von Mitarbeitern in Foren nur begrenzt steuerbar. Folglich können Kundenerlebnisse auch an diesen Kundenberührungspunkten ruiniert werden, ohne dass man in dem Moment Kontakt zu einer Person hatte. Eine unzureichende Reinigung des Hotelzimmers wird von einem Menschen verursacht. Sie sehen nur das mangelhaft gereinigte Zimmer, ohne je direkten Kontakt zur Reinigungskraft gehabt zu haben. Ein weiteres Beispiel ist der Kontakt zum Telekommunikationsanbieter aufgrund einer Störung. Der Servicemitarbeiter des Telekommunikationsanbieters war im Gespräch sehr unfreundlich und konnte keine Lösung des Problems herbeiführen. Ungeachtet dessen, dass der Kunde vielleicht über die letzten Jahre ausschließlich positive Erfahrungen mit seinem Telekommunikationsanbieter gemacht hat, hat dieser eine Kundenberührungspunkt die Kundenbeziehung nun nachhaltig zerstört, unabhängig davon, ob oder wie versucht wurde, das Problem im Nachhinein zu lösen. Ein Kundenberührungspunkt kann zudem durch die Wahrnehmung einer schablonenartigen Abfertigung eines Problems geschädigt werden, da dadurch die Wahrnehmung entsteht, dass nicht auf die individuellen Bedürfnisse des Kunden eingegangen wurde.

Wer hat nicht schon einmal das Gefühl gehabt, in einem Callcenter in ein Frage-Antwort-Schema geraten zu sein, das nur noch bedingt zum eigentlichen Grund des Anrufs passt? Die Steigerung davon sind die auch heute tatsächlich noch immer eingesetzten unsäglichen Abfragen: „Drücken Sie die „1", wenn Sie …". Das geht heute technisch besser und vor allem den Kunden zugewandter und sollte möglichst bald auch beim letzten verbliebenen Anbieter auf der Müllhalde der Fehlentwicklungen im Service verschwinden.

Neben der beschriebenen nicht oder nur unzureichend erbrachten Leistung oder der als mangelhaft wahrgenommenen Servicequalität spielen auch andere Faktoren eine wichtige Rolle für den Erfolg des Serviceangebots. Besonders im Business-to-Business (B2B) sind das Faktoren wie eine fehlende oder unzureichende Abrechnung. Gegebenenfalls ist dem dafür zuständigen Mitarbeiter gar nicht bewusst, wie sehr auch seine Arbeitsleistung die Firma, das Image oder die Marke repräsentiert und welche nachhaltigen Konsequenzen die eigene Leistung haben kann.

Dies lässt sich auch in den privaten Bereich übertragen. Vielleicht haben auch Sie bei einem gemütlichen Restaurantbesuch schon erlebt, wie sich zwei Servicekräfte vor den Gästen über ein Missgeschick in der Küche oder das vermeintlich nicht adäquate Verhalten des Chefs streiten. Die Situation betrifft in diesem Moment nicht Sie direkt, aber sie hinterlässt vielleicht ein nachhaltig schlechtes Gefühl und hat womöglich die Kundenbindung aufgrund des misslungenen Kundenberührungspunkts gestört. Oder vielleicht haben Sie schon einmal morgens beim Bäcker in der Schlange gewartet, während sich die Bäckereiverkäufer in aller Ruhe unterhalten, ohne sich vom Kunden stören zu lassen? Gehen Sie dort noch einmal hin, um Ihre Brötchen zu kaufen?

■ 3.2 Wunschkunden

Genau wie nicht jeder Anbieter zu jedem Kunden passt, ist es auch umgekehrt, oder sollte es zumindest sein. Nicht jeder Kunde passt zu jedem Anbieter. Deshalb sollten Serviceanbieter sich ganz genau überlegen, welche Wunschkunden sie haben, um dann das Angebot maßgeschneidert für diese Wunschkunden zu erstellen, aufzubereiten und zu präsentieren.

Kunden sind nicht loyal

Die Loyalität von Kunden hat sich in den letzten Jahren und Jahrzehnten deutlich verändert. Was ist der Grund dafür? Wesentliche Faktoren sind aus unserer Sicht die rasant wachsende Menge verfügbarer Informationsquellen mit einer stetig wachsenden Menge an Daten und Informationen, ebenso wie deren immer breitere Verfügbarkeit für jeden potenziellen Kunden und jede potenzielle Kundin. Die frühere Markentreue ergab sich zu einem nicht unerheblichen Teil dadurch, dass andere Marken nicht bekannt oder nicht beworben wurden. Zudem war man es gewohnt, einem Produkt oder einer Marke über viele Jahre hinweg treu zu bleiben. Heute gibt es jedoch eine Vielzahl an Informationen zu einer Vielzahl an Produkten, Bewertungen und Vergleichsmöglichkeiten. Der Kunde wählt das aus, was seinen Ansprüchen am ehesten gerecht wird und wofür er bereit ist, zu zahlen. Im Ergebnis ist er auch eher bereit, zu einem anderen Produkt zu wechseln, wenn dieses seine Ansprüche besser erfüllt. Dennoch gibt es auch heute noch Loyalität zu Marken. Ein populäres Beispiel ist die Marke Apple, die sich eine wahre Fangemeinde geschaffen hat. Diese Gemeinde ist nicht nur der Marke treu, sondern macht bewusst oder unbewusst aktiv Werbung im eigenen Netzwerk. Wie schaffen es Firmen wie Apple, diese Loyalität zu bewahren und sie sogar immer weiter auszubauen? Fakt ist, man gewinnt und hält heutzutage keine Kunden mehr, indem man das Gleiche macht wie immer und vor allem wie alle anderen.

Zusätzliche Nutzenargumente sind notwendig, um sich eine treue Fangemeinde aufzubauen und zu halten. Der Nutzen bezieht sich heute nicht mehr nur auf sachliche, rein funktionale Faktoren, sondern in stark zunehmendem Maß auch auf den emotionalen Nutzen des Produkts oder Service. Bleiben wir beim Beispiel Apple. Ein Nutzenargument ist die Dienstleistung iTunes, die Nutzer weiter an Apple bindet. Auch der Faktor Lifestyle spielt im emotionalen Bereich eine große Rolle. Ein Klassiker ist Harley Davidson. Harleys verkaufen sich nicht nur aufgrund der Qualität, sondern darüber hinaus, weil die Marke für eine Gemeinschaft aus Abenteurern und Freiheitsliebenden steht. An dieser Stelle kommen bei vielen Produkten zusätzliche Dienstleistungen, also Nutzenargumente, dazu, durch die sich Kunden an die Marke binden lassen.

Wissenschaftlich belegt hat dies unter anderem Daniel Kahnemann [Kahnemann, 2016]. Er führte dazu langjährige Forschungen durch und stellte die These auf, dass sogenanntes schnelles oder langsames Denken Entscheidungen beeinflusst. Im Grunde genommen steht langsames Denken für strukturelle Herangehensweise und Logik. Das schnelle Denken hingegen ist die gefühlsmäßige Reaktion aus dem Bauch. Wir treffen hierbei Entscheidungen aufgrund emotionaler Beziehungen, Grundbedürfnisse, Motive und unserer Wertevorstellungen. Es gibt sogar immer häufiger Kaufentscheidungen, die fast ausschließlich aus „dem Bauch heraus", also aufgrund des wahrgenommenen emotionalen Nutzens gekauft werden.

Sei es, weil die Flut an Informationen einen faktischen Vergleich erschwert oder zumindest als zu mühsam erscheinen lässt, sei es spontan aufgrund einer Anzeige in den Social Media, die genau die aktuelle Stimmung trifft und zum Klick verlockt. Nicht zufällig boomt dieser Bereich in den sozialen Medien bereits seit einiger Zeit.

Problematisch wird dies alles, wenn man bedenkt, dass jeder dritte Kunde nach nur einer schlechten Erfahrung den Anbieter wechselt. Dabei spielt es keine Rolle, ob es dabei um den Kundendienst, die Qualität des Produkts oder um die Dienstleistung an sich geht. Nun könnte man meinen, dass das beim Kauf eines Produkts nicht zutrifft, da der Vorgang damit abgeschlossen ist. Doch der Kunde kann das Produkt zurückgeben, es mittelfristig durch ein anderes ersetzen oder auch weiterführende Services, die mit dem Produkt zusammenhängen, nicht nutzen. Produkt und Service hängen unweigerlich zusammen und deshalb ergibt es keinen Sinn, diese beiden Faktoren krampfhaft voneinander trennen zu wollen. Im Prinzip gibt es keinen Service ohne ein Produkt und auch kein (langfristig funktionierendes) Produkt ohne Service. Ausnahmen bestätigen immer die Regel.

Gerade weil der Service hier eine so überragende Rolle spielt, ist auch die **Einstellung der Mitarbeiter zum Service** entscheidend für den weiteren Verlauf der Kundenbeziehung. Sind die Kunden unzufrieden, suchen sie sich eine Alternative und wandern ab. Dabei ist es Kunden egal, warum der Service mangelhaft war, ob Wissen oder Leistung fehlten. Kunden sehen nur das fehlerhafte Produkt oder die unzureichende Leistung und suchen nach einer alternativen Lösung. Es geht sogar noch weiter: Das Produkt muss gar nicht faktisch schlecht oder mangelhaft sein, eine entsprechende individuelle Wahrnehmung durch den Kunden reicht schon aus. Es ist daher ein wesentlicher Erfolgsfaktor, neben der Service- und Produktqualität an sich auch die Wahrnehmung der Kunden zu kennen und zu managen.

Auch bei mangelndem **Vertrauen in Unternehmen** wandern Kunden ab. Mangelndes Vertrauen kann durch nicht eingehaltene Zusagen oder Leistungen, die andere Unternehmen besser oder gleich gut erbringen können, entstehen. Gegebenenfalls sind andere Unternehmen in der Wahrnehmung fortschrittlicher und innovativer, weshalb man ihnen mehr zutraut. Oder sie haben eine andere Eigenschaft, die potenzielle Kunden anspricht, zum Beispiel Nachhaltigkeit, Regionalität, soziales Engagement – die Zahl der möglichen Faktoren ist groß. Vertrauen muss zunächst aufgebaut und dann bestätigt, also gerechtfertigt und dadurch gefestigt werden. Jeder wird sich sicherlich schon einmal eine Sternebewertung auf Google angeschaut haben, ob bewusst oder nur weil sie angezeigt wurde, während man nach einer Telefonnummer gesucht hat. Diese öffentlichen Referenzen sind ein guter Start, um Vertrauen aufzubauen. Niemand wird ein Unternehmen kontaktieren, das ausschließlich schlecht bewertet ist. Referenzen sind also eine Möglichkeit zum Vertrauensaufbau. Eine weitere ist es, schlicht die getroffenen Vereinbarungen einzuhalten und geweckte Erwartungen zu erfüllen. Wenn das Vertrauen letztendlich etabliert ist, verzeihen Kunden auch einmal kleinere Fehler. Sie können sogar bei entsprechendem Umgang mit dem Fehler zu einer weiteren Festigung des Vertrauens beitragen.

Referenzen bieten die Möglichkeit, von eigenen Leistungen zu berichten und diese belegbar zu machen. Als Berater kann man über Erfolge sprechen und berichten. Für Kunden bieten Referenzen ein gewisses Maß an Sicherheit, die richtige Entscheidung zu treffen. Emotionen spielen allerdings auch hier wieder eine Rolle, denn die abgegebene Bewertung ist nur eine Momentaufnahme, die gegebenenfalls aus dem Bauch heraus abgegeben wurde.

Wunschkunden aussuchen

Im B2C-Servicebereich ist es ohne Weiteres möglich, als Unternehmen einen **Wunschkunden** zu definieren. Das Produkt und der Service werden optimal und zielgerichtet nach der definierten Zielgruppe bzw. der Zielperson ausgerichtet. Bei der Definition gilt es zu bedenken und festzulegen, mit welchen Menschen man zusammenarbeiten möchte. Was für ein „Typ Mensch" ist Ihr Wunschkunde? Welche Tätigkeiten, Herausforderungen und welchen Tagesablauf und welche Verantwortung hat er oder sie? Ist der Wunschkunde optimal definiert und wird direkt und zielgenau targetiert, werden sich andere Personen von dem Angebot nicht mehr angesprochen fühlen. So finden die Wunschkunden automatisch das Angebot. Natürlich ist das in der Praxis oft nicht ganz so trennscharf, aber das Prinzip funktioniert. Wir arbeiten gerne mit Persona und selektieren so, mit wem wir zusammenarbeiten möchten. Dabei muss ein Wunschkunde nicht nur EINE deutlich beschriebene Person sein. Im B2B-Bereich ergibt es Sinn, die Definition systemischer zu betrachten, indem man nicht nur auf einzelne Personen, sondern vielmehr auf die Kommunikation zwischen den Personen innerhalb eines Unternehmens schaut sowie auf die Praktiken, die dort gängig sind. So erfährt man viel über die Werte und Bedürfnisse der Wunschkunden. Für Stefan Merath ist das die Kunst seine Kunden zu lieben [Merath, 2011].

Wichtig ist auch eine Definition der eigenen Werte und Bedürfnisse. Dabei ist es gar nicht so einfach, die entsprechenden Werte für ein Unternehmen festzulegen, denn Werte werden von Menschen geprägt. Bei einem Unternehmen mit vielen Mitarbeitern wird es also zunehmend schwieriger, gemeinsame Werte zu finden und festzulegen, wie diese Werte gelebt und nach außen getragen werden sollen. Nehmen wir das klassische Beispiel aus dem Hotel: Die Rezeptionistin kann möglicherweise andere Werte vertreten als die Reinigungskraft oder der Barkeeper. Die Kunst ist es, diese Werte in Einklang zu bringen, sich gemeinsam darauf zu verständigen und sie so zu leben, dass sie für den Kunden sichtbar werden. Sind die Werte, die einem Unternehmen wichtig sind, erst einmal definiert, hat das auch direkt Auswirkungen auf die Menschen, die sich für dieses Unternehmen interessieren. So finden Menschen mit ähnlichen Werten automatisch ein Unternehmen, das zu ihnen passt und andere Menschen, die mit diesen Werten nichts anfangen können, werden gar nicht erst den Kontakt suchen. Auf diese Weise finden sich mittelfristig Menschen zusammen, die ein ähnliches Wertebild haben und auf dessen Basis etwas erreichen und zusammenarbeiten möchten. Kurzfristig funktioniert das nicht, denn Werte sind etwas tief in den Menschen Verankertes und können nicht verordnet werden. Bestenfalls führen gemeinsam definierte Werte bei den bereits vorhandenen Menschen dazu, dass sie sich gut aufgehoben fühlen und bleiben.

Die Außendarstellung eines Unternehmens wird typischerweise über den Markenauftritt übermittelt. Genau dieser Markenauftritt, basierend auf der Positionierung, beeinflusst, welche Kunden angezogen werden. Damit aber nicht genug, denn es ist wichtig, diese Markenbotschaft auch im eigenen Wertemodell widerzuspiegeln. Das bedeutet, die Werte zu leben, im gesamten Außenauftritt (Social Media, Webseite etc.) sichtbar werden zu lassen und auch umzusetzen. Das ist für uns der Schritt von den Werten zu den Prinzipien, denn erst Prinzipien leiten zum Handeln an. Daraus entsteht dann die Handlungsanleitung, die es ermöglicht, die richtige Richtung einzuschlagen und einen gemeinsamen, gangbaren Weg mit entsprechenden Leitplanken zu versehen, die die Grenzen des Wegs aufzeigen. Der Weg mit seinen Leitplanken definiert dabei den Qualitätsanspruch und das Bild, wie zusammengearbeitet und Kunden begegnet werden soll. Um beim Hotelbeispiel zu bleiben, können sich durch die Leitplanken alle am gleichen Verhaltensmodell orientieren, von der Rezeptionistin über den Portier bis hin zum Management.

Es reicht dabei nicht, die Werte auf der Webseite aufzulisten. Es bedeutet vielmehr, das Unternehmen so zu positionieren, dass jederzeit klar wird, welche Werte für das Unternehmen eine Rolle spielen. Ein Unternehmen, welches zum Beispiel im Bereich Nachhaltigkeit tätig ist, wird darauf achten, nur mit Firmen zusammenzuarbeiten, denen dieser Aspekt auch wichtig ist, und sollte dieses auch kommunizieren.

■ 3.3 Bedürfnisse, Motive und Verhalten

Um die Werte der Mitarbeiter und auch der Kunden herauszufinden, gilt es, deren **Bedürfnisse** zu kennen und darauf zu reagieren, sowohl in der Kundenansprache als auch in der Ansprache an die Mitarbeiter. Wie bereits erwähnt, sollte es das Ziel sein, dass die Mitarbeiter mehr Verantwortung für ihr Handeln übernehmen und entsprechend agieren. Sie sollen sich weiterentwickeln und dem Unternehmen langfristig erhalten bleiben. Kunden sollen an das Unternehmen gebunden werden, um zu loyalen Kunden zu werden. Beides kann nur erreicht werden, wenn alle Stakeholder mit ihren Bedürfnissen und ihren Wertevorstellungen wahrgenommen werden.

Wir orientieren uns bei den Bedürfnissen unter anderem an der Bedürfnispyramide des Psychologen Maslow, der davon ausgeht, dass Bedürfnisse eine Vielzahl an Potenzialen mit sich bringen. Die Idee ist, dass es grundlegende Themen gibt, die Menschen interessieren und an denen sie sich orientieren und die sie entsprechend priorisieren. **Bedürfnisse erzeugen dabei eine Wertevorstellung**. Wenn jemand ein großes Sicherheitsbedürfnis hat, dann ist ihm Stabilität wichtig. Möglicherweise resultiert daraus, dass dieser Person Religion wichtig ist, da diese ihm Stabilität im Leben gibt.

Interessant ist auch eine Arbeit von Al Weckert, der verschiedene Modelle (u. a. Maslow, Alderfer, Max-Neef, Rosenberg) analysiert und daraus eine „Ultimative List der Bedürfnisse" abgeleitet hat [Weckert, 2011].

Autonomie	Freiheit, Selbstbestimmung
Körperliche Bedürfnisse	Luft, Wasser, Bewegung, Nahrung, Schlaf, Distanz, Unterkunft, Wärme, Gesundheit, Heilung, Kraft, Lebenserhaltung
Integrität	Authentizität, Einklang, Eindeutigkeit, Übereinstimmung mit eigenen Werten, Identität, Individualität
Sicherheit	Schutz, Übersicht, Klarheit, Abgrenzung, Privatsphäre, Struktur
Verbindung	Wertschätzung, Nähe, Zugehörigkeit, Liebe, Intimität/Sexualität, Unterstützung, Ehrlichkeit, Gemeinschaft, Geborgenheit, Respekt, Kontakt, Akzeptanz, Austausch, Offenheit, Vertrauen, Anerkennung, Freundschaft, Achtsamkeit, Aufmerksamkeit, Toleranz, Zusammenarbeit
Entspannung	Erholung, Ausruhen, Spiel, Leichtigkeit, Ruhe

Autonomie	Freiheit, Selbstbestimmung
Geistige Bedürfnisse	Harmonie, Inspiration, Ordnung, (innerer) Friede, Freude, Humor, Abwechslungsreichtum, Ausgewogenheit, Glück, Ästhetik
Entwicklung	Beitrag, Wachstum, Anerkennung, Feedback, Rückmeldung, Erfolg im Sinne von Authentizität, Einklang, Eindeutigkeit, Gelingen, Kreativität, Sinn, Bedeutung, Übereinstimmung mit eigenen Werten, Effektivität, Kompetenz, Lernen, Feiern, Identität, Individualität Trauern, Bildung, Engagement

Auch in unserem Unternehmen orientieren wir uns bei der Neueinstellung von Mitarbeitern mittlerweile mehr an den Bedürfnissen, der Persönlichkeit, den Werten, Gemeinsamkeiten und den Softskills. Wir haben mit der klassischen Rekrutierung die Erfahrung gemacht, dass neue Mitarbeiter zwar fachlich gut passten, aber teilweise nicht mit unserer Unternehmensführung und unseren gelebten Werten zurechtkamen. Diese Mitarbeiter blieben in der Regel nicht lange bei uns, weshalb wir unsere Strategie angepasst haben. Natürlich gibt es auch weiterhin fachliche Mindestanforderungen, jedoch glauben wir, dass ggf. noch fehlende Fachkompetenz während der Tätigkeit erlernt werden kann. Im Vorstellungsgespräch merken wir jedoch schnell, ob jemand agil und lernfähig ist und wir gut miteinander arbeiten können.

Genau wie bei den Kunden auch ist es für den Erfolg eines Unternehmens von großer Wichtigkeit, auf loyale Mitarbeiter bauen zu können. Wenn wir uns für einen neuen Mitarbeiter entscheiden, arbeiten wir intensiv an der Mitarbeiterbindung. Heutzutage ist das Verhältnis zwischen Unternehmen und Mitarbeiterin fast mit dem eines Lebensabschnittsgefährten vergleichbar. Mitarbeiterinnen gehen für einen bestimmten Zeitraum ihrer Arbeit beim Unternehmen XY nach. Ändern sich die Lebenssituation, die Prioritäten oder die Einstellung, kann es sein, dass der Mitarbeiter infolge dieser Änderungen auch den Arbeitgeber wechselt. Dies ist in der heutigen, sehr dynamischen Zeit nichts Beunruhigendes und eher die Regel als die Ausnahme. Faktisch ausgedrückt handelt sich um eine Zweckbeziehung, die für einen gewissen Zeitraum eingegangen wird. Beide Seiten verfolgen optimalerweise ein gemeinsames Ziel und gemeinsame Aufgaben. Solange der Sinn, die Wertemodelle und auch das Ziel bei beiden die gleichen oder zumindest ähnlich sind, geht man ein Stück des Weges gemeinsam.

Viele Unternehmer betrachten den Weggang eines Mitarbeiters immer noch als teilweise persönlichen Affront. Auch wir hatten anfangs unsere Probleme damit. „Wie kann man eine so großartige Firma verlassen wollen", dachten wir uns und waren mehr als einmal unsicher, ob wir etwas verändern müssen. Sicher haben wir Fehler gemacht und die eine oder andere Mitarbeiterin könnte noch ein Teil unseres Teams sein, aber im Prinzip haben wir als Unternehmen mit dem „Lebensabschnittsgefährten-Modell" sehr gute Erfahrungen gemacht. Es geht sogar so weit, dass wir mit den meisten Mitarbeitern, die eine Zeit ihres beruflichen Lebens bei uns verbracht haben, weiterhin, teilweise auch auf privater Ebene in Kontakt stehen. Wir freuen uns mit ihnen, denn offensichtlich passt ein anderer Arbeitgeber oder das eigene Unternehmen besser zu ihrer aktuellen Lebenssituation, davon profitieren alle Beteiligten. Wir kennen aus unserer eigenen Angestelltenzeit und den Gesprächen mit Unternehmern jedoch auch das in der Vergangenheit verbreitete Modell, bei dem wechselnden Mitarbeitern Böses unterstellt wird. Unserer Meinung nach ein Auslaufmodell.

Eine der spannendsten Herausforderungen ist es, wenn man das Ziel verfolgt, eine persönliche Beziehung zwischen Kunde und Unternehmen im Bereich Kundenservice aufzubauen.

Hier gibt es nur zwei Möglichkeiten: Entweder man sorgt dafür, dass die Mitarbeiter im Service langfristig den Kundenkontakt pflegen, oder man sorgt dafür, dass Kunden nicht nur einen Anker, also Ansprechpartner, im Unternehmen haben, sondern mehrere. Optimal wäre es, wenn ein Wunschkunde sich mit dem Wertesystem des Unternehmens identifizieren kann. In anderen Worten, der Kunde ist dem Unternehmen gegenüber loyal, weil das Gesamtpaket überzeugt und nicht nur die Leistungen des Kundenservice oder einer einzelnen Mitarbeiterin. Ein anderer Aspekt ist, dass es um das Unternehmen und die Marke selbst geht und nicht mehr nur um einzelne Personen. Das befreit Unternehmer und Führungskräfte jedoch nicht davon, die Persönlichkeitsentwicklung der einzelnen Mitarbeiterinnen trotzdem weiter zu fördern.

Dazu passt folgender Denkanstoß, frei nach Steve Jobs: Was passiert, wenn Sie Geld in die Mitarbeiterentwicklung investieren und diese Mitarbeiter verlassen dann das Unternehmen? Antwort: Überlegen Sie lieber, was passiert, wenn Sie es nicht tun und die Mitarbeiter bleiben! Daher gibt es nur zwei Möglichkeiten, entweder Sie finden den perfekten „fertigen" Mitarbeiter auf dem Arbeitsmarkt und zahlen dafür entsprechend. Dieser Mitarbeiter ist dann aber meist auch in Bezug auf die Motive, Werte und Bedürfnisse „fertig geprägt". Alternativ suchen Sie Mitarbeiter mit Potenzial, deren Wertebild zum Unternehmen passt, mit denen Sie den Weg gemeinsam gehen. Alle Beteiligten werden so durch das gemeinsame Beschreiten des Weges geprägt.

Natürlich gibt es auch für die Systematisierung der Motive von Menschen Methoden und Frameworks. Eines davon ist das Reiss Motivation Profile (RMP). Nach Reiss [Reiss, 2009] gibt es 16 Motive (siehe Bild 3.1), die unser Denken und Handeln bestimmen sowie der eigenen Existenz Sinn und Bedeutung geben. Wenn wir also wissen, was unseren Mitarbeitern und auch Kunden wichtig ist, also welche der 16 sinnstiftenden Motive eine hohe Wertigkeit haben, so ist es eher möglich, sie dort abzuholen, wo sie aktuell stehen. Das bedeutet zu wissen, was dem Menschen wichtig ist und was ihn motiviert, um auf ihn individuell eingehen zu können. Hier schließt sich der Kreis zu den Wunschkunden und auch -mitarbeitenden wieder. Denn wenn man zuvor seine Werte gelebt und nach außen getragen hat, fühlen sich vor allem die Wunschkunden und -mitarbeitenden davon angesprochen.

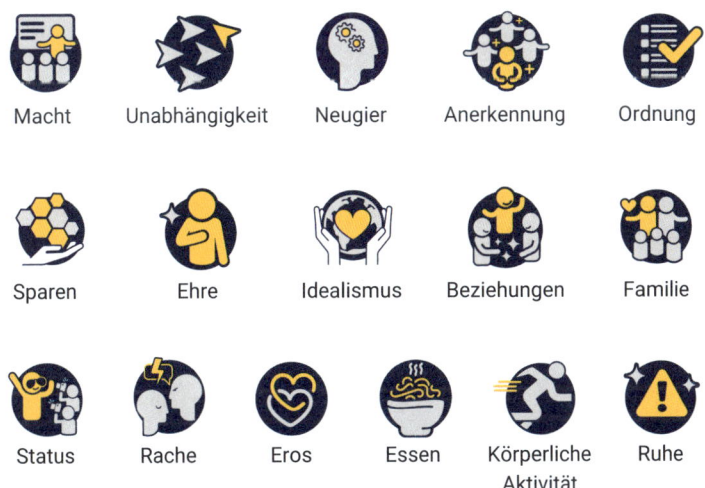

Macht	Unabhängigkeit	Neugier	Anerkennung	Ordnung
Sparen	Ehre	Idealismus	Beziehungen	Familie
Status	Rache	Eros	Essen	Körperliche Aktivität	Ruhe

Bild 3.1 Reiss Motivation Profile, Motive

Verhalten in Gruppen

Achten Sie stets darauf, dass sich das Verhalten eines Einzelnen immer deutlich vom Verhalten einer Gruppe unterscheidet. So können Sie mit Ihrem Wunschkunden direkt vielleicht noch auf rationaler Ebene diskutieren. Befindet sich Ihr Kunde allerdings in einer aufgehetzten Konsumentengruppe, zum Beispiel innerhalb eines Shitstorms, so nützt die Einzelbetrachtung nichts mehr. Die Anonymität im Netz macht es Einzelnen leichter, sich zu beschweren. Auch daraus können Reputations- und Imageschäden resultieren.

Verhalten im Netz

Ein wesentlicher Unterschied zu der Kommunikation und Werbung vor dem Zeitalter des Internets ist, dass man heute in der Regel eine unmittelbare Reaktion auf sein Angebot oder seine Dienstleistung erhält. Dies mag nicht immer fair ablaufen, insbesondere wenn bewusst negative Rezensionen abgegeben werden oder sich ein Shitstorm verselbstständigt. Jedoch hat man immer die Möglichkeit, darauf zu reagieren und damit umzugehen. Hier ist also wieder die Unternehmensphilosophie mit ihren Werten gefragt. Wie kommunizieren wir? Wie gehen wir mit rechtmäßiger oder unrechtmäßiger Kritik um? Wie schaffen wir es, mit unserer Reaktion auf eine öffentliche Kritik das Vertrauen für die stillen Mitleser wiederherzustellen? Diese Fragen sollten im Vorhinein bewusst gestellt und beantwortet werden, um auf eventuelle Kritik optimal reagieren zu können.

Insbesondere Shitstorms kommen oftmals völlig unerwartet. Vielleicht war das Unternehmen sich einer Doppeldeutigkeit nicht bewusst. Denken Sie an den Slogan einer bekannten Parfümeriekette: „Come in and find out". Leider sehr zweideutig. Für die Marketingstrategen war völlig klar, dass damit gemeint war, dass Kunden hereinkommen sollen, um sich inspirieren zu lassen. Leider waren andere Kunden jedoch davon überzeugt, dass es bedeuten sollte, dass man reinkommen soll, um dann den Weg direkt wieder rauszufinden. Sie fühlten sich also vom Unternehmen ausgeladen. Solche Doppeldeutigkeiten, beabsichtigt oder nicht, brauchen eine gut abgestimmte interne sowie externe Kommunikation, damit daraus keine größeren Imageschäden entstehen.

Bedeutung der Kommunikation

Kommunikation ist nicht nur die sprachliche Kommunikation, sondern die zwischenmenschliche Interaktion, die in irgendeiner Form immer zwischen den Mitarbeitenden und den Kunden stattfindet. Dabei ist es nicht nur wichtig, was man sagt, also was an Fakten transportiert wird. Es ist mindestens ebenso wichtig, wie man es sagt. Welches Vokabular nutzt mein Kunde, sind Genderspezifika wichtig? Ist es wichtig, eine bestimmte Fachsprache zu benutzen? Gibt es bestimmte Ausdrücke, die verwendet werden sollen? Oder gibt es sogar einen unternehmensinternen Sprachstil, welcher etabliert wurde? Wie groß ist der Wortumfang, eher „Bild" oder „Die Zeit"? Diese Fragen kann man nur beantworten, wenn man seine Kunden und möglichst viele einzelne Charaktere bei den Kunden gut kennt. Wie es gelingt, die Kunden sehr gut kennenzulernen, beschreiben wir im Kapitel 2 *„Die Welt der Kunden verstehen"*. Das Gleiche gilt natürlich bei der internen Kommunikation für die eigenen Mitarbeiter in den unterschiedlichen Teams und Unternehmensbereichen.

Beim „Was", also dem Inhalt der Interaktion, ist es wichtig festzulegen, welche Information genau übermittelt werden soll, abhängig davon, an wen sie übermittelt wird. Bei einer Störungsmeldung muss klar und deutlich die konkrete Störung übermittelt werden – und zwar an die dafür zuständige Person. Dabei ist auch das bereits angesprochene „Wie" wichtig. Ist es notwendig, in einer Fachsprache zu kommunizieren? Voraussichtlich ja. Sind Genderspezifika wichtig? An dieser Stelle eher nicht. Zudem kommt es natürlich auch darauf an, was das Gegenüber überhaupt wissen möchte, die Inhalte dürfen nicht außer Acht gelassen werden. Zusammengefasst ergibt sich eine Botschaft, die an bestimmte Zielgruppen gesendet wird. Damit diese Information ankommt, muss für jede der Zielgruppen die richtige Sprache ausgewählt werden.

Ein weiterer Aspekt, auf den wir nicht detailliert eingehen werden, den wir aber zumindest an dieser Stelle erwähnen möchten, ist das Storytelling. Storytelling bedeutet, dass Sie die Geschichte Ihres Unternehmens erzählen, dass Sie über Leistungen, die Sie anbieten, berichten. Die Geschichten, die Sie erzählen, passen optimalerweise zur konkreten Anforderung Ihres Wunschkunden. Storytelling darf dabei leb- und bildhaft sein und Werte und Ziele vermitteln.

■ 3.4 Werte und Prinzipien

Lebendige Kultur statt Verhaltenskodex

Genau diese Werte und Prinzipien können und sollten der Ausgangspunkt einer lebendigen Servicekultur sein. Weder als Top down noch als Bottom up vermittelt, sondern gemeinsam erarbeitet und gelebt. Den gemeinsamen Sinn, den Unternehmenszweck, der auch gemeinsam umgesetzt werden möchte, gilt es zu finden und zu definieren. Daraus entstehen die passenden Werte und Kulturen.

Wir als Unternehmen haben uns gemeinsam mit den Mitarbeitenden zusammengesetzt und erörtert, wie wir unsere Werte leben wollen und was Werte eigentlich bedeuten. Daraus ist die Schlussfolgerung entstanden, dass man mit den Werten allein nicht viel anfangen kann. Es braucht unserer Meinung nach gemeinsam erarbeitete Prinzipien, die aus den Werten hervorgehen. Es geht darum, eine gemeinsame Kultur zu entwickeln und nicht zu verordnen sowie Grundregeln der Zusammenarbeit daraus zu begründen, also Prinzipien statt Richtlinien. Nicht zielführend bei einem solchen Prozess ist zum Beispiel eine Reisekostenrichtlinie mit 18 Paragrafen, in der genauestens aufgeschlüsselt ist, wie und wo man tanken gehen darf, wie viel Geld für Hotels ausgegeben und in welcher Klasse welche Verkehrsmittel genutzt werden dürfen. Alternativ erschafft man stattdessen den Grundsatz, also ein Prinzip, das besagt: Gehen Sie mit dem Geld der Firma so um, wie Sie mit Ihrem eigenen Geld umgehen. Die Menschen werden nicht alle identisch agieren, weil sie in ihrem persönlichen Umfeld auf andere Dinge Wert legen werden. Die eine möchte lieber in einem schönen Hotel schlafen und bucht ein Supersparticket, um dorthin zu gelangen, der andere braucht nur ein sauberes Bett und gibt sein Geld lieber für ein Erste-Klasse-Ticket im Zug aus. Es wird also Unterschiede geben, aber solange die gemeinsamen Werte klar sind, wird das aus unserer Erfahrung nur sehr selten missbraucht werden. Der positive Effekt: Die Menschen können in einem Umfeld arbeiten, in dem sie sich wohlfühlen, statt in eine Richtlinie gepresst zu werden, die ihren Lebensumständen und Arbeitsweisen nicht entspricht. Dabei gilt es zu beachten, dass eine solche Festlegung und Etablierung im Unternehmen nicht von heute auf morgen funktionieren, sondern einen Prozess darstellen, der je nach Größe des Unternehmens auch einige Jahre dauern kann. Für die meisten Unternehmenssituationen kann aus unserer Sicht eine solche Festlegung gut funktionieren, es gibt jedoch auch Grenzen, und zwar dort, wo es externe Regularien gibt. Wenn man zum Beispiel im medizinischen Bereich arbeitet, dann muss man sich an die GxP-Richtlinien halten[1]. Gleiches gilt für gesetzliche Rahmenbedingungen und auch das Steuerrecht.

Es braucht Vertrauen und eine starke Führungspersönlichkeit, um eine solche Vorgehensweise umzusetzen, ganz gleich, ob in einem Konzern, einem Restaurant oder einem Friseurbetrieb. Dafür müssen Unternehmer zuallererst diese Prinzipien selbst leben, und zwar auch dann, wenn gerade niemand hinsieht.

Kontrolle versus Vertrauen

Wenn wir uns mit dem Thema Vertrauen versus Kontrolle auseinandersetzen, dann sollten wir uns auch mit dem Menschenbild an sich auseinandersetzen. Dabei gehen wir grundsätzlich von zwei extremen Menschenbildern aus: einem durchweg schlechten und einem ausnahmslos guten Menschenbild. In der Realität wird es diese Reinformen zwar nur äußerst selten geben, dennoch ist es für das weitere Verständnis erst einmal wichtig, diese beiden Extreme darzustellen. Bei dem positiven Menschenbild geht man davon aus, dass die Menschen dieser Kategorie das Richtige tun werden, wenn man ihnen die Möglichkeit dazu gibt. Das hat positive Konsequenzen für das eigene Handeln, denn es fällt deutlich leichter, solchen Menschen zu vertrauen und sie weniger zu kontrollieren (Bild 3.2). Das Menschenbild an sich ist sehr komplex, je nach z. B. familiärer Prägung ist es schwierig, dies zu verändern, und weiterführende Glaubenssätze resultieren aus dem gebildeten Menschenbild.

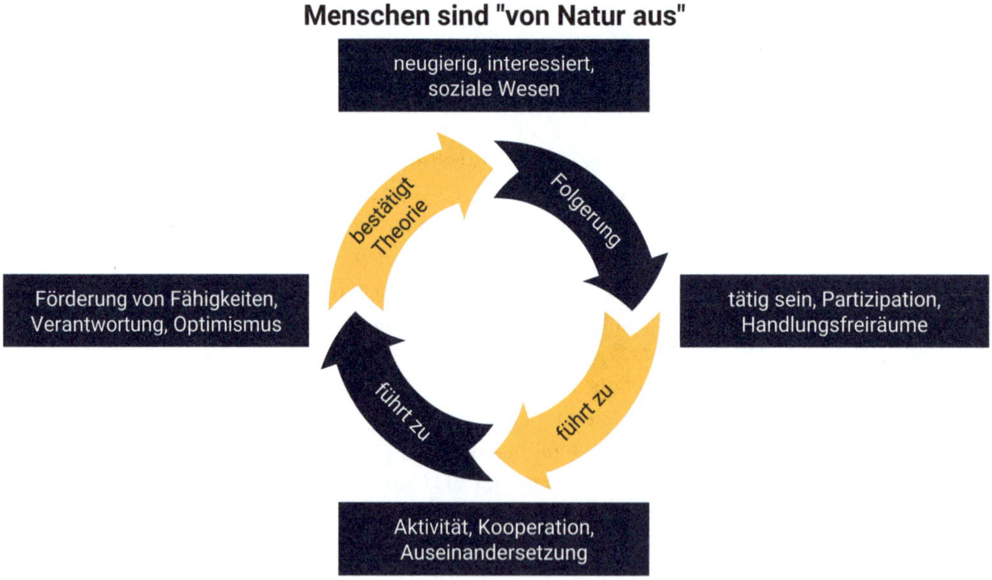

Bild 3.2 Positives Menschenbild

---

[1] GxP bezeichnet zusammenfassend alle Richtlinien für „gute Arbeitspraxis", welche insbesondere in der Medizin, der Pharmazie und der pharmazeutischen Chemie Bedeutung haben. Das „G" steht für „Gut (e)" und das „P" für „Praxis", das „x" in der Mitte wird durch die jeweilige Abkürzung für den spezifischen Anwendungsbereich ersetzt. Quelle: Wikipedia

Insbesondere in großen Konzernen fällt immer wieder die große Anzahl an Richtlinien auf, die immer auch Kontrolle implizieren. Oftmals sind diese Richtlinien aus einer schlechten Erfahrung entstanden, weshalb die vermeintliche Notwendigkeit besteht, eine Regel für eine Vorgehensweise zu erlassen. Eine ausgeprägte Richtlinien- und Kontrollkultur resultiert allerdings oft auch aus einem eher negativen Menschenbild: Mitarbeitende leisten nur etwas, wenn man ihnen genau sagt, was sie zu tun und zu lassen haben, und das auch permanent kontrolliert. Sobald man das nicht tut, machen sie, was sie wollen, arbeiten nicht mehr richtig und schaden dem Unternehmen (Bild 3.3).

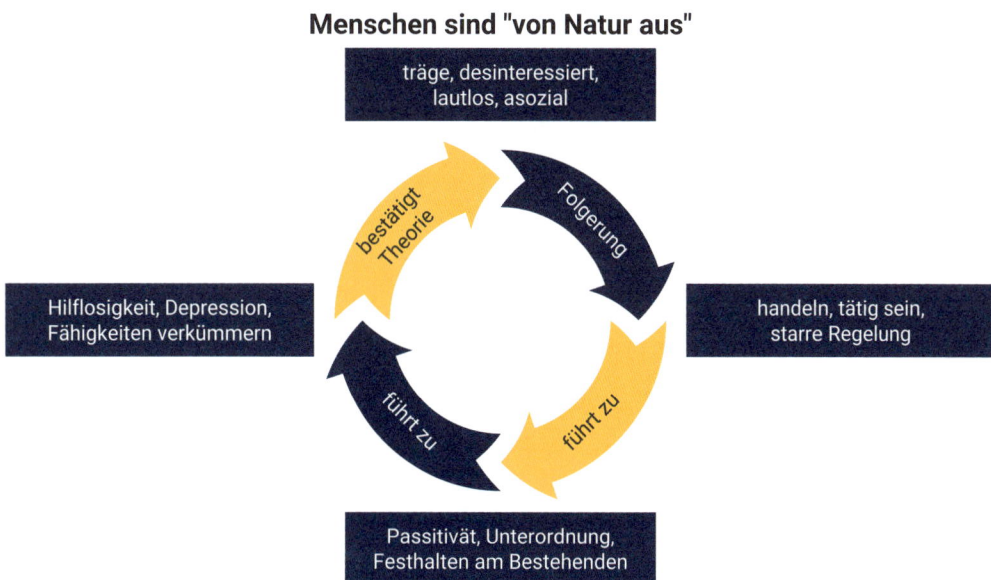

Bild 3.3 Negatives Menschenbild

Interessant ist, dass sich offenbar die verschiedenen Sichten auf die Menschen mit den resultierenden Konsequenzen im Unternehmen selbst verstärken und bestätigen. Es bedarf also eines hervorragenden Veränderungsmanagements und oft eines langen Atems, wenn eine durch ein negatives Menschenbild geprägte Unternehmenskultur in Richtung eines positiven Bilds mit Vertrauen und Verantwortung verändert werden soll. Mehr dazu erläutern wir auch im Kapitel 7 *„Mit Vertrauen und Verantwortung führen“*.

Wertschätzung

Das Gegenüber wahrnehmen, auf Augenhöhe gegenübertreten und ehrliche Rückmeldungen geben sind nur einige Möglichkeiten, Wertschätzung zu zeigen. Auch Ergebnischecks sind eine Art von Wertschätzung. Wenn man von seinen Mitarbeitenden verlangt, eigenverantwortlich innerhalb ihrer Wertevorstellung zu arbeiten, sollte man sich das erzielte Ergebnis anschauen. Wertschätzung bedeutet in diesem Fall, dass Sie Ergebnisse wahrnehmen, darauf reagieren und sie gemeinsam mit den Mitarbeitenden besprechen. Behalten Sie dabei immer im Blick, dass es um die Bewertung der Ergebnisse und nicht um die Bewertung des Mitarbeitenden geht.

Es ist erstaunlich, wie häufig auch heute noch Führungskräfte von ihren Mitarbeitenden Ergebnisse einfordern und wenn dann diese Ergebnisse nach viel Aufwand geliefert wurden, dieselben gar nicht wahrgenommen werden oder zumindest nicht derart, dass die Mitarbeiterin diese Wahrnehmung auch bemerkt. Wenn sie der Vorgesetzten mitteilt, „die Aufgabe ist erledigt, ich habe geliefert, was du dir vorgestellt hast, schau es dir doch an und sag mir, was du davon hältst" – was machen dann erstaunlich viele Vorgesetzte? Sie reagieren gar nicht. Kein bisschen. Es gibt keinerlei Rückmeldung. Was das für die Mitarbeiterin bedeutet, ist klar – es ist deprimierend, wenn ich mir zwei, drei Wochen oder länger Gedanken darüber mache, ein besonders gutes Ergebnis zu liefern, um zum Erfolg des Unternehmens beizutragen, und dann nicht mal ein Feedback bekomme zu meinem Ergebnis. Vermutlich werde ich beim nächsten Mal sehr genau überlegen, wie viel Aufwand ich noch in das Erzeugen von Ergebnissen stecke.

Natürlich geht es nicht nur darum, zu kontrollieren, ob Ergebnisse erzeugt wurden, und Wertschätzung zu zeigen, sondern auch darum, Feedback zu geben über die Qualität des Ergebnisses. Was hat gut funktioniert? Wo habe ich vielleicht etwas anderes erwartet? Im nächsten Schritt geht es dann darum, zu besprechen, wo vielleicht die Erwartung falsch war oder ob möglicherweise an dem Ergebnis noch etwas verändert werden sollte. Denn es ist ja nicht so, dass immer die Vorgesetzte recht hat, nur weil sie eine Erwartung formuliert hat. Genauso häufig geht es darum, dass der Mitarbeiter Ideen einbringt und Ergebnisse abliefert, welche möglicherweise qualitativ besser sind als ursprünglich erwartet.

Drei Faktoren sind wichtig für Ergebnis-Checks auf Augenhöhe: erstens wahrnehmen, dass ein Ergebnis erzeugt wurde, und wertschätzen, was die Leistung des Teams oder des Mitarbeiters oder der Mitarbeiterin ist. Zweitens Feedback auf Augenhöhe geben und drittens natürlich regelmäßig kontrollieren, ob der Kurs noch stimmt, um das zu leisten, was von uns erwartet wird, was wir vertraglich vereinbart haben, was die Kunden von uns erwarten oder was wir für die Entwicklung unseres eigenen Unternehmens oder Service Teams geplant haben. Mehr zu den Ergebnis-Checks beschreiben wir im Kapitel 5 *„Relevante Ergebnisse zählen"*.

Ein Teil echter Wertschätzung ist es auch, zu akzeptieren, dass andere Menschen anders sind und damit auch eine unterschiedliche Wahrnehmung haben. Das ist an vielen Stellen in der heutigen Gesellschaft und auch in vielen Unternehmen nicht immer gegeben. Es gibt einen Trend zum Schwarz-weiß-Denken, bei dem sämtliche Grautöne ausgeblendet werden. Natürlich hat jeder das Recht, von einer anderen Meinung oder einem Ergebnis eines anderen nicht überzeugt zu sein. In solchen Fällen ist es wichtig, eine ehrliche Rückmeldung wertschätzend zu übermitteln. In solchen Fällen nicht ehrlich zu sein, wäre falsch und vor allem nicht zielführend. Auch wir als Geschäftsführer eines Unternehmens sind nicht immer einer Meinung. Trotzdem gelingt es uns bereits seit über zehn Jahren, gut miteinander zu arbeiten und unser Unternehmen voranzutreiben, indem wir ehrlich und wertschätzend miteinander umgehen.

Wie genau dieser wertschätzende Umgang miteinander aussieht, ist dabei in jedem Unternehmen anders. Die Kommunikation in unserem Unternehmen zum Beispiel wird von anderen als sehr offen und direkt wahrgenommen. Wir sind in der Lage, so offen und direkt miteinander umzugehen, weil wir uns schon so lange kennen. Uns ist bewusst, wo die Grenzen eines wertschätzenden Umgangs erreicht sind und wo wir dennoch ehrlich unsere Meinung sagen oder Kritik üben können. Sicherlich ist auch der gegenseitige Respekt ein weiterer Aspekt.

Zu respektieren, dass jemand anderer Meinung ist, sollte jedoch nicht das gewünschte Endergebnis sein. Vielmehr gibt eine solche Situation allen Beteiligten die Chance, die eigene Haltung zu reflektieren und nach Möglichkeiten zu suchen, trotz unterschiedlicher Meinungen gemeinsam das Ziel zu erreichen. Nur weil jemand auf eine andere Art das Ziel zu erreichen versucht, muss das nicht automatisch besser oder schlechter sein. Es ist jedoch respektlos, grundsätzlich davon auszugehen, dass der eigene Weg besser ist als der eines anderen. Einem langjährigen Mitarbeiter zum Beispiel vorzuschreiben, wie er Schritt für Schritt seine Arbeit zu tun hat, wäre ein solches Beispiel. Auch hier sollte man wieder den Blick auf die gemeinsamen Wertevorstellungen lenken.

Ein solches Verhalten lässt sich auch auf den respektvollen Umgang zwischen Kunde und Mitarbeiter übertragen. Verhält sich der Kunde kontinuierlich respektlos gegenüber dem Mitarbeiter, sollte man sich die Frage stellen, ob es sich hier tatsächlich um einen Wunschkunden handelt. Doch denken Sie dabei bitte nicht zu kurzfristig, denn Situationen werden unterschiedlich wahrgenommen und es gibt immer zwei Seiten. Zudem muss man als Mitarbeiterin im Kundendienst auch mit schwierigeren Charakteren umgehen können und eine hohe Toleranzgrenze mitbringen. Nicht jede Situation sollte persönlich genommen werden, das ist auch Bestandteil des professionellen Umgangs miteinander im beruflichen Umfeld. Allerdings gilt es zu beleuchten, aus welchem Grund der Kunde respektlos erscheint. Sind die Gründe ggf. sachlich oder fachlich begründet? Was möchte der Kunde durch sein Verhalten eigentlich aussagen? Was ist sein Ziel? Erst, wenn diese Punkte geklärt sind, kann man an einer Lösung arbeiten. Wenn dann vom Kundendienstmitarbeiter auch noch ein Begeisterungselement (siehe Kano-Modell später im Kapitel) eingebracht werden kann, ist es möglich, die vielleicht zuerst negativ empfundene Situation wieder umzudrehen.

Stellen Sie sich zum Beispiel vor, Sie sind das zweite Mal zu Gast in einem Hotel. Schon beim Check-in werden Sie freundlich und namentlich begrüßt. Zudem informiert der Concierge Sie darüber, dass Sie wieder das Zimmer mit dem großartigen Ausblick bekommen, das Ihnen beim letzten Besuch so gut gefallen hat. Dort ist bereits ein zusätzliches Kissen bereitgelegt, da Sie damals darum gebeten hatten.

Wertschätzung hat insbesondere für Servicemitarbeiter eine hohe Bedeutung, ist aber nicht nur innerhalb von Unternehmen wichtig. Hier ziehen wir gerne den Vergleich mit Musikern oder mit Bühnenschauspielern. Deren Lohn und Wertschätzung der Leistung ist auch der Applaus. Diesen kann man jedoch in der Regel nicht einfordern, aber zumindest triggern.

Für den Service bedeutet dies: Servicemitarbeiter benötigen das entsprechende Handwerkszeug, damit sie nicht plump oder unseriös erscheinen, wenn sie ihr Feedback, also ihren „Applaus" einholen. Unseriös wirken zum Beispiel telefonische Kundenumfragen, bei denen man am Ende das Gefühl hat, einen Vertrag aufgeschwatzt bekommen zu haben, anstatt ehrlich nach seiner Meinung gefragt worden zu sein. Aufdringliches „Fishing for compliments" ist ebenfalls fehl am Platz. Wer hat sich nicht schon einmal genervt gefühlt von den vielen plumpen Fragen nach Feedback nach jeder noch so kleinen Online-Dienstleistung. Aber eine geschickt platzierte, unaufdringliche Nachfrage am POS – dem „Point of Service" – ist erlaubt und wünschenswert. Je näher der zeitliche Zusammenhang zwischen Leistung und Feedback ist, umso eher sind Kunden zum einen in der Lage, die Leistung zu bewerten und zum anderen bereit, dies auch zu tun. Dies birgt allerdings auch Gefahren: Bei einer unzureichenden Leistung kann es sein, dass Servicemitarbeitende statt Applaus eher mit spontanen „Buh-Rufen" bedacht werden, schließlich hatte der Kunde keine Zeit, noch einmal eine Nacht über sein Feedback zu schlafen. Wenn negatives Feedback allerdings wertschätzend erfolgt, kann dies zu einem enormen und für die Weiterentwicklung des Service essenziell wichtigen Lerneffekt führen. Grundsätzlich gilt: Wenn Feedback eingefordert werden soll, dann eher früher als später und behutsam mit der nötigen Individualität.

Soziale Verantwortung

Wenn wir über Werte und Prinzipien sprechen, geht das für uns als Unternehmen immer mit einer sozialen Verantwortung einher – beginnend bei unseren Mitarbeitern, über den Standort selbst, bis hin zu der Gemeinde, der Region, dem Land und auch der restlichen Welt. Abhängig von ihrer Größe sollten Unternehmen, sofern sie in der Lage sind, ihre Wirtschaftlichkeit und den Lebensunterhalt der Mitarbeiter zu sichern, der Gesellschaft, die ihnen die Infrastruktur und das Umfeld ermöglicht hat, etwas zurückzugeben. Dabei spielen Reihenfolge und Relevanz eine wichtige Rolle. Wenn Sie einen Stein ins Wasser werfen, breiten sich Stück für Stück Wellen in konzentrischen Kreisen aus. Diesem Bild entsprechend fangen auch sie erst einmal mit naheliegenden Dingen an. Übernehmen Sie Verantwortung für Mitarbeitende und deren Familien und pflegen Sie einen respektvollen Umgang. Arbeiten Sie wirtschaftlich und sichern Sie den Erfolg des Unternehmens und somit auch Arbeitsplätze. Das bedeutet zum Beispiel auch, die Vereinbarkeit von Beruf und Familie zu ermöglichen. Dies mag nicht für jedes Unternehmen gleichermaßen möglich sein, für uns ist es machbar und geht auch einher mit unseren gelebten Werten. Familie ist in unserem Wertebild sehr wichtig, auch wenn viele Unternehmen das noch immer nicht wahrhaben möchten. Sind Mitarbeitende glücklich und zufrieden, weil sie ausreichend Zeit für sich und ihre Liebsten haben, werden sie auch die beste Leistung erbringen.

Nicht zu unseren Werten zu stehen oder diese zu leben, würde außerdem bedeuten, nicht mehr authentisch zu sein, weder menschlich noch unternehmerisch. Wir handeln getreu dem Motto „Walk the talk" (Handele entsprechend deiner Aussagen). Im Umkehrschluss bedeutet dies manchmal auch, sich von Mitarbeitern zu trennen, die nicht (mehr) zum Unternehmen passen. Beispielsweise hatten wir einen Mitarbeiter eingestellt, der von einem Großkonzern mit sehr strikten und engen Strukturen kam. Die vielen Freiräume bei uns waren für ihn schwierig, er war sie nicht gewöhnt. Letztlich konnte er nicht damit umgehen und das war weder gut für ihn und das Team noch für das Unternehmen. Soziale Verantwortung heißt also auch, sich mit solchen Situationen auseinanderzusetzen, sie wahrzunehmen und Lösungen für alle Seiten zu finden. Der Fokus liegt in solchen Situationen nicht nur auf dem Wohlergehen eines einzelnen Mitarbeiters, sondern auf dem gesamten Team.

Zusammengefasst empfehlen wir für die Wahrnehmung der sozialen Verantwortung, klein und lokal zu beginnen, das Unternehmen stabil aufzubauen und erst dann den Radius zu erweitern. Auch wir haben klein begonnen und zunächst nur lokal unterstützt. In unserem Fall war es das Kinderheim auf der gegenüberliegenden Straßenseite. Alternativ sind auch Aktivitäten zur Unterstützung möglich. Gut wäre es, hierbei einen Bezug zum Unternehmen oder zu Mitarbeitern zu haben. Einer unserer Mitarbeiter leitete zum Beispiel die ortsansässige Fußballschule in seiner Freizeit und suchte dafür Sponsoren. Die Verbindung war in diesem Fall der Mitarbeiter, deshalb war dieses Projekt gut geeignet, um uns als Unternehmen mit unseren Werten in und für die Gesellschaft einzubringen.

■ 3.5 Kunden im Service

Persona

Eine Möglichkeit, sich ein konkretes Bild von den Kunden zu machen und diese zu verstehen, sind die schon im vorigen Kapitel kurz vorgestellten Persona. Man erschafft einen Stereotyp, eine Persona der vermeintlichen Wunschkundin. Informationen wie Herausforderungen, Wünsche, Verantwortungen, Tätigkeiten usw. des Kunden werden darin verallgemeinernd beschrieben. Diesem Stereotyp steht allerdings das Individuum entgegen. Auch wenn der Wunschkunde ähnliche Probleme und ähnliche Situationen vereint, handelt es sich nur um ein Hilfsmittel. Selbstverständlich hat der hinter dieser Persona stehende Mensch konkrete Bedürfnisse in einer konkreten Situation und bringt konkrete Erfahrungen sowie ganz eigene Wünsche mit. Das alles lässt sich nicht vollständig mit der Definition einer Persona darstellen. Dennoch ergibt es Sinn, sie zu definieren, denn aus den definierten Eigenschaften, Herausforderungen und Wünschen der Persona lassen sich allgemeine Herausforderungen formulieren. Auf der Basis dieser allgemeinen Herausforderung fällt es wiederum leichter, Lösungen zu finden, die dann auf die speziellen Probleme des Individuums adaptiert werden können. Das funktioniert zwar nicht immer passgenau, aber diese Vorgehensweise gibt eine lösungsorientierte Richtung vor, die dann auf die individuelle Situation weiter angepasst werden kann. Im Kapitel 2 *„Die Welt des Kunden verstehen"* gehen wir ausführlicher darauf ein, wie eine Persona gestaltet wird und welchen Nutzen sie liefern kann.

Eine besondere Herausforderung ist das im Bereich des **B2B (Business-to-Business-Kunden)**. In diesem Fall müssen die Anforderungen von zwei Parteien berücksichtigt werden. Der direkte Kunde kann zum Beispiel ein Konzern sein. Dieser ist allerdings nicht der Nutzer oder der Anwender der Serviceleistung oder des Endprodukts. Wir wissen daher ohne tiefergehende Berücksichtigung des Endkunden nicht, ob die Leistungen, die Qualität und die Erwartungen, die mit dem Konzern, also unserem Business-Kunden vereinbart wurden, auch die der tatsächlichen Nutzerin („Consumer") sind. Im **B2C (Business-to-Consumer)** definiert man die Anforderungen der Persona direkt auf Endkundenebene. Je nach Service können diese dabei sehr unterschiedlich und individuell in ihren Erwartungen und Bedürfnissen sein.

Im B2C-Bereich geht der Trend mittlerweile klar in Richtung Individualisierung. Der Klassiker bei den Produkten sind Turnschuhe oder Sneaker. Kaum jemand in der relevanten Zielgruppe kauft heutzutage noch x-beliebige Turnschuhe, sondern man kauft sich ein Paar „Air Jordan by Nike". Diese werden dazu vielleicht sogar noch individualisiert und personalisiert, je nach Wunsch des Kunden. Die ehemalige Massenware, der Turnschuh, wird also immer mehr auf die Wünsche und Bedürfnisse des Einzelnen abgestimmt.

Ähnliches gilt in Bezug auf die Individualisierung für die Autobranche. Dort kann man sich bereits seit geraumer Zeit nicht mehr nur die Autofarbe aussuchen, sondern mit einem Konfigurator die Ausstattungsmerkmale individuell zusammenstellen. Die Umsetzung der Individualisierung erfolgt in beiden Fällen automatisiert in der Produktion. Wenn es also in der Produktion möglich ist, individuell auf die Wünsche des Kunden einzugehen, dann geht das im Service auch. Viele der Serviceleistungen werden mittlerweile bereits digital abgerufen und der Aufwand der Individualisierung ist damit weitaus geringer als noch vor einigen Jahren.

Im genannten Beispiel der Sneaker gibt es neben der möglichen Individualisierung auch ganz andere zielgruppengerechte Strategien. Zum Beispiel werden in Kooperationen verschiedener bekannter und begehrter Marken künstlich verknappte Modelle auf den Markt gebracht und durch moderne Social-Media-Kampagnen für die Zielgruppe als unverzichtbar und sogar als Wertanlage dargestellt. Und tatsächlich gibt es bereits einen lukrativen Markt an Wiederverkaufsplattformen, auf denen einzelne Modelle für ein Vielfaches des ursprünglichen Verkaufspreises gehandelt werden. Inzwischen wird ein Großteil dieser Modelle gar nicht mehr getragen, sondern originalverpackt in den Schrank gestellt, in der Hoffnung auf einen lukrativen – und prestigeträchtigen – Weiterverkauf.

Aber auch im klassischen B2B-Geschäft im Service gibt es immer mehr individuelle Leistungen, die den Kunden angeboten werden. Das bedeutet, auch Reaktionszeiten und Lösungszeiten werden je nach Service individuell ausgeprägt. Hat dann auch noch jedes Serviceticket eine eigene Priorisierungsregel, dann führt das unweigerlich zu Herausforderungen in der Umsetzung. Im E-Mail-Marketing findet Individualisierung bereits statt, wenn beispielsweise ein entsprechendes E-Mail-Marketing-Tool verwendet wird. Je nachdem, was Sie in der letzten E-Mail angeklickt haben – die nächste E-Mail wird dies berücksichtigen und Ihnen komplett automatisiert die passenden Inhalte ausspielen. Diese spannende Entwicklung gilt es zu beobachten, um mit den dann zur Verfügung stehenden Möglichkeiten darauf zu reagieren.

Empathy Map

Eine nützliche Alternative oder Ergänzung zur Persona kann die Entwicklung einer Empathy Map in Bezug auf die jeweiligen Kunden sein. Sie hilft, wie der Name schon sagt, die Kunden besser zu verstehen, sich auf sie einzustellen und Empathie zu entwickeln.

Die Empathy Map verfolgt das Ziel, die Kundenbedürfnisse klar zu benennen und damit eine Basis für alle weiteren Maßnahmen, wie die Gestaltung der Services und vor allem die Inszenierung der Serviceerbringung, zu schaffen. Im Vergleich zum Persona-Konzept konzentriert sich die Empathy Map auf die Gefühlslage der Kunden und orientiert sich in ihrem grundsätzlichen Aufbau an den menschlichen Sinnesorganen. Dadurch können die potenziellen Kunden und ihre Wünsche nicht nur beschrieben, sondern auch emotional eingeordnet und verstanden werden.

Zufriedenheit und Qualität

Qualität ist die Erfüllung von Anforderungen. Das heißt, die zu erreichende Qualität wurde definiert und der erwartete Wert wurde erreicht. Ergo, die Qualität ist gut, zumindest wenn man diese Definition zugrunde legt. Vor allem größere Unternehmen definieren Qualität auf diese Weise. Zufriedenheit entsteht jedoch durch die emotional und subjektiv wahrgenommene Erfüllung von Erwartungen. Die Qualität kann also nach definierten, messbaren Anforderungen gut sein, der Kunde ist dennoch nicht zufrieden. Außerdem kann sich die wahrgenommene Zufriedenheit im Laufe der Zeit auch verändern, wie auch im Kano-Modell dargestellt. Was gestern begeistert hat, ist morgen normal und übermorgen eine Basisanforderung. Die Denkweise vieler Organisationen ist immer noch, dass die Kundenzufriedenheit mit einer Erreichung eines definierten Servicelevels einhergeht. Doch ob ein Kunde zufrieden ist, ist eine individuelle Entscheidung, basierend auf den Bedürfnissen, den Erfahrungen und der jeweiligen Persönlichkeit. Es ist also wichtig, die Menschen, die den Service nutzen, möglichst gut zu verstehen, um entsprechend reagieren zu können.

Hinzu kommt, dass die Entscheidung, ob man zufrieden ist oder nicht, unserer Meinung nach nicht immer oder vielleicht sogar eher selten rational ist. Mitarbeiter im Service müssen daher genau erkennen können, mit welcher Persönlichkeit sie es zu tun haben. Auf Grundlage dessen ist eine typgerechte Kommunikation möglich, um auf die Kunden mit ihrer Persönlichkeit und den damit einhergehenden Bedürfnissen eingehen zu können.

Kundenzufriedenheit

Jede Interaktion mit einem Kunden, ob nun direkt oder indirekt, hinterlässt einen Eindruck. Das können gute, schlechte oder auch außergewöhnliche Eindrücke sein. Noriaki Kano hat in seinem Kano-Modell (Bild 3.4) den Zusammenhang von Kundenzufriedenheit und der Erfüllung von Kundenanforderungen definiert [Kano et al, 1984]. Dabei werden fünf Merkmale zur Bewertung zugrunde gelegt, in die die Erfüllung der Kundenanforderung eingeordnet wird. Das grundlegendste Merkmal ist das Basis-Merkmal. Eine bewusste Wirkung auf die Kundenzufriedenheit erfolgt hier nicht, weil die Erwartungen des Kunden so grundlegend sind, dass sie als selbstverständlich angesehen werden. Stattdessen bedeutet es, dass Unzufriedenheit sofort auftritt, wenn diese Grunderwartungen nicht erfüllt werden. Darauf folgen lineare Faktoren auch Leistungsmerkmale genannt. Je mehr es davon gibt, desto positiver wird die Leistung, das Produkt oder der Service erlebt. Interessant wird es dann bei den Begeisterungsmerkmalen (außergewöhnliche Eindrücke), denn diese bleiben in Erinnerung. Es sind außergewöhnliche Elemente, die nicht erwartet, aber als besonders wertvoll wahrgenommen werden. Die Kundenzufriedenheit steigt dadurch exponentiell.

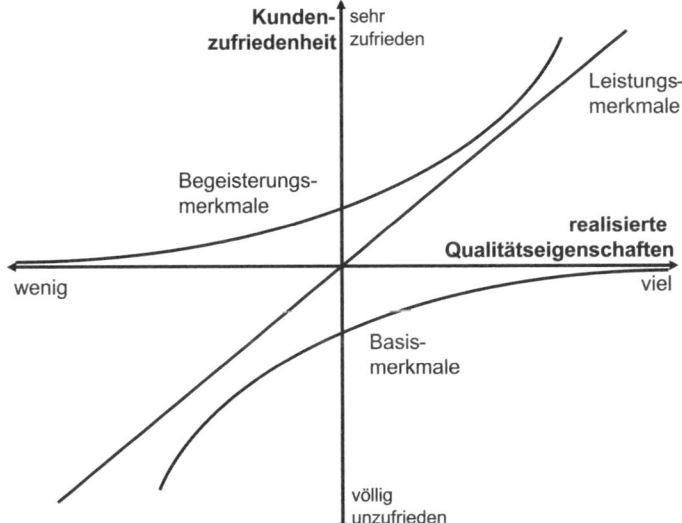

Bild 3.4 Kano-Modell

Auch wenn durch das Kano-Modell Faktoren für mehr Kundenzufriedenheit gezeigt werden, muss das Modell aus unserer Sicht differenzierter betrachtet werden. Wenn ein Service beispielsweise bereits herausragend ist, wie kann es dann dauerhaft gewährleistet werden, ihn mit weiteren Leistungsmerkmalen zu verbessern? Inwiefern spielt die unterschiedliche Wahrnehmung der einzelnen Merkmale des Kano-Modells dabei eine Rolle? Für Person A ist die Leistung X (zum Beispiel eine Flasche Wasser auf dem Hotelzimmer) ein Leistungs-merkmal, für Person B ist sie ein Basismerkmal und Person C ist gänzlich unzufrieden mit der Leistung (weil sie kein stilles Wasser mag). Wer bewertet also, ob und wie gut ein Service ist? Qualität ist messbar, wenn sie durch Kennzahlen definiert wurde.

Doch nur weil die Qualität gut ist, heißt das nicht, dass der Kunde auch zufrieden ist. (Das ist übrigens eine der wesentlichen Erkenntnisse für die Gestaltung herausragender Services.) Die Wahrheit ist also komplexer, als das Kano-Modell sie darstellt. Dennoch bietet die Be-trachtung des Kano-Modells eine Möglichkeit, Servicequalität näher zu betrachten, auch wenn es hierbei erst noch um die Wahrnehmung von Qualität geht. Im Gegenzug dazu beobachten wir aktuell in bestimmten Branchen eine steigende Tendenz zum Einsatz von faktisch mess-baren Kennzahlen, Servicelevel-Agreements oder prozentualen Erfüllungsquoten. Service ist unserer Meinung nach jedoch keine simple Kennzahlenmathematik. Eine obligatorische E-Mail zur Bewertung des Service nach Inanspruchnahme kann aus unserer Sicht nicht die Bewertungsgrundlage für Servicequalität bilden. Kaum jemand mag es, dauernd gefragt zu werden: „Schatz, wie war ich?"

Kundenzufriedenheit ist die wahrgenommene Erfüllung von Erwartungen. Darin sind zwei variable Parameter enthalten. Erwartungen können zumindest teilweise identifiziert werden. Wahrnehmung hingegen ist abhängig von vielen weiteren Faktoren und damit weitestgehend nicht steuerbar.

Die wahrgenommene Erfüllung von Erwartungen

Eine Herangehensweise, um die wahrgenommene Erfüllung von Erwartungen zu fördern, ist es, Mitarbeitern zu erlauben, entsprechend ihren Fähigkeiten eigenständig zu überlegen, wie sie den besten Service liefern können. Wie kann der Kunde ihrer Meinung nach glück-lich gemacht werden? Viele der Mitarbeiter arbeiten nah an den Kunden und haben somit auch erheblichen Einfluss auf den weiteren Verlauf der Kundenbeziehung und auf deren Zufriedenheit.

Eine große Hotelkette in den USA setzt diese Herangehensweise bereits um: Jeder einzelne Mitarbeiter, egal ob es sich um den Portier, den Parkplatzwächter oder die Reinigungskraft handelt, hat ein Budget von 500 Dollar. Diese 500 Dollar kann er oder sie nach eigenem Ermessen einsetzen, um Kunden glücklich zu machen, die unzufrieden sind. Dazu muss kein Einverständnis einer weiteren Instanz ein-geholt werden. Die Eigenverantwortlichkeit jedes Einzelnen steigt und sorgt genau an der richtigen Stelle – also nah am Kunden – für einen aktiven Einsatz des Mit-arbeitenden für die Kundenzufriedenheit.

Die Autostadt Wolfsburg ist ein weiteres Beispiel dafür. Jeder Mitarbeiter verfügt über ein unbegrenztes Budget, um Kundenzufriedenheit herzustellen. Rein theo-retisch könnten die Mitarbeiter sogar ein Auto verschenken. Das Ergebnis solcher Maßnahmen: Vertrauen und Verantwortung. Je mehr Vertrauen Sie Ihren Mit-arbeitern entgegenbringen, desto mehr Verantwortung übernehmen sie von sich aus für die Ergebnisse und für das, was sie tun. Dazu kommen wir im Kapitel 7 *„Mit Vertrauen und Verantwortung führen"* noch im Detail.

Wie bereits erwähnt, hinterlässt jede Interaktion einen Eindruck beim Kunden. Jede Interaktion bietet zudem die Gelegenheit, Informationen zu den Anforderungen und Erwartungen des Kunden zu sammeln. Auch durch einen schlechten Service und die entsprechende Reaktion des Kunden werden neue Erkenntnisse gewonnen. Interaktion kann, wie der Name schon sagt, nur aktiv stattfinden und guter Service hängt davon ab, was der Kunde überhaupt wahrnimmt. Die Deutung der Kundenwahrnehmung funktioniert besonders gut, wenn man gerade in Interaktion mit dem Kunden steht. Wie verhält sich der Kunde und wie reagiert er auf mein Angebot? Aus den Antworten und Reaktionen werden somit neue Erkenntnisse gewonnen und vor allem kann unmittelbar reagiert werden.

Kein Kunde hat Interesse daran, seitenlange Feedbackbögen auszufüllen. Das muss er durch die direkte Interaktion auch nicht, denn dabei gibt es ausreichend Möglichkeiten, ein Feedback zu erhalten, sei es durch bestimmte Fragestellungen oder durch aktives Zuhören und Beobachten. Infolgedessen wird dann auch kein Feedbackbogen mehr benötigt, vorausgesetzt, dass diejenigen, die das Feedback einholen, auch ein ernsthaftes Interesse an einem ehrlichen Feedback haben. Denn, wenn ein Mitarbeiter den Kunden aktiv dahingehend beeinflusst, ein positives Feedback zu hinterlassen, weil es sonst Ärger mit dem Vorgesetzten gibt, ist das Feedback nicht verwertbar. Dieses Verhalten der Kundenbeeinflussung ist leider in der Praxis weit verbreitet. Vor einiger Zeit erlebte ich in einem großen regionalen Autohaus, wie eine Mitarbeiterin mir wörtlich sagte: „Wenn Sie uns beim Feedback nicht die Bestnote geben, dann bekommen wir Ärger von der Zentrale."

Um echtes und wertvolles Feedback zu erhalten, sind neben Fachwissen auch Softskills notwendig. Empathie, aktives Zuhören, adäquates Ausdrucksvermögen oder Resilienz, um auch in herausfordernden Situationen kundenorientiert agieren zu können, sind dabei essenziell. Wenn wir in eine Parfümerie gehen, um ein Geschenk zu kaufen, jedoch bei der Vielzahl der angebotenen Düfte nicht mehr unterscheiden können, was überhaupt gut oder schlecht riecht, dann lassen wir uns beraten. Ob die Beratung fachlich gut war, können wir als Laie dabei gar nicht beurteilen. Wir können jedoch beurteilen, ob wir uns gut beraten fühlen und ob wir das Gefühl hatten, dass die Verkäuferin wusste, wovon sie spricht und auf unsere Bedürfnisse eingegangen ist. Ein weiteres Beispiel ist der Friseursalon, zu dem man immer wieder geht, weil man sich dort als Kunde besonders wertgeschätzt fühlt, weil die Friseurin das Gespräch stets genau dort weiterführt, wo es beim letzten Besuch aufgehört hat. Ein guter Haarschnitt wird dabei als Basismerkmal vorausgesetzt (siehe Kano-Modell). Das Fachwissen dafür ist zwingend erforderlich und wird von uns vorausgesetzt, die Softskills hingegen sind ausschlaggebend für das positive Kundenerlebnis.

Der persönliche Kontakt und die passende Interaktion sind bei beiden Beispielen von zentraler Bedeutung. Daher ist es wichtig und notwendig, in die Persönlichkeitsentwicklung der Mitarbeiter zu investieren. Oder besser ausgedrückt: die Mitarbeiterinnen dabei unterstützen, fördern und bestärken, ihre Persönlichkeit zu entwickeln. Denn der alte HR-Glaubenssatz, man müsse die Mitarbeiter entwickeln, ist falsch. Entwicklung ist nichts, was passiv passiert, man kann niemanden entwickeln. Das liegt in der Verantwortung jedes Einzelnen selbst. Weiterentwicklung im positiven Sinne ist immer ein aktiver Prozess. Unternehmen und Führungskräfte sind lediglich aufgerufen, die Rahmenbedingungen und das Klima so zu gestalten, dass Entwicklung gefordert und gefördert wird.

Ein Problem bei der Entwicklung insbesondere sogenannter weicher Faktoren ist, dass sich diese in vielen Fällen der direkten Messbarkeit teilweise oder vollständig entziehen.

Viele Unternehmen wollen oder müssen jedoch ihre Erfolge durch Kennzahlen messen und berichten. Wie viele Kunden wurden bedient und war der Kundenkontakt erfolgreich, also kam es zu einem Verkauf? Das dazugehörige Beziehungselement lässt sich jedoch nicht oder nur schlecht messen. Insbesondere im Onlinebereich wandern Kunden aufgrund der fehlenden persönlichen Komponente schneller ab, wenn der Service ihrer Meinung nach nicht gut ist oder war.

Wir erleben allerdings auch, dass fehlende Messbarkeit als Grund dafür vorgeschoben wird, Maßnahmen im Service nicht umzusetzen. Vielleicht wird noch ein vermeintlich funktionierendes System eines anderen Unternehmens für die eigene Firma übernommen und die bestehenden Prozesse werden in das neue System gezwängt. Den Mitarbeitern innerhalb dieser Prozesse wird damit ein Korsett angelegt, statt ihnen Hilfsmittel und Leitplanken an die Hand zu geben, mit denen sie effizienter, schneller und zufriedener arbeiten könnten.

Es gibt aber auch gute Nachrichten. Bereits seit einiger Zeit beobachten und erleben wir einen Wandel in Führungs- und Managementtrainings. Es geht immer mehr darum, wie Menschen befähigt werden, eigenständig und verantwortlich zu arbeiten und sich aktiv weiterzuentwickeln. Der Fokus liegt immer öfter auf den Mitarbeitern selbst. Dabei geht es nicht nur darum, ihre sogenannten Softskills zu fördern, sondern auch darum, ein Arbeitsumfeld und ein Klima zu schaffen, in dem sie optimal agieren können.

User Experience

Nachdem wir uns den Zusammenhang zwischen der Persona und dem individuellen Menschen sowie zwischen der Qualität und der Zufriedenheit angeschaut haben, geht es im nächsten Schritt darum, das Erlebnis der einzelnen Menschen in der Serviceerbringung näher zu betrachten. Dabei gilt es zwei wesentliche Aspekte zu beachten: zum einen den planerischen Aspekt, zum anderen den Durchführungsaspekt. Um ein Erlebnis zu planen, muss man sich vorab Gedanken machen, welches Ergebnis erzielt werden soll. Was fühlt der Kunde, wenn er mit mir in Kontakt tritt? Dieser Kontakt, genauer gesagt die Kontaktpunkte werden in der einschlägigen Literatur Touchpoints genannt.

Inszenierung

Die Ausgestaltung des Touchpoints ist die Inszenierung. Man legt innerhalb der Zielsetzung fest, wie sich der Kunde fühlen soll und welches Gefühl man erwartet. Durch die einzelnen Touchpoints wird die Gefühlssituation dann realisiert. Das Ergebnis ist die Erlebnis Experience oder auch UX, also die User Experience.

Wichtige Fragen, die Sie sich in diesem Zusammenhang stellen sollten, sind:

- Was genau wird benötigt, um dieses UX-Erlebnis zu gestalten?
- Welche Inszenierung ist sinnvoll, um die Kunden zu erreichen?
- Wie inszeniert man die Touchpoints hinsichtlich des Ablaufs, des Designs, der physischen Umgebung oder des digitalen Kontakts?
- Welche gestalterischen und sprachlichen Mittel setzt man ein und welche sonstigen Hilfsmittel nutzt man?

Das Wort Inszenierung kennt man in der Regel nur aus dem Theater oder Filmbereich. Wir möchten diesen Begriff jedoch auf den Service ausweiten und damit zeigen, wie wichtig die Inszenierung für die User Experience ist. Es ist die Fähigkeit, in Erscheinung zu treten, sich zu präsentieren und zu gestalten. Das übergeordnete Ziel ist es, zufriedene Kunden zu schaffen. Kunden, die sich wohlfühlen in der Serviceumgebung. Dabei werden z. B. ästhetische Gestaltungselemente eingesetzt, um eine bestimmte Wirkung zu erzielen. Eine beeindruckende Gesamtumgebung, passende Kleidung oder Musik sind Mittel, die an dieser Stelle zur Verfügung stehen. Dabei beginnt die UX mit dem ersten Touchpoint, der unter Umständen schon vor dem ersten physischen Kontakt stattfinden kann.

Das hochpreisige Hotel mit der voluminösen, 13 Meter hohen Eingangshalle, bestückt mit Marmorsäulen ist ein Paradebeispiel für die **Inszenierung** der physischen Umgebung. Ein weiteres Hilfsmittel sind die Uniformen der Hotelangestellten und der ggf. elitäre Sprachstil, also das sprachliche Mittel der Inszenierung. Dabei kann die UX aber auch schon mit dem ersten Touchpoint gestört werden, zum Beispiel, wenn man das besagte Hotel nicht über die Eingangshalle betritt, sondern über das Parkhaus im Untergeschoss, in dem es nach menschlichen Ausscheidungen riecht. Es ist also wichtig zu identifizieren, wo die ersten möglichen Touchpoints mit dem Kunden passieren. Das Parkhaus ist dabei vermutlich nicht der erste Touchpoint, an den das Hotel denkt, aber eben der, den der Kunde erlebt. Abgesehen davon liegt der erste Touchpoint vermutlich überhaupt nicht direkt im Hotel, sondern vielleicht auf der Website des Hotels, den Social-Media-Kanälen, in einem Medienbericht oder auf einem Buchungsportal.

Wenn wir jetzt davon ausgehen, dass die Inszenierung der ersten Touchpoints ausnahmslos positiv wahrgenommen wurde, der Gast jedoch dann ein mangelhaft gereinigtes Hotelzimmer vorfindet, ist dann das Erlebnis ruiniert? Oder anders ausgedrückt, wie positiv muss der erste Touchpoint sein, damit auch spätere, eventuell missglückte, verziehen werden? Leider lässt sich das so pauschal nicht beantworten. Wenn der erste Kontakt außerordentlich positiv war, besteht zumindest die Möglichkeit, dass der negative zweite Kontakt aufgefangen oder abgemildert werden kann. Wird dann auch noch umgehend reagiert und Abhilfe geschaffen, ist der negative Kontakt ggf. schon fast vergessen.

Auch indirekte Touchpoints wie ein Erfrischungsgetränk oder Obst im Wartebereich der Rezeption oder eine handgeschriebene Begrüßung im Zimmer können die Gesamtinszenierung weiter positiv bestärken. Dabei spielt der menschliche Faktor eine tragende Rolle. Gute Schauspieler lernen ihre Texte nicht nur auswendig, sondern spielen sie natürlich und authentisch. Genauso sollte auch die Rezeptionistin den Gast begrüßen – natürlich und ehrlich und nicht so, als würde sie ein vorgegebenes Begrüßungsskript vorlesen.

Der Mensch und nicht der Ablauf müssen, egal an welchem Touchpoint, immer im Vordergrund stehen. Dafür ist es notwendig, Spielraum für Individualität zu schaffen. Ob nun Hotel oder IT-Unternehmen, die Inszenierung sollte immer vorab geprobt werden. Gute Schauspieler proben auch vorab, warum sollte es im Servicekontext anders sein?

Das bewährte Prinzip des Informierens, Experimentierens, Verifizierens (Bild 3.5) passt auch hier. Mehr zu diesem Prinzip erklären wir im Kapitel 2 *„Die Welt des Kunden verstehen"*.

Der Mensch erlebt mit allen seinen Sinnen, im besten Fall spricht man daher auch all diese Sinne an, um ein Erlebnis zu inszenieren und zu generieren. Ein schönes Beispiel sind die Verkaufsflächen von Mandarina Duck (Hersteller von hochwertigen Taschen und Accessoires). Wenn man in einen der Läden dieser Marke geht, riecht es immer in einer bestimmten Art und Weise. Hier machte man sich im Vorfeld darüber Gedanken, was die Kunden riechen sollen, um nicht nur deren visuelle, sondern auch die olfaktorische Wahrnehmung anzusprechen.

Bild 3.5 Informieren, experimentieren – Schema

Im Restaurant wird der Geschmackssinn zum Kundenerlebnis. Bei Modeketten oder im Supermarkt werden die auditiven und optischen Sinne angesprochen, zum Beispiel durch bestimmte Musik, die verkaufsfördernd wirken soll. Online haben wir nur begrenzte Möglichkeiten, die Sinne unserer Kunden anzusprechen. Damit ist es deutlich schwieriger, ein echtes und persönliches Kundenerlebnis übers Internet zu generieren.

Beim UI-Design, also dem User Interface Design, geht es daher vor allem um die intuitive Benutzerführung und die visuelle Gestaltung der interaktiven Anwendung. Wir legen fest, was erlebt werden soll (UX) und wie das Interface (UI), dazu aussieht. Ein klassisches Beispiel ist der Fahrkartenautomat. Mühselig klickt man sich durch das Menü, um eine Fahrkarte zu kaufen, und wird dann am Ende gefragt, ob es der Regionaltarif oder der Verbundtarif sein soll. Beide Begriffe sind dem Gelegenheitsnutzer mit hoher Wahrscheinlichkeit unbekannt, also wählt er irgendeinen aus und bekommt dann die Meldung, dass der Tarif nicht verfügbar ist. Interface und Erlebnis sind hier leider nicht optimal gelöst und die digitale und analoge Welt müssen an dieser Stelle noch besser zusammenwachsen.

Ein Erlebnis im Onlinebusiness haben wir sicher schon alle gehabt: Beim Besuch einer neuen Website müssen wir zuerst die Cookies bestätigen. Dann kommt sofort das Pop-up-Fenster für den Newsletter und kurze Zeit später das in Kürze ablaufende und einmalige Angebot. Das alles erscheint, noch bevor man nur einen Blick auf die Inhalte der Webseite geworfen hat. Natürlich ist die Cookie-Auswahl gesetzlich vorgeschrieben, der Rest ist allerdings schlecht aufeinander abgestimmt. Und selbst für die Cookie-Auswahl gibt es inzwischen charmante Lösungen, die die Bestimmungen erfüllen und nicht ganz so störend sind. In beiden Fällen, egal ob Website oder Fahrkartenautomat, wurde das Bedürfnis des Kunden nicht berücksichtigt. Die Folge ist ein zumindest teilweise unzufriedener Kunde.

Bewusst entschieden werden muss bei der Planung der Inszenierung außerdem, was für den Kunden oder Anwender sichtbar sein soll (On-Stage) und was nicht (Off-Stage). Was passiert in der Wahrnehmung der Kunden und was eher im Hintergrund? Welche Informationen benötigt der Rezeptionist, damit die Kundin einchecken kann? Und was möchte die Kundin? Vermutlich vor allem möglichst schnell und unkompliziert den Schlüssel erhalten und somit in das gebuchte Zimmer einziehen. Die dafür notwendigen Daten sind schnell erhoben oder sogar schon vorhanden und die weitere Abwicklung kann im Backoffice geschehen, sodass der Kunde nicht lange warten muss. Gleiches lässt sich auch auf ein Restaurant übertragen. In der Regel ist es eine bewusste Entscheidung, ob die Küche für den Gast sichtbar ist, wie zum Beispiel beim Live Cooking, oder ob sie, wie bei den meisten Restaurants, als Off-Stage-Element im Hintergrund bleibt. Es gibt allerdings auch Prozesse, die direkt im Kundenkontakt ablaufen müssen. Für einen Bezahlvorgang wird, zumindest derzeit, meist noch eine Aktion des Kunden benötigt.

Denken Sie auch einmal an ein weiteres, visuelles Element: die Berufskleidung. An vielen Stellen leider verpönt, aber gerade in einem Hotel, einem Restaurant oder einem Supermarkt handelt es sich um ein absolut sinnvolles, visuelles Element. Gäste haben durch einheitliche Bekleidung oder Farbgebung der Bekleidung der Mitarbeitenden die Möglichkeit, sofort die Mitarbeiter z. B. eines Hotels zu erkennen. So wird es dem Kunden deutlich erleichtert, einen Ansprechpartner zu finden, wenn er ihn sucht. Auch für die Mitarbeitenden kann durch entsprechende Bekleidung die Inszenierung ihrer Tätigkeit erleichtert werden. Sie schlüpfen durch die Bekleidung in ihre Rolle, genauso wie die Schauspieler in einem Theater. Dabei gilt auch hier, trotzdem die Authentizität und Persönlichkeit des Einzelnen nicht zu vergessen. Individualität ist wichtig, sowohl auf Seiten der Servicemitarbeiterin als auch auf Kundenseite.

 Zusammenfassend sind also die folgenden Punkte für die Inszenierung wichtig:

- Was möchte, was erwartet mein Kunde?
- Welche optischen, akustischen, haptischen, olfaktorischen oder gustatorischen Erlebnisse können dem Kunden geboten werden?
- Welche Erlebnisse passen zu meinem Service?
- Welche Erlebnisse soll mein Kunde haben?
- Wie soll sich mein Kunde dabei fühlen?
- Welche Elemente sollen On-Stage und welche Off-Stage ablaufen?
- Wie soll konkret das Serviceerlebnis bei den On-Stage-Elementen aussehen?
- Welche Elemente sind Basismerkmale, Leistungsmerkmale, Begeisterungs-merkmale (Kano-Modell)?

Servicemerkmale (beispielhaft für unser Hotelbeispiel)

- **Basismerkmale** (fehlen diese, ist der Kunde unzufrieden):
  - Check-in hat funktioniert,
  - das Zimmer ist sauber,
  - Parkplatz wurde gefunden.

- **Leistungsmerkmale** (wenn sie da sind, ist die Zufriedenheit höher, ein Fehlen wird jedoch nicht wahrgenommen):
  - Flasche Wasser auf dem Zimmer,
  - Bügeleisen im Raum.
- **Begeisterungsmerkmale** (unerwartetes und herausragendes Erlebnis):
  - Mitarbeiter erkennt den Kunden wieder und geht auf bekannte Präferenzen ein, erinnert sich vielleicht sogar an ehemalige Gespräche und setzt diese fort.

Dabei sollten Sie nicht vergessen, dass es bei den Begeisterungsmerkmalen zu einer Gewöhnung kommen kann. Der sogenannte „Drift-Effekt" tritt ein, wenn ein Begeisterungsmerkmal mit der Zeit zu einem Basismerkmal wird, also als selbstverständlich vorausgesetzt gilt. Überlegen Sie daher sehr gut, welche Erwartungen Sie mit bestimmten Begeisterungsmerkmalen eventuell erzeugen. Sind Sie bereit, diese Erwartungen immer wieder zu erfüllen und zu übertreffen, damit Ihre Kunden weiterhin unerwartete und herausragende Erlebnisse haben?

Auch wenn die UX ursprünglich aus der digitalen Welt entstammt, geht die User Experience mittlerweile über den digitalen Kontakt hinaus, sofern es sich nicht nur um eine digitale Dienstleistung handelt. Solche Trends sind immer wieder zu beobachten, insbesondere aufgrund der Corona-Pandemie wurden und werden aktuell viele Ideen weiterentwickelt und ausprobiert. Spannend könnte in Zukunft das Thema **Virtual Reality (VR)** werden. Bereits jetzt wird VR für Online-Kongresse genutzt, wenn auch die Umsetzung teils noch sehr holprig erscheint. Das wird sich jedoch schnell ändern. Unsere bisherigen VR-Erfahrungen auf einer virtuellen Messe waren gesichtslose Avatare und eine sperrige Interaktion. Um bei den Begrifflichkeiten zu bleiben, die Inszenierung war also mangelhaft, aber das wird sie sicherlich nicht bleiben. Es gilt, die Augen für innovative Lösungen offenzuhalten und ein Gespür dafür zu entwickeln, was Potenzial hat.

■ 3.6 Mitarbeiter im Service

Einige Herausforderungen für Servicemitarbeiterinnen wurden bereits angesprochen, auf zwei davon möchten wir hier jedoch noch mal eingehen. Abläufe, Inhalte, Verfügbarkeiten und auch technische Kriterien können im Vorhinein zur Definition eines guten Service beitragen und damit auch vertraglich festgelegt werden. Schwierig wird es, vertraglich festzulegen, wie genau der Mitarbeiter agieren soll. Wie verhält sich der Mitarbeiter dem Kunden gegenüber? Kennt die Mitarbeiterin die Bedürfnisse des Kunden und kann darauf empathisch reagieren? Wie heißt der Rezeptionist, der den Gast im Hotel als Erstes sieht, ihn willkommen? Spult er eine eingeübte Floskel ab oder fühlt sich der Gast ehrlich und herzlich begrüßt? Die Leistung in Form der Begrüßung des Kunden wird in beiden Fällen erbracht, mit dem Unterschied, dass der Kunde nur in einem der beiden Fälle auch wirklich zufriedengestellt worden ist. Hier spielen auch die bereits erwähnten Einstellungen und Werte der Mitarbeiter hinein und ob diese Werte mit denen des Arbeitgebers übereinstimmen und entsprechend nach außen getragen werden.

Die zweite große Herausforderung ist es, ein Bewusstsein für alle am Produkt beteiligten Mitarbeiterinnen zu erzeugen. Kundenberührungspunkte entstehen auch durch Mitarbeiterinnen, die nicht am Frontdesk, also mit direktem Kontakt zu den Kunden eingesetzt sind, zum Beispiel diejenigen, die im stillen Kämmerlein Rechnungen schreiben oder Software entwickeln. Sie sind gleichermaßen an der Zufriedenheit des Kunden beteiligt und müssen sich dessen auch bewusst sein. Sonst entstehen sogenannte Leistungsinseln: einzelne Leistungen, die abgekapselt betrachtet und nicht in Verbindung zur Gesamtleistung gesehen werden. Auch sie können die Kundenbeziehung ohne direkten Kontakt zum Kunden nachhaltig negativ beeinflussen und auch hier spielen die bereits erwähnten Ziele, Werte und Prinzipien eine wichtige Rolle als Leitplanken für die gemeinsame Richtung.

Leitplanken

Wenn man Werte, Ziele und Handlungsweisen in Form von Leitplanken beschreibt, ergeben sie den Rahmen des gemeinsamen Handelns. So können alle Beteiligten in die gemeinsam definierte Richtung gehen und sich orientieren (Bild 3.6). Ähnlich wie ein Magnet, der einen Haufen Eisenspäne ganz automatisch in eine Richtung ausrichtet, zieht es alle Beteiligten durch gemeinsam festgelegte Leitplanken fast automatisch in die gewünschte Richtung, ohne starre Regeln vorgeben zu müssen. Leitplanken werden benötigt, um gemeinsam Ergebnisse erzielen zu können. Aus unserer Sicht ist der Aufwand, effizient ein gemeinsames Ergebnis zu erzielen, umso größer, je weniger Leitplanken man gemeinsam definiert.

Bild 3.6 Leitplanken geben Orientierung

Die hinter den Leitplanken stehenden Werte ändern sich in der Regel selten. Dennoch sollte man sie alle paar Jahre reflektieren, da sich ggf. die Gewichtung verändert hat.

Auch bei neuen Mitarbeitern geht es bereits im Vorstellungsgespräch vor allem um das Wertebild, um Leitplanken, Erwartungen und ihre Ziele. Wir, und das inkludiert auch alle unsere anderen Mitarbeitenden, leben unsere gemeinsam gesetzten Leitplanken im Alltag vor. Daher verzichten wir auch auf ein Onboarding. Leitplanken und unser Wertegerüst weisen uns und auch neuen Mitarbeitern den Weg, und das ganz ohne Einarbeitungspläne. Fachlich nehmen wir natürlich eine Einarbeitung vor. Je größer allerdings das Unternehmen ist, desto schwieriger wird es aus unserer Erfahrung heraus, dieses System umzusetzen. Dennoch ist es möglich, sofern die Leitplanken von den Mitarbeitern selbst entwickelt und nicht „von oben herab" verordnet wurden.

Leitplanken erzeugen Strukturen. Strukturen sollen den Menschen dienen und nicht umgekehrt. Oftmals findet aber genau das immer noch statt. Strukturen werden der Struktur wegen geschaffen, lösen dabei aber nicht das Problem, sondern verkomplizieren stattdessen den Lösungsweg. Im IT-Bereich kommt das häufig vor, denn heutzutage muss bei den meisten Unternehmen ein Ticket geschrieben werden, um ein IT-Problem zu melden und daraufhin Hilfestellung zu bekommen. Ruft man direkt in der Abteilung an, weil die Meldung nicht funktioniert hat oder nicht zielführend ist, wird man wieder auf die einzuhaltende Struktur verwiesen. Zusätzlich wird in diesem Bereich mehr und mehr mit Chatbots und automatisierter Beantwortung gearbeitet. Ein Teil der immer wieder gleichen Standardfragen, wie zum Beispiel das Zurücksetzen eines Passworts, kann dadurch sicherlich gut aufgefangen werden. Doch individuelle Fragen müssen auch weiterhin von Menschen beantwortet werden. Wie funktioniert dieses oder jenes Programm oder eine neue Funktion? Es geht also weniger darum, eine Störung zu beheben als darum, Fragen nach der Funktionalität von komplexen Anwendungen zu beantworten.

Beim Servicemitarbeiter selbst wiederum wachsen die fachlichen und die zwischenmenschlichen Anforderungen durch die vermehrte Anzahl individueller Kundenanfragen. Zudem wird die IT an sich komplexer, gleichzeitig wird Personal im Helpdesk reduziert.

Wenn wir den Menschen in den Mittelpunkt stellen, muss auch eine weitere Perspektive betrachtet werden. Was passiert mit den Menschen, wenn durch Automatisierung ganze Berufsgruppen wegfallen? Wenn in den Supermärkten zum Beispiel die eingekauften Artikel selbst gescannt oder komplett automatisiert erfasst werden und somit die Berufsgruppe der Verkäuferinnen und Kassierer wegfällt, was machen wir mit dieser Berufsgruppe? Dieses Szenario ist mit der Entwicklung hin zum Bankautomaten und weg von der Barauszahlung beim Bankmitarbeiter bereits geschehen. Nachts Geld abholen zu können, hat als deutlicher Nutzen die ehemals vorhandenen Ressentiments der Kunden verblassen lassen. Geld aus einem Automaten? Heute ist das nichts besonders mehr.

Man muss sich an dieser Stelle also auch fragen, was man als Kunde erwartet und was es für Auswirkungen für die Branche haben könnte. Im Bereich Dienstleistung und Industrie geht es oftmals noch getreu dem Motto „höher, schneller, weiter". Bei jungen Start-ups hingegen wird häufig schon der außergewöhnliche Service im Hinblick auf die Kundenbedürfnisse der Zukunft in den Fokus gestellt. Im Prinzip steckt in beiden Fällen die technologische Entwicklung als Treiber dahinter, die ein neues Denken und neue Lösungen ermöglicht. Dennoch hat der Kunde immer noch -- und auch zukünftig – einen großen Einfluss auf diese Entwicklung.

Kundenorientierung

Ein weiterer unabdingbarer Fokus muss auf der Durchgängigkeit der Kundenorientierung liegen. Alle Mitarbeiter und Abteilungen eines Unternehmens sollten Kundenorientierung leben, nicht nur Servicemitarbeiter. Service findet dabei nicht nur vor dem Kauf, sondern auch während und nach dem Kauf statt. Wenn ein Maschinenbauproduzent die Produktion von neuen Maschinen priorisiert, nicht aber die Nachproduktion von Ersatzteilen, die dem Kunden zuvor zugesichert wurde, ist das mehr als problematisch. Der Aftersales-Service ist auf den ersten Blick vielleicht nicht so lukrativ wie der reine Maschinenverkauf, auf den zweiten Blick sieht das jedoch anders aus. Ein unzufriedener Kunde, der wochen- oder monatelang auf Ersatzteile warten muss, wird nicht erneut eine Maschine bei diesem Hersteller kaufen. Das gesamte Unternehmen muss daher verstehen, dass Service, egal an welcher Stelle, wichtig ist und damit auch der Kundenbestand gesichert wird. Aus unserer Erfahrung heraus muss diese Priorisierung von der Unternehmensführung aus erfolgen. Schwierig wird es dann, um bei dem Beispiel des Maschinenbauproduzenten zu bleiben, wenn die Unternehmensführung mit einem Belohnungssystem für den Verkauf von mehr Maschinen arbeitet, statt Service- und Kundenorientierung in den Fokus zu stellen. Wertvolle Servicekapazitäten werden damit unter Umständen gebunden.

Ergebniserwartung und Freiheit

Um Kunden ohne Umwege glücklich zu machen, sind neben der Kundenorientierung die Ergebniserwartung und Handlungskompetenzen zu definieren. Bei einem unserer Kunden wurden diese Punkte lösungsorientiert und pragmatisch umgesetzt. Sobald bei einem Kunden eine Anforderung, zum Beispiel zu fehlenden Teilen aufkam, wurde, sofern möglich und sinnvoll, der Support kurzerhand losgeschickt, um den fehlenden Artikel einzukaufen und zum Kunden zu bringen. Es wurde nicht erst eine langwierige Supportkette angestoßen, sondern umgehend gehandelt, natürlich immer mit Blick auf den Kosten-Nutzen-Faktor. Gleiches haben wir bei einem Handwerksunternehmen mit zahlreichen Teams vor Ort erlebt. Auch in diesem Unternehmen mussten die Handwerker nicht erst ins teilweise weit entfernte Lager zurückfahren, um zusätzlich benötigte Artikel zu holen. Sie hatten die Handlungskompetenz, zum nächsten Fachmarkt zu fahren, um dort die Artikel kurzerhand einzukaufen.

Um solche Strukturen und Kompetenzen zu etablieren, ist die Unternehmensgröße vorerst unerheblich. Wichtig ist, dass insofern Konsens innerhalb des Unternehmens herrscht, den Kunden und nicht die Prozesse und Strukturen in den Vordergrund zu stellen. Strukturen und Prozesse müssen immer wieder angepasst werden. Bewährt hat sich überdies, **Entscheidungen** direkt dort zu **treffen**, wo Ergebnisse erzeugt werden. Dieser Grundsatz stammt aus der agilen Form der Unternehmensführung und bedeutet im Prinzip, dass jeder befähigt sein sollte, Entscheidungen zu treffen, ohne dass diese von anderer Seite infrage gestellt werden. Auch sollten diese Entscheidungen möglichst an der Basis getroffen werden, dort, wo die Ergebnisse letztlich produziert werden und die Mitarbeitenden somit direkt am Prozess **beteiligt** werden können.

Diese Mitarbeiter kennen in der Regel das Produkt oder die Dienstleistung am besten. In der klassischen Managementlehre hat die Führungsebene jedoch oft den Anspruch, über sämtliche Vorgänge im Unternehmen Bescheid zu wissen und auch alle Entscheidungen zu treffen. Je größer das Unternehmen ist, desto unwahrscheinlicher ist es allerdings aus unserer Erfahrung, dass die Führungsebene tatsächlich die genauen Abläufe zum Beispiel in der Produktion oder im Servicebereich kennt. Im Prinzip entscheidet das Management also im schlimmsten Fall über etwas, wovon es nichts oder nur sehr wenig weiß. Zielführend ist das in den seltensten Fällen. In diesem Fall sind Mitarbeiter nicht mehr **beteiligt** am, sondern lediglich **betroffen** vom Prozess.

Betroffene und Beteiligte

Sind Mitarbeiter beteiligt, nehmen sie Einfluss auf den Prozess und entscheiden im besten Fall sogar, wie Dinge umgesetzt werden. Damit einher geht meist ein Gefühl der Wertschätzung. Die Meinung der Mitarbeiter wird als so wertvoll erachtet, dass sie Entscheidungen über den Fortgang des Prozesses treffen dürfen. Sind Mitarbeiter lediglich betroffen, so hat die Führungsebene in der Regel bereits eine Entscheidung getroffen, die von den Mitarbeitern nunmehr ausgeführt werden soll – sogenanntes „Top down"-Management, wie es in vielen Unternehmen auch heute noch gehandhabt wird. Das Prinzip vom Unterschied zwischen Betroffenen und Beteiligten lässt sich etwas salopp an einem leckeren Frühstück erklären: Rührei mit Speck. Das Huhn ist beteiligt, das Schwein ist betroffen (Bild 3.7). Es ist offensichtlich, in wessen Haut die Menschen im Team lieber stecken würden, oder?

betroffen   beteiligt

Bild 3.7 Rührei mit Speck – betroffen und beteiligt

In unseren Beratungen machen wir die Betroffenen in Unternehmen zu Beteiligten, da wir den Prozess kurzerhand umkehren. Als Erstes sprechen wir dazu mit den Mitarbeitern, die im Kundenservice oder in der Produktion arbeiten. Wir fragen sie nach ihrer Perspektive und welchen Nutzen die Veränderungen aus ihrer Sicht mit sich bringen könnten. Was wird konkret gebraucht, um die entsprechenden Ergebnisse zu erzielen? Was benötigen sie, um die Arbeit attraktiver zu gestalten? Für diese Vorgehensweise gibt es zwei Gründe: Zum einen ist die Umsetzung erfolgversprechender, wenn die Mitarbeiter von Anfang an einbezogen werden und den Prozess mit und durch ihre Expertise und Erfahrungen mitgestalten können. Zum anderen bedeutet diese Vorgehensweise einen Ausdruck von Wertschätzung, denn der Perspektive, den Fähigkeiten aber vor allem den Bedürfnissen der Mitarbeitenden wird Gehör gegeben. Der Grundgedanke lässt sich mit Steve Jobs Worten treffend zusammenfassen: „Ich stelle keine teuer bezahlten Mitarbeiter ein, denen ich sagen muss, was sie tun sollen. Ich bezahle sie deshalb, damit sie mir sagen, was ich tun soll."

Die Betroffenen an der Entwicklung des Prozesses zu beteiligen, ist die Grundvoraussetzung für die erfolgreiche Umsetzung. Dabei geht es primär um dieselben zwei Dinge: zum einen die vorhandenen Fähigkeiten zu nutzen, das heißt, die Mitarbeiter in die Prozesse und die Veränderungen miteinzubeziehen. Zum anderen geht es darum, ihnen die Verantwortung zu übergeben, diese Dinge dann auch entsprechend umzusetzen und sie an den Ergebnissen zu messen. Wertschätzend drücken wir es wie folgt aus: „Ihre Verantwortung sorgt dafür, dass …" Dies geht immer einher mit dem Vertrauen, der Mitarbeiterin auch die nötigen Befugnisse und Freiheiten zu geben.

Im Sinne des Mitarbeiter-Empowerments müssen dafür drei Komponenten ineinandergreifen.

1. Passende Rahmenbedingungen und das entsprechende Umfeld, damit die Mitarbeiter gute Arbeit leisten **wollen**.

2. Mitarbeiter benötigen die Fähigkeiten, die erforderlichen Arbeiten auch durchführen zu **können**.

3. Es muss gewährleistet sein, dass Abläufe und die Organisation so gestaltet sind, dass dieMitarbeiter auch die nötigen Befugnisse haben, also auch **dürfen**.

Um diese Faktoren sicher adressieren zu können, ist es notwendig, die Menschen hinter den Tätigkeiten zu verstehen und deren Bedürfnisse und Bedarfe zu kennen.

Widerstände bezüglich unserer Methode erfahren wir zumindest in den beteiligten Teams eher selten. Allenfalls wird uns mit Sarkasmus auf der Mitarbeiterebene begegnet in Form von „Jetzt werde ich doch gefragt, ja? Hat wohl nicht geklappt, wie Sie es bisher gemacht haben." Vorbehalte gibt es im oberen Management (Prozessbildchen zu verteilen und die Umsetzung anzuweisen ist scheinbar weniger aufwendig als Workshops mit den beteiligten Menschen) und besonders im mittleren Management, wo Ängste entstehen, die Kontrolle zu verlieren, wenn die Mitarbeiter aktiv die Richtung mitbestimmen. Bezeichnend dafür war das Beispiel einer Mitarbeiterin, die eingegangene E-Mails ausdruckte und sie dem Chef vorlegen musste. Er markierte dann diejenigen E-Mails, die sie weiterbearbeiten durfte. Dies mag ein Extrembeispiel sein, dennoch sind Kontrollverlustängste auf mittlerer Managementebene oft anzutreffen.

In diesem Zusammenhang machten wir während der Pandemie eine weitere Erfahrung. Hier wurde von Vorgesetzten vermutet, dass Mitarbeiter die Option des Homeoffice eher ausnutzen würden. Die Vorgesetzten waren dann überrascht, dass die Arbeit dennoch erledigt wurde. Damit möchten wir nicht sagen, dass es nicht auch Mitarbeiter gibt, die im Homeoffice Zeit mit anderen Dingen verbringen als mit ihrer Arbeit. Wir sind jedoch der Meinung, dass dieser Anteil weitaus geringer ist, als von der mittleren Managementebene vermutet wurde. Und vor allem wird das aus unserer Sicht mehr als ausgeglichen durch eine große Zahl an Mitarbeiterinnen, die mit mehr Eigenverantwortung plötzlich deutlich produktiver werden und ungeahnte neue Fähigkeiten offenbaren.

Vertrauen und Verantwortung

Permanente Kontrollen, um die wenigen Mitarbeiter ausfindig zu machen, die das Vertrauen ausnutzen, stehen nicht im Verhältnis zum Nutzen. Vor allem ist der Schaden durch wahrgenommenes Misstrauen bei der Mehrheit derer, die verantwortlich mit der Freiheit umgehen, nicht zu unterschätzen. Vertrauen ist eine besonders wichtige Rahmenbedingung, die insbesondere auf der mittleren Managementebene den Unterschied zwischen langfristigem Teamerfolg und Ersticken in Bürokratie ausmachen kann. Unserer Erfahrung nach ist gerade in diesem Bereich der Anspruch besonders hoch, alles selbst nachzuprüfen, selbst mitzuwirken oder gar selbst die Aufgaben umzusetzen sowie alles selbst zu entscheiden.

Das sogenannte Mikromanagement entsteht vor allem dann, wenn die besten Fachleute zu Chefs gemacht werden, ohne ihnen das nötige Handwerkszeug für die neue, nichtfachliche Rolle zu vermitteln. Viele dieser Mitarbeiter fühlen sich weiterhin eher als „Oberfachkraft" denn als Führungskraft und sind daher der Meinung, alles besser zu können oder können zu müssen als ihre Mitarbeiter.

Ohnehin verliert der klassische hierarchische Aufbau mit dem Fokus auf linearen Prozessen und vertikal im Unternehmen arbeitenden Teams und Abteilungen (Silos) mehr und mehr an Bedeutung. Natürlich werden auch weiterhin Prozesse eine wichtige Rolle spielen, um wirtschaftlich wiederholbare Abläufe zu gestalten und permanent zu optimieren. Allerdings verändert sich die Art, wie diese gestaltet und mit Freiräumen ausgestattet werden und wie die Aktivitäten der Prozesse in der Unternehmensorganisation verankert sind. Hierarchien verlieren dabei an Bedeutung und weichen horizontalen, an Produkten und Services orientierten Netzwerken fachübergreifender Zusammenarbeit.

Das spielt auch für den Erfolg im Kampf um die Talente eine wesentliche Rolle, denn die aktuell nachfolgenden Generationen haben andere Prioritäten und Ziele als vergangene Generationen. Ein eigenes Büro mit schönem Ausblick, eine Sekretärin sowie ein Firmenwagen sind für sie nicht unbedingt erstrebenswert oder zumindest nicht mehr ganz so wichtig als Statussymbol. An deren Stelle treten Eigenverantwortung, Entscheidungsbefugnis, Freiheit und ein nachhaltiges Unternehmenskonzept. Wer erfolgreich die besten Mitarbeiter für das Unternehmen begeistern möchte, muss jetzt umdenken. Neue Modelle (Stichwort agiles, iteratives Arbeiten) breiten sich gerade in den Serviceorganisationen aus. Sie beseitigen zunehmend die klassischen, hierarchischen Strukturen und setzen stattdessen auf Teams mit unterschiedlichen Rollen, in denen die Verantwortung untereinander aufgeteilt ist.

Fehlerkultur

Wo gehobelt wird, da fallen Späne. So ist es wahrscheinlich, dass Fehler in der Umsetzung passieren. Oder es wird festgestellt, dass geplante Vorgänge doch nicht reibungslos funktionieren. Wie gehen Unternehmen mit dieser Herausforderung um? Gibt es eine positive oder negative Fehlerkultur? Viele Unternehmen behaupten, eine positive Fehlerkultur zu haben. Die tatsächlich gelebte Fehlerkultur wird jedoch oftmals in der Kaffeeküche im Gespräch zwischen Kollegen sichtbar.

Ein positiver Umgang mit Fehlern ist, sich mit den Ursachen auseinanderzusetzen und herauszufinden, wie man entsprechende Fehler zukünftig vermeiden kann. Dabei ist der Umgang mit und innerhalb des Teams essenziell. Wie kann auch das Team aus dem Fehler einen Nutzen oder sogar einen Lerneffekt ziehen? Ist es in einem Unternehmen unter Umständen sogar sinnvoll, dieses Verhalten nicht Fehlerkultur, sondern stattdessen Ergebniskultur oder Lernkultur zu nennen? Wir nennen es bevorzugt Lernkultur und ordnen den Umgang mit Fehlern in einen klassischen Lernzyklus ein: Informationen sammeln, erproben bzw. experimentieren und im Anschluss verifizieren. Mehr zu diesem Zyklus erklären wir im Kapitel 2 *„Die Welt des Kunden verstehen"*. Insbesondere für Unternehmen, die sich an agilen Arbeitsweisen orientieren, ist diese Vorgehensweise ein wichtiger Baustein, da dort iterativ gearbeitet wird. Bei der iterativen Arbeitsweise sind Fehler Voraussetzung dafür, dass es überhaupt einen Fortschritt gibt. Fehler sind nichts Negatives und wichtig für einen Lernprozess.

Eindeutig zu trennen sind jedoch die Begriffe Fehler und Fehlverhalten. Der Unterschied ist, dass bei einem Fehlverhalten die Aktion meist bewusst durchgeführt wird. Die Ampel ist gelb und Sie entscheiden sich bewusst für die Weiterfahrt und hoffen darauf, kein Erinnerungsfoto nach Hause geschickt zu bekommen. Sie wissen genau, dass dieses Verhalten falsch ist, tun es aber trotzdem. In einem Unternehmen verhält sich ein Mitarbeiter zum Beispiel bewusst anders als vereinbart, und zwar unabhängig davon, ob es um Richtlinien, Prinzipien oder Leitplanken geht. Ein solches, bewusstes Hinwegsetzen über Vorgaben muss in einem Unternehmen Konsequenzen haben und kann nicht toleriert werden, auch weil man sich sonst seitens des Managements vor anderen Mitarbeitern unglaubwürdig macht. Allerdings gibt es wie so oft auch eine andere Perspektive, denn ohne ein gewisses Maß der bewussten Abweichung von Bestehendem ist keine Veränderung, also letztlich auch keine Innovation möglich. Für beide Szenarien sollte man daher über eine gewisse Toleranzgrenze nachdenken bzw. den Sachverhalt immer individuell betrachten.

Ergonomie

Die Ursachen für Fehler können auch in den Rahmenbedingungen der Arbeit an sich liegen. Hier sind Wille und Kompetenz des Mitarbeiters vorhanden, aber die Arbeitsmaterialien sind qualitativ schlecht. Die Rahmenbedingungen ermöglichen es also nicht, die Aufgaben in dem vorgegebenen Zeitfenster zu erledigen. Ein Beispiel aus der IT: Tickets sollen im Minutentakt abgearbeitet werden, doch der Desktop-PC braucht jedes Mal mehrere Minuten, um die dafür notwendigen Programme zu öffnen. Die Rahmenbedingungen, das Umfeld oder die Werkzeuge, kurz die „Workers Experience", müssen stimmen. Einher geht damit auch die Eigenverantwortung der Mitarbeiter. Stellen sie etwa fest, dass sich ein Programm nicht schnell genug öffnet, dann müssen Mitarbeiter befähigt und ermächtigt werden, im Rahmen der ihnen zugestandenen Handlungsspielräume auf die Situation zu reagieren, zum Beispiel, indem sie das Problem melden oder direkt für Abhilfe sorgen.

Don'ts und Dos in der Führung und Zusammenarbeit

Die wesentlichen Faktoren guter Führung und Zusammenarbeit mit Menschen, haben wir in einer übersichtlichen Grafik zusammengefasst. Bild 3.8 zeigt auf der linken Seite, wie es nicht gut funktioniert, und auf der rechten Seite, wie wir es besser machen können.

Motivation

„Mitarbeiter kann man nicht motivieren!", lautet ein viel zitierter Glaubenssatz. Diese Aussage ist allerdings umstritten. Wir sind der Überzeugung, dass man nicht ALLE Mitarbeitenden mit den gleichen Motivatoren erreicht. Für die eine Mitarbeiterin wirkt ein höheres Gehalt sehr motivierend, für einen anderen Mitarbeiter ist es eher ein höherer Status, ein schönes Einzelbüro oder der schicke Firmenwagen. Andere wiederum brauchen stetig neue Herausforderungen oder eine besonders abwechslungsreiche Tätigkeit. Die Schwierigkeit, den richtigen Motivator zu finden, ist, dass die extrinsischen (von außen) Motivatoren im Gegensatz zu intrinsischen Motivatoren (von innen heraus) in der Regel nur kurzfristig wirken (Bild 3.9).

Bild 3.8 Don'ts und Dos

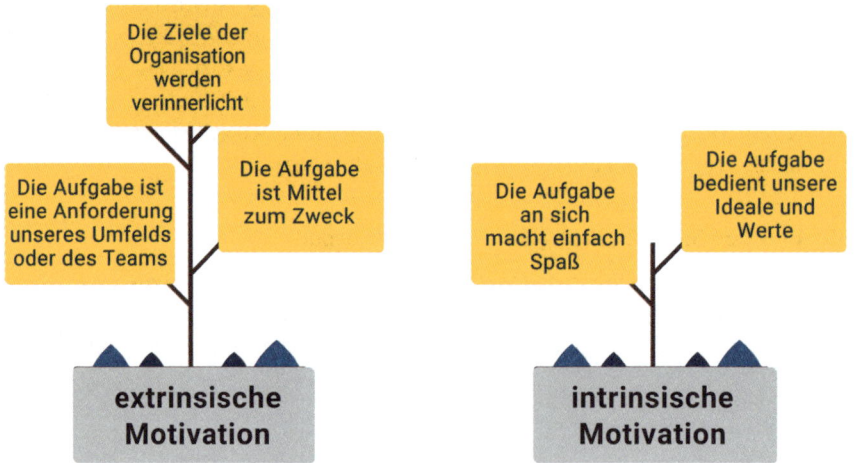

Bild 3.9 Motivationsquellen nach Barbuto

Wie lange wirkt eine Gehaltserhöhung auf die Motivation eines Mitarbeiters? Wenn Geld der übergeordnete Motivator eines Mitarbeiters ist, dann ist klar, was passiert: Bietet die Konkurrenz mehr Geld, dann ist er weg. Viele Unternehmen nutzen heute auch neue Formen der Zusammenarbeit und der Gestaltung der Arbeit im Allgemeinen als Motivationsfaktor oder um neue Mitarbeiterinnen für das Team zu begeistern. Doch auch hier gilt, dass sicherlich nicht alle Menschen das Arbeiten in einem agilen Unternehmen oder Team favorisieren.

Dies gilt insbesondere für diejenigen, die aus einem klassisch hierarchischen Unternehmen kommen und genau diese Strukturen als Arbeitsumgebung brauchen, um gute Leistung abzurufen. Davon abgesehen, dass Sie also nicht immer wissen können, welches der richtige Motivator für Ihren Mitarbeiter ist, ist es praktisch unmöglich, zu wissen, wie lange ein Motivator überhaupt „wirkt".

Manipuliert man seine Mitarbeiter, wenn man sie individuell motiviert? Für uns ist die Antwort eindeutig: ja. Jede Überzeugung, jede Art der Einbindung eines anderen für eigene Zwecke ist eine Form von Manipulation. Im Prinzip führt man eine Art Verhandlung: Für einen bestimmten Gegenwert gewinnt man jemanden dafür, dauerhaft etwas für jemand anderen zu tun. Man nimmt Einfluss auf den Mitarbeiter, um ihn auf ein gemeinsames Ziel auszurichten. Einfluss auf andere nimmt man jedoch immer in irgendeiner Form, auch ungewollt. Häufig wird zielgerichteter Einfluss mit dem negativ konnotierten Begriff der Manipulation verbunden. Per se ist Einfluss jedoch nichts Negatives.

Weitere Möglichkeiten, um Mitarbeiter langfristig zu motivieren und somit an das Unternehmen zu binden, sind Vergünstigungen, Pensionsansprüche oder Boni. Damit werden jedoch eher sicherheitsorientierte Mitarbeiter angesprochen. Ein anderer Weg ist es, bedürfnisorientiert vorzugehen. Eine sinnstiftende Tätigkeit, interessante Aufgaben, Verantwortung, Freiheiten, Entwicklungsmöglichkeiten und Zugehörigkeit zu ermöglichen, sind nur einige Beispiele. Letztlich ist der erste Schritt in Richtung Motivation, Mitarbeitenden ein bestimmtes Umfeld zu bieten, damit sie die bestmögliche Leistung abrufen können. Sie gehen ihren Aufgaben gerne nach, **Mitarbeiterbindung** entsteht.

Insbesondere über die monetären Anreize sollte man grundlegender nachdenken. Zum einen werden damit viele Personen angesprochen, aber nicht alle. Zum anderen sind diejenigen, die Veränderungen und Innovation vorantreiben, meist nicht allein mit monetären Angeboten zu halten. Die Frage, die man sich in diesem Zusammenhang vorab stellen sollte, ist: Will man diejenigen unbedingt halten, die sich vornehmlich von monetären Anreizen ansprechen lassen und dabei auch beständige, doch vielleicht nicht wirklich kreative Arbeit leisten? Oder braucht man stattdessen kreative Köpfe, die Innovationen und Veränderungen auch zur eigenen Motivation antreiben?

Bei der Überlegung, wie Mitarbeiter für eine langfristige Bindung an das Unternehmen gewonnen werden können, spielen Größe und Branche des Unternehmens ebenfalls eine Rolle. In einigen Berufsfeldern ist es immer noch so, dass nach der Ausbildung jahrzehntelang kein Arbeitgeberwechsel stattfindet. Hier gilt es herauszufinden, welche Motivationsfaktoren gut funktionieren, um auch langjährig beschäftigte Mitarbeiter immer wieder herauszufordern, ihre Leistungen zu steigern oder dem Entwicklungstrend anzupassen. Die sogenannten „Knowledge-Worker" wechseln hingegen tendenziell deutlich schneller den Arbeitgeber und suchen bewusst nach neuen Herausforderungen. Generell ist diese Tendenz in der heutigen Generation und der schnelllebigen Zeit sehr deutlich zu beobachten. Hinzu kommt der bereits genannte Aspekt der sinnstiftenden Tätigkeit, der für die Generationen Y und Z eine immer größere Rolle spielt. Welchen Beitrag leistet das Unternehmen und somit auch jeder einzelne Mitarbeiter des Unternehmens für die Gesellschaft? Dabei können sich Sinn und Beitrag mit der Zeit auch verändern, weil Ziele erreicht oder verändert wurden. Es handelt sich um einen Prozess.

Im Rahmen dieses Prozesses können sich neben den unternehmerischen Zielen ebenfalls die **Bedürfnisse**, die Prioritäten oder aber auch die Definition einer sinnstiftenden Tätigkeit für

Mitarbeiter ändern. Wie bereits erwähnt, hat man nicht nur die Verantwortung den einzelnen Mitarbeitenden, sondern auch dem Team gegenüber. Passt eine Mitarbeiterin oder ein Mitarbeiter nicht mehr zur Vision oder ins Team, sollte mit ihr oder ihm offen darüber gesprochen werden. Ein Weggang oder eine Kündigung müssen nicht zwingend etwas Negatives bedeuten, das gilt für beide Seiten. Letztlich ergibt es für alle Beteiligten häufig mehr Sinn, eine Veränderung herbeizuführen, wenn die Bedürfnisse, egal auf welcher Seite, nicht mehr erfüllt werden können. Je offener und ehrlicher ein Umgang miteinander und mit der Situation dann möglich ist, umso angenehmer ist der Trennungsprozess. Je nach Unternehmenskultur kann der Exit-Prozess sogar gemeinsam und für alle Seiten positiv besetzt gestaltet werden.

Wir haben selbst diese Erfahrung mit einem Mitarbeiter gemacht. Er hat stets gute Arbeit geleistet, doch trotzdem war er unzufrieden, denn er brauchte mehr Strukturen und Regeln, an denen er sich orientieren konnte. Das passte langfristig nicht mit unseren Prinzipien und der damit einhergehenden Unternehmensführung zusammen. Da unser Vertrauensverhältnis sehr gut war, hat er uns frühzeitig mitgeteilt, dass er sich langfristig etwas anderes vorstellt. Wir haben dann den Exit-Prozess zusammen gestaltet, sodass das Arbeitsverhältnis für uns alle mit einem positiven Gefühl endete. Er arbeitet heute bei einer Bank und soweit wir wissen, ist er mit den dortigen Gegebenheiten zufriedener und seine Bedürfnisse nach stärkeren Strukturen werden erfüllt.

Um die Quote von Exit-Prozessen an sich zu verringern, ist es notwendig, sich mit den benötigten Mitarbeiterstrukturen des Unternehmens auseinanderzusetzen. Eine verbreitete Methode ist die **ABC-Methode**, dargestellt in Bild 3.10 nach Jörg Knoblauch [Knoblauch/ Kurz, 2013]. Das ABC-Modell teilt Menschen in drei Gruppen auf. Es geht davon aus, dass es Menschen gibt, die intrinsisch motiviert sind und damit eine hohe Motivation sowie einen hohen Grad an Fähigkeiten haben (A). Weiter gibt es Menschen, die motiviert sind, aber es fehlen Fähigkeiten oder umgekehrt, sie haben die Fähigkeit, sind jedoch nicht motiviert (B). Zu guter Letzt sind da Menschen, die weder motiviert sind noch entsprechende Fähigkeiten besitzen (C). Zur Verdeutlichung stellen Sie sich ein Unternehmen als Karren vor. Es gibt Mitarbeiter, die ziehen den Karren nach vorne (A), weitere Mitarbeiter laufen nebenher (B)

Bild 3.10 ABC-Modell nach Jörg Knoblauch

und wieder weitere Personen sitzen im Karren (C) und lassen sich ziehen. Mehr zu diesem von uns durchaus auch kritisch betrachteten Modell schreiben wir im Kapitel 7 *„Mit Vertrauen und Verantwortung führen"*.

Das lässt sich sehr gut auch auf unsere Tätigkeiten in Unternehmen übertragen. Wenn wir die Arbeit mit einem Unternehmen beginnen, treffen wir immer auf ein paar Mitarbeiter, die offen sind, die gerne gestalten und etwas bewegen wollen. Sie arbeiten aktiv mit und sind an einem positiven Ergebnis interessiert und auch beteiligt. Dann gibt es Mitarbeiter, die intensiv um eine Mitarbeit gebeten werden müssen. Bei ihnen müssen wir immer wieder nachfragen, um den aktuellen Stand zum Beispiel einer Aufgabe einzuholen, und wir beglei- ten sie kontinuierlich, damit es vorangeht. Und es gibt immer auch diejenigen, die sich aus verschiedenen Gründen eher verstecken und jede Arbeit am jeweiligen Thema vermeiden. Ohne exakte Anweisung halten sie sich bevorzugt im Hintergrund oder, noch schlimmer, sie behindern die Arbeit und stören grundlegend.

Wie viele Mitarbeitende wir von welchem grundlegenden Charakter brauchen, hängt vom Unternehmen selbst und den Zielen des Unternehmens ab. In einer Buchhalterkanzlei zum Beispiel wäre ein A-Mitarbeiter nicht unbedingt ein kreativer Geist, der jeden Tag neuen Ideen einbringen möchte. Dort ist ein A-Mitarbeiter eher jemand, der Vorgänge abarbeitet und dabei sehr ordentlich und genau ist. Handelt es sich allerdings um eine Produktentwicklertätigkeit, benötigen Sie eher einen kreativen Kopf an dieser Stelle in Ihrem Unternehmen. Jemand, der zum Arbeiten klare Strukturen benötigt, so wie der A-Mitarbeiter auf der Buchhalterstelle, wäre an einer kreativen Stelle nicht gut aufgehoben.

Mitarbeiter und Personal entwickeln

Das ABC-Modell verdeutlicht, dass jeder unterschiedliche Kompetenzen, Merkmale und Ein- stellungen mitbringt, die aber nicht an allen „Stellen" gleichermaßen sinnvoll eingebracht werden können.

Wenn wir einem Pinguin, einem Bären und einem Fisch die gleiche Aufgabe stellen: Sie sol- len einen Baum hochklettern. Der Pinguin und der Fisch können die Aufgabe nicht erfüllen. Der Bär hingegen nutzt seine Krallen und klettert elegant den Baum hoch. Ist der Bär nun grundsätzlich besser als die anderen beiden Tiere? Nein, denn wäre die Aufgabe eine andere gewesen, wie zum Beispiel zu einem bestimmten Punkt zu schwimmen, hätten die anderen beiden Tiere diese Aufgabe sicher besser gelöst als der Bär.

Wenn man das auf die Arbeitswelt überträgt, bedeutet das, dass nicht jeder Mensch für jede Aufgabe geeignet ist. Man muss den richtigen Mitarbeiter, die richtige Mitarbeiterin für die Aufgabe finden und ihn dann bei der Weiterentwicklung entsprechend seiner oder ihrer Fähigkeiten fördern. Dabei unterscheidet man zwischen fachlicher und persönlicher Weiterentwicklung. Fachliche Weiterentwicklung wäre zum Beispiel eine Schulung zu Prä- sentationstechniken, die ein Berater für Kundenpräsentationen benötigt. Persönliche Ent- wicklung beginnt mit der bewussten Auseinandersetzung mit Bedürfnissen, Verantwortung, Führung oder Kommunikation. Haben sich Ihre Mitarbeitenden im Service schon einmal bewusst damit auseinandergesetzt, wie ihre Sprache, ihr Ausdruck oder ihre Mimik auf den Kunden wirken? Wissen sie, was es bedeutet, Verantwortung für sich und das Team zu übernehmen? Diese bewusste Auseinandersetzung mit den eher „soften" Faktoren bringt nicht nur persönliche Erkenntnisse, sondern kann auch ein wichtiger Faktor sein, um den Service auf ein höheres Niveau zu bringen.

Service funktioniert natürlich im Grunde auch ohne Persönlichkeitsentwicklung von Mitarbeitern. Aufgaben werden verteilt und ausgeführt. Aus unserer Sicht kann herausragender Service auf diese Art jedoch nicht erreicht werden. Ein Klassiker im Bereich des Servicedesks ist das Deeskalationstraining. Eine Schulung zur Deeskalation allein reicht dabei jedoch nicht aus. Es ist wichtig, zu reflektieren, wie die eigene Sprache, Gestik und Mimik beim Gegenüber ankommen, welche Ansprache in welchem Fall genutzt wird und wie man mit schwierigen Ansprechpartnern und Kunden umgeht. Mit nur einem Training ist es dabei nicht getan, sondern die eigene Vorgehensweise entwickelt sich Stück für Stück auf dem Weg. Das Training gibt den Anstoß und in der aktiven Reflexion nimmt die Entwicklung ihren Lauf. Wer kennt nicht die Situation, in irgendeiner Hotline etwas verärgert eine Beschwerde vorzubringen und im weiteren Gespräch das Gefühl zu haben, in einem vorgegebenen Deeskalationsschema gelandet zu sein? Eine für beide Seiten eher unbefriedigende Situation.

Ein weiterer Baustein für ein entsprechendes Training ist die Stärkung von Resilienz. Man erlernt nicht „resilient" zu sein, sondern Techniken und Strategien im Umgang mit belastenden Situationen. Die Umsetzung hin zur Resilienz geschieht auch hier mit der aktiven Auseinandersetzung und dem Bewusstwerden der eigenen Handlungen. Im Servicedesk hat man zwar sehr wahrscheinlich nicht die gleichen belastenden Ereignisse wie ein Polizist oder ein Arzt, dennoch ist es auch an dieser Stelle wichtig zu wissen, wie man mit belastenden Situationen umgeht. Egal, ob es sich dabei um einen übergriffigen Kunden handelt oder um vermehrten Stress. Stress generell ist die situative Wahrnehmung einer Überlastung und der daraus resultierende Umgang damit. Damit ist Stress ein psychisches Phänomen, auch wenn die ggf. hohe Anzahl an Serviceanfragen durchaus real ist. Der Umgang mit der jeweiligen Situation löst allerdings erst Stress aus, bei dem einen mehr, bei dem anderen weniger. Ein positiver Umgang mit Stress und damit mit den eigenen Gefühlen führt zu einer Stärkung der Resilienz.

Insbesondere im Service ist ein professionelles Auftreten von großer Bedeutung. Ein erhöhter Stresslevel oder ein schlechter Start in den Tag sind zwar ggf. Bestandteil der aktuellen Gefühlslage eines Servicemitarbeiters. Ein professioneller Umgang mit den Kunden wird dennoch vorausgesetzt. Der empathische Servicemitarbeiter ist sich dessen bewusst und in der Lage, die Kunden trotzdem in ihren Anliegen zu unterstützen. Empathie wie auch Achtsamkeit sind erlernbar und im Servicebereich von großer Bedeutung. All diese Faktoren sind Bausteine der Persönlichkeitsentwicklung, die nicht nur für die Mitarbeitenden selbst, sondern auch auf die Qualität ihrer Arbeit einen erheblichen Einfluss haben.

4 Vom Ende her denken

Haben Sie schon mal ein Billy-Regal aufgebaut? Im einfachsten Fall genügt es vielleicht, ein Bild des fertigen Regals anzuschauen und schon kann es losgehen. Wenn Sie eine gute Vorstellungskraft besitzen, kommen Sie vielleicht sogar ohne das Bild aus. Vielleicht haben Sie sich auch schon an komplexere Strukturen gewagt? Dann wissen Sie, dass mit zunehmender Komplexität ein Bauplan oder sogar eine Explosionszeichnung immer wichtiger werden. Warum ist dieses Bild vom fertigen Produkt so wichtig? Die Gründe sind einfach. Wir brauchen das Bild, um zu wissen, was dazugehört und was nicht. Es hilft uns auch, zu entscheiden, was wir tun und wie wir Aktivitäten priorisieren. Im Grunde ist es wie mit einem Puzzle. Stellen Sie sich vor, Sie bekommen einen Haufen Puzzleteile und sollen das Bild legen. Vermutlich suchen Sie zuerst die Randteile heraus und legen den Rahmen. Dabei orientieren Sie sich vermutlich am Bild. Danach beginnen Sie markante Strukturen zu suchen und zu legen und legen dann nach und nach verschiedene Bereiche des Bilds. Jetzt stellen Sie sich vor, Sie haben das Bild nicht zur Orientierung. Jetzt wird das schon etwas schwieriger.

Wenn Unternehmen eine Ist-Aufnahme ihrer Leistungen machen, sieht das oft genauso aus. Ein paar Schwierigkeiten kommen aber noch dazu. Zum einen müssen die Puzzleteile oft erst gesucht werden, zum anderen ist es sehr wahrscheinlich, dass nicht alle Teile zum gleichen Bild gehören. Natürlich ist es nicht unmöglich, das Puzzle fertigzustellen, es ist nur etwas schwieriger.

Ein Beispiel eines Kunden beschreibt es sehr einprägsam. Im Rahmen eines Programms zur Neuausrichtung der Serviceorganisation sollte ein Leistungsverzeichnis, ein sogenannter Servicekatalog, erstellt werden. Die Idee war, durch die Übersicht der Leistungen den Nutzen der Serviceorganisation besser darstellen zu können. Dafür wurden unzählige Teilservices unabhängig voneinander beschrieben und für jede noch so kleine Komponente wurde eine Servicebeschreibung erstellt. Das Ergebnis war eine eher unübersichtliche Zusammenstellung vieler Teilservices. Am Ende passten die einzelnen Teile jedoch nicht zusammen. Langsam setzte sich die Erkenntnis durch, dass man nur die Scherben zusammengefegt, aber kein Mosaik gelegt hatte. Für einen solchen Scherbenhaufen ist es schier unmöglich, zu bewerten, welche Teile relevant und gut sind, welche Teile möglicherweise verändert oder aktualisiert werden müssen und welche Teile schlichtweg obsolet sind.

Hätten wir bei einem Gesamtbild begonnen, wären diese Fragen schnell beantwortet. Wir wüssten dann nicht nur, wie wir mit den vorhandenen Teilen verfahren müssen, sondern auch, welche Teile noch fehlen.

Ist es nicht verwunderlich, wie viele Vorhaben begonnen werden, ohne ein klares Bild vom Ergebnis zu haben? Dabei hat es sich bewährt, zu Beginn eines Vorhabens klare Ziele zu formulieren. Viele Menschen setzen sich Ziele, um eine gewünschte Zukunft zu beschreiben.

Ziele können auch ein gutes Mittel sein, um einen gewünschten Zustand zu beschreiben. Wenn die Motivation stimmt, genügt ein gut formuliertes Ziel.

Je komplexer die gewünschte Zukunft ist, desto schwieriger wird es, diese mit Zielen zu beschreiben. Hier können Bilder helfen. Peter Fox beschreibt in seinem Lied vom Haus am See ein detailliertes Wimmelbild von der Zukunft, die er sich erträumt. Dieses Bild zeigt offensichtlich eine für viele erstrebenswerte Zukunft, ein starkes Bild und am Ende des Lieds fasst er in einem Satz zusammen, worum es bei solchen Bildern geht: „Wenn ich so daran denke, kann ich es eigentlich kaum erwarten." Solche Bilder inspirieren uns, sie schaffen Motivation.

Wirklich gute Bilder können jedoch mehr. Ein gutes Zukunftsbild gibt uns:

1. **Sinn**
   Es vermittelt direkt oder indirekt den Bezug zu einem Grund, warum diese Zukunft so erstrebenswert ist. Dadurch wird es möglich, auch über einen längeren Zeitraum hinweg Menschen zu motivieren, für diese Zukunft zu arbeiten.

2. **Konsistenz**
   Ein gutes Bild der Zukunft hat eine in sich schlüssige Struktur. Es lässt sich wie in einer Explosionszeichnung zerlegen. Dadurch können alle Details bedacht und konsistent in das Ganze eingebracht werden. Nichts wird übersehen oder vergessen.

3. **Klarheit**
   Gute Zielbilder sind klar und deutlich bis hin zu den relevanten Ergebnissen, in vielen Fällen bis hin zu konkreten Messgrößen. Diese Klarheit sorgt dafür, dass es zu jeder Zeit möglich ist, zu überprüfen, ob eine Maßnahme oder Entscheidung richtig ist. Wie Puzzleteile passen Entscheidungen und Maßnahmen ins Bild oder sie passen eben nicht.

4. **Stabilität**
   Wir nutzen Bilder, um uns daran zu orientieren. Daher muss ein gutes Bild der Zukunft eine gewisse Stabilität gegenüber Veränderungen haben. Wenn sich das Bild zu schnell verändert, dann wird es schwieriger, Konsistenz und Klarheit zu erzeugen.

5. **Emotionen**
   Die vermutlich wichtigste Eigenschaft eines guten Bilds ist jedoch die Fähigkeit, uns emotional zu erreichen. Botschaften, die nur unsere Ratio ansprechen, bleiben oft wirkungslos. Emotional relevante Bilder ziehen Aufmerksamkeit auf sich und bleiben länger im Gedächtnis. Entscheidend ist jedoch, dass Emotionen unser Verhalten steuern und eine direkte Handlungsmotivation auslösen.

Viele Personal Coaches empfehlen ihren Coachees, ihre Grabrede vorzubereiten. Diese soll sie so beschreiben, wie sie am Ende ihres Lebens von anderen gesehen werden wollen. Unternehmern wird oft empfohlen, einen Zeitungsartikel zum 25-jährigen Bestehen ihres Unternehmens zu schreiben oder die Rede zur Übergabe an ihren Nachfolger vorzubereiten. Unternehmen arbeiten zu diesem Zweck eine Vision aus. Das Prinzip ist das gleiche. Sie werden sich über ihre Motive und Werte klar und beschreiben diese in einem Bild.

In den klassischen Ansätzen für Unternehmensstrategie werden Zeiträume von ca. drei bis etwa sieben Jahren betrachtet. Die Grundidee dabei ist es, einen Zeithorizont zu wählen, der nah genug ist, um ihn überschauen zu können und innerhalb dem sich die relevanten Umgebungsparameter nicht allzu sehr ändern, der aber andererseits auch weit genug weg ist, dass die vielen kleinen Hürden des Tagesgeschäfts nicht den Blick für das Wesentliche verstellen. Dies dient dazu, die Leitplanken für das kurz- und mittelfristige Handeln so zu setzen, dass die langfristigen Ziele erreicht werden (Bild 4.1).

Vision

Heute   **Bild 4.1** Von heute bis zur Vision

In der Literatur finden wir verschiedene Ansätze zur Formulierung einer Strategie. Vision, Mission und strategische Ziele gehören immer dazu. Gerade Vision und Mission werden aber ganz unterschiedlich interpretiert. Je nach Interpretation wird dann mit der Mission oder der Vision begonnen. Es gibt auch Ansätze, die mit den Unternehmenswerten und einer Unternehmenspolitik beginnen. Wir nutzen in unseren Kundensituationen ein Modell, das folgende Elemente enthält:

1. **Eine Vision**

   Die Vision beschreibt, wie wir uns die Welt/Gesellschaft von morgen vorstellen und welche Herausforderungen gemeistert werden müssen. Hier lohnt sich ein Blick auf die sogenannten Megatrends, Entwicklungen mit langfristiger gesellschaftlicher Bedeutung.

2. **Eine Mission**

   Die Mission beschreibt den Beitrag, den wir für die Gesellschaft und diese bessere Zukunft leisten wollen. Außerdem liefert die Mission die Begründung, warum gerade wir die richtigen sind, diese Mission zu erfüllen.

3. **Ziele**

   Konkrete Ziele und die messbare Formulierung von Ergebnissen sorgen dafür, dass die Mission realisierbar wird.

4. **Maßnahmen**

   Ein Bündel an Maßnahmen oder Projekten zur Erreichung der Ziele sorgt für die Umsetzung.

Viele Unternehmen scheitern schon an der Formulierung von Vision und Mission. Weil sie nur sich selbst und ihre eigene Entwicklung sehen, denken sie nur an ihre eigene Zukunft, wenn sie nach einer Vision gefragt werden. Für viele scheint der einzige Zweck eines Unternehmens auch der finanzielle Erfolg zu sein. Allerdings lassen sich aus der Vision „Marktführer mit x % Marktanteil, y Millionen Euro Umsatz und z % Umsatzrendite" kaum eine Mission, geschweige denn Ziele ableiten, die irgendwen außer den Anteilseignern inspirieren. Der Nutzen des Unternehmens für die Gesellschaft wird leider viel zu oft außer Acht gelassen. Dies ist ein Grund, warum Unternehmen scheitern. Sie sehen nur sich selbst. Unternehmen, die sich mit ihrer Daseinsberechtigung in der Gesellschaft, ihren Kunden und einer sich verändernden Welt auseinandersetzen, sind zumeist erfolgreicher. Die Leitfrage hierfür lautet:

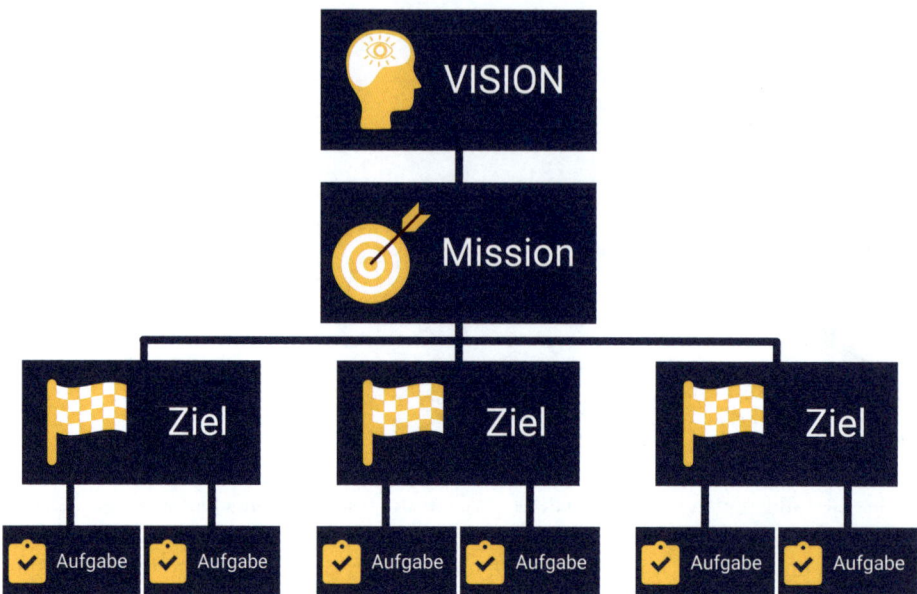

Bild 4.2 Von der Vision zu konkreten Aufgaben

Welchen Beitrag leistet mein Unternehmen für die Gesellschaft? Marktanteile, Umsätze und Rendite sind dann nur die Kennzahlen, an denen der Erfolg gemessen werden kann.

Für die Vision stellt sich also immer zuerst die Frage, warum unser Unternehmen die Dinge tut, die es tut. Das ist die Frage nach unserer Motivation, also dem Kern unseres Antriebs. Das klingt offensichtlich und leicht, diese Frage ist aber tatsächlich gar nicht so leicht zu beantworten. Hier hat sich die Fragetechnik der „fünf Warum" (engl.: 5 why) etabliert. Die beharrliche Nachfrage nach dem Grund zwingt uns zu einer tiefen Auseinandersetzung mit unseren Gründen und Motiven. Die Frage danach, was Unternehmen oder ihre Manager erreichen wollen, wird zumeist relativ kurzsichtig damit beantwortet, was sie tun wollen.

„Wir wollen dieses neue Produkt auf den Markt bringen."

„Wir wollen jenes System etablieren."

„Wir wollen diese Best-Practice-Methode einführen."

Sie beschreiben, was sie tun wollen. Durch Nachfrage nach dem Grund, dem „Warum" ist es möglich, die Ebene des eigenen Handelns zu verlassen und die Ebene des Beitrags für die Gesellschaft zu erreichen. Die „Five-Why-Methode" ist einfach und schnell anzuwenden. Dazu gibt es ein schönes Beispiel einer Müllabfuhr. Der Fahrer wird gefragt, was das Ziel seiner Arbeit sei. Darauf antwortet er: „Wir räumen den Müll von der Straße." „Warum räumt ihr den Müll von der Straße?" „Damit der nicht auf der Straße liegt." „Warum soll er nicht auf der Straße liegen?" „Damit es da nicht stinkt und dreckig aussieht." „Warum soll es nicht stinken und dreckig aussehen?" „Damit die Menschen sich hier wohlfühlen." Durch häufiges „Warum-Fragen" stößt man so zum Kern der Sache vor. Zugegeben, es braucht ein wenig Übung, um auf diesem Weg zu einer tragfähigen Vision zu kommen und nicht alles, was wir tun, kann auf diese Weise mit einem gesellschaftlich gewünschten Zustand gerechtfertigt werden. Ohne die Auseinandersetzung mit dem Sinn und Zweck des Unternehmens wird es jedoch schwer, Menschen zu begeistern.

Mit der Beschreibung unserer Mission beantworten wir die Frage, wie wir die Vision verwirklichen wollen, also welche Mittel und Beiträge wir einbringen wollen und können. Die Mission ist die unternehmerische Antwort auf die gesellschaftlichen Herausforderungen.

Die Mission lässt sich mit Hilfe eines Geschäftsmodells konkretisieren. Alexander Osterwalder hat für die Beschreibung von Geschäftsmodellen ein Bild entworfen, das inzwischen weltweit genutzt wird, das Business Model Canvas [Osterwalder/Pigneur 2010]. Wir werden später noch im Detail auf den Nutzen dieses Bilds eingehen. Mit den Zielen übersetzen wir unseren Beitrag in Maßnahmen und beantworten damit die Frage, was wir konkret tun wollen. Im nächsten Schritt setzt man sich mit der konkreten Umsetzung auseinander. Es gilt zu klären, welche Schritte und Mittel im Detail notwendig sind, um das Ergebnis zu erzeugen.

Simon Sinek nennt diese Art, vom Sinn her zu denken und zu kommunizieren, den „golden circle"(Bild 4.3) [Sinek, 2014].

WARUM?
Was ist dein Antrieb?
Woran glaubst du?

WIE?
Wie arbeitest du? Welche Prozesse differenziert dein Unternehmen?

WAS?
Was macht dein Unternehmen?
= das Resultat der inneren Stufe

Bild 4.3 Golden Circle

Das Warum beschreibt Sinek als den Grund unseres Handelns, also die tiefsten Überzeugungen und Motive für das, was wir tun und was uns antreibt., der Zweck all unseres Handelns. Wir könnten eben auch sagen, hier wird die Vision beschrieben. Der Zweck oder die Vision muss für ein Unternehmen zwingend Anknüpfungspunkte an die Träume und Visionen der Menschen haben, die wir uns als Kunden wünschen. Denn die Kaufentscheidungen werden nicht auf Basis von sachlichen Argumenten getroffen. Unsere Motive, Werte und Träume sind tief in uns verankert. Das Entscheidungszentrum des Menschen ist das sogenannte limbische System und das arbeitet mit Instinkten, schnell, emotional, stereotyp, instinktiv. Wenn es uns gelingt, Menschen auf dieser Ebene zu erreichen, kommen sie zu uns. Nicht weil wir besser oder gar billiger sind, sondern weil sie die gleichen Wünsche und Träume haben. Die Vision oder wie manche sagen Ihr „Warum" muss allerdings aus einer tiefen Überzeugung kommen und darf nicht nur ein Lippenbekenntnis sein. Da hier die Instinkte angesprochen werden, spüren Menschen, wenn Reden und Handeln nicht mit den Überzeugungen übereinstimmen. In Kapitel 2 *„Die Welt des Kunden verstehen"* haben wir bereits beim

Nutzenversprechen über Glaubwürdigkeit gesprochen. Glaubwürdigkeit braucht Nachweise, immer und immer wieder. Unser Verhalten, unsere Sprache und unsere Ergebnisse müssen eine eindeutige Botschaft haben. Diese Botschaft muss den Grund all unserer Bemühungen deutlich machen, unser „Warum?".

Die zweite Frage ist laut Sinek: „Wie?" Mit welchen Mitteln erfüllen wir diesen Zweck? Welche Mittel setzen wir ein, um den Zweck zu erfüllen? Was macht uns in dieser Beziehung besonders? Nachdem die Motive für unser Handeln klar sind, können wir auch erklären, wie wir das anstellen wollen. Jetzt geht es um die Frage nach der Herangehensweise. Im Service müssen wir jetzt erklären, wie wir Arbeiten, welche Prinzipien unser Handeln zur Erfüllung des Zwecks leiten.

Zuletzt müssen wir laut Sinek die Frage beantworten, „Was?" wir dafür tun. Jetzt geht es um unseren Service, unsere Produkte. Jetzt können wir all die Features und Eigenschaften beschreiben.

■ 4.1 Ende ohne Ende

Wir haben oft den Eindruck, dass sich die Welt immer schneller dreht. Entwicklungen und Neuerungen treffen uns in immer kürzeren Abständen. Da stellt sich auch die Frage, ob eine langfristig angelegte Vision da überhaupt noch sinnvoll ist. Wir glauben, dass sich darauf keine eindeutige und abschließende Antwort geben lässt. Gerade in der heutigen, schnelllebigen Zeit kann die Festlegung auf eine strategische Ausrichtung für die nächsten drei bis sieben Jahre schon morgen überholt sein. Was wir aber mit Sicherheit sagen können, ist, dass wir dieser Entwicklung nur mit Neugier und Lernbereitschaft begegnen können. Wir haben bereits im Kapitel 2 *„Die Welt des Kunden verstehen"* den Zyklus des Verstehens vorgestellt. Nicht nur unser Verständnis der sich ändernden Rahmenbedingungen und Wünsche unserer Kunden können wir durch Informieren, Experimentieren und Verifizieren kontinuierlich verbessern. Damit können wir konsequent prüfen und korrigieren. Wir sind nicht auf eine einmal definierte Strategie festgelegt. Die aktuelle Situation und die Entwicklungen müssen verstanden und eingeordnet werden. Der Zyklus hilft uns also auch bei der Anpassung von Vision, Mission, Zielen und Maßnahmen an veränderte Bedingungen. Wobei sich sicher Ziele und Maßnahmen schneller ändern müssen, um die rasante Entwicklung zu berücksichtigen, während Vision und Mission vergleichsweise stabil bleiben. Dennoch ist es gut, wachsam gegenüber Veränderungen zu bleiben und flexibel darauf zu reagieren. Die Umsetzung, also die Planung und Durchführung konkreter Maßnahmen, erfolgt dann im Rahmen des vereinbarten Korridors. Konsequent und beharrlich, solange die Strategie zu den Ergebnissen und den Gegebenheiten passt. Wenn wir dies nicht kontinuierlich überprüfen, übersehen wir möglicherweise Chancen oder auch Entwicklungen, die unser Geschäft nachhaltig beeinflussen oder gar bedrohen können. Die Frage lautet daher: Haben kurzfristige Ereignisse positive oder negative Auswirkungen auf den Gesamtprozess oder auf die Vision? Verändern sie unsere Mission? Das LEAN-Startup-Prinzip [Ries, 2017] liefert den Rahmen für einen regelmäßigen Zyklus aus Entwerfen und Implementieren, Erfolg messen und Lernen (Bild 4.4).

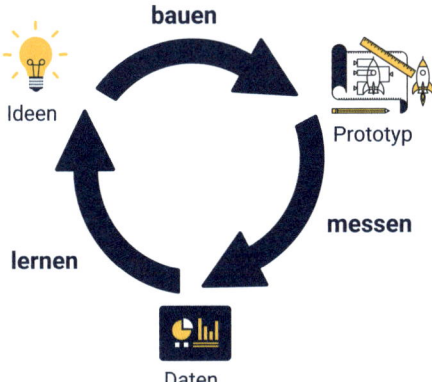

Bild 4.4 LEAN-Startup

Eine jährliche Planung gehört für Unternehmer im Sinne der ordnungsgemäßen Geschäftsführung dazu und genügt, um Vision und Mission zu verifizieren. Wenn Ereignisse auf das Unternehmen wirken, muss allerdings kurzfristig gehandelt werden. Eine kontinuierliche Einschätzung der Entwicklungen und Ereignisse ist daher unerlässlich. Nicht jedes Ereignis kommt mit der Macht und der Lautstärke einer Pandemie, wie im März 2020. Oft sind es kleinere Ereignisse, die nur eine Randnotiz wert sind und dennoch ganze Branchen umwälzen können.

Wir vergleichen es gerne mit dem Strategiespiel schlechthin, dem Schach. Das Ziel ist klar. Im Spiel geht es darum, den richtigen Weg zum Ziel zu finden. Gute Spieler planen immer einige Schritte im Voraus, doch muss die Strategie „unterwegs" immer wieder den Schritten des Gegners angepasst werden. Im Prinzip wird jeder Zug neu gedacht. Wer sich bei dieser Vorgehensweise nur auf sich selbst konzentriert und nicht die Züge des Gegners berücksichtigt, verliert.

Beispiel:

Stellen wir uns das Service Center Rechnungswesen eines Unternehmens im Handel vor. Der Sinn des Service Center, also wenn man so will seine Daseinsberechtigung, könnte in etwa so lauten: Wir glauben, dass in jedem Beleg wertvolle Erträge des Kunden stecken. Die Erträge sollten mühelos realisiert werden können. Das „Wie?" könnte in etwa so formuliert werden: Wir sorgen für erfolgreiche Geschäftsbeziehungen ohne lästigen Papierkram, durch Digitalisierung und Automatisierung der Belegverarbeitung und Einsatz von KI zur Klärung von Differenzen. Dazu bieten wir („Was?") eine zentrale Rechnungsprüfung, Debitorenbuchhaltung, Kreditorenbuchhaltung und Forderungsmanagement an. Damit ist das Geschäftsmodell weitgehend beschrieben und ist, stark verkürzt, die GOB-konforme Durchführung der Buchungen für die Geschäfte/Filialen, mit dem Nutzenversprechen einer höheren Effizienz als bei einer individuellen Durchführung in den Geschäften/Filialen. Die Frage ist jetzt, wie setzen wir dieses Geschäftsmodell konkret um? Bis schließlich einzelne Mitarbeitende in der Buchhaltung auch nur eine Buchung verarbeiten können, sind noch einige Dinge zu klären. Das Service Center liefert in unserm Beispiel vier Services, die jeweils spezifische Ergebnisse erzeugen müssen und deren Regeln und Verfahren unterschiedlich sind.

> Vermutlich hat jeder Service ein eigenes Nutzenversprechen, konkrete Leistungen, Aufwände und Kosten und natürlich auch einen individuellen Preis. Die Leistungen werden des Weiteren von unterschiedlichen Fach-Teams erbracht. Möglicherweise bedienen sie sich aber auch gemeinsamer Funktionen, wie einem Service Desk, einem Dienstleister zum Digitalisieren von Belegen, der IT und anderen Funktionen mit ihren definierten Ergebnissen. Zu guter Letzt wird jedes Team und jeder Dienstleister einen detaillierten Einsatzplan haben müssen, um die vereinbarten Ergebnisse zu liefern. ∎

Es ist also ein recht weiter Weg, vom Geschäftsmodell bis zum Arbeitsalltag in der Buchhaltung. Die Ableitung der Strukturen und Aufgaben aus dem Geschäftsmodell in den Regelbetrieb lässt sich in vier Ebenen beschreiben:

1. **Das Geschäftsmodell**
   Das Geschäftsmodell liefert eine konkrete Antwort auf die Frage: Wie funktioniert unser Geschäft? Beim Geschäftsmodell liegt der Fokus auf den Mechanismen der Wertschöpfung.
   Ein gutes Geschäftsmodell legt den Grundstein für wirtschaftlichen Erfolg.

2. **Das Servicemodell**
   Das Servicemodell greift das Geschäftsmodell auf und konkretisiert die Realisierung des Nutzenversprechens. Dabei stehen der Nutzen und die Zufriedenheit des Kunden im Fokus.
   Das Servicemodell ist die Basis für zufriedene Kunden.

3. **Das Liefermodell**
   Ein Service wird selten aus einer Hand geliefert. Oft sind viele Liefereinheiten (oder Teams) beteiligt. Entweder direkt in der Verantwortung für die Kernprozesse oder indirekt durch Leistungen in den sogenannten Supportprozessen. Das Liefermodell ordnet Verantwortung für Ergebnisse auf Liefereinheiten zu.
   Ein ausgereiftes Liefermodell ist die Grundlage für erfolgreiches Sourcing.

4. **Das Betriebsmodell**
   Im Betrieb erwecken wir die beschriebenen Modelle zum Leben. Der Fokus ist hier die Durchführung. Daher geht es beim Betriebsmodell um Schwellwerte und Trigger, sowie um Personen, Tätigkeiten und Zeiten.
   Das Betriebsmodell (Bild 4.5) bestimmt die Leistungsfähigkeit einer Liefereinheit.

Damit die Modelle in der Praxis nutzbar werden, müssen eine ganze Reihe konkreter Fragen beantwortet werden, um ein Gesamtbild zu erzeugen. Im Grunde geht es dabei um die klassischen W-Fragen.

1. *Warum tun wir, was wir tun?*
   Die Antwort auf diese Frage liefert uns den **Zweck** unseres Handelns. Im Zweck stecken neben konkreten Nutzenerwartungen der Kunden immer auch unsere zugrunde liegenden Motive, die mit den Bedürfnissen der Kunden korrespondieren. Die Formulierung des Zwecks schafft den Sinnbezug zu den äußeren Bedingungen, sowohl den zu gesellschaftlichen Herausforderungen als auch zu denen des konkreten Markts.

2. *Welche Interaktionen mit unseren Kunden sind wichtig?*
   Bei Leistungsbeziehungen ohne Warenaustausch kommt es zwangsweise auf die Interaktionen mit den Kunden an. Darum ist die Gestaltung der Kundenbeziehung und jedes einzelnen Kundenkontakts essenziell.

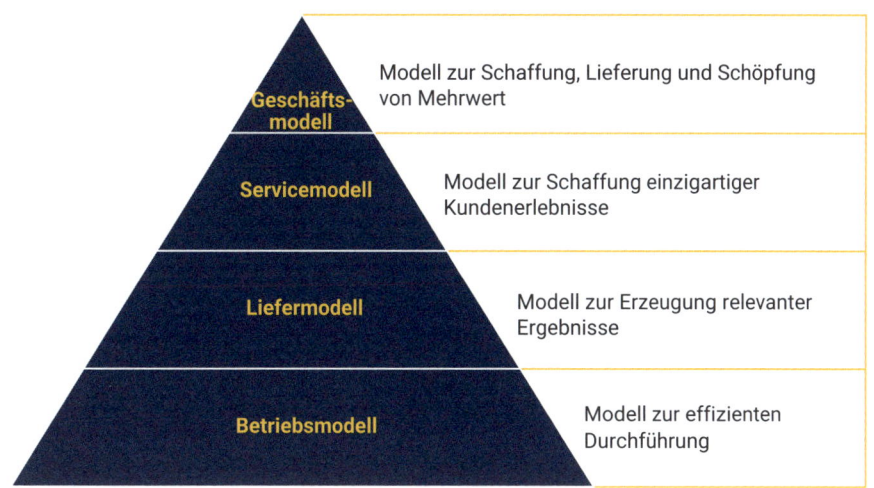

Bild 4.5 Betriebsmodell

3. *Was ist zu tun?*
   Im Service spielen die **Aufgaben**, Kernaktivitäten, Prozesse, Verfahren etc. eine große Rolle. Sowohl die Aktivitäten mit Kundenkontakt als auch die Prozesse und Verfahren im Hintergrund. Beides muss naht- und reibungslos ineinander übergehen.

4. *Womit wird die Leistung erbracht?*
   Viele Services sind ohne die technische Infrastruktur, innerhalb derer sie erbracht werden undenkbar. Die Beschreibung der wichtigsten **Ressourcen**, Architekturen, Infrastrukturen, Applikationen und anderer technischer Mittel ist daher essenziell.

5. *Wer macht's?*
   Sobald ein Service nicht komplett aus einer Hand geliefert werden kann, stellt sich die Frage nach der **Organisation** des Service. Damit planen Sie für die Übergabe der Verantwortung für (Teil-)Leistungen. Oft werden auch die verschiedenen Stakeholder in ihren Organisationen, Rollen und Verantwortungen als (Human-)Ressourcen beschrieben. Da es im Service jedoch auf die Menschen ankommt, betrachten wir die Menschen und die erforderlichen Strukturen hier separat.

6. *Wie sorgen wir für finanzielle Tragfähigkeit?*
   Wenn wir durch unsere Leistungen Nutzen für die Kunden erzeugen, dann hat dieser Nutzen einen Wert für den Kunden. Es ist aber auch unbestritten, dass wir den Nutzen nur so lange erbringen können, wie wir **Wertschöpfung** sicherstellen können. Wir müssen also bereits bei der Gestaltung des Service die Wirtschaftlichkeit im Auge behalten und adäquat modellieren.

7. *Wann geschieht, was geschehen soll?*
   Pläne repräsentieren in unserem Modell die zeitliche Dimension. Zum einen müssen wir den zeitlichen Ablauf in der Serviceerbringung planen, zum anderen ist es wichtig, bereits vom ersten Moment an die Weiterentwicklung des Service zu planen. Vom ersten Prototyp, über den Minimum Viable Service (MVS) und einen marktreifen Service bis zu gelebter Service Excellence werden vermutlich einige Iterationen erforderlich sein.

Wir haben daraus ein Modell für Services entwickelt. Das universelle Servicemodell (USM) erlaubt es, auf jeder Ebene, vom Geschäftsmodell, bis in die Betriebsmodelle, den Zusammenhang zwischen dem Sinn und dem Handeln darzustellen (Bild 4.6).

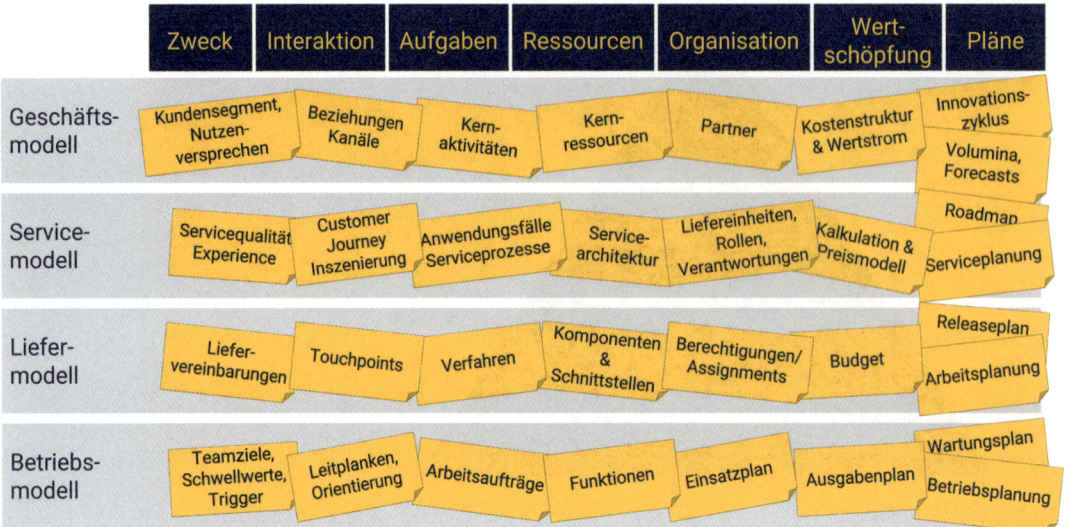

Bild 4.6 USM – Big Picture

Für jede Ebene im Modell sind dazu spezifische Produkte zu erarbeiten, wie wir in den folgenden Abschnitten zeigen. Für die verschiedenen Produkte in den sieben Bereichen sind spezifische Darstellungen typisch.

Für den Zweck eignen sich Bilder oder Fotos, aber auch Geschichten (Storytelling). Aufgaben und Abläufe werden typischerweise durch Story Boards, Customer Journeys, Prozessschaubilder, aber auch durch Verfahrensanweisungen und ähnliche Dokumente veranschaulicht. Um die Ressourcen zu veranschaulichen, werden unter anderem Use Cases, Informationsflussdiagramme, Systemarchitekturen, Netzwerkpläne und ähnliche Darstellungen erstellt. Zur Beschreibung der Organisation haben sich Organigramme, RACI-Matrizen und Rollenbeschreibungen bewährt, die bis zu Berechtigungskonzepten konkretisiert werden. Um Ergebnisse zu beschreiben, lassen sich Spezifikationen und ergebnisorientierte Aufgabenbeschreibungen heranziehen. Die monetären Aspekte des Service werden durch Wertstromdiagramme, Business Cases und Budgets abgebildet. Pläne schließlich werden durch Roadmaps, Meilensteinpläne, Gantt-Charts und Einsatzpläne dargestellt.

Durch ein systematisches Vorgehen im universellen Servicemodell können Services aller Art umgesetzt werden. B2C-Services, wie jene von Restaurants und Hotels, oder die Leistungen eines Friseurs können ebenso strukturiert werden, wie die B2B-Leistungen einer Großwäscherei oder eines Logistikunternehmens. Selbst komplexe Services wie die von IT-Dienstleistern lassen sich mit dem Modell beschreiben und umsetzen. Dabei ist es unerheblich, ob die Leistung für einen internen oder einen externen Kunden erbracht wird. Die einzelnen Elemente des Modells erlauben eine strukturierte Ableitung einzelner Produkte und Pläne aus dem Unternehmenszweck. Gleichzeitig lassen sich diese Produkte zu jeder Zeit auf das große Ganze zurückführen. So bleibt für die Mitarbeitenden der Sinn erhalten. Wie wir im Kapitel 7 *„Mit Vertrauen und Verantwortung führen"* zeigen, ist das ein wichtiger Baustein sowohl bei der Übergabe von Verantwortung in Richtung der Mitarbeiter im Kundenkontakt als auch für den Erfolg einer kunden- und serviceorientierten Organisation.

■ 4.2 Das Geschäftsmodell

Ein Geschäftsmodell beschreibt das Grundprinzip, wie eine Organisation Werte schafft, liefert und Erträge erzielt. So beschreiben es Alexander Osterwalder & Yves Pigneur in ihrem Handbuch zur „Business Model Generation". Das Geschäftsmodell nach Osterwalder (Bild 4.7) hat neun Grundbausteine, die den Mechanismus beschreiben, wie die Organisation Geld verdienen will. Die neun Bausteine decken die vier Hauptbereiche eines Unternehmens ab: Kunde, Angebot, erforderliche Infrastruktur und finanzielle Tragfähigkeit [Osterwalder/Pigneur 2010].

Bild 4.7 Geschäftsmodell

Das Geschäftsmodell stellt ein Gesamtbild eines Unternehmens dar. Dieses Gesamtbild muss in organisatorische Strukturen, Prozesse und Systeme und Pläne übersetzt werden, um das Geschäftsmodell praktisch umzusetzen. Wir setzen auf diesem Modell auf, weil es hinreichend erprobt und weltweit bekannt ist. Wir nutzen das Geschäftsmodell im universellen Servicemodell (USM) als Ausgangspunkt für die nachfolgende Formulierung von Servicemodell, Liefermodell und Betriebsmodell (Bild 4.8).

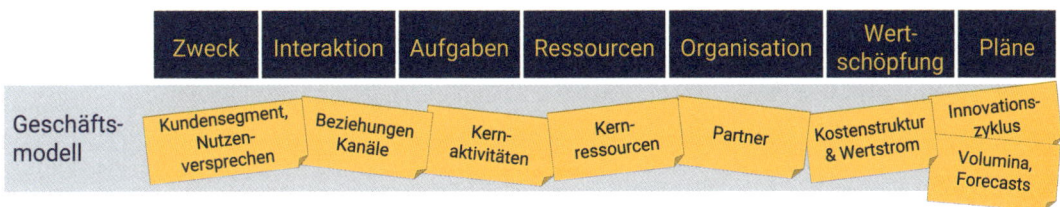

Bild 4.8 Geschäftsmodell im USM

Der Zweck: Kunden und Nutzenversprechen

Die wichtigste Frage für jedes Unternehmen ist die nach seinen Wunschkunden. Wir haben diese Frage schon ausführlich in Kapitel 2 *„Die Welt des Kunden verstehen"* diskutiert. Wenn wir unser Geschäftsmodell formulieren, dann beginnen wir immer genau an dieser Stelle. Wir haben bereits gesehen, dass die Antwort auf diese Frage grundlegende Konsequenzen für das gesamte Geschäftsmodell hat. Ein Massenmarkt hat andere Bedürfnisse als ein Nischenkunde. Genauso macht es einen erheblichen Unterschied, ob wir End-Kunden (B2C) oder Unternehmen (B2B) bedienen wollen. Nach der Auswahl unserer Wunschkunden stellt sich die fundamentale Frage, welches Problem des Kunden wir lösen oder welches Bedürfnis wir befriedigen. Jede Leistung muss dieses Nutzenversprechen enthalten. Nutzen entsteht beim Kunden durch eine Innovation, durch Status, Schönheit oder Design, durch Arbeitserleichterung, die Steigerung der Effizienz oder einfach durch einen geringeren Preis als vergleichbare Leistungen. Das Nutzenversprechen ist eine spezifische und individuelle Antwort auf die Art, wie unser Wunschkunde sein Problem oder seine Herausforderung wahrnimmt. Wunschkunde und Nutzenversprechen lassen sich in der Regel nicht voneinander getrennt betrachten. Ein Nutzenversprechen, dass eine Kundengruppe anspricht, wird für eine andere Kundengruppe vermutlich unpassend sein. Wir fassen daher in unserem Modell Kunden und Nutzenversprechen im Geschäftszweck zusammen (Bild 4.9).

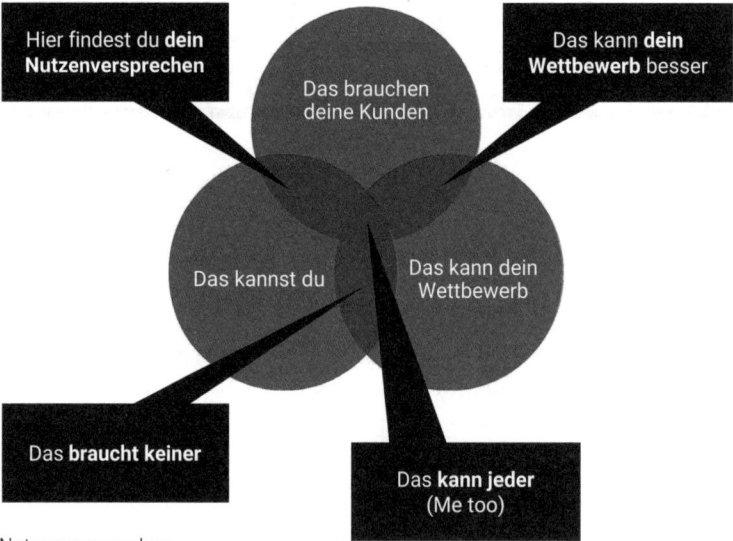

Bild 4.9 Nutzenversprechen

Die Interaktion: Kundenbeziehung und Vertriebskanäle

Für Services ist die Art der Interaktion mit den Kunden entscheidend. Im Business Model erarbeiten wir daher die Art der Beziehung, die wir mit unseren Kunden eingehen wollen. Das können sehr persönliche Beziehungen sein, wie zum Beispiel zwischen Kundenvertretern und einem verantwortlichen Service Manager, oder Beziehungen innerhalb einer Gemeinschaft (Community), wie zum Beispiel eine Nutzergruppe (user group). Es ist jedoch denkbar, gar keine persönliche Interaktion aufzubauen, sondern lediglich über Online-Dienste mit dem Kunden in Kontakt zu treten. Ein Beispiel dafür sind Serviceportale mit Bots und Onlineassistenten zur Interaktion mit dem Kunden. Im klassischen Business Model geht es hier um die Beziehung im Rahmen des Verkaufs von Leistungen oder Produkten. Die Kundenbeziehung im Service geht jedoch darüber hinaus und schließt die Leistungserbringung mit ein, zumal sich gerade hier weitere Chancen für Up- und Cross-Selling ergeben. Darüber hinaus ist die Beziehung im Service oft deutlich intensiver und eben auch persönlicher. Letzteres hängt allerdings stark von den Kanälen ab, über die das Geschäft betrieben wird. Unter Kanal ist hier der Vertriebsweg zu verstehen, also ob Leistung direkt, durch ein eigenes Vertriebsteam, oder eine eigene Webseite, einen eigenen Shop oder Ähnliches verkauft wird oder ob dafür Leistungen von Partnern in Anspruch genommen werden. Eine Wartungsleistung kann direkt beim Kunden verkauft oder aber zum Beispiel über den Hersteller einer Anlage angeboten werden. Im USM betrachten wir sowohl die Beziehung zum Kunden als auch die Kanäle zusammen als Interaktionen.

Aufgaben: Schlüsselaktivitäten

Das Kundenproblem wird durch eine Reihe von Schlüsselaktivitäten gelöst. Die Schlüsselaktivitäten beschreiben die wichtigsten Aufgaben, die wir erfüllen müssen, um dem Kunden den versprochenen Nutzen zu liefern. Die Schlüsselaktivitäten münden in Prozesse und Verfahren. Neben den Aufgaben in der Leistungserbringung können natürlich auch Aufgaben des Marketings und des Verkaufs zu den Schlüsselaktivitäten gehören.

Ressourcen: Schlüsselressourcen

Eine Dienstleistung zu erbringen, ist nur mit bestimmten Ressourcen möglich. Die erforderlichen Ressourcen hängen stark von der Art der Leistung und dem gewählten Kanal ab. Betriebsstätten, Startkapital, bestimmte Infrastrukturen und Applikationen können Schlüsselressourcen für Ihren Service sein.

Organisation: Partner (extern und intern)

Je nach Geschäftsmodell bietet es sich an, eine strategische Partnerschaft einzugehen, um die Effektivität des Unternehmens zu steigern und Risiken auf mehrere Schultern zu verteilen. Daher sind Schlüsselpartner oft entscheidend für den Erfolg einer Geschäftsidee. Über die Frage nach strategischen Partnerschaften hinaus hat es sich als hilfreich erwiesen, auch die weiteren Verantwortungen innerhalb des Unternehmens zu inkludieren, die für die Leistungserbringung unverzichtbar sind. So entsteht ein Gesamtmodell für die Organisation der Verantwortung zur Lieferung von Teilleistungen. Im ursprünglichen Business Model von Osterwalder und Pigneur werden die beteiligten Menschen als Schlüsselressourcen mit betrachtet. Wir weichen hier von dieser Betrachtung aus zwei Gründen ab. Zum einen legen wir starken Wert auf die Verantwortung der beteiligten Stakeholder, egal ob interne Liefereinheiten oder externe Partner. Zum anderen erlaubt uns diese Abweichung später eine konsistente Zuordnung oder besser Ableitung in die folgenden Ebenen, um das Geschäftsmodell zu konkretisieren und zum Leben zu erwecken.

Wertschöpfung: Kostenstruktur und Erträge

Schließlich muss noch geklärt werden, wie das Unternehmen mit dem Service Geld verdienen will. Dazu werden die Kostenstrukturen beleuchtet. Das Verständnis, welche Kosten wann entstehen und wie sich die Kosten mit dem Geschäft entwickeln, ist wichtig für den wirtschaftlichen Erfolg. Auf der anderen Seite müssen wir eine klare Vorstellung davon entwickeln, wie wir mit dem Service Erträge erzeugen wollen. Dabei geht es noch nicht um den Preis, sondern darum, was genau bezahlt werden soll. Abonnementmodelle, feste Servicepreise oder Abrechnung nach Zeit und Material können valide Modelle sein. Jedes Modell hat seinen eigenen Charakter mit Vorzügen und Nachteilen. Gemeinsam bilden diese beiden Elemente das Modell der Wertschöpfung in unserem Geschäft.

Für die Entwicklung eines Geschäftsmodells ist es empfehlenswert, das Business Model Canvas (siehe Bild oben) als Plakat an die Wand zu hängen und am besten im Team die einzelnen Elemente zu erarbeiten und mit Klebezetteln für alle sichtbar zu dokumentieren.

In einem zweiten Schritt ist es wichtig, die Annahmen, unter denen das Modell erstellt wurde, zu prüfen. Diese Überprüfung ist besonders für die Beschreibung der Wunschkunden und des Nutzenversprechens wichtig, weil dies der Dreh- und Angelpunkt des Geschäftsmodells ist. Aber auch Annahmen zu den anderen Elementen sollten sorgfältig hinterfragt werden. Zu den Annahmen gehören nicht nur die direkten Annahmen in Bezug auf die Kunden, ihre Bedürfnisse und ihre Probleme, sondern auch die zugehörigen politischen und gesellschaftlichen Rahmenbedingungen sowie die Annahmen zur Wettbewerbssituation.

Pläne: Innovationszyklus und Nutzungszyklen

Die Entwicklung eines tragfähigen Geschäftsmodells unterliegt dabei den gleichen Mechanismen, wie wir sie bereits in Kapitel 2 *„Die Welt des Kunden verstehen"* vorgestellt haben. Das heißt, dass einem ersten Entwurf die Erarbeitung eines Prototyps folgen muss und anhand der damit gewonnenen Erkenntnisse das Modell weiterentwickelt werden sollte. Ein Geschäftsmodell ist immer eine Momentaufnahme und beschreibt die Geschäftsidee unter bestimmten Voraussetzungen. Ändern sich die Voraussetzungen oder Rahmenbedingungen, ist es sinnvoll, das Geschäftsmodell zu überprüfen und gegebenenfalls anzupassen. Innerhalb des Modells unterliegt die Nutzung des Service möglicherweise einem bestimmten Rhythmus oder einem Nutzungszyklus, der für die Wertschöpfung relevant ist.

Aus diesen Gründen haben wir im USM das Geschäftsmodell um eine zeitliche Perspektive ergänzt. Sowohl für den Innovationszyklus als auch die Annahmen zu Nutzungszyklen und Forecasts sollten Pläne erstellt werden. Sie ermöglichen einen Einblick in die zeitliche Dynamik.

■ 4.3 Das Servicemodell

Ausgehend vom Geschäftsmodell können wir jetzt den Service konkretisieren. Ging es bei der Formulierung des Business Model noch darum, zu erarbeiten, wie wir unser Geld verdienen wollen, geht es im Servicemodell (Bild 4.10) ganz konkret darum, wie wir mit dem Service das Nutzenversprechen einlösen und sowohl Kundenanforderungen als auch Kundenerwartungen steuern und erfüllen.

Bild 4.10 Servicemodell im USM

Zweck: Servicequalität & Service Experience

Während wir den Zweck beim Geschäftsmodell noch mit Hilfe des Nutzenversprechens als Antwort auf Herausforderungen und Bedürfnisse unseres Wunschkunden formuliert haben, wird es im Servicemodell deutlich konkreter. Wir übersetzen das Nutzenversprechen in einen konkreten Service. Die Herausforderungen werden in Anforderungen, Eigenschaften und Garantien übersetzt. Damit definieren wir die Leistungsbestandteile und ihre Qualität. Da Service als immaterielle Leistung schwer greifbar ist, ist diese Definition essenziell. Je klarer die Leistungen und deren Eigenschaften formuliert werden, desto leichter fällt die Steuerung der Qualität. Klarer bedeutet nicht detaillierter, sondern präziser und verständlicher. Qualität ist die Grundlage für guten Service. Allerdings ist es entscheidend, die Qualität bei jedem einzelnen Serviceereignis zu liefern.

Das Servicemodell muss hier konkrete Beschreibungen bereitstellen, die Marketing, Verkauf und Leistung des Service ermöglichen. Dazu dienen folgende Beschreibungen:

1. **Eine Servicebeschreibung – Kundensicht**
   Die Servicebeschreibung enthält die Nutzenargumentation, eine Übersicht der Funktionalitäten oder Leistungsmerkmale und deren Ausprägungen und Qualitäten. Im IT Service Management ist hier der Begriff Service-Level gebräuchlich. Auch wenn der Begriff in anderen Servicebereichen nicht üblich ist, verwenden wir ihn, weil der englische Begriff „Level" (Ebene) auf einfache Weise verständlich macht, dass spezifische Serviceeigenschaften in verschiedenen Stufen definiert und vereinbart werden können. Wir sprechen von Qualität, wenn die vereinbarte Stufe erreicht wird.

2. **FAQ – Frage/Antwort, für die Beratung des Kunden**
   Für den Verkauf ist es wichtig, Fragen der Kunden beantworten und auf Einwände eingehen zu können.

3. **Kundenpräsentation**
   Je nach gewähltem Vertriebskanal ist eine Präsentation basierend auf der Servicebeschreibung und den FAQ sinnvoll.

4. **Servicevereinbarung**

Die Servicevereinbarung oder auch Servicevertrag basiert auf der Servicebeschreibung. Die Servicevereinbarung enthält typischerweise mindestens folgende Abschnitte:

a) *Leistungsumfang*

Der Leistungsumfang beschreibt die eigentliche Serviceleistung. Dazu gehören die Leistungen mit ihren Eigenschaften, Ausstattungsmerkmale, Leistungsdauer und andere Eigenschaften, die den Service ausmachen.

b) *Servicequalität*

In diesem Abschnitt werden die konkreten Zielwerte für relevante Serviceeigenschaften vereinbart. Dazu gehören Öffnungs- oder Servicezeiten, die Dauer für die Lösung von Störungen und die Erfüllung von Anforderungen und weitere Zusicherungen, die für den Service relevant sind.

c) *Voraussetzungen und Rahmenbedingungen*

Zuweilen ist die Erbringung der Leistungen an rechtliche, persönliche oder auch technische Voraussetzungen gebunden, die die Kunden sicherstellen müssen. Diese sollten benannt sein, um Missverständnisse zu vermeiden.

d) *Vereinbarungen zur Zusammenarbeit*

Viele Services erfordern Interaktion und Mitwirkung der Kunden. Im Fitnessstudio ist Ihre Mitwirkung nicht nur auf Ihre sportliche Aktivität beschränkt. Oft müssen Sie auch einen Teil der Verantwortung für die Hygiene übernehmen, indem Sie zum Beispiel die Desinfektion der Geräte nach der Nutzung übernehmen oder ein eigenes Handtuch mitbringen und als Unterlage an den Geräten nutzen. Bei B2B-Services sind die Interaktionen zwischen Kunde und Dienstleister oft deutlich vielfältiger und fehlende Vereinbarungen stellen schnell ein Hindernis für die Serviceerbringung dar.

e) *Nachweise und Berichte*

Im Kapitel 7 *„Mit Vertrauen und Verantwortung führen"* beschreiben wir ausführlich, was es bedeutet, rechenschaftspflichtig zu sein, und was das Ganze mit Berichten zu tun hat. Daher hier nur die Kurzform. Ihre Kunden haben ein berechtigtes Interesse an Nachweisen zu der erbrachten Leistung und der Qualität, mit der sie erbracht wurde. Die Parameter dazu haben Sie bereits im Abschnitt „Servicequalität" definiert. Jetzt geht es darum, in welcher Form, mit welchen Details und wie oft berichtet werden soll. Im Grunde bieten Sie hier Ihrem Kunden einen Ergebnischeck an.

Bei Vereinbarungen mit Kunden außerhalb der eigenen Organisation kommen noch weitere Abschnitte hinzu:

f) *Preise und Zahlungsbedingungen*

In diesem Abschnitt werden die Vereinbarungen zur Vergütung beschrieben. Insbesondere bei nutzungsabhängigen Angeboten ist hier zu klären, wie Nutzung gezählt wird. Auch eventuelle Preisstaffeln, Rabatte und Zahlungsziele können vereinbart werden. Darüber hinaus ist es denkbar, Reduktionen der Vergütung zu vereinbaren, wenn die vereinbarten Qualitäten nicht erreicht werden. Solche Malus-Regelungen oder auch Pönalen sind im B2B-Geschäft üblich. Solche Regelungen sind aber ein zweischneidiges Schwert, weil die Konzentration auf sogenannte Schlechtleistung das Vertrauensverhältnis zwischen Dienstleister und Kunde nachhaltig beschädigen kann. Vertrauen ist aber ein entscheidender Faktor in der Zusammenarbeit. Fehlt das Vertrauen, kommt es mit großer Sicherheit zu Reibungsverlusten.

g) *Allgemeine und spezielle Geschäftsbedingungen*

Hier werden die Spielregeln der geschäftlichen Beziehung geregelt. Neben Regelungen zum Umgang mit geistigem Eigentum oder den Rechten dritter, Vereinbarungen zur Wahrung der Vertraulichkeit oder allgemeinen arbeitsrechtlichen Vereinbarungen kann es auch spezifische Regeln geben, die für den Service relevant sind.

h) *Regelungen zum Datenschutz*

Schließlich sind Vereinbarungen zum Umgang mit den personenbezogenen Daten des Kunden zu treffen. Möglicherweise ist auch eine separate Vereinbarung zur Datenverarbeitung zu treffen.

Interaktion: Customer Journey und Inszenierung

Abgeleitet aus den ersten Ideen zur Kundenbeziehung und den Vertriebskanälen aus dem Geschäftsmodell, entwickeln wir für das Servicemodell ein konkretes Modell für die Interaktion mit dem Kunden, indem wir uns über die Reise der Kunden durch den Service, die Customer Journey bewusstwerden (Bild 4.11). Dabei sind hier die Unterschiede zwischen B2C- und B2B-Serviceerbringung zu beachten. Während sich die Anzahl der Interaktionen oft nur wenig unterscheidet, sind im B2B-Geschäft meist deutlich mehr Personen auf Seiten der Kunden in die Interaktionen involviert. Daher können sich die spezifischen Anforderungen an die Interaktion unterscheiden.

Phase			
Kundenziel			
Kunden-aktivitäten			
Touchpoint			
Erlebnis			
Serviceziel			
Service-aktivitäten			
Erkenntnis			

Bild 4.11 Customer Journey

Interaktion findet nicht nur auf der sachlichen Ebene der Leistungserbringung statt, auf der ein Austausch von Informationen, Anforderungen und Leistungen im Vordergrund steht. Ein großer Teil der Interaktion zwischen Dienstleister und Kunden findet auf der eher unterbewussten emotionalen Ebene statt. Bei Produkten wird diese Ebene durch das Design des Produkts und eine bewusste Markenbildung angesprochen. Im Produktverkauf kommen dazu noch die passende Umgebung, Geräusche oder Musik und inzwischen vermehrt auch

Gerüche hinzu. Für die Erfüllung der Bedürfnisse erarbeiten wir einen Rahmen für das Serviceerlebnis (Experience). Hier greifen wir auf die Ergebnisse der Empathy Map zurück, die wir im Kapitel 3 *„Den Menschen in den Mittelpunkt stellen"* im Detail beschrieben haben. Das Serviceerlebnis wird wie bei einer Theateraufführung inszeniert. Der Service wird buchstäblich in Szene gesetzt. Dazu können Methoden und Konzepte des User Experience Design genutzt werden. Die Inszenierung des Service beschreibt alle Sinneseindrücke, die das Serviceerlebnis ausmachen oder ausmachen sollen. Das beinhaltet neben dem Design (Formen, Farben und haptische Eindrücke) die Gerüche und die Geräusche. Zur Visualisierung der Inszenierung werden, wie im Theater, Storyboards verwendet.

Aufgabe: Anwendungsfälle und Serviceprozesse

So präzise wir auch unsere Wunschkunden beschrieben haben, die Art und Weise, wie ein Service genutzt wird, kann sehr unterschiedlich sein. Diese Variationen der Nutzung können in konkreten Anwendungsfällen beschrieben werden. Die dahinterliegenden Leistungsprozesse müssen dann modelliert werden, um konkrete Ergebnisse und Teilergebnisse in der Prozess- oder Wertschöpfungskette zu formulieren. Neben den direkten Leistungsprozessen müssen wir im Servicemodell weitere Prozesse berücksichtigen (siehe auch in Kapitel 2 „Die Welt des Kunden verstehen"). Auch diese Prozesse müssen entsprechend modelliert werden:

1. Erfüllen von Anfragen im Rahmen des vereinbarten Service

2. Beseitigen von Störungen

3. Vereinbaren von Leistungserweiterungen (up selling) und weiterer Leistungen aus dem Portfolio (cross selling)

4. Reagieren auf Sonderanforderungen des Kunden, außerhalb des definierten Service

5. Reagieren auf Beschwerden

Bei der Modellierung der Prozesse sollten Sie unbedingt auf eine sinnvolle Abstraktionsebene achten (siehe auch Kapitel 6 *„Systeme zur Zusammenarbeit schaffen"*).

Ressourcen: Servicearchitektur

Im Geschäftsmodell haben wir bereits die Schlüsselressourcen identifiziert. Jetzt geht es darum, diese Schlüsselressourcen und gegebenenfalls weitere Elemente der Serviceumgebung zu strukturieren und in den Kontext zu setzen, mit:

1. den Serviceanforderungen,

2. der Inszenierung,

3. den Prozessen.

Die Servicearchitektur beschreibt Aufbau, Anordnung und logische Bezüge der Infrastruktur(en). Bei klassischen Services müssen wir auf physische Infrastrukturen achten, wie Gebäude und Innenarchitektur, Aufbau und Anordnung von Möbeln, Werkzeugen und anderen Hilfsmitteln, die für die Serviceerbringung erforderlich sind. Bei digitalen Services ist hier meist eine Systemarchitektur zu beschreiben. In beiden Fällen haben wir es mit Architekturbildern und -plänen zu tun.

Im Rahmen der Servicearchitektur sollte auch die Nutzung von Bots, KI, virtuellen Realitäten und anderen Hilfsmitteln geprüft und geplant werden, die zur effizienten Erfüllung der Serviceanforderungen oder der Individualisierung des Serviceerlebnisses beitragen können.

Organisation: Zuordnung der Verantwortung zu Liefereinheiten

Das Servicemodell muss eine Antwort darauf liefern, aus welchen Teilleistungen der Service entsteht. Jede Teilleistung stellt dabei ein wohl definiertes, abgrenzbares Ergebnis dar, mit logisch zusammenhängenden Aufgaben, einer klaren Abgrenzung und Schnittstellen. Vorsicht, nicht immer sind die über viele Jahre gewachsenen Strukturen der Organisation adäquate logische Einheiten für eine Teilleistung des Service. Im Idealfall ergibt sich daraus ein klares Bild, wie wir die Lieferverantwortung für Teilleistungen zuordnen können.

Zur Beschreibung der Liefereinheiten kann ein Servicestrukturmodell (Service breakdown structure) verwendet werden. Das Modell lehnt sich an die Produktstruktur aus verschiedenen Projekt-Management-Methodiken wie PRINCE2 oder PMBOK an.

Die Abgrenzung der Verantwortungsbereiche lässt sich am besten mit Hilfe einer RACI-Matrix (Bild 4.12) beschreiben, bei der die Aufgaben zur Vorbereitung, Erstellung, Übergabe und Abnahme der Ergebnisse gegen die Liefereinheiten aufgetragen werden. RACI steht dabei für Responsible (verantwortlich für die Durchführung), Accountable (verantwortlich für das Ergebnis), Consulted (muss in Entscheidungen beratend eingebunden werden), Informed (muss informiert werden).

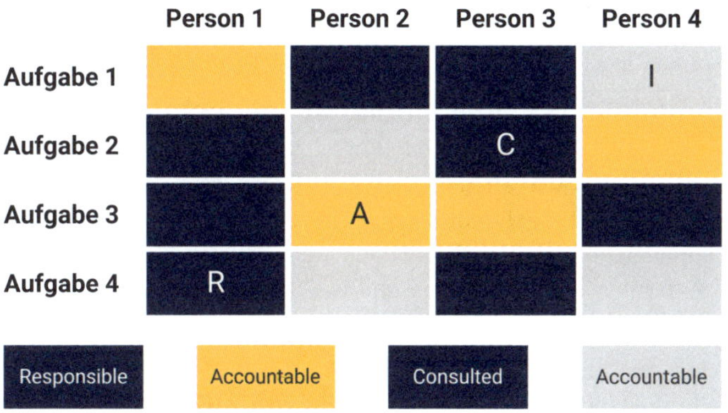

Bild 4.12 RACI-Matrix

Genau an dieser Stelle können wir auch eine Entscheidung zum Sourcing, also der Übergabe der Verantwortung zur Lieferung an einen internen oder externen Partner treffen. Um diese Entscheidung valide treffen zu können, sollten folgende Überlegungen gemacht werden:

Liste der Fragestellungen – SMA

- Was wollen wir mit dem Sourcing erreichen?
- Sind die Leistungsergebnisse objektiv messbar?
- Verfügen wir über die Ressourcen und Fähigkeiten, einen oder mehrere Sourcing-Partner zu steuern?
- Welche Alternativen zum geplanten Sourcing, wie zum Beispiel Automatisierung durch Digitalisierung, gibt es gegebenenfalls?
- Wäre das Know-how für die betrachteten Aufgaben auch im eigenen Hause hinreichend verfügbar und wie hoch wäre der jährliche Aufwand, es aktuell zu halten?
- Wie hoch ist der zeitliche Aufwand zur Erbringung der zu betrachtenden Leistung?

- Haben wir mit den in Frage kommenden Sourcing-Partnern schon Erfahrungen und welche?
- Wie oft und wie stark verändern sich das zu erwartende Leistungsspektrum und der zu erwartende zeitliche Aufwand über den Betrachtungszeitraum?
- Welche rechtlichen oder regulatorischen Vorgaben sind zu berücksichtigen?
- Welche Risiken bestehen und wie können diese identifiziert und gesteuert werden?
- Wie wollen wir die Zusammenarbeit mit dem Partner gestalten?

Sourcing-Entscheidungen sind immer auch strategische Entscheidungen und haben nicht selten langfristige Auswirkungen. Daher ist die Auswahl der richtigen Partner eine wichtige Aufgabe. Die Details und Rahmenbedingungen zur Übergabe werden im Liefermodell ausgearbeitet.

Wertschöpfung: Preismodell und Kalkulation

Im Geschäftsmodell haben Sie die Kostenstruktur für Ihr Geschäft erarbeitet und sich für ein Modell zur Generierung von Erträgen entschieden. Im Servicemodell gehen wir jetzt einen Schritt weiter und kalkulieren auf Basis von Annahmen zu Volumina und Forecast sowie Annahmen zu Kostenentwicklungen die Kosten für den Service unter verschiedenen relevanten Szenarien. Welche Szenarien relevant sind und wie genau die Kosten für den Service kalkuliert werden können, beschreiben wir im Detail im Kapitel 5 *„Relevante Ergebnisse zählen"*.

Auf der anderen Seite sollten Sie eine Entscheidung treffen, was genau Sie Ihrem Kunden in Rechnung stellen wollen. Wenn Sie sich bei der Erstellung des Geschäftsmodells für ein Abonnementmodell entschieden haben, können Sie diesen Schritt auslassen. Beim Abonnement kommt es nur noch auf den Leistungsinhalt an, die Abrechnung erfolgt immer pro Abonnement. Bei nutzungsabhängigen Modellen, Lizenzmodellen oder Verleih, Vermietung und Leasing müssen Sie sich darüber klar werden, ob und wie Sie mit der Nutzung durch die Kunden auch die Vergütung der Leistung skalieren wollen.

Bis in die späten 1990er-Jahre wurden in Deutschland zum Beispiel Telefongespräche in Einheiten abgerechnet. Eine Einheit hat damals 23 Pfennig gekostet, die Dauer einer Einheit war allerdings unterschiedlich, je nachdem, wohin das Gespräch ging. Für ein Ortsgespräch war eine Einheit zum Beispiel acht Minuten lang, bei einem Ferngespräch (über 100 km) konnte für die 23 Pfennig nur 15 Sekunden lang gesprochen werden. Die Dauer variierte darüber hinaus auch je nach Tageszeit. Derart komplizierte Modelle gibt es heute nicht mehr.

Das Beispiel zeigt jedoch ganz gut, worauf es ankommt. Sie müssen sich sehr gut überlegen, welche Abrechnungseinheit (chargeable item) Sie für Ihren Service verwenden wollen. Dabei sollten Sie sich bewusst machen, dass die Wahl der Abrechnungseinheit(en) Einfluss auf die Nutzung des Service haben kann. Haben Sie sich für eine Abrechnungseinheit entschieden, müssen Sie ein Preismodell auswählen.

1. **Wertorientiert**

   Für die Preisbildung nach dem wertorientierten Ansatz müssen Sie einen deutlichen Mehrwert für den Kunden liefern und diesen auch vermarkten. Darüber hinaus muss sich Ihre Leistung klar von denen Ihrer Wettbewerber abheben (Alleinstellungsmerkmale). Dann können Sie, je höher der Mehrwert bei Ihren Kunden ist, auch einen höheren Preis verlangen. Dazu sollten Sie den Mehrwert, den Sie Ihren Kunden bieten, konkret kennen.

2. **Kostenorientiert**

   Bei den kostenorientierten Preismodellen kalkulieren Sie zunächst Ihre Kosten und berechnen Ihren Preis durch einen Aufschlag (uplift) oder indem Sie eine Marge festlegen. Das scheint simpel, bindet Ihren Preis aber an die Kosten. Gelingt es Ihnen, die Kosten zu senken, sinkt auch Ihr Preis.

3. **Wettbewerbsorientiert**

   Der wettbewerbsorientierte Ansatz geht von den Preisen Ihrer Wettbewerber für vergleichbare Leistungen aus. Dazu müssen Sie eine Marktanalyse machen und die Preise Ihrer Marktbegleiter erheben. Im Ergebnis werden Sie einen Korridor bekommen, zwischen dem preiswertesten und dem teuersten Anbieter. Sie können jetzt Ihre Leistung im Vergleich zu Marktposition und Qualität der Wettbewerber einschätzen und einen entsprechenden Preis festlegen.

Pläne: Roadmap und Serviceplanung

Ihr Service wird sich stetig weiterentwickeln und Ihre Kunden erwarten das auch. Impulse zur Weiterentwicklung kommen dabei sowohl aus der technologischen Entwicklung, aus gesellschaftlichen Entwicklungen, aber auch aus direkten Anfragen Ihrer Kunden. Sie müssen nicht jede Idee und jede Entwicklung sofort in Ihren Service integrieren, aber Sie sollten Ihren Kunden eine Perspektive geben, ob und wann sie mit weiteren Entwicklungen rechnen können. Dazu kann eine Roadmap (Bild 4.13) hilfreich sein. In einer Roadmap werden

Bild 4.13 Roadmap

Leistungen und Qualitäten und ihre mittelfristige Entwicklung abgebildet. Sie dient der Vorabinformation der Kunden. Planung und Umsetzung der Weiterentwicklung liegen zwar in Ihrem eigenen Einflussbereich, aber Hindernisse und externe Faktoren können zu Verschiebungen führen – oft zu Verspätungen, seltener auch zu früherer Fertigstellung. Daher werden Roadmaps in die Zukunft hinein unschärfer (z. B. wochengenau für den kommenden Monat, monatsgenau für das folgende Quartal, quartalsgenau für alles danach).

Für die Planung von Einlastungen und Auslastungen sollten Sie einen Serviceplan erstellen. Der Serviceplan konkretisiert die Volumina der Servicenutzung durch Ableitung eines Forecast aus Erfahrungen und den Nutzungszyklen (siehe Geschäftsmodell). Gute Forecasts nutzen viele verfügbare Datenpunkte und ein Modell, welches stetig verfeinert wird, um zu validen Aussagen zu gelangen. Das wohl bekannteste Beispiel eines Forecast ist der Wetterbericht. Auf Basis von komplexen Wettermodellen und unfassbar vielen Daten können inzwischen valide Vorhersagen, sogar für einzelne Regionen, erstellt werden. Wie bei allen in die Zukunft gerichteten Plänen müssen Sie auch hier unterschiedliche Perioden betrachten und zunehmende Ungenauigkeit für Perioden in weiterer Zukunft tolerieren.

■ 4.4 Das Liefermodell

Während wir beim Servicemodell noch den Blick auf den gesamten Service und seine Wirkung beim Kunden gerichtet haben, schauen wir beim Liefermodell mehr auf Details. Für jedes Teilergebnis, das durch eine bestimmte Liefereinheit, einen Partner, eine Abteilung, ein Team geleistet werden soll, stellen wir sicher, dass es zum richtigen Zeitpunkt, mit der richtigen Qualität und mit der richtigen Inszenierung geliefert wird. Sobald ein Service nicht mehr aus einer Hand geliefert wird, kommt es zu Schnittstellen. Mit der Definition der Liefermodelle sorgen Sie dafür, dass aus diesen Schnittstellen keine unüberbrückbaren Gräben werden. Kunden nehmen den Service als eine Einheit, als Gesamterlebnis wahr. Oft wird der Kundennutzen stark gemindert, wenn Teile des Service nicht in das Gesamterlebnis passen. Daher kommt es beim Liefermodell auf drei Dinge an:

1. **Relevante Ergebnisse**
   Eine genaue und unzweideutige Vereinbarung der Lieferergebnisse inklusive der Erwartungen an den Umgang mit den Kunden

2. **Vertrauen und Verantwortung**
   Eine klare Zuweisung von Verantwortung mit einer möglichst eindeutigen Abgrenzung der Aufgaben

3. **Systeme zur Zusammenarbeit**
   Eine gute Organisation der Zusammenarbeit zwischen den Liefereinheiten

Sie erkennen sicher die Serviceprinzipien wieder. Der Bezug zu den entsprechenden Kapiteln dieses Buchs ist nicht zufällig. Bei der Erstellung des Liefermodells (Bild 4.14) können Sie die in diesen Kapiteln beschriebenen Methoden und Hilfsmittel sinnvoll einsetzen.

Bild 4.14 Liefermodell im USM

Zweck: Liefervereinbarung

Eine Liefervereinbarung sollte auf jeden Fall erstellt werden, egal, ob eine Leistung durch eine Abteilung oder ein Team aus der eigenen Organisation erbracht oder an einen externen Dienstleister ausgelagert werden soll. Wie bei der Servicevereinbarung, die wir im Service-modell beschrieben haben, müssen wir auch in der Liefervereinbarung Leistungsumfang, Servicequalität, Voraussetzungen und Rahmenbedingungen, Vereinbarungen zur Zusammen-arbeit und Nachweise und Berichte verbindlich vereinbaren.

Ging es in der Servicevereinbarung noch darum, wie die Servicequalität mit dem Kunden vereinbart ist, geht es in den Liefervereinbarungen darum, welchen Beitrag eine Lieferein-heit dazu leisten muss. In den seltensten Fällen ist eine Liefereinheit allein für die Qualität einer Serviceeigenschaft verantwortlich. Wenn Sie zum Beispiel Waren in einem Onlineshop bestellen, hängt die Lieferzeit von vielen Akteuren ab. Die Ware muss kommissioniert, also aus den Beständen im Lager zusammengetragen und verpackt werden, vermutlich folgt eine Qualitätskontrolle und der Versand. Danach wird die Ware von verschiedenen Transporteuren an einen regionalen Verteiler gebracht und von dort aus mit einem Paketboten an Sie aus-geliefert. Wenn Sie jetzt eine maximale Lieferzeit mit Ihrem Kunden vereinbaren wollen (bei Amazon prime ist das ja bereits der nächste Tag ...), müssen Sie mit jedem einzelnen Akteur Vereinbarungen treffen, mit welcher Geschwindigkeit die Teilleistungen erbracht werden sollen. Dieses Vorgehen ist typisch für Liefervereinbarungen. Sie brechen die Vereinbarung zu einzelnen Serviceeigenschaften auf die Liefereinheiten herunter, sodass Sie die Gesamt-qualität bei Ihren Kunden sicherstellen können. Dabei müssen nicht alle Anforderungen eins zu eins übertragen werden. Es ist durchaus möglich, kalkulierte Risiken einzugehen, wenn der Service dafür auf der anderen Seite effizienter erbracht werden kann.

Bleiben wir bei dem Beispiel des Onlineshops. Solche Shops werben ja damit, dass sie rund um die Uhr an allen Tagen der Woche (24 x 7) genutzt werden können. Das bedeutet aber nicht zwingend, dass die Akteure im Lager in einem Mehrschichtbetrieb ebenfalls diesen 24 x 7-Betrieb aufrechterhalten müssen.

Wenn Teilleistungen einen Kundenkontakt bedingen, dann sollten Sie unbedingt eine Verein-barung zum Umgang mit dem Kunden treffen. Schließlich trägt auch dieser Kundenkontakt zum Serviceerlebnis bei. Sie sollten mindestens eine Anforderung an die Zufriedenheit des Kunden mit dem Kundenkontakt vereinbaren, allerdings sind deutlichere Ansagen hier definitiv besser, oder um es mit dem Sams aus Paul Maars Kinderbüchern zu formulieren: „Sie müssen viel genauer wünschen!" Wie das aussehen kann, zeigen wir Ihnen im nächsten Abschnitt.

Interaktion: Touchpoints

Einige Liefermodelle beinhalten auch Kundenkontakte oder Touchpoints (Bild 4.15). Unter Touchpoints werden alle Kontakte eines Kunden mit Personen, Informationen, Leistungen, Räumen und anderen Elementen des Service verstanden. Auch der Webshop aus unserem Beispiel eben ist so ein Touchpoint. Jeder dieser Touchpoints, ob er nun von einer internen Liefereinheit oder von einem externen Partner bereitgestellt wird, sollte den Grundregeln der Corporate Identity entsprechen. Während die physischen und medialen Touchpoints den Gestaltungsregeln des Corporate Designs folgen, sind für persönliche Interaktionen andere Regeln zu beachten. Viele der Modelle zur Corporate Identity setzen einheitlich gesteuerte Aktivitäten voraus. So ist Corporate Communication oft eine zentrale Funktion eines Unternehmens. Da gerade im Service jedoch viel Kommunikation und Interaktion ganz individuell durch die Mitarbeitenden an den Touchpoints erfolgen, brauchen wir hier andere, gezieltere Mechanismen, um die CI zu leben. Es ist wichtig, den Mitarbeitenden Leitplanken und Orientierung zu geben. Dazu gehören eine gemeinsame Sprache, die auch bewusst bestimmte Begriffe und Formulierungen enthalten kann, die Art und Weise, wie bestimmte Leistungen erbracht werden, ein Narrativ, das die Marke repräsentiert und den Mitarbeitenden ein Gefühl von Relevanz und Stolz gibt, ein Leitbild, das unserem Handeln einen Sinn gibt und Leidenschaft entfacht, sowie die Prinzipien des Unternehmens. Dieses „So machen wir das bei uns!" prägt das Kundenerlebnis und damit die Marke.

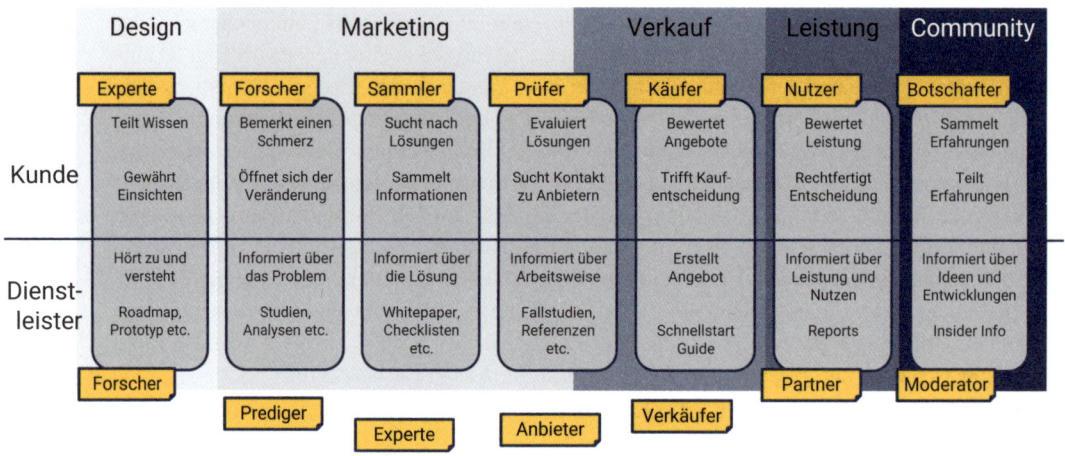

Bild 4.15 Touchpoints

Wir gehen darauf im Kapitel 7 „*Mit Vertrauen und Verantwortung führen*" noch mal ein. Die Orientierung für Leistungen interner Liefereinheiten liegt noch weitgehend im eigenen Einflussbereich, auch wenn es da nicht selten Widerstände gibt. Bei externen Partnern sind die Hürden für die Orientierung meist etwas höher, sie lassen sich aber als Teil der Vereinbarungen zur Zusammenarbeit durchaus in die Abläufe sowie die Aus- und Weiterbildung des Servicepersonals integrieren. Zusätzlich werden Verfahren zur Qualitätssicherung benötigt. Dabei können Verfahren zum Shadowing genutzt werden, oder auch Mystery-Kunden eingesetzt werden. Beim Shadowing werden einzelne Mitarbeitende bei ihrer täglichen Arbeit ein Stück weit begleitet, um zu bewerten, wie gut die CI gelebt wird. Mystery-Kunden nehmen Leistungen in Anspruch mit dem Ziel, aus der Sicht der Kunden ein genaues Bild des Serviceerlebnisses zu erlangen.

Aufgabe: Verfahren

Mit dem Servicemodell haben wir die Prozesse zur Erstellung der relevanten Kundenergebnisse definiert. Dabei haben wir bewusst auf Details verzichtet und nur die logischen Aufgaben mit konkreten Ergebnissen und klaren Verantwortungsbereichen zugewiesen. Im Liefermodell müssen wir jetzt konkret werden. Im Gegensatz zum Prozess, mit dem wir darstellen, was (das Ergebnis) von wem (die Liefereinheit), wann (der logische Ablauf) getan werden muss, beschreiben wir im Verfahren, wie die einzelnen Aufgaben erfüllt werden sollen. Verfahren sind fallspezifisch und abhängig von den eingesetzten Systemen und Hilfsmitteln. Die Verfahren enthalten auch konkrete Anweisungen zur Entgegennahme von Ergebnissen anderer Liefereinheiten sowie natürlich zur Übergabe von eigenen Ergebnissen. Verfahren sollten von den beteiligten Liefereinheiten beschrieben werden, weil diese die erforderliche Expertise und Erfahrung besitzen. Außerdem übernehmen die Liefereinheiten so Verantwortung für ihre Ergebnisse. Im besten Fall kann die Leistung durch ein bestehendes Team mit etablierten Verfahren erbracht werden. Touchpoints und Schnittstellen zu anderen Liefereinheiten sollten aber unbedingt gemeinsam abgestimmt und wenn notwendig angepasst werden. Das Vorgehen wird dann im Rahmen der Liefervereinbarung verbindlich verabredet.

Je größer eine Serviceorganisation wird, desto stärker spezialisieren sich die Liefereinheiten, was zu mehr Schnittstellen führt. In solchen Organisationen kommt der Rolle des Service Owner oder Serviceverantwortlichen eine große Bedeutung zu, um die Teilleistungen zu einem guten Service zusammenzufügen. Hier führen auch die Fäden der Ergebnischecks und des Qualitätsmanagements zusammen.

Ressourcen: Arbeitsmittel und Schnittstellen

Es ist sinnvoll und oft auch unabdingbar, dass jeder Akteur eigene Werkzeuge nutzt. Beim Bau eines Hauses wird der Maurer mit Schaufel, Eimer, Kelle und Lot arbeiten, während der Zimmermann eher eine Axt, die Säge und den Hammer nutzt. Die Werkzeuge müssen der Aufgabe gerecht werden. In Zeiten der Digitalisierung finden wir diese Aufgabenspezialisierung zwar auch, die Vernetzung der einzelnen Werkzeuge zur Unterstützung von Planung, Informationsfluss, Aufgabensteuerung und vielen weiteren Aufgaben ist aber inzwischen unerlässlich. Während der Maurer sich die Maße aus dem Bauplan für das Fenster noch mit Bleistift auf die frisch gezogene Mauer schreibt (und dabei nicht selten Übertragungsfehler in Stein gesetzt werden), ist die Übergabe von Informationen aller Art von System zu System eine der Kernaufgaben bei der Systemintegration. Wir nutzen ERP-Systeme zur Steuerung von Waren- und Leistungsflüssen, setzen auf CRM-Systeme zur Automatisierung von Marketing und Vertrieb, pflegen Tickets in Workflowsystemen, um Vorgänge systematisch abzuarbeiten und lassen uns von Monitoring und Alerting-Systemen benachrichtigen, wenn ein Ereignis unsere Aufmerksamkeit fordert. Jede Liefereinheit wird sich auf ihre eigenen Werkzeuge verlassen – Werkzeuge, die für ihre Arbeit gemacht sind. Zu den sogenannten zentralen Systemen kommt nochmal eine oft unübersichtliche Zahl kleinerer Hilfsmittel zur individuellen Datenverarbeitung hinzu. Im Liefermodell müssen wir klare Vereinbarungen dazu treffen, welche Aktivitäten mit welchen Systemen und Hilfsmitteln unterstützt werden und welche nicht eingesetzt werden. Zumindest, wenn es um IT-gestützte Verfahren geht, ist es schlicht nicht mehr denkbar, die Systeme und Hilfsmittel einzelner Liefereinheiten getrennt voneinander zu betrachten. Auch Maschinen sind inzwischen Teil der IT-Infrastruktur, empfangen Arbeitsaufträge und liefern Informationen zum Ergebnis zurück.

Zunehmend werden aber auch Gegenstände in die Informationsverarbeitung eingebunden – Stichwort: Internet of Things (IoT). Der Erfolg digitaler Geschäftsmodelle steht und fällt mit den Schnittstellen und dem möglichst berührungsfreien Fluss an Informationen durch die verschiedenen beteiligten Systeme. Im Liefermodell müssen daher die Systeme und die Schnittstellen zu den Systemen der anderen Liefereinheiten spezifiziert werden.

Organisation: Aufgabenzuordnung

Die Strukturen der Organisation haben wir bereits festgelegt. Wir haben die Liefereinheiten definiert und kennen die Verantwortungen für ihre Ergebnisse. Jetzt geht es darum, die für die Lieferung der Ergebnisse und die Durchführung der dafür notwendigen Aufgaben erforderlichen Befugnisse zuzuordnen. Dazu werden den Akteuren oder Gruppen von Akteuren entsprechend ihren Aufgaben (also ihrer Rolle) im Prozess spezifische Rechte zugeordnet. Für IT-Systeme gibt es hierzu in der Regel Berechtigungskonzepte, in denen Einzelberechtigungen zu Berechtigungsgruppen zusammengefasst werden. Solche Konzepte gibt es aber auch für andere Bereiche, wie den Zutritt zu Gebäuden und Räumen oder den Zugriff auf spezielle Werkzeuge und Maschinen. Ein Wartungstechniker in der Luftfahrt kann entsprechend seiner Rolle bestimmte Werkzeuge ausleihen und nutzen, auf andere hat er möglicherweise keinen Zugriff. Zugriffe, Zugänge oder Nutzungsrechte werden in der Regel dann eingeschränkt und durch ein entsprechendes Konzept geregelt, wenn dadurch entweder die Entstehung von Kosten gesteuert werden kann oder Risiken reduziert werden sollen. Derartige Restriktionen führen aber umgekehrt dazu, dass zur Erfüllung von Aufgaben explizit Berechtigungen erteilt werden müssen. Diese Zuordnung muss im Liefermodell gemacht werden.

Wertschöpfung: Das Budget als Teil der Wertschöpfung

Zur Bereitstellung der Ergebnisse sind immer auch finanzielle Mittel erforderlich. Dazu gehören Mittel zur Beschaffung und Instandhaltung der benötigten Infrastrukturen, Mittel zur Beschaffung von Verbrauchsmaterialien im Zusammenhang mit der Ergebnislieferung, Mittel zur Bereitstellung erforderlicher Lizenzen und Rechte sowie Mittel für das Personal. Dafür sollte jeder Liefereinheit ein Budget zur Verfügung gestellt werden. Das gilt natürlich auch für Investitionen und weitere Kosten, die im Zusammenhang mit der Weiterentwicklung der Leistungen stehen. Auf die Budgetierung gehen wir im Kapitel 5 *„relevante Ergebnisse zählen"* noch ein.

Pläne: Arbeitsplanung und Release-Planung

Mit der Arbeitsplanung werden die konkreten Anforderungen an personelle Ressourcen herausgearbeitet. Auf Basis der Forecasts können Sie die Leistungsmengen (Einlastung) ermitteln, die für ein konkretes Liefermodell zu erwarten sind. Die Analyse der Verfahren geben dir Hinweise auf den Aufwand, die Leistungen in den avisierten Mengen zu erbringen. Damit können Sie eine erste Planung machen. Sie müssen allerdings auf folgende Bedingungen achten, weil sie erheblichen Einfluss auf die benötigten personellen Kapazitäten haben:

1. **Automatisierungsgrad**
   Wenn bereits viele Aufgaben automatisiert sind, ist der personelle Aufwand gering. Der Aufwand steigt jedoch mit jeder Aufgabe, die manuell gemacht werden muss, und mit jedem Medienbruch, der eine manuelle Nacharbeit erfordert.

2. **Servicezeit**

Sobald Ihre Servicezeit über die üblichen Arbeitszeiten hinaus geht, müssen Sie vermutlich Schichten einführen oder andere Wege finden, die Servicezeit adäquat zu bedienen. Verteilt sich die Leistungsmenge auf mehr Zeit, verändert das die Auslastung.

3. **Nutzungszyklen**

Oft werden Leistungen zu bestimmten Zeiten bevorzugt abgerufen, während zu anderen Zeiten eher Flaute herrscht. Das können Varianzen im Tagesverlauf, Wochenverlauf oder auch Saisonverlauf sein. Es ist sogar eher wahrscheinlich, dass sich Tages-, Wochen-, Monats- und Saisonverlauf überlagern. Hier braucht es viel Erfahrung, um eine solide Planung machen zu können.

4. **Servicequalität**

Eine Veränderung der garantierten Servicequalität hat immer Auswirkungen auf den Aufwand, den Sie benötigen, um den Service zu leisten. Die personellen Ressourcen sind vor allem dann betroffen, wenn es um die Geschwindigkeit geht, mit der bestimmte Leistungsanteile erbracht werden sollen. Wenn wir einmal annehmen, dass Sie die Möglichkeiten der Prozess- und Verfahrensoptimierung bereits ausgeschöpft haben, bleibt Ihnen für die Erhöhung der Geschwindigkeit nur die Parallelisierung der Leistungen und das bedeutet fast immer mehr Personal.

5. **Servicevarianten**

Viele unterschiedliche Anwendungsfälle führen zu vielen unterschiedlichen Verfahren, die nicht selten unterschiedlichen Aufwand bedeuten. Eine große Anzahl solcher Servicevarianten kann auch dazu führen, dass mehr Wissen und Erfahrung für die Leistung benötigt wird. Das erhöht zwar nicht den Aufwand, aber der Einsatz von Spezialisten erhöht die Kosten.

6. **Touchpoints**

Jeder Touchpoint, insbesondere solche mit persönlicher Interaktion, bedeutet zusätzlichen Aufwand. Die Verfahren an solchen Touchpoints können nicht beliebig effizient gestaltet werden, ohne das Kundenerlebnis zu gefährden. Manchmal ist es dann besser, auf einen Touchpoint zu verzichten, um die Anforderungen an die Effizienz zu erfüllen.

Es ist offensichtlich, dass die Arbeitsplanung Einfluss auf die Kosten hat. Daher müssen die Erkenntnisse hier in die Modelle zur Kalkulation einfließen. Umgekehrt liegen genau hier die Potenziale für eine Kostenkontrolle. Wenn für einen Service immer mehr Personal gebraucht wird, kann das auch als Hinweis verstanden werden, nach Innovationspotenzial in den genannten Einflüssen zu suchen.

Der Begriff Release wird vor allem in Verbindung mit Software, seltener auch mit Produkten verwendet. Ein Release ist eigentlich die Veröffentlichung einer neuen Version der Software oder des Produkts, wird aber im Sprachgebrauch meist mit der neuen Version gleichgesetzt. Auch Ihr Liefermodell wird sich weiterentwickeln, zumindest sollte es das. Im Laufe der Zeit lernen Sie die Bedürfnisse und Herausforderungen Ihrer Kunden immer besser kennen und Sie können neue Leistungsmerkmale (engl. Features) anbieten oder obsolet gewordene Leistungsmerkmale entfernen. Nicht zuletzt spielt die technologische Entwicklung eine entscheidende Rolle. Neue Technologien können sich auf die Art der Leistungserbringung auswirken oder Ihnen und Ihren Kunden einen neuen Zugang zur Leistung ermöglichen. Die Veränderungen an Ihrem Liefermodell sollten Sie sorgfältig planen. Gerade, wenn der Service aus vielen Liefermodellen erbracht wird, ist es wichtig, die einzelnen Releases zu koordinieren. Nicht zuletzt, weil das ja auch jedes Mal eine Veränderung für Ihre Kunden bedeutet.

■ 4.5 Das Betriebsmodell

Geschäftsmodell, Servicemodell und Liefermodelle sind wichtige Elemente zur Strukturierung der Leistungserbringung und unverzichtbar bei der Ableitung der Aufgaben zur Realisierung von Nutzen für die Kunden. Die Ergebnisse werden jedoch im Betrieb erstellt. Das heißt auch, dass genau hier der Nutzen für den Kunden entsteht. Während wir uns beim Geschäftsmodell darauf konzentrieren, das Richtige zu tun, schauen wir beim Servicemodell darauf, dass die Ergebnisse konsistent sind und zusammen Nutzen für den Kunden schaffen. Das Liefermodell stellt sicher, dass die einzelnen Ergebnisse zuverlässig erzeugt werden (Effektivität). Im Betriebsmodell (Bild 4.16) geht es jetzt darum, diese Ergebnisse effizient, also mit dem optimalen Kosten-/Nutzenverhältnis zu erbringen.

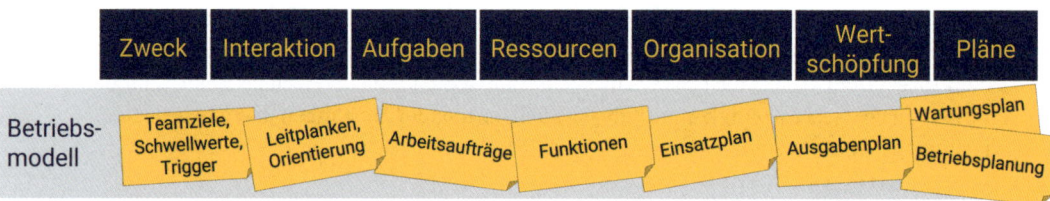

Bild 4.16 Betriebsmodell im USM

Zweck: Die effiziente Ergebnislieferung

Wir haben bereits im Liefermodell eine Vereinbarung getroffen, welche Ergebnisse mit welchen Eigenschaften geliefert werden sollen. Das Betriebsmodell soll jetzt sicherstellen, dass diese Ergebnisse auch tatsächlich entstehen.

Stellen Sie sich vor, Sie wollen eine Freundin in einer anderen Stadt besuchen und haben sich mit ihr zum Abendessen um 19:30 Uhr bei ihr zu Hause verabredet. Wenn Sie so wollen, haben Sie damit eine Liefervereinbarung getroffen. Das Ziel, die Zeit etc. sind vereinbart. Sie steigen ins Auto, geben Start- und Zieladresse im Navigationssystem ein und fahren los. Lassen wir mal besondere Ereignisse wie Staus und Streckensperrungen außer Acht, so erfordert die Durchführung dieser Fahrt dennoch ständige Aufmerksamkeit. Sie achten auf die Einhaltung der Verkehrsregeln, stellen sicher, dass Sie auf der Strecke bleiben. Sie schauen nach Ihrer Geschwindigkeit, dem Füllstand Ihres Tanks und reagieren selbstverständlich auf rote Ampeln, Fußgängerüberwege und andere Ereignisse, die sich während der Fahrt ereignen. Wenn Sie dann noch auf die Befehle Ihres Navigationssystems reagieren, sollten Sie Ihr Ziel zur gewünschten Zeit erreichen, vorausgesetzt, Sie sind rechtzeitig losgefahren.

Ganz ähnlich wie auf der Fahrt zu Ihrer Freundin verhält es sich auch mit der Ergebnislieferung im Service. Auch hier müssen bestimmte Parameter kontinuierlich überwacht werden und sie erfordern eine Aktion, sobald Schwellwerte über- oder unterschritten sind. Auf diese Weise werden Vorräte von Materialien oder die Füllstände von Speichern überwacht.

Je nach Service werden auch andere Parameter kontinuierlich gemessen und auf Basis der Messwerte Aktivitäten ausgelöst. Analog zu den Ampeln im Beispiel, muss Ihr Betriebsmodell vermutlich auch auf Ereignisse reagieren. Selbst bei weitgehend automatisierten Abläufen kommt es vor, dass manuelle Eingriffe notwendig sind. Dazu werden die erforderlichen Mitarbeitenden dann ereignisgesteuert alarmiert.

Zusammen dienen die Schwellwerte und Ereignisse einer möglichst effizienten Leistungserbringung. Dazu werden konkrete Ziele in Bezug auf den Einsatz von Ressourcen, Personal
und Material für die Erzeugung des Ergebnisses formuliert.

Interaktion: Leitplanken und Orientierung

Es ist durchaus denkbar und auch gar nicht so selten, dass Betriebsmodelle gar keine
Interaktion mit dem Kunden haben. Dafür kann es gute Gründe geben. Wir haben in der
Arbeitsplanung im Liefermodell schon gesehen, dass es bei der Optimierung von Touchpoints
Grenzen für die Effizienz gibt. Sie können sich auch bewusst für Unsichtbarkeit von Teilen
der Leistungserbringung entscheiden, wenn der Leistungsteil nicht zum geplanten Service-
erlebnis passt. Manche Restaurants entscheiden sich zum Beispiel dazu, die offene Küche
zum Teil des Serviceerlebnisses zu machen, in anderen Restaurants wird die oft hektische
Atmosphäre bei der Vorbereitung der Speisen bewusst vor den Augen der Gäste verborgen.

Wenn Sie ein konsistentes Serviceerlebnis garantieren wollen, müssen Sie die Inszenierung
und das gewünschte Verhalten mit allen Mitarbeitenden mit Kundenkontakt regelmäßig
üben und trainieren. Wenn Sie mit wenigen Kollegen gemeinsam einen Service erbringen,
können Sie das gewünschte Verhalten direkt im Tagesgeschäft durch Ihr Vorbild und hin
und wieder auch durch konkrete Hinweise fördern. Wenn Ihr Team verteilt ist oder viele
Mitarbeitende die Leistungen bei verschiedenen Kunden erbringen, dann ist das nicht mehr
möglich. Sie müssen dann auf andere Weise dafür sorgen, dass die Inszenierung konsistent
ist. Das können Sie durch regelmäßige Orientierung erreichen. Mit Orientierung meinen
wir ein regelmäßiges Briefing, um den Spirit Ihres Service, Ihr „So machen wir das bei uns"
zu festigen. Diese Briefings sollten wöchentlich oder sogar täglich stattfinden. Dabei hat es
sich bewährt, solche Briefings nicht als Befehlsausgabe zu organisieren, sondern bewusst
auf die Mitwirkung und die Eigeninitiative der Mitarbeitenden zu setzen. Sie können auch
mit Servicebotschaftern arbeiten. Servicebotschafter sind Menschen, die andere mit ihrer
Einstellung und ihrer eigenen Motivation im Sinne Ihrer Inszenierung inspirieren können
und die für die anderen Mitarbeitenden als Vorbilder fungieren, so, wie Sie das auch tun
würden. Auch Shadowing oder andere Maßnahmen zur Sicherung der Qualität Ihrer Inszenierung sind hier denkbar. Probieren Sie einfach ein paar Maßnahmen aus und schauen Sie,
was für Sie und Ihren Service am besten funktioniert. Es kommt weniger auf die Methode
an, die Sie nutzen, als darauf, dass Sie überhaupt Ihre Idee vom Serviceerlebnis umsetzen.

Aufgabe: Arbeitsaufträge

Im Betrieb werden Arbeitsaufträge nicht immer explizit erteilt, vielmehr sind viele Arbeitsaufträge einfach Teil der Arbeitsplatz- oder Stellenbeschreibung. Für viele Aufgaben wird
es definierte Verfahren geben, die die Mitarbeitenden ausführen. Dennoch sollten Ergebnis-
checks durchgeführt werden. Die Ergebnischecks im Tagesgeschäft können zum Beispiel Teil
der Tages- oder Wochenroutine sein. Es kommt auch gar nicht auf ausführliche Berichte an,
vielmehr ist es die Anerkennung der täglichen Leistung, die Sie dadurch ermöglichen. Ganz
nebenbei geben Ihnen die Ergebnischecks noch mal eine Gelegenheit, Bezug zur Inszenierung
zu nehmen. Dabei können Sie besonders gelungene Interaktionen genauso ansprechen wie
Situationen, die nicht so ganz in Ihr Serviceerlebnis passen. Sie können davon ausgehen, dass
die Mitarbeitenden ohnehin wissen, wer mit welchem Kunden welche Erlebnisse hatte und
können solche Ergebnischecks auch im Team machen, aber hüten Sie sich vor Fingerpointing.

Suchen Sie immer nach besseren Lösungen und gemeinsamen Lernerfolgen. Gerade hier ist ein zielführender Umgang mit Fehlern wichtig. Wir haben eingangs schon beschrieben, dass genau hier der Nutzen entsteht, umgekehrt können Sie genau hier auch den Nutzen für den Kunden verspielen.

Ressourcen: Arbeitsmittel und ihre Funktionalität

Kunstschaffende haben ihre persönlichen Vorlieben, mit welchen Werkzeugen sie welche Effekte erzielen. So malen einige mit Pinseln, andere nutzen lieber Spachtel, um Farben aufzutragen, wieder andere malen mit den Fingern oder benutzen Spraydosen oder Airbrush. Jedes Arbeitsmittel hat so seine Eigenheiten sowie Vor- und Nachteile. Wir erleben oft, dass das auch bei den Menschen so ist, die einen bestimmten Service erbringen. Der Haken dabei ist aber, dass auf diese Weise Unterschiede beim Serviceerlebnis des Kunden entstehen und Übergaben zwischen den Mitarbeitenden schwierig werden. Für ein konsistentes Serviceerlebnis müssen die Arbeitsmittel und ihre Funktionalitäten zusammen mit der Art und Weise der Nutzung vereinbart werden. Das gilt insbesondere dort, wo Arbeitsmittel gemeinsam genutzt werden müssen oder Schnittstellen zu anderen Betriebsmodellen bedient werden. Das schränkt die persönliche Freiheit und damit ein stückweit auch die Verantwortung für das Ergebnis zugunsten eines konsistenten Serviceerlebnisses ein.

Das Betriebsmodell ist sozusagen der Maschinenraum des Service. Während wir mit Service- und Liefermodell die Gesamtarchitektur mit ihren Schnittstellen betrachtet haben, müssen wir uns jetzt die Arbeitsmittel mit ihren Funktionalitäten und Anwendungsgebieten anschauen. In einer zunehmend digitalisierten Welt haben wir es dann mit den Softwarefunktionen, Nutzeroberflächen und automatischen Abläufen zu tun.

Generell gilt für den Betrieb, ob Herstellung eines Produkts oder Lieferung einer Serviceleistung, dass alles getan werden sollte, was die Produktivität der Mitarbeitenden erhöht. Dazu stehen folgende Möglichkeiten zur Verfügung:

1. **Maschinen**
   Körperlich herausfordernde oder zeitlich aufwendige Aufgaben können möglicherweise durch Maschinen unterstützt werden.

2. **Automaten**
   Wenn sich Aufgaben mit formulierbaren Regeln wiederholen, dann sollten diese automatisiert werden. Automatisierung hat zwei wesentliche Vorteile. Zum einen wird durch die Automatisierung die Varianz in der Qualität kleiner, weil die Ergebnisse nicht mehr von individuellen Leistungen der Mitarbeitenden abhängen. Das ist dann auch die Grundlage für Qualitätsoptimierungen. Zum anderen ist der Einsatz von Automaten weder an die Gehälter noch an die Arbeitszeiten der Mitarbeitenden gebunden. Automaten begegnen uns heute auf unterschiedlichste Weise, zum Beispiel als Roboter in Werkhallen oder als Workflow-Systeme in vielen Bereichen von Produktion und Service. Dabei werden bestimmte Aufgaben unter Nutzung von Applikationsschnittstellen (API) auch über Systemgrenzen hinweg durch konfigurierbare Regelwerke gesteuert und so die gewünschten Ergebnisse erzeugt. Bei der Robotic Process Automation (RPA) werden dazu auch sogenannte Software Roboter (Bots) eingesetzt, die zum Teil die Interaktion von Menschen mit Systemen in den Oberflächen übernehmen und ausführen. Dadurch können auch Systeme in die Automatisierung eingebunden werden, die nicht über eine API verfügen. Bei der RPA werden oft Elemente künstlicher Intelligenz (KI) genutzt, um Verhaltensweisen zu lernen, anstatt sie als festes Regelwerk konfigurieren zu müssen.

3. **Künstliche Intelligenz**

Je informationsintensiver und komplexer die Aufgaben werden, desto weniger hilfreich sind die klassischen Methoden der Automatisierung mit ihren Regelwerken. Daher gibt es intensive Bestrebungen, dieser Komplexität mit künstlicher Intelligenz (KI) zu begegnen. Zu den Bereichen der KI zählen wissensbasierte Systeme (Expertensysteme), die logische Schlüsse auf der Basis formalisierten Fachwissens treffen können, Systeme zur Mustererkennung oder -analyse, mit denen zum Beispiel Spracherkennung, Handschriftenerkennung, aber auch industrielle Qualitätssicherung umgesetzt werden kann, und weitere Arbeitsgebiete. In allen Bereichen spielt die Lernfähigkeit der KI eine fundamentale Rolle. Im Service kann KI zum Beispiel bei intelligenten Chatbots sinnvoll eingesetzt werden, aber auch zur Analyse von Störungen oder Anfragen eignet sich KI hervorragend.

Organisation: Einsatzplan (wer arbeitet wann in welcher Rolle)

Eine gute Einsatzplanung ist das A und O eines jeden Service. Ohne die Mitarbeitenden geht im Service nichts. Alles, was wir im Servicemodell und im Liefermodell zu Rollen, Verantwortungen und Berechtigungen formuliert haben, mündet letztlich in diesen Plan. Der Einsatzplan enthält zu jeder Aufgabe und zu jedem Arbeitsauftrag innerhalb der vereinbarten Servicezeit die Namen der Mitarbeitenden, die den Job machen. Im Rahmen der Einsatzplanung sollten Sie unbedingt auch an mögliche Ausfallszenarien einzelner Mitarbeitenden denken und Vertretungs- und Bereitschaftsplanungen machen.

Wertschöpfung: Ausgabenplanung

Ein Großteil der Ausgaben im Tagesgeschäft für einen Service lässt sich mit großer Genauigkeit planen. Ausgaben für Personal (auch externe Unterstützung), Miete, Abschreibungen und Ähnliches für die erforderlichen Infrastrukturen und auch Ausgaben für Verbrauchsmaterialien können meist gut terminiert und im Budget eingeplant werden. Das gilt auch für Ausgaben im Zusammenhang mit Wartung und Pflege. Schwieriger ist das bei unvorhersehbaren Ausgaben, zum Beispiel für notwendige Reparaturen oder Neubeschaffung nach Verlust. Diese Ausgaben können alle Teile der Infrastruktur oder eingesetzte Hilfsmittel betreffen. In vielen Fällen lassen sich jedoch auf Basis von Erfahrung Annahmen zu bevorstehenden Ausgaben machen. Dazu sollten im Budget (siehe Liefermodell) entsprechende Positionen enthalten sein.

Es gibt zwei wesentliche Faktoren, die die Ausgaben in die Höhe treiben können: Verschwendung und ungeplantes Geschäft. Während Verschwendung unerwünscht und auf jeden Fall zu vermeiden ist, muss die Ausgabenplanung flexibel mit ungeplantem Geschäft umgehen können. Das scheint trivial, im Tagesgeschäft ausdifferenzierter Liefer- und Betriebsmodelle ist es aber nicht immer ganz leicht, die Verschwendung von zusätzlichem Servicegeschäft zu unterscheiden.

Pläne: Betriebsplanung und Wartungsplan (was muss wann getan werden)

Wir haben schon gesehen, dass die Einsatzplanung eine Zuordnung der Mitarbeitenden zu bestimmten Aufgaben definiert. Unter Betriebsplanung verstehen wir eine möglichst konkrete Übersicht der Einzelaufgaben, die sich täglich, wöchentlich, monatlich oder in anderen Frequenzen wiederholen. Oft wird diese Art der Planung durch Checklisten ergänzt, um die Durchführung gemäß definierten Richtlinien sicherzustellen. Auch im Service gibt es solche

Aufgaben, nicht nur im Kundenkontakt, sondern auch Backstage. Im Kundenkontakt müssen wir dabei immer noch individuell auf die Kunden reagieren, daher sind starre Richtlinien und Checklisten hier nur begrenzt hilfreich. Hier helfen Leitplanken und die Orientierung, die richtige Balance zu finden. Dennoch sollten Sie sich immer wieder vor Augen führen, dass Service Excellence eine Gewohnheit ist, die Sie gemeinsam mit den Mitarbeitenden ausbilden müssen.

Mit dem Wartungsplan werden Veränderungen am Service ermöglicht, sowohl kleinere Korrekturen und Pflegeaktivitäten als auch größere Änderungen, wie sie durch ein Release entstehen. Wartungsaktivitäten sind oft mit Einschränkungen im Ablauf verbunden, die auch zu spürbaren Einschränkungen für die Kunden führen können. Dazu sollten Sie Zeitfenster (Wartungsfenster) einplanen, zu denen derartige Arbeiten ausgeführt werden können. In der Regel haben die Abläufe der Kunden einen großen Einfluss auf die Häufigkeit und Dauer der Wartungsfenster. Ob ein verfügbares Wartungsfenster für eine Wartung genutzt wird oder nicht, wird von Fall zu Fall entschieden und mit entsprechendem Vorlauf auch mit den Kunden abgestimmt.

■ 4.6 Das richtige Maß

Die beschriebenen Modelle wirken zum Teil sehr umfangreich und tatsächlich ist guter Service vor allem viel Arbeit. Es ist jedoch offensichtlich, dass gerade in sehr kleinen Unternehmen vieles nicht in der Detailtiefe ausdifferenziert werden muss, schon gar nicht in Form einzelner Dokumente.

Als Einzelunternehmer im Service sollten Sie dennoch ein Geschäftsmodell erstellen. Das ist vor allem deshalb sinnvoll, weil Sie sich mit Ihrem Geschäft auseinandersetzen müssen. Sie können so Lücken und unbelegte Annahmen identifizieren. Das Service-, Liefer- und Betriebsmodell verschmelzen für Sie zu einer Einheit, weil viele Differenzierungen keine Rolle spielen, wenn Sie der Einzige sind, der den Service erbringt. Sie sollten aber zumindest eine Servicebeschreibung erstellen und sich intensive Gedanken zur Customer Journey und zur Inszenierung Ihres Service machen. Um Überlegungen zum Preismodell und eine Kalkulation kommen Sie sicher auch nicht herum. Das bringt Sie auch gleich zum Budget, was Sie möglicherweise ohnehin aufstellen müssen, wenn Sie einen Businessplan für die Bank erstellen wollen. Zu guter Letzt schadet es nicht, wenn Sie sich Gedanken zu den sich wiederholenden Aufgaben machen und diese in einem Plan notieren.

Sobald Teammitglieder dazukommen, müssen Sie sich um zusätzliche Dinge kümmern. Dazu gehören vor allem die Leitplanken und die Orientierung für die Mitarbeitenden sowie der Einsatzplan. Erst wenn Ihr Service durch mehrere Liefereinheiten erbracht werden soll, benötigen Sie das gesamte Bild mit allen beschriebenen Elementen.

5 Relevante Ergebnisse zählen

5.1 Warum wir Ergebnisse brauchen

Ist Ihnen schon mal aufgefallen, dass es uns immer um Ergebnisse geht? Das fängt schon bei den Kindern in der Schule an. Alles wird bewertet. Leistung, Verhalten, Engagement, es gibt auf alles Noten. Oft genug geht es dann nicht nur um das Ergebnis an sich, wir vergleichen uns auch ständig mit anderen. Wir vergleichen unser Gewicht, unsere Figur, die Muskeln und die Ausdauer. Aber auch außerhalb dieses Körperkults machen wir aus allem einen Wettbewerb. Wer hat das größte Haus, das schönste Auto, das meiste Geld, den größten Einfluss? Selbst in unserer Freizeit stehen wir im Wettbewerb und wo keiner ist, da wird einer organisiert. Dann geht es um die nächste Vereinsmeisterschaft oder den Aufstieg, ja selbst beim Züchten von Kaninchen gibt es Wettbewerbe um die schönsten Tiere. Das ständige „sich messen" geht selbstverständlich in den sozialen Medien weiter. Wer hat die meisten Klicks, Likes, Freunde oder Follower? Und wir tun einiges, um den Vergleichen Stand zu halten. Wir trainieren und probieren verschiedene Dinge aus. Wir setzen uns Ziele und prüfen regelmäßig, wie weit wir schon sind. Das treibt schon auch lustige Blüten. Fitnesstracker zeichnen zum Beispiel nicht nur auf, wie viel wir uns bewegt haben und wie viele Kalorien wir dabei verbrannt haben, sie erinnern uns auch daran, wenn es Zeit ist, mal wieder aufzustehen und uns zu bewegen. Wir begeben uns unter ständige Kontrolle und machen uns regelrecht zum Sklaven der Technik. Warum tun wir das? Die Antwort ist ganz einfach. Wir tun das, weil wir besser werden wollen, weil wir Ziele haben und jemanden brauchen, der uns höflich, aber bestimmt daran erinnert, dass wir für diese Ziele etwas tun müssen. Ein Blick auf die Anzeige genügt und wir wissen, wo wir stehen und welche Defizite wir noch angehen müssen. Spitzensportler nehmen sich dafür Trainer, deren Aufgabe darin besteht, das Beste aus den Athleten herauszuholen. Manche Athleten sind dabei fokussiert auf den Wettkampf und wollen unbedingt gewinnen. Für andere geht es gar nicht so sehr um das Gewinnen, sondern darum, die eigenen Leistungsgrenzen immer weiter auszudehnen und das eigene Potenzial voll zu nutzen. Das gibt einem Sportler oder einer Sportlerin den Kick und macht Lust an der Leistung. Man sagt, dass das zur Droge werden kann.

Im beruflichen Umfeld sieht das ganz anders aus. Hier lassen wir uns nur ungern messen. Leistungskontrolle klingt auch sehr negativ, beinahe militärisch. Da kommt einer und kontrolliert mich, überprüft meine Leistung und bewertet diese. Das klingt unpersönlich, seelenlos und erniedrigend. Wenn wir Kontrolle hören, haben wir im Hinterkopf schon die Bestrafung bei schlechter Leistung. Sind wir mal ehrlich, viele von uns haben doch gerade schon das Bild eines mittelalterlichen Prangers vor Augen gehabt und natürlich schwebt da auch immer die Angst mit, nicht mehr mithalten zu können und aussortiert zu werden. Viele Betriebsräte achten akribisch darauf, dass keine Leistungs- und Verhaltenskontrolle durchgeführt wird.

Wie so oft ist die Bewertung des geschilderten Szenarios eine reine Frage der Perspektive. Es kommt vor allem auf die Intention an. Wir haben viel zu oft erlebt, dass Kontrollen mit der Intention durchgeführt wurden, uns klein zu machen oder zu bestrafen. Das haben wir in der Schule so empfunden, wenn die Hausaufgaben kontrolliert wurden, und empfinden wir heute noch so, wenn wir in eine Polizeikontrolle geraten.

Wenn wir jedoch die Perspektive wechseln und Kontrollen einfach als Prüfung von Ergebnissen sehen, bei denen es darum geht, Potenziale besser zu erkennen und Fähigkeiten weiterzuentwickeln, führt das zu persönlicher Verbesserung. So interpretiert werden Kontrollen zu Ergebnis-Checks und Bewertungen zu motivierenden Entwicklungsmöglichkeiten, genau wie bei den Sportlern. So verstandene Ergebnis-Checks machen es den Mitarbeitenden leicht, motiviert zu arbeiten. Wenn Mitarbeitende Wertschätzung fordern, dann beginnt diese mit der Einschätzung des Werts ihrer Arbeit. So gesehen haben Ergebnis-Checks nicht nur ihre Berechtigung bei der persönlichen Entwicklung, sondern darüber hinaus auch für das Selbstwertgefühl der Mitarbeitenden. Denn im Ergebnis-Check werden Mitarbeitende mit ihrer Leistung gesehen. Der Perspektivwechsel von Kontrolle zu Wertschätzung wird in vielen Unternehmen gerade vollzogen. Dieser Perspektivwechsel kommt jedoch nicht über Nacht, denn dazu ist ein Kulturwandel erforderlich. Wer möchte sich schon in einer Kultur, die geprägt ist von Fingerpointing, Schuldzuweisungen und Bestrafung von Fehlern, einer Prüfung unterziehen? Wobei die Prüfung einer Einzelleistung und die Suche nach Potenzialen auch selten ein Problem darstellen. Schwierig wird es immer dann, wenn Einzelleistungen miteinander verglichen werden. Zu oft erleben wir dann, dass die Bestleistung zum Standard erhoben wird, der für viele unerreichbar bleibt. Da ist der Frust schon vorprogrammiert. So entsteht keine Lust auf Leistung, sondern krankmachender Leistungsdruck. Einige Unternehmen haben inzwischen alternative Modelle gefunden, um diese Mauer aus Kontrolle, Druck und Angst zu durchbrechen. Sie erkennen die Leistungen der Mitarbeitenden und fördern sie, wo immer es geht. Im Kapitel 7 *„Mit Vertrauen und Verantwortung führen"* gehen wir auf die Bedingungen ein, die hierzu geschaffen werden müssen. Um beste Leistungen zu erbringen, müssen wir nicht das Letzte aus den Mitarbeitenden herauspressen, sondern ihre Potenziale nutzen und fördern. Es ist daher selbstverständlich, Leistung zu messen und gute Leistung zu fördern. Dadurch entsteht eine Leistungsbereitschaft, die Spaß macht. So sehen Sieger aus. Sie haben Lust auf Ergebnisse.

5.1.1 Ergebnisse

Jetzt haben wir den Begriff „Ergebnis" schon einige mal benutzt. Doch was macht so ein Ergebnis denn jetzt aus? Woher wissen wir eigentlich, welche Ergebnisse wir erzielen müssen, und woher wissen wir, was ein gutes Ergebnis ist?

Zunächst einmal ist ein Ergebnis das, was sich durch unser Handeln ergibt. Eine Bewertung des Ergebnisses ist erst dann möglich, wenn wir dafür Kriterien festlegen. Ein gutes Ergebnis entspricht diesen festgelegten Kriterien. Jede Abweichung ist demnach eine Fehlleistung. Wenn wir Ergebnisse vereinbaren, dann ist genau das die Aufgabe. Das Ergebnis muss mit all seinen Eigenschaften und den gewünschten Ausprägungen dieser Eigenschaften definiert werden. Farbig kann ja heißen, einfarbig (und selbst dann müssten wir ja noch die Farbe bestimmen), zweifarbig gemustert oder eben vielfarbig und spätestens jetzt müssten wir uns über die Farbverteilung Gedanken machen.

Ein Ergebnis ist ein greifbares Resultat von Aktivitäten, dessen Eigenschaften definiert und messbar sind. Ergebnisse stellen einen konkreten Wertbeitrag im Sinne der zu erreichenden Ziele dar.

Im Sport ist es meistens recht einfach, die Kriterien zu definieren, die gemessen werden. Im Handball und im Fußball zählen wir Tore, in der Leichtathletik messen wir Zeiten, Weiten und Höhen und die Schützen bewerten ihre Leistung anhand der Präzision, mit der sie ihre Ziele treffen. Es gibt jedoch auch Sportarten, da werden mehrere Parameter benutzt. So gibt es beim Tanzen und Eiskunstlauf eine A-Note für die Technik und eine B-Note für den künstlerischen Gesamteindruck. Auch beim Skispringen geht neben der Weite eine Haltungsnote in die Bewertung ein. Die gewünschten Ergebnisse formulieren wir meistens in Form von konkreten Zielen. Für den einen ist es ein gutes Ergebnis, beim nächsten Stadtmarathon das Ziel zu erreichen, für eine andere mag es das Ziel sein, beim Ironman zu den besten Zehn zu gehören. Was für die Einzelleistung gilt, können wir aber auch auf eine ganze Reihe von Ergebnissen anwenden. Während wir in einem einzelnen Spiel die Tore zählen, wird die Saison über Punkte bewertet. Am Ende der Saison zählt für die einen nur die Meisterschaft, für andere ist der Klassenerhalt ein gutes Ergebnis. An diesem Beispiel können wir auch sehen, dass operative Ergebnisse anderen Maßstäben unterliegen können als langfristigere Ergebnisse. Entscheidend ist jedoch, dass die gewählten Kriterien einen direkten Zusammenhang haben (Bild 5.1).

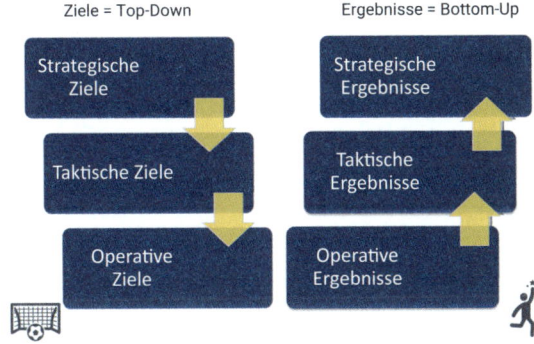

Bild 5.1 Ziele und Ergebnisse

Im Sport erscheint der Zusammenhang zwischen Zielsetzung (z. B. Aufstieg, Meisterschaft etc.) und Kennzahlen (Einzelergebnisse, Tabellen, Ranglisten etc.) noch plausibel und einfach. Wenn wir Zielerreichung in Bezug auf strategische Unternehmensziele messen wollen, wird das schon schwieriger.

Wenn wir ein langfristiges Ziel verfolgen, brauchen wir eine Strategie zur Erreichung dieses Ziels. Dazu zerlegen wir die Ziele sowohl zeitlich als auch logisch. Dazu gibt es eine ganze Reihe von Modellen. Die zeitliche Dimension haben wir schon im Kapitel 7 *„Mit Vertrauen und Verantwortung führen"* ausführlich beleuchtet. Wir haben bereits gesehen, dass die klassische Strategieentwicklung mit einem Horizont von fünf bis sieben Jahren in einer Zeit mit rasanten technologischen Entwicklungen auf eine harte Probe gestellt wird und dass auch die strategischen Ziele immer wieder einer Neubewertung bedürfen. Umso wichtiger ist es, dass wir uns nicht zu lange mit Konzepten und Planungen auf einer abstrakten Ebene aufhalten, sondern so rasch wie möglich konkrete Resultate erzeugen.

Für die logische Dimension, also das Herunterbrechen der langfristigen Ziele in Ziele für die wesentlichen Einflussfaktoren, lässt sich das Modell der Balanced Scorecard [Kaplan/Norton, 2001] nutzen. Genauso können dazu natürlich andere, auch individuelle Modelle genutzt werden. Entscheidend ist, dass die kritischen Erfolgsfaktoren für die Erreichung der Ziele abgebildet werden.

Die Strategieentwicklung erfolgt dann in drei Ebenen:

1. **Strategische Ebene**
   Wir haben bereits den Wert von Vision und Mission beschrieben und in der strategischen Ebene geht es genau darum, also um die Frage: „Warum tun wir, was wir tun?"

2. **Taktische Ebene**
   In der taktischen Ebene formulieren wir konkrete Ziele, die es uns ermöglichen, unsere Mission zu erfüllen.

3. **Operativ**
   In dieser Ebene formulieren wir konkrete Ergebnisse und Kennzahlen, mit denen wir die Lieferung dieser Ergebnisse bewerten können.

Ob wir nun eine Ableitung von Zielen zu kritischen Erfolgsfaktoren und Kennzahlen (KPI) machen oder das OKR-Modell (objectives and key results) [Niven/Lamorte, 2016] nutzen, ist dabei zunächst unerheblich.

Die OKR-Methodik hat in der letzten Zeit viel Aufmerksamkeit erfahren. Das liegt allerdings nicht an der Struktur, mit der Ergebnisse aus den Zielen abgeleitet werden, sondern eher am Umgang mit diesen Zielen und Ergebnissen. Dazu gibt es eine Reihe von hilfreichen Veröffentlichungen, daher werden wir die Methodik hier nur in aller Kürze vorstellen.

Wie der Name schon sagt, geht es bei der OKR-Methodik um Ziele (objectives), mit denen beschrieben wird, was erreicht werden soll, und um konkrete (Schlüssel-)Ergebnisse (key results), mit denen wir beschreiben können, wie wir dorthin kommen.

Ziele sollen vor allem die Frage nach dem „Warum?" beantworten. Dazu müssen sie nutzenorientiert, richtungsweisend, inspirierend und einprägsam sein. Im Sinne der Methodik dürfen und sollen die Ziele durchaus ambitioniert sein, um Motivation und Ehrgeiz zu erzeugen.

Key results werden für jedes Ziel formuliert und machen das Ziel greifbar. Dazu müssen die Ergebnisse ähnlich der oben formulierten Definition greifbare Resultate mit konkreten messbaren Eigenschaften sein. Auch hier gilt, dass die Ergebnisse durchaus ambitioniert formuliert sein sollen. Da es aber jetzt um die konkrete Umsetzung geht, ist es entscheidend, dass das Team oder die umsetzende Liefereinheit die Ergebnisse auch liefern kann. Hier werden die Aufgaben formuliert, die zur Ergebnislieferung erforderlich sind.

Die OKR-Methodik setzt dafür folgende Rahmenbedingungen:

1. **Fokus**
   OKR setzt auf selbstorganisierte Teams, die in kurzen Iterationen einzelne Ergebnisse liefern. Dazu werden in der Regel agile Methodiken eingesetzt.

2. **Klarheit**
   OKR lebt von der intrinsischen Motivation der Beteiligten und der Verbindlichkeit, mit der sie an den Ergebnissen arbeiten. Da häufig mehrere Ergebnisse von unterschiedlichen Teams erstellt werden, spielen Transparenz und die Abstimmung mit den anderen stets eine große Rolle.

3. **Zielerreichung**

Bei der Zielerreichung geht OKR neue Wege, sowohl bei der Frage, wann ein Ergebnis fertig ist, als auch, wie der Stand der Arbeiten bewertet wird. Dabei sind zwei Aussagen besonders wichtig:

a) *„70 % sind die neuen 100 %"*

Damit soll dem Drang zu Perfektionismus entgegengewirkt werden. Das heißt nicht, dass bei 70 % die Arbeit eingestellt wird, sondern dass alles über 70 % genügt, wenn der Termin erreicht ist.

b) *Fehlschläge sind möglich.*

Eine gesunde Fehlerkultur erlaubt es, Fehlschläge anzuerkennen, zu bewerten und mit den Erkenntnissen neu zu starten.

Die gesamte Methodik ist natürlich eingebettet in einen Planungs- und Review-Zyklus, mit dem die Lieferung der Ergebnisse und die Erreichung der Ziele gesteuert wird. Darauf gehen wir hier aber nicht im Detail ein.

Wenn Anforderungen an Produkte formuliert werden, sind es technische und physikalische Eigenschaften, die spezifiziert werden. Dabei werden äußere Maße und die an den Schnittstellen und Oberflächen bereitgestellten Eigenschaften zusammen mit den erlaubten Toleranzen definiert. Solange es keine entscheidende Rolle für die Leistung des Produkts und seine Verwendbarkeit spielt, wird nicht spezifiziert, wie diese Eigenschaften bereitgestellt werden oder wie es im Inneren des Produkts aussieht.

Auch Ergebnisse im Service werden meist mit vielen Eigenschaften bewertet. Welche Eigenschaften das sind, kommt ganz auf den gebotenen Service an.

 Ein paar Beispiele

- **Hotels**
  In Deutschland wird die Hotelklassifikation seit 1996 vom Deutschen Hotel- und Gaststättenverband (DEHOGA) durchgeführt. Die Anzahl der Sterne (ein bis fünf Sterne) ist ein Maß für die mindestens bereitgestellten Ausstattungsmerkmale des Zimmers (z. B. Mobiliar, Hygieneartikel und Utensilien, Getränke, Kommunikationsmöglichkeiten etc.) und des Hotels (Rezeption, Lobby, Frühstück etc.)

- **Logistik**
  In der Lieferlogistik werden Lieferzeiträume oder -termine vereinbart. Zusätzlich können Wünsche zur Zustellart (persönlich, Ablage an der Tür, Abgabe beim Nachbarn, Lieferung an Paketbox) erfüllt werden.

- **Information in Einkaufszentren**
  Die Information ist meistens zu bestimmten Zeiten geöffnet und beantwortet Fragen aller Art. Manchmal werden zusätzliche Leistungen des Einkaufszentrums angeboten. Die einzige (sichtbar) vereinbarte Eigenschaft ist die Servicezeit, also die Zeit, zu der die Information besetzt ist.

- **Hotlines**
  Neben der Servicezeit – Zeit, in der die Hotline erreichbar (besetzt) ist – werden typischerweise die Erreichbarkeit – ein Maß dafür, wie lange jemand warten muss, bis eine Verbindung zustande kommt – und die Erstlösungsquote – ein Maß für die Lösungskompetenz der Hotline – bewertet. Auch hier können weitere Eigenschaften vereinbart werden.

> **▪ Digitale Services und IT Services**
> Digitale Angebote werden oft durch eine große Anzahl an Eigenschaften be-
> schrieben, obwohl das meistens im Kleingedruckten des Vertrags vereinbart
> wird. Die wichtigsten sind a) die Verfügbarkeit, ein Maß für die Fehleranfälligkeit
> des Service, b) Wiederherstellungszeit, ein Maß für die Geschwindigkeit, mit der
> Störungen behoben werden, c) Antwortzeit, ein Maß für die Performance des
> Dienstes. Es gibt viele weitere Eigenschaften z. B. für die Sicherheit und den
> Schutz persönlicher Daten.

Es gibt eine große Fülle verschiedener Eigenschaften, mit denen Sie Ergebnisse beschreiben
könnten und im Gegensatz zu den Eigenschaften eines Produkts ist es nicht immer so einfach abzugrenzen, was die „äußeren" Eigenschaften und damit Ergebnisse sind und welche
Eigenschaften eher innere Angelegenheiten der Erbringung sind (Bild 5.2).

Bild 5.2 Innere und äußere Ergebnisse

Je weniger Vertrauen Kunden haben, desto stärker neigen sie zur Kontrolle und diese spiegelt
sich dann in einer großen Zahl an Eigenschaften wider, die ihre Dienstleister messen und
nachweisen sollen. Was zunächst vernünftig klingt, führt in der Praxis dazu, dass nicht nur
auf die Ergebnisse geschaut wird, sondern auch darauf, wie diese Ergebnisse zustande kommen. Wenn aber alle variablen Parameter durch Vereinbarungen fixiert sind, dann führt das
zu Inflexibilität. Diese Inflexibilität hat zur Folge, dass jede Reaktion auf Unvorhergesehenes
unweigerlich zu einer Schlechtleistung an einer anderen Stelle führt. Eine Liefereinheit (intern
oder extern), die einen solchen Service erbringen soll, kann unter diesen Umständen keine
Verantwortung für das Ergebnis übernehmen, weil ihr die Freiheiten fehlen, das Ergebnis zu
beeinflussen. Gerade in komplexen Lieferketten oder Liefernetzwerken ist es daher eine der
wichtigsten Aufgaben, herauszuarbeiten, was die wichtigsten Ergebnisse sind. Wenn bei der
Übergabe einer Lieferverantwortung Ergebnisse vereinbart werden, die nicht wesentlich für
den erwarteten Nutzen sind, führt das nicht nur, wie bereits angesprochen, zur Begrenzung
der Freiheit und somit auch zur Begrenzung der Lieferverantwortung. Mit jedem weiteren
Ergebnis leidet der Fokus auf die wesentlichen, die relevanten Ergebnisse.

5.1.2 Relevanz

Doch was sind die relevanten Ergebnisse, was sind relevante Eigenschaften? Bei Ergebnissen, die direkt für den Kunden erbracht werden, ist das noch relativ einfach. Um die relevanten Ergebnisse zu identifizieren, können folgende Fragen helfen:

1. **Trägt das Ergebnis oder die Eigenschaft direkt zum Nutzen des Kunden bei?**
   Den Kundennutzen haben Sie sicher schon formuliert (siehe Nutzenversprechen, Kapitel 2 *„Die Welt des Kunden verstehen"*). Der Nutzen entsteht beim Kunden, wenn bestimmte Schlüsselergebnisse geliefert werden. Nur diese Ergebnisse sind relevant.

2. **Ist das Ergebnis essenziell für das Kundenerlebnis?**
   Die Inszenierung des Kundenerlebnisses spielt eine entscheidende Rolle für die Zufriedenheit der Kunden und damit eben auch für die Dauer der Kundenbeziehung.

3. **Verbessert das Ergebnis die Produktivität der Mitarbeiter im Service?**
   Die Produktivität kann durch eine verbesserte Zusammenarbeit, z. B. durch bessere Abläufe (Prozesse und Verfahren), oder eine bessere Kommunikation im Team erhöht werden. Auch Automatisierung spielt hier eine große Rolle.

4. **Verbessert das Ergebnis die Wirtschaftlichkeit des Service?**
   Eine Verbesserung der Wirtschaftlichkeit macht den Service für Kunden attraktiver. Das kann je nach Strategie und Rahmenbedingungen zu einer besseren Marktposition und mehr Kunden oder zu höheren Gewinnen führen. Beides stärkt das Geschäftsmodell gegenüber dem Wettbewerb.

5. **Ist das Ergebnis wichtig, um erfolgreich am Markt teilzunehmen?**
   Oft spielen gesetzliche, regulatorische oder gesellschaftliche Rahmenbedingungen eine große Rolle. Dabei geht es nicht um den Service oder die Serviceergebnisse, sondern darum, wie die Leistung erbracht wird. Einige Märkte sind stark reguliert, wie z. B. Banken, oder der Pharmabereich, in anderen Märkten spielen soziale, kulturelle oder Umweltaspekte eine große Rolle. Der Umgang mit den geltenden formellen und auch informellen Regeln wird meist als Governance und Compliance beschrieben.

Es gibt eine ganze Reihe von Versuchen, die Strategie eines Unternehmens mit ihren Zielen und zugehörigen Kennzahlen zu strukturieren. Der bekannteste Ansatz dazu stammt von David P. Norton und Robert S. Kaplan. Anfang der 1990er-Jahre entwickelten sie in einem Forschungsprojekt mit zwölf US-amerikanischen Unternehmen die Balanced Scorecard (BSC). Die BSC sollte die Lücke zwischen Strategiefindung und der Umsetzung der Strategie auf operativer Ebene schließen [Kaplan/Norton, 2001]. Die Auftraggeber der Studie hatten erkannt, dass die traditionellen finanziellen Kennzahlen zur Steuerung nicht genügen. Die BSC ergänzt diese rein finanzielle Betrachtung durch weitere Perspektiven, die Einfluss auf den Erfolg eines Unternehmens haben. Die finanzielle Perspektive hat dabei allerdings immer noch die Schlüsselrolle. Sie definiert die finanzielle Leistung, die von einer Strategie erwartet wird, und fungiert so auch als Leitperspektive für die anderen drei Perspektiven. Die Ziele der Kundenperspektive, der internen Prozessperspektive sowie der Lern- und Wachstumsperspektive sind über Ursache-/Wirkungsbeziehungen mit den finanziellen Zielen verbunden. Bild 5.3 zeigt die Zielzusammenhänge nach BSC.

- Die **Finanzperspektive** beinhaltet klassische finanzielle Ziele wie Rendite, Gewinn, Umsatz etc. Die Ergebnisse in dieser Perspektive sind vor allem für Anteilseigner wichtig, weil sie so ihre Investition bewerten können.

Bild 5.3 Zielzusammenhänge nach BSC

- Die **Kundenperspektive** reflektiert die strategischen Ziele des Unternehmens in Bezug auf die Kunden- und Marktsegmente, in denen es konkurrieren möchte. Das können Ziele wie Kundenzufriedenheit, Wiederkaufsrate, Empfehlungen oder Ähnliches sein.

- Die Ziele der **Prozessperspektive** beschreiben die Anforderungen an die internen Abläufe bezüglich Zeit, Qualität und Kosten. Beispiele sind: Durchlaufzeiten, Nacharbeitsquote, Logistikkosten und weitere.

- Die **Lern- und Entwicklungsperspektive oder Mitarbeiterperspektive** beinhaltet Ziele zur Weiterentwicklung und zum Wachstum des Unternehmens. Diese Perspektive bildet den Gegenpol zur Finanzperspektive, da es hier vor allem um Investitionen in die Zukunft geht. Dazu gehören Investitionen in die Qualifizierung von Mitarbeitern genauso wie Investitionen in F&E. Beispiele sind: Produktinnovationen, Mitarbeiterzufriedenheit, Unternehmensimage etc.

Die Idee der Balanced Scorecard ist es, die Zielsetzung in den beschriebenen Perspektiven gegeneinander auszubalancieren, weil der Erfolg eines Unternehmens durch Faktoren aller Perspektiven bestimmt wird. Diese Balance zwischen externen und internen Erfordernissen sowie zwischen den Gewinnerwartungen der Anteilseigner und den Forderungen des Markts nach Innovation macht die BSC so hilfreich. Für Unternehmen im Service spielen dabei die Kunden und die Lern- und Entwicklungsperspektive bzw. Mitarbeiterperspektive eine zentrale Rolle. Daher nutzen wir die BSC nicht im klassischen Sinne und verbinden alle Ziele über Ursache-/Wirkungsbeziehungen mit den finanziellen Zielen. Vielmehr stellen wir in den Ursache-/Wirkungsbeziehungen die Kundenperspektive an die Spitze. Wirtschaftlicher Erfolg wird damit eher zu einer Begleiterscheinung konsequenter Kundenorientierung. Solange das Unternehmen Nutzen für seine Kunden erzeugt, ist auch wirtschaftlicher Erfolg möglich. Reinhard K. Sprenger formuliert das in seinem gleichnamigen Bestseller so: „Erfolg ist das, was folgt." Selbst wenn sie nicht als das mächtige Strategiewerkzeug eines Konzerns eingesetzt wird, kann die BSC genutzt werden, um die Ziele und Ergebnisse auf ihre Relevanz für das Unternehmen zu prüfen.

Wir haben im Kapitel 4 *„Vom Ende her Denken"* bereits das Universelle Servicemodell (USM) vorgestellt und eine konsistente Operationalisierung des Geschäftsmodells über Servicemodell und Liefermodell in das Betriebsmodell aufgezeigt. Ich möchte Ihnen am konkreten Modell der Balanced Score Card aufzeigen, wie Sie die Relevanz Ihrer Ergebnisse bewerten und sicherstellen.

Die Perspektiven aus dem universellen Servicemodell lassen sich ohne große Mühe den Perspektiven der Balanced Scorecard zuordnen. Dadurch entsteht über die vier Ebenen des USM ein effektives Modell zur Bewertung der Relevanz von Ergebnissen (Bild 5.4).

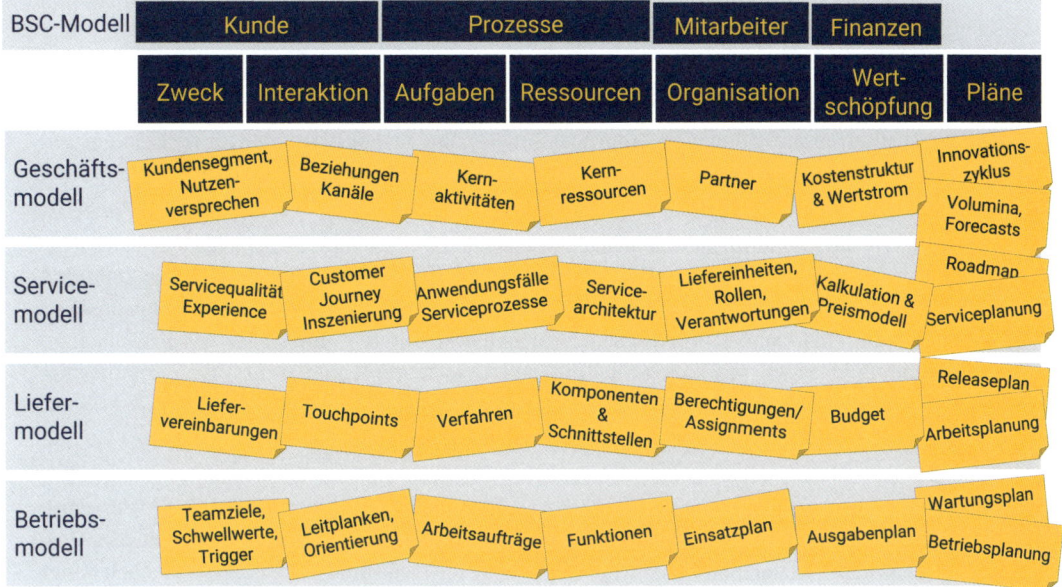

Bild 5.4 BSC und das universelle Servicemodell

Analog zum OKR-Modell geben die Ziele auf den Ebenen des Geschäftsmodells und des Servicemodells wieder, was erreicht werden soll, während auf den Ebenen von Liefermodell und Betriebsmodell konkrete Ergebnisse formuliert werden, die aufzeigen, wie diese Ziele erreicht werden.

Die **Kundenperspektive** der Balanced Scorecard wird im Servicemodell durch die beiden Bereiche Zweck und Interaktion abgebildet. Für das Geschäftsmodell bedeutet das, dass hier die langfristigen oder strategischen Ziele für das Kundensegment und das Nutzenversprechen formuliert werden sollten, sowie Ziele für die Beziehungen und die Verkaufskanäle. Daraus lassen sich konkrete Ziele auf Ebene des Servicemodells ableiten, für die Servicequalität, das Kundenerlebnis, die Customer Journey und die Inszenierung. Auf der Ebene des Liefermodells und des Betriebsmodells werden daraus konkrete, messbare Ergebnisse, wie der Nutzenbeitrag, die Liefervereinbarung und die Touchpoints beziehungsweise Schwellwerte, Trigger und Leitplanken.

Die **Prozessperspektive** wird vor allem durch den Bereich **Aufgaben** abgebildet, allerdings können wir oft die Aufgaben nicht ganz losgelöst von der Organisation betrachten. Gerade dann nicht, wenn Teile der Aufgaben durch Partner oder andere Liefereinheiten erbracht werden. Daraus ergibt sich, dass auf der Ebene des Geschäftsmodells für die Prozessperspektive Ziele für die Kernaktivitäten und die eingebundenen Partner formuliert werden. Für das Servicemodell sind das dann Ziele für die Anwendungsfälle, die Serviceprozesse, die Liefereinheiten und die beteiligten Rollen. Auf den Ebenen von Liefer- und Betriebsmodell werden dazu Ergebnisse in Form von Verfahren, Arbeitsaufträgen, Assignments und Einsatzplänen formuliert.

Innovationen werden über Ressourcen & Pläne abgebildet. Während die Ziele des Geschäftsmodells hier die Kernressourcen und den Innovationszyklus abbilden, werden für das Servicemodell Ziele für die Servicearchitektur und die Roadmap formuliert. Die Ergebnisse für das

Liefermodell und das Betriebsmodell werden dann durch Komponenten, Schnittstellen und Funktionen sowie Release- und Wartungspläne repräsentiert.

Die **Finanzperspektive** wird schließlich durch den Bereich Wertschöpfung im universellen Servicemodell abgebildet. Für das Geschäftsmodell gilt es hier Ziele für die Kosten- und Ausgabenstrukturen sowie den Wertstrom zu definieren und im Servicemodell für Kalkulation und Preismodell zu konkretisieren. Damit sind die wirtschaftlichen Ziele definiert. Diese werden in Liefermodell und Betriebsmodell durch konkrete Budgets und Ausgabenpläne realisiert.

Wenn Sie die Abbildung der Balanced Scorecard auf das universelle Servicemodell aufmerksam gelesen haben, ist Ihnen bestimmt aufgefallen, dass wir hier die Idee der Ziele und Ergebnisse (OKR) umgesetzt haben. Damit haben wir die Formulierung von Zielen bewusst auf das Geschäftsmodell und das Servicemodell beschränkt. Damit tragen wir dem Umstand Rechnung, dass wir mit Zielen allein nie zur Umsetzung kommen. Erst die Formulierung relevanter Ergebnisse gibt uns die Möglichkeit, die Ziele auch zu realisieren.

Es versteht sich von selbst, dass es nicht darauf ankommt, möglichst viele Ziele zu formulieren, sondern im Gegenteil, sich auf das Wesentliche zu beschränken. Im Normalfall genügen auf der Ebene des Geschäftsmodells ein oder zwei Ziele je Perspektive der Balanced Scorecard. Jedes dieser Ziele wird wiederum durch zwei oder maximal drei Ziele auf Ebene des Servicemodells konkretisiert. Die Anzahl der Ergebnisse für Liefermodell und Betriebsmodell hängt dann maßgeblich von der Komplexität des Service, also z. B. von der Anzahl der beteiligten Liefereinheiten, der genutzten Servicearchitektur, der Art der Customer Journey und weiteren Variablen ab. Entscheidend ist, dass wir durch dieses Modell eine Möglichkeit haben, die Relevanz der Ergebnisse für die gesteckten Ziele zu bewerten.

5.1.3 Zählen

Sie haben jetzt viel über Ergebnisse, Ziele und Kennzahlen gelesen. Sie haben sich auch die Frage gestellt, was davon denn jetzt eigentlich relevant ist. Wir wissen nun, welche Ziele wichtig sind und warum. Jetzt wollen wir uns der wichtigen Frage nähern, wie Sie sicherstellen können, dass Sie die Ergebnisse auch erreichen.

Die wichtigste Voraussetzung für die erfolgreiche Lieferung von Ergebnissen sind objektive Kriterien zur Bewertung der Ergebnisse. Diese Kriterien müssen messbar sein und einen eindeutigen und akzeptierten Bezug zu den vereinbarten Ergebniseigenschaften haben.

Messbarkeit bedeutet vor allem Zugriff auf geeignete Daten, die den Sachverhalt hinreichend gut beschreiben. Die Anforderungen an die Daten sind hoch. Die Mindestanforderungen an die Daten, aus denen objektive Kriterien zur Bewertung der Ergebnisse aggregiert werden, sind:

1. **Vollständigkeit**
   Das Datenmaterial muss den Sachverhalt vollständig beschreiben und darf keine Lücken aufweisen. Gerade dann, wenn Kennzahlen aus einer Vielzahl an Datenpunkten aggregiert werden, führen Lücken in der Datenerhebung zu falschen Aussagen und damit möglicherweise zu den falschen Konsequenzen.

2. **Konsistenz**
   Nicht selten werden Daten aus unterschiedlichen Quellen zusammengeführt. Dabei können Widersprüche oder Ungereimtheiten entstehen. Diese müssen auf jeden Fall aufgelöst werden.

3. **Inhaltliche Richtigkeit**
   Die Daten sollten überprüfbar und korrekt sein; zweifelhafte Datenquellen vermindern die Aussagekraft erheblich.

4. **Aktualität**
   Die Datenerhebung sollte in einem direkten zeitlichen Zusammenhang mit der Auswertung und der Bewertung stehen, um gezielte Steuerimpulse setzen zu können.

Datenqualität ist also ein wichtiger Faktor bei der Bewertung der Ergebnisse. Solange die Menge der Daten überschaubar ist, lässt sich die Qualität der Daten noch recht einfach beurteilen. Mit steigendem Datenvolumen wird das immer schwieriger. Dabei ist zu bedenken, dass Datenqualität immer eine Frage der Prozessqualität ist. Wenn die Datenqualität nicht hinreichend ist, sind entweder der Ablauf und die zugehörigen Verfahren schlecht organisiert oder dem Prozess wird schlichtweg nicht gefolgt. Schlechte Prozesse und ungenügendes Prozessmanagement führen sowohl zu unvollständigen als auch zu inkonsistenten Daten. Zum Umgang mit Kennzahlen und der Messbarkeit kommen wir später in diesem Kapitel noch zurück.

Qualitativ hochwertige Daten, transparent aufbereitet und aggregiert, erlauben klare Bewertungen und eindeutige Entscheidungen. Diese Klarheit und Transparenz schaffen wiederum Vertrauen in die Ergebnislieferung. Das gilt selbst dann, wenn die Ergebnisse noch nicht oder nicht vollständig den Anforderungen entsprechen, weil die Bewertung jetzt klare Reaktionen und Korrekturmaßnahmen zulässt.

Im Service haben wir es häufig nicht nur mit konkreten Qualitäten und Eigenschaften zu tun, sondern auch mit wenig greifbaren Wahrnehmungen und Emotionen, die die Zufriedenheit bestimmen (Bild 5.5).

Bild 5.5 Qualität und Zufriedenheit

Es ist daher wichtig, die objektiv bewertbaren Eigenschaften so weit wie möglich auch objektiv zu messen, um hier Fakten statt Emotionen sprechen zu lassen. Es gibt zwar einige Ansätze, auch die Zufriedenheit zu bewerten, zum Beispiel der Net Promotor Score (NPS) [Reichheld/Seidensticker, 2006] oder Kundenzufriedenheitsbefragungen aller Art. Da diese jedoch oft nur ein Stimmungsbild wiedergeben, können nicht immer konkrete Maßnahmen abgeleitet werden.

■ 5.2 Ergebnisse im Service

5.2.1 Vereinbarungen

Wir haben bereits gesehen, dass Kriterien und ihre Ausprägungen für gewünschte Ergebnisse vereinbart werden müssen, um Verbindlichkeit herzustellen. Das gilt auch für Ergebnisse, die wir selbst erstellen wollen. Stefan Merath empfiehlt dazu eine Selbstverpflichtung gegenüber einem unabhängigen Dritten. In seinem Buch „Der Weg zum erfolgreichen Unternehmer" [Merath, 2008] nutzt er diese Art der Verpflichtung, mit der auch monetäre Konsequenzen verbunden sind, um die Verantwortung des Unternehmers gegenüber den selbst gesteckten Zielen spürbar zu machen. Dazu geht der Unternehmer eine Vereinbarung mit dem unabhängigen Dritten ein. So entsteht Verbindlichkeit.

Verbindlichkeit ist wichtig, um die Folgen von Aktivitäten, Entscheidungen und vor allem von Unterlassungen bewusst zu machen. Wir alle kennen diesen inneren Drang, schwierigen, anstrengenden oder unangenehmen Dingen aus dem Weg zu gehen. Wir drücken uns vor Entscheidungen oder verschieben Aufgaben und suchen dann nach Rechtfertigungen, warum wir unsere Ziele nicht erreicht haben. Sobald unser Handeln oder eben unsere Untätigkeit empfindliche Konsequenzen für uns selbst hat, werden die Rechtfertigungen als das entlarvt, was sie sind: Ausreden!

Bei Übergabe der Verantwortung für ein Ergebnis an andere wird diese Verbindlichkeit, wie in Stefan Meraths Buch, ebenfalls durch Vereinbarungen erzeugt. Die Vereinbarung regelt die zu erreichenden Ergebnisse, den Handlungsrahmen (Rahmenbedingungen), Freiheiten/Befugnisse und Rechenschaftspflichten. Je nach Art und Umständen können Vereinbarungen ganz unterschiedlich aussehen. Zwischen zwei Personen ist es immer noch in vielen Bereichen üblich, formlose, meist mündliche Vereinbarungen zu treffen. Das ist in vielen Fällen auch völlig in Ordnung. Voraussetzung für diese Art der Vereinbarung ist das Vertrauen zwischen den beiden beteiligten Personen. Die Person, die eine Verantwortung übergibt, muss der anderen Person zumindest das Zutrauen entgegenbringen, dass diese die Verantwortung auch wahrnehmen kann (Können). Sie muss aber darüber hinaus auch Vertrauen in die gute Absicht (Wollen) haben, die Pflicht wahrzunehmen und die gewünschten Ergebnisse zu liefern. Solche Vereinbarungen können schnell geschlossen werden und eignen sich für die Übergabe von Verantwortungen mit eindeutiger Ergebniserwartung, die auf beiden Seiten sicher in gleicher Weise verstanden wird. Wenn die Ergebniserwartung nicht so eindeutig benannt werden kann oder wenn die Ergebnisse vielschichtiger sind, dann sollte auf jeden Fall eine Auftragsklärung erfolgen. Unter Auftragsklärung verstehen wir den Gesprächsprozess zur vollständigen Beschreibung der für die Bewertung des Ergebnisses relevanten Eigenschaften. Bei größeren Aufgaben oder Projekten muss dies in Form einer schriftlichen Vereinbarung erfolgen.

Beispiel

Vor einiger Zeit durfte ich bei der Gestaltung eines Service Centers für Leistungen des Rechnungswesens in einem Handelskonzern mitwirken. Meine Aufgabe war es, die Leistungen dieses Service Centers zu einzelnen Services zu verdichten. Die Leistungen sollten dann an die Märkte abgerechnet werden, um mehr Kostentransparenz zu schaffen. Nachdem ich die Services definiert und die Preise kalkuliert hatte, wurden die Ergebnisse dem CFO vorgestellt. Während die konkreten Zahlen und Fakten überzeugten, war die Darstellung offensichtlich zu nüchtern. Der CFO hat uns also gebeten, zur Information der Märkte eine andere Form der Präsentation zu wählen. Seiner Meinung nach musste die Präsentation emotionaler sein, um die Marktleiter zu überzeugen. Ich erhielt also den Auftrag, eine emotionale Präsentation für die Märkte zu erstellen, um für die Umstellung von einer Abrechnung der Umlagen auf eine Abrechnung nach Nutzung zu werben. Gemeinsam mit Mitarbeitern der internen Kommunikation und des Marketings ging ich ans Werk. Wir hatten in kurzer Zeit eine Präsentation erstellt, die mit Bezug zur Corporate Culture und der strategischen Ausrichtung für diese Veränderung warb. Wir setzten dabei auf Bilder und Kernaussagen und verzichteten weitgehend auf Zahlen. Nur die wichtigsten Fakten zu Mehr- und Minderbelastungen und den Einfluss des Verhaltens der Märkte hatten wir mit konkreten Zahlen belegt. Mit diesem Ergebnis bin ich zu meinem Auftraggeber gegangen. Ich muss sagen, ich war geradezu konsterniert, als dieser sagte: „So habe ich mir das nicht vorgestellt." Auf die Frage, was denn genau anders sein sollte, antwortete er nur, dass ja klar wäre, dass man so mit den Marktleitern nicht sprechen könnte und dass so viel zu viele Nachfragen kämen. Der letzte Satz war dann: „Lassen Sie das mal hier, ich überarbeite das mal." Da stand ich jetzt mit dem Gefühl, alles falschgemacht zu haben. Dabei waren wir uns sicher, dass diese Präsentation genau den Anforderungen entsprach. Zwei Tage später stellte mir mein Auftraggeber die überarbeitete Version der Präsentation vor. Aus den sieben Seiten mit Kernaussagen und insgesamt fünf Zahlen, waren zwölf Seiten mit Tabellen und Kalkulationen geworden. Diesmal war ich (leider) nicht so sprachlos. Schon bei der dritten Seite musste ich schmunzeln und bei der fünften platzte ich heraus: „Oh, emotionale Zahlen!"

Solche Situationen kommen immer wieder vor. Manche sind amüsant, manche sind ärgerlich und einige sind regelrecht vernichtend. Verbindliche Vereinbarungen nach einer detaillierten Auftragsklärung helfen, diese Situationen zu vermeiden.

Das gilt selbstverständlich auch dann, wenn Vereinbarungen zwischen Unternehmen geschlossen werden. Anders als bei Vereinbarungen zwischen zwei Personen muss bei einer Vereinbarung zwischen Unternehmen Vertrauen zwischen den Unternehmen aufgebaut werden. Dabei kommt es sehr auf die gelebten Werte, also die Kultur eines Unternehmens an. Die Versammlung Eines Ehrbaren Kaufmanns zu Hamburg e. V. (VEEK) ist mit rund 1.200 persönlichen Mitgliedern die größte werteorientierte Vereinigung Deutschlands. Die persönliche Mitgliedschaft setzt die Anerkennung des Leitbilds der VEEK voraus. Dieses basiert auf drei Säulen: Verantwortung als Mensch, als Unternehmer/in und als Manager/in sowie als Mitglied der Gesellschaft. Die Übereinkunft gemeinsamer Werte wie Beständigkeit,

Weltoffenheit und Verlässlichkeit hat seit 1517 Bestand. Diese Werteorientierung ist auch der Grund, warum Hamburger Unternehmer lieber Geschäfte mit Hamburger Unternehmen machen. In den vergangenen Jahren haben viele Unternehmen stark in die sogenannte Corporate Governance investiert. Mit Wertebild, Verhaltenskodex, Kontrollen und einem Managementsystem soll damit Einfluss auf das Verhalten der Mitarbeitenden genommen werden, um nachhaltig Vertrauen aufzubauen. Eine Vereinbarung mit einer Person, mit der Einvernehmen über den Sinn dieser Vereinbarung bestand, kann von einer anderen Person im selben Unternehmen dennoch ganz anders verstanden oder ausgelegt werden. Dieses Phänomen tritt zwar auch dann auf, wenn schriftliche Vereinbarungen getroffen werden, die Unsicherheit lässt sich aber in einer schriftlichen Vereinbarung durch geeignete Sprache, Erläuterungen, Definitionen und Ähnliches deutlich reduzieren. Für die Zusammenarbeit mit Mitarbeitenden, Kunden und Unternehmen sind Vertrauen und guter Wille Grundvoraussetzungen. Vereinbarungen dienen vor allem dazu, eine gemeinsame Basis zu beschreiben und die Ergebnisse zu formulieren. Es ist ein Mythos, dass ein Vertrag „wasserdicht" gemacht werden kann. Mit genügend schlechtem Willen lässt sich jede Vereinbarung sabotieren.

5.2.1.1 Servicevereinbarungen

Die Erstellung einer Servicevereinbarung kann parallel zur Entwicklung des Service hilfreich sein, weil beim Versuch, konkrete Verabredungen zu treffen, Lücken, Unstimmigkeiten und Unklarheiten zu Tage treten. Folgende Inhalte sollte eine Servicevereinbarung enthalten:

Servicebeschreibung

Eine ergebnisorientierte Beschreibung der Leistungen mit Bezug zum Nutzen für den Kunden vermittelt den Sinn der Vereinbarung und sorgt dafür, dass die angestrebten Ergebnisse klar werden. In diesem Abschnitt wird das „Warum?" der Leistung formuliert. Die Inhalte für die Leistungsbeschreibung geben das Nutzenversprechen für den Kunden wieder und kommen damit aus dem Geschäftsmodell für den Service. Wie das Nutzenversprechen erarbeitet wird, haben wir im Kapitel 2 *„Die Welt des Kunden verstehen"* erläutert.

Leistungen und Leistungsgrenzen

Features und ihre Ausprägung beschreiben den Inhalt der Leistung. Auch eventuelle Ausschlüsse und nicht enthaltene Leistungen werden hier vereinbart. Dieser Abschnitt liefert die Antwort auf die Frage, was der Kunde bekommt, um den erwarteten Nutzen zu erzielen. Die Herausforderung bei der Beschreibung besteht darin, die Leistungen so konkret zu formulieren, dass eine Bewertung im Hinblick auf den erwarteten Nutzen möglich ist. Zu viele Details wiederum schränken den Aktionsspielraum des Dienstleisters (oft unnötig) ein. In diesem Abschnitt sollten auch die Grenzen der Leistung benannt werden. Leistungsgrenzen sollten immer dann formuliert werden, wenn Leistungen oder Funktionen für den Nutzen des Service notwendig und daher vom Kunden erwartbar, aber nicht im Leistungsumfang enthalten sind. Wenn zum Beispiel bei einer Pauschalreise der Transfer vom und zum Flughafen nicht Teil der Leistung ist, sollte dies auch in der Leistungsvereinbarung deutlich werden.

Leistungen und auch Leistungsgrenzen sind Arbeitsergebnisse aus dem Servicemodell (siehe Kapitel 4 *„Vom Ende her denken"*).

Serviceeigenschaften/Service-Level

Viel wichtiger, als eine lange Liste mit Leistungen, Features und Funktionen, ist die verbindliche Zusage der Qualitäten für die wesentlichen Eigenschaften des Service. Die ersten drei Kapitel der Vereinbarung machen zusammen klar, was für die Erfüllung der Vereinbarung relevant ist. Die Servicebeschreibung erzeugt den Bezug zu den Ergebnissen, für die der Kunde bereit ist zu bezahlen. Leistungen und Leistungsgrenzen vermitteln, welche Funktionen und Leistungen der Kunde für die Nutzenerzeugung zur Verfügung hat. Mit der Beschreibung der Service-Level machen wir die Ergebnisse messbar und damit für beide Seiten auch bewertbar – wir machen relevante Ergebnisse zählbar. Die Messbarkeit der Serviceeigenschaften spielt da natürlich auch eine große Rolle. Im Gegensatz zu Produkteigenschaften, die beliebig oft geprüft werden können, kommt es bei einem Service auf die Bewertung vieler Einzelereignisse an. Dazu werden Kennzahlen erhoben, die die Qualität bestmöglich widerspiegeln. Es hat sich bewährt, einen Steckbrief für die verwendeten Kennzahlen zu erstellen. Mit dem Steckbrief werden Messpunkte, Messgrenzen, Ausschlüsse, die Aggregation und weitere Bedingungen definiert, die Einfluss auf die Aussagekraft der Kennzahl haben. Das beschreiben wir später noch genauer.

Genau wie wir die Grenzen der Leistungen beschrieben haben, sollten wir auch die Garantien für die Leistungserbringung sinnvoll eingrenzen und die Ausschlüsse klar formulieren. Ausschlüsse sind Bedingungen, die nicht im Einflussbereich des Dienstleisters liegen, die aber deutlichen Einfluss auf die Leistungserbringung oder die Leistungsqualität haben. Für diese Bedingungen werden die Qualitätszusagen eingeschränkt oder ausgesetzt.

Auch die Serviceeigenschaften werden wie schon die Leistungen und Leistungsgrenzen mit dem Servicemodell definiert. Gerade im B2B-Umfeld werden die Service-Level oft mit den Kunden verhandelt. Das geht aber nur, wenn vorher im Servicemodell entsprechende Spielräume vorbereitet wurden. Änderungen am Service-Level haben immer Konsequenzen für den Aufwand in der Serviceerbringung. In manchen Fällen lassen sich vom Kunden gewünschte Servicequalitäten mit dem Service-Design gar nicht darstellen.

Rechenschaftspflichten

Bereits im Kapitel 7 *„Mit Vertrauen und Verantwortung führen"* haben wir die Bedeutung der Rechenschaftspflicht für die Übergabe von Verantwortung hingewiesen. Selbstverständlich gilt das auch bei der Übergabe einer Leistungsverantwortung an einen Dienstleister. Die Art, der Inhalt und die Frequenz des Reporting gegenüber dem Kunden muss entsprechend vereinbart werden. Wir verstehen das Kunden-Reporting als Ergebnis-Check und damit nicht nur als reine Übermittlung der aktuellen Zahlen, sondern eben auch als Gelegenheit zur Verbesserung. Die regelmäßige Überprüfung der Leistung sollte vor allem als Chance für den Aufbau von Vertrauen zwischen den Vertragspartnern verstanden werden. Wie ein guter Report aufgebaut sein sollte und was es beim Kunden-Reporting noch zu beachten gilt, könnt ihr im Abschnitt Reporting später in diesem Kapitel finden.

Voraussetzungen

Oft setzen Leistungen des Dienstleisters Bedingungen voraus, die der Dienstleister selbst nicht bereitstellen kann oder will. Wenn diese Bedingungen für die Leistungserbringung kritisch sind, dann müssen sie als Voraussetzungen formuliert werden. Auch Leistungsabgrenzungen können zu Voraussetzungen führen, die der Kunde bereitstellen muss.

Interaktionen

Service wird von Menschen für Menschen gemacht. Die Interaktionen zwischen Kunde und Dienstleister sollten also gut vorbereitet sein. Dazu müssen sowohl die Kommunikationskanäle als auch die Ansprechpartner bekannt sein, auch wenn die Ansprechpartner nicht an allen Touchpoints benannt werden können. Die wichtigsten Kontaktpersonen müssen namentlich bekannt sein. Bei der Vereinbarung der Interaktionen mit dem Kunden kommt die Customer Journey aus dem Servicemodell (Kapitel 4 *„Vom Ende her denken"*) zum Einsatz. Dort wurden die Touchpoints bereits beschrieben. Das Liefermodell sollte zu den Touchpoints auch Rollen und Verantwortlichkeiten des Dienstleisters identifiziert haben. In einer Vereinbarung mit Kunden sollten dazu auch die Kontakte auf Kundenseite benannt werden.

Verantwortungen

Beistellleistungen und Mitwirkungspflichten werden oft in einzelnen Sätzen oder Absätzen formuliert. Verantwortungsübergänge lassen sich jedoch mit Hilfe einer RACI-Matrix oft viel präziser und deutlich übersichtlicher darstellen (Bild 5.6).

Task/Aufgaben	Roland	Pia	Petra	Martin	Nico
Testplanung	A	R	R	I	
Erstellung Dokumentation	A	R	R		C
Abstimmungsorganisation	R	R	A	I	R
Verhandlungen	I	I	I	C	A R
Vertragsvorbereitung	R	I	I	C	A
Vertragsabschluss	R	I	I	C	A

Bild 5.6 RACI-Matrix

RACI bedeutet:

- **R (Responsible)** – steht für die Durchführungsverantwortung. Die Person oder Partei mit dem R muss also etwas tun. Die Durchführung kann an Verfahren und Richtlinien gebunden sein. Daraus resultiert eine beschränkte Verantwortung für das Ergebnis.
- **A (Accountable)** – steht für die Ergebnisverantwortung. Wer die Ergebnisverantwortung hat, muss sicherstellen, dass die Aufgaben mit dem richtigen Ergebnis erledigt werden. Das geht meistens einher mit der Entscheidungsgewalt über die eingesetzten Ressourcen, Verfahren und Richtlinien.
- **C (Consulted)** – steht für eine beratende und oft auch prüfende Rolle. Diese Zuordnung wird vorgenommen, wenn eine Aufgabe zusätzliche Expertise benötigt oder das Verfahren ein Vier-Augen-Prinzip vorsieht. Wie bei der Abbildung von Prozessen sollte auch in der Vereinbarung sehr sparsam mit dieser Zuordnung umgegangen werden, weil sie eine deutliche Reduktion der Geschwindigkeit bei der Umsetzung bedingt.
- **I (Informed)** – steht für ein Informationsrecht.

Die Aufgaben lassen sich auf diese Weise sehr klar abgrenzen, wodurch die Verantwortung gut verteilt ist.

Service Management

Komplexe Servicebeziehungen, vor allem im B2B-Umfeld, erfordern die Zusammenarbeit an vielen einzelnen Stellen. Dazu haben sowohl Kunden als auch Dienstleister in der Regel Prozesse etabliert.

Diese Prozesse sollen möglichst direkt und ohne Brüche miteinander verbunden werden, um eine reibungslose Leistungserbringung zu gewährleisten. Dazu werden die Prozesse und ihre Schnittstellen vereinbart. Auch hier bietet sich die Customer Journey als Startpunkt an, die konkreten Anforderungen an die Schnittstellen kommen jedoch aus den Prozessen und deren Umsetzung in Service-Management-Systemen. Hier sollten wo immer möglich Chancen zur Digitalisierung und Automatisierung von Schnittstellen und Prozessen genutzt werden, um Reibungsverluste zu reduzieren.

Preise und Konditionen

Die Preise für die Leistung dürfen natürlich nicht fehlen. Die Wahl des abgerechneten Elements (engl.: chargeable item) und die Höhe des Preises, aber auch Faktoren wie Planungssicherheit und der Einfluss des Kunden auf die Höhe der Rechnung müssen sorgfältig abgewogen werden. Wir habe das Pricing bereits im Abschnitt „Marketing" in Kapitel 2 *„Die Welt des Kunden verstehen"* diskutiert. Neben dem eigentlichen Preis werden die Rahmenbedingungen für Zahlungen, wie Zahlungsfristen, Rabatte und Skonti etc. vereinbart. Es ist darüber hinaus möglich, auch Pönalen für nicht erreichte Service-Level zu vereinbaren. Ihr solltet jedoch darauf achten, dass derartige Regelungen nicht zu einem Preisreduktionsmechanismus verkommen. Auch die Vertragslaufzeit, Kündigungs- und Verlängerungsmöglichkeiten werden vereinbart. Bei langlaufenden Verträgen kann eine Regelung zum Umgang mit Preisveränderungen sinnvoll sein.

Rechtlicher Rahmen

Jeder Vertrag hat einen oft umfangreichen rechtlichen Rahmen, in dem, je nach Art des Service und der erforderlichen Beachtung gesetzlicher oder regulatorischer Bedingungen und oft auch nach Erfahrungen der Vertragspartner weitere Regelungen getroffen werden. Dazu gehören Fragen der Haftung und Gewährleistung, Regelungen zum geistigen Eigentum und zum Umgang mit vertraulichen Informationen sowie Vereinbarungen zum Datenschutz.

Glossar

Viele Begriffe, die wir im täglichen Leben, ob im privaten oder geschäftlichen Bereich, verwenden, haben nur deshalb ihre Bedeutung, weil der Personenkreis, mit dem wir kommunizieren, ihnen diese Bedeutung gegeben hat. Sobald wir diesen Kreis verlassen, kann die Bedeutung sich verändern. Selbst Begriffe, die wir täglich beinahe selbstverständlich verwenden, entpuppen sich bei näherer Betrachtung als gar nicht so eindeutig, wie sie in unserer Wahrnehmung erscheinen. Das beginnt schon beim Verständnis des Begriffs „Service". Eine Definition der verwendeten Begriffe und Abkürzungen ist daher wichtig, um ein gemeinsames Verständnis der Vereinbarung zu gewährleisten.

5.2.1.2 Interne Liefervereinbarungen

Interne Liefervereinbarungen sind da meist deutlich einfacher strukturiert, wobei der Begriff „intern" mit Vorsicht zu genießen ist. Von den Mitarbeitern werden Kunden innerhalb von Konzernverbünden oft nicht als extern wahrgenommen. Doch sobald eine Dienstleistungsorganisation eine eigenständige Gesellschaft ist, gelten rechtlich gesehen andere Spielregeln. Wenn wir also von internen Vereinbarungen sprechen, meinen wir Vereinbarungen mit der Nachbarabteilung oder dem Nachbarbereich innerhalb einer Organisation.

Einige der für die Servicevereinbarung vorgestellten Abschnitte sollten auch in internen Vereinbarungen enthalten sein. Dazu gehören:

1. **Leistungen/Leistungsgrenzen**
   In diesem Abschnitt werden die Leistungen beschrieben, die von der Liefereinheit erbracht werden sollen, mit der die interne Vereinbarung getroffen wird. Hier findet auch die Abgrenzung gegenüber Leistungen anderer Liefereinheiten statt.

2. **Service-Level**
   Während wir mit dem Kunden Vereinbarungen zur Servicequalität getroffen haben, die beim Kunden mindestens ankommen soll, geht es bei internen Vereinbarungen darum, welchen Anteil die Liefereinheit leisten soll, damit die Gesamtqualität für den Kunden wie vereinbart bereitgestellt werden kann.

3. **Interaktionen**
   Insbesondere dann, wenn eine Liefereinheit auch Kundeninteraktionen verantwortlich übernimmt, sollten Vereinbarungen zum Umgang mit dem Kunden getroffen werden. Auch Sprachregelungen und die Gestaltung der Kundenerlebnisse können verbindlich vereinbart werden. In der Systemgastronomie ist das seit Jahren gelebter Standard. Das Verhalten der Mitarbeiter dem Kunden gegenüber ist in den oft als Franchise geführten Restaurants bis ins Detail reglementiert und wird vom Franchisegeber streng auditiert.

4. **Verantwortungen**
   Genau wie im Verhältnis zum Kunden gilt auch im Innenverhältnis, dass eindeutig zugewiesene Verantwortungen eine stressreduzierende Wirkung haben.

Vereinbarungen zum Service Management sind oft nicht erforderlich, weil ohnehin die gleichen Prozesse und Verfahren genutzt werden. Auch ein Glossar ist in der Regel nicht erforderlich, weil das Verständnis innerhalb der Organisation nicht signifikant variiert. Es gibt jedoch Situationen, in denen die Sprache sich deutlich unterscheidet. Das ist vor allem der Fall, wenn Fachbereiche und IT miteinander an der Digitalisierung von Service arbeiten. Hier prallen nicht selten Welten aufeinander und dann ist ein Glossar hilfreich. Preise und Konditionen werden intern nur dann vereinbart, wenn eine interne Leistungsverrechnung stattfindet. Der rechtliche Rahmen kann im Innenverhältnis auf jeden Fall entfallen.

5.2.1.3 Projektaufträge

Projekte werden aufgesetzt, um komplexe Aufgaben zu erfüllen, die nicht mit einer vorhandenen Regelorganisation abgebildet werden können. Dadurch ist ein Projektauftrag nicht nur Liefervereinbarung für das Projektergebnis, sondern immer auch eine Vereinbarung zur Struktur, zu den Ressourcen und den Befugnissen der temporären Organisation, die für die Lieferung der Ergebnisse aufgebaut wird.

Eine Projektvereinbarung „Projektbrief" enthält typischerweise folgende Abschnitte:

1. **Projektdefinition**
   Die Projektdefinition beschreibt den Hintergrund und die Ziele des Projekts und steckt den Umfang (Scope) für das Projektergebnis ab. Dieser Abschnitt dient dazu, den Leistungsinhalt zu beschreiben.

2. **Stakeholder**
   Die Interessensgruppen, die Interesse an den Projektergebnissen haben, oder diejenigen, die Einfluss auf deren Eigenschaften und die zeitgerechte Lieferung haben, spielen eine große Rolle für den Projekterfolg und sollten an dieser Stelle identifiziert werden.

3. **Business Case**
   Der Business Case beschreibt, warum dieses Projekt erforderlich ist. Dazu werden die erwarteten Kosten und der erwartete Nutzen gegenübergestellt. In vielen Fällen werden Kosten und Nutzen auch im zeitlichen Verlauf bewertet, um darzustellen, wann damit gerechnet wird, dass der Nutzen die Kosten übersteigen soll. Der Business Case dient als Orientierung für den wirtschaftlichen und zeitlichen Rahmen des Projekts.

4. **Produktbeschreibung**
   Das Projekt soll ein oder mehrere konkrete Ergebnisse liefern. Im Project-Brief werden diese in der Regel auf einem eher abstrakten Niveau beschrieben. Die einzelnen Produkte werden im Laufe des Projekts ausdifferenziert und ggf. detaillierter beschrieben.

5. **Lösungsansatz**
   Der Projektauftrag sollte den Ansatz für die Lösung der Projektaufgaben aufzeigen. Je nach Komplexität und Umfang können bereits Vorstudien zu einer Auswahl geführt haben, die den Lösungsraum einschränken.

6. **Projektorganisation**
   Sowohl das Projekt-Management-Team als auch die personellen Ressourcen, die zur Lieferung der einzelnen Ergebnisse bereitgestellt werden, sollten zusammen mit der Projektaufbaustruktur beschrieben werden. Damit werden auch die Berichtswege deutlich gemacht.

7. **Rollen**
   Parallel zum Projektaufbau sollten die einzelnen Rollen in der Projektorganisation beschrieben werden, damit ihre Aufgaben, Verantwortungen und die damit einhergehenden Befugnisse transparent werden.

Der Projektauftrag ist eine Vereinbarung zwischen dem Auftraggeber des Projekts, dem Sponsor und dem Projekt-Manager. Innerhalb des Projekts werden ebenfalls Aufgaben zugeordnet. Die Aufgabenzuordnung im Projekt erfolgt über eine Produktbeschreibung.

Eine Produktbeschreibung sollte folgende Inhalte haben:

1. **Produkt und Produkteigenschaften**
   In diesem Abschnitt wird das Ergebnis formuliert, welches erstellt werden soll.

2. **Voraussetzung**
   Oft sind Rahmenbedingungen gesetzt, die das Produkt und dessen Lieferung beeinflussen. Das kann die Lieferung anderer Produkte im Projekt betreffen oder auch andere Voraussetzungen beinhalten.

3. **Aufgabenstellung**
   Hier werden die Aufgaben zur Erstellung des Ergebnisses formuliert.

4. **Vorgehensweise**
   Bestimmte Arbeitsweisen, Prozesse oder andere Vorgaben für die Umsetzung der Aufgaben werden ebenfalls vereinbart.

5. **Abnahmekriterien**
   Abnahmekriterien machen das Ergebnis messbar und erlauben eine Bewertung der Ergebnisqualität. Es ist an dieser Stelle hilfreich, auch die Toleranzen anzugeben, die bei der Bewertung des Ergebnisses berücksichtigt werden.

6. **Termin & Zeitbedarf**
   Natürlich hat jedes Produkt einen konkreten Zieltermin für die Fertigstellung. Viele Produkte sind auf die Lieferung anderer Produkte angewiesen, daher ist die zeitliche Verbindlichkeit für viele Produkte kritisch.

7. **Ressourcen**
   Keine Produktlieferung ohne Ressourcen. Daher müssen die finanziellen, technischen und personellen Ressourcen, die für die Erstellung des Produkts genutzt werden können, vereinbart werden.

Wir haben schon in Kapitel 7 *„Mit Vertrauen und Verantwortung führen"* gezeigt, dass auch die Ergebnis-Checks vereinbart werden müssen. Innerhalb von Projekten wird dazu jedoch eine separate Berichtsstruktur aufgebaut, sodass dies nicht für jedes Produkt einzeln erfolgen muss.

5.2.1.4 Vereinbarungen mit Mitarbeitern

Die Übergabe von Verantwortung an Mitarbeiter haben wir bereits im Kapitel 7 *„Mit Vertrauen und Verantwortung führen"* beschrieben und darauf hingewiesen, dass die Vereinbarung der Ergebnisse entscheidend ist. Es gibt unterschiedliche Situationen, in denen Vereinbarungen getroffen werden, die gängigste ist die Zielvereinbarung. Zielvereinbarungen dienen typischerweise dazu, die Ergebnisse zu vereinbaren, die ein Mitarbeiter über einen längeren Zeitraum, z. B. ein Jahr, erreichen soll. Dazu werden die Ziele beschrieben und im besten Fall ihre Bedeutung für das Unternehmen erläutert, um einen Bezug zum Geschäftsmodell herzustellen. Dazu kommt die Vereinbarung einer oder mehrerer Kennzahlen, an denen die Zielerreichung gemessen werden soll. Schon seltener werden gleichzeitig Ergebnis-Checks vereinbart. Dabei sind Ergebnis-Checks besonders wichtig. Dazu genügt es allerdings nicht, am Jahresende auf die Ergebnisse zu schauen und zu fragen, was schiefgelaufen ist. Insbesondere, wenn die Zielerreichung mit einem variablen Gehaltsanteil verbunden ist, wird diese Form der Leistungskontrolle durch die Mitarbeitenden oft als systematische Gehaltskürzung wahrgenommen und nicht selten genau mit dieser Intention überhaupt durchgeführt. Das ist in Bezug auf die Motivation und den Leistungswillen der Mitarbeitenden kontraproduktiv. Anreizsysteme wie variable Gehälter mit Zielvereinbarungen sind zwar beliebt, eignen sich aber nicht immer, um tatsächlich bessere Ergebnisse zu erzielen. Nicht selten bleiben bei dem Streben nach persönlicher Zielerreichung die Ziele des Teams oder gar die Ziele des Unternehmens auf der Strecke. Ich habe noch kein Zielsystem gesehen, das nicht durch geschicktes Verhalten Einzelner ad absurdum geführt wurde. Es ist natürlich möglich, zum Beispiel durch Kombination von individuellen Zielen und Teamzielen oder durch ein System von sich gegenseitig regulierenden Kennzahlen, den Missbrauch des Systems zu verhindern, dabei steigt allerdings der Aufwand für das Management des Kennzahlensystems (Vereinbaren, Messen, Bewerten etc.) deutlich an. Ergebnis-Checks verkommen dann zur reinen Kontrolle der Zielerreichung. Sinnvoll eingesetzt, dienen Ergebnis-Checks nicht, oder zumindest nicht nur, der Kontrolle des Erreichten, sondern verbessern durch Feedback, Hilfestellungen und Korrekturen die Chance auf Zielerreichung. Dazu müssen Ergebnis-Checks regelmäßig stattfinden, was auch den kreativen Umgang mit den Zielen schneller aufdeckt. Ziele und Verhaltensweisen können dann direkt korrigiert werden, um eine Weiterentwicklung zu ermöglichen. Daran haben alle Beteiligten ein Interesse. So macht Leistung auch Spaß.

5.2.2 Ergebnis-Checks

Die Notwendigkeit der Ergebnis-Checks haben wir jetzt schon einige Male betont und dabei vor allem auf die Rolle der Ergebnis-Checks für die Zielerreichung, die Motivation und die Möglichkeiten zur Unterstützung hingewiesen. In diesem Abschnitt wollen wir uns diese Ergebnis-Checks, ihre Voraussetzungen und die aus ihnen resultierenden Konsequenzen genauer ansehen.

Wir haben schon gesehen, dass es unterschiedliche Ebenen gibt, auf denen Ziele und Ergebnisse definiert werden, die operative, die taktische und die strategische Ebene.

5.2.2.1 Operative Ergebnis-Checks

Auf der operativen Ebene werden die Ergebnisse direkt bewertet. Dies geschieht möglichst in direktem zeitlichen Zusammenhang mit der Ergebnislieferung. Auch Teillieferungen und Checks zu anderen Zeiten in der Ergebniserstellung können vereinbart werden. Die Ergebnisse werden anhand der vereinbarten Kriterien, Eigenschaften oder Kennzahlen bewertet. Voraussetzung für einen sinnvollen Ergebnis-Check ist daher die Messbarkeit der vereinbarten Kriterien. Es ist übrigens nicht trivial, handfeste Kriterien für Ergebnisse zu definieren, die für die Bewertung des Ergebnisses geeignet sind. Dazu kommen wir später noch ausführlich, wenn es um das Arbeiten mit Kennzahlen geht.

Die Ergebnis-Checks dienen dazu, die Ergebnislieferung sicherzustellen oder anders formuliert, die Dinge richtig zu machen. Dazu können durch den Auftraggeber, der den Ergebnis-Check durchführt, Hilfen oder andere Unterstützungen angeboten werden. Auch Anpassungen an der Ergebnisvereinbarung sind möglich. Ziel der Ergebnis-Checks ist es, Herausforderungen und Potenziale zu identifizieren und konkrete Vereinbarungen zu treffen, wie unter den gegebenen Rahmenbedingungen mit den involvierten Mitarbeitenden das bestmögliche Ergebnis erzeugt werden kann. Auf diese Weise können die Mitarbeitenden an den Herausforderungen wachsen, die Ressourcen werden optimal eingesetzt und die Qualität der Ergebnisse wird sichergestellt – eine Win-Win-Situation.

Operative Ergebnis-Checks werden für Einzelaufgaben, Liefervereinbarungen, Arbeitsaufträge, Prozesse und Projekte durchgeführt. Kurz, überall da, wo konkrete Ergebnisse geliefert werden sollen.

5.2.2.2 Taktische Ergebnis-Checks

Auf dieser Ebene sprechen wir in der Regel eher von Zielen und der Zielerreichung als von konkreten Ergebnissen. Trotzdem werden auch hier Kennzahlen gemessen und berichtet. Die Messbarkeit der Kennzahlen, ihre Aussagekraft in Bezug zu den Zielen sowie die Qualität der zur Verfügung stehenden Daten spielen dabei eine große Rolle. Im Service Management sprechen wir hier über die Ziele auf der Ebene des Servicemodells.

Taktische Ergebnis-Checks dienen nicht wie die operativen Ergebnis-Checks dazu, die Ergebnislieferung sicherzustellen, sondern dazu, die gewählten Ergebnisse und Aufgaben aus dem Liefermodell und dem Betriebsmodell zu hinterfragen und wenn erforderlich anzupassen. Das kann dazu führen, dass die zu liefernden Ergebnisse oder die Verfahren zur Erzeugung der Ergebnisse ändern. In diesem Zusammenhang muss auch die Frage nach den richtigen Liefereinheiten und damit nach dem Sourcing gestellt werden. Die Fragestellung ist hier also eher, ob die Schlüsselergebnisse, die aus den Zielen abgeleitet wurden, optimal zu diesen Zielen passen. Es geht also darum, das Richtige zu tun.

Zum taktischen Ergebnis-Check zählen das Service-Reporting, Prozess-Reporting und die Berichte zur Wirtschaftlichkeit des Service.

5.2.2.3 Strategische Ergebnis-Checks

Auf der Ebene des Geschäftsmodells stellen sich wieder ganz andere Fragen. Hier geht es kaum noch um die erbrachten Leistungen und erreichten Ziele, sondern eher darum, ob das Geschäftsmodell auch in Zukunft noch valide ist und ob die gesteckten Ziele noch passen.

Der unterschiedliche Zweck der Ergebnis-Checks spiegelt sich auch in den verwendeten Informationen wider. Taktisch schauen wir uns einen sinnvollen Zeitraum in der jüngeren Vergangenheit an. Das kann eine Woche oder ein Monat sein. Wir wollen Erkenntnisse über den Nutzen der Ergebnisse und Verfahren gewinnen und darauf reagieren. Operativ schauen wir uns das Hier und Jetzt an, also mindestens tagesaktuelle Informationen, besser Echtzeitinformationen. Wir wollen eingreifen und es besser machen. Strategisch interessieren die Informationen der Vergangenheit oder auch aktuelle Informationen nur als Ausgangspunkt für Überlegungen für die Zukunft.

Die Art und Weise, wie Ergebnis-Checks ablaufen, ist für die operativen und taktischen Checks im Wesentlichen identisch. Sie folgen einem relativ strikten, aber einfachen Schema:

1. **Bericht über Ergebnisanforderungen (Ziele) und die aktuelle Zielerreichung**
   Hier geht es ganz sachlich um das bisher Erreichte in Bezug zu den gesetzten Zielen oder vereinbarten Ergebniseigenschaften.

2. **Bericht über Herausforderungen und Besonderheiten**
   Sofern das Ergebnis nicht oder noch nicht den Anforderungen entspricht, sollte ein Augenmerk auf die Lücken, offenen Punkte, Risiken und Vorkommnisse gelegt werden, die der Ergebnislieferung im Wege stehen oder diese gefährden könnten.

3. **Vorstellung geplanter Aktivitäten und Maßnahmen**
   In vielen Fällen, gerade bei Zwischenberichten, kann mit eigenen Plänen und Maßnahmen reagiert werden und damit die Zuversicht für eine erfolgreiche Ergebnislieferung ausgedrückt werden.

4. **Entscheidungsbedarfe und Unterstützungsanfragen**
   Immer dann, wenn die Ergebnislieferung nicht aus eigener Kraft gelingt oder es mehrere Optionen für das weitere Vorgehen gibt, sollten im Rahmen des Ergebnis-Checks Entscheidungen und Hilfen eingefordert werden.

5. **Bericht über Maßnahmen aus vorangegangenen Ergebnis-Checks**
   In manchen Fällen werden Korrekturen oder andere Maßnahmen vom Auftraggeber erbeten. Darüber sollte separat berichtet werden.

6. Änderungen

Der Auftraggeber kann im Rahmen von Ergebnis-Checks Korrekturen an den Ergebnisanforderungen, den Maßnahmen oder den zur Verfügung gestellten Ressourcen vornehmen. Mitarbeitende mit Verantwortung für ein Ergebnis können selbstverständlich von ihrer Seite ebenso Änderungen anfordern, um die Ergebnislieferung sicherzustellen.

Wenn Sie sich auf einen Ergebnis-Check vorbereiten, dann sollten Sie Folgendes beachten:

1. Konzentrieren Sie sich auf das, was für den Empfänger wichtig ist! Das Wichtigste zuerst, alles andere lenkt ab.

2. Formulieren Sie klare Aussagen. Sie haben die Deutungshoheit. Das gilt für alle Bereiche des Ergebnis-Checks, ist aber bei Entscheidungsbedarfen, Unterstützungsanfragen und Änderungen besonders wichtig.

3. Stellen Sie die wichtigsten Handlungsoptionen transparent dar und machen Sie eine eindeutige Aussage dazu, welche Sie bevorzugen. Sie werden Ihre Wahl begründen müssen.

4. Stellen Sie die Fakten und Belege für Ihre Interpretationen zusammen. Basis dafür sind Ihre Zahlen!

5. Stellen Sie sicher, dass Ihre Informationen auf vollständigem Datenmaterial beruhen und richtig sind. Lücken, Widersprüche und zweifelhafte Quellen schwächen Ihre Position.

6. Stellen Sie sicher, dass Ihre Informationen aktuell sind. Bei wiederkehrenden Berichten (große Projekte, Prozessberichte, Serviceberichte etc.) ist eine Digitalisierung der Datenerhebung, Aggregation und Auswertung dringend zu empfehlen.

Es scheint zu den aktuellen Gepflogenheiten zu gehören, Ergebnis-Checks rein digital in Form von Berichten aufzubereiten und zu versenden. Auch wenn es in vielen Fällen so scheint, als ob dadurch Zeit gewonnen wird, so schränken wir dadurch die Möglichkeit der Wertschätzung für die Ergebnisverantwortlichen ein oder verhindern diese komplett. Die Mindestanforderung bei elektronisch übermittelten Berichten ist eine Rückmeldung oder Reaktion, die über eine Empfangsbestätigung hinausgeht. Allerdings kann nichts das persönliche Gespräch ersetzen, um die bereits mehrfach in diesem Buch angesprochene und bedeutende Wertschätzung auszudrücken.

Gerade im Servicebereich kann natürlich nicht jede Einzelleistung in einem persönlichen Gespräch entgegengenommen werden. Dennoch sollte es möglich sein, in regelmäßigen Abständen die Leistungen der Mitarbeitenden wahrzunehmen. Ein persönliches Gespräch sollte häufiger als einmal im Jahr zur obligatorischen Mitarbeiterbewertung möglich sein.

■ 5.3 Arbeiten mit Kennzahlen

Wir haben bereits gesehen, dass Ziele durch messbare Ergebnisformulierungen konkretisiert werden sollten. Viele von Ihnen werden bereits das SMART-Prinzip kennen, um Ziele zu formulieren. [Drucker, 1977]

- **Spezifisch**
  Ziele oder Ergebnisse sollten den konkreten Sachverhalt abbilden, für den sie bestimmt sind. Die Erreichung der Ziele oder Ergebnisse muss dabei im tatsächlichen Einflussbereich der entsprechenden Akteure liegen, die für die Ergebnislieferung Verantwortung tragen sollen. An dieser Stelle sei nochmal erwähnt, dass uns bewusst sein muss, dass in den seltensten Fällen unser Einflussbereich unseren gesamten Interessensbereich abdeckt (Bild 5.7).

Bild 5.7 Interessensbereich und Einflussbereich

- **Messbar**
  Messbarkeit ist entscheidend für die Bewertung der Zielerreichung bzw. der Ergebnislieferung. Messbarkeit sorgt für Objektivität bei der Bewertung der Leistung.

- **Akzeptiert**
  Die Akzeptanz der Ziele, Ergebniseigenschaften und Messkriterien ist die Grundlage für die Motivation der Akteure.

- **Realistisch**
  Ziele dürfen durchaus ambitioniert sein, sie sollten aber realistisch und in der vorgesehenen Zeit für die Akteure erreichbar bleiben.

- **Terminiert**
  Ein eindeutiges Lieferdatum ist als Messpunkt für die Zielerreichung wichtig.

Bild 5.8 Ziele SMART formulieren

Gerade die Messbarkeit hat es in sich und das hat mehrere Gründe. Zum einen können Kennzahlen nicht logisch aus Zielen abgeleitet werden, sondern bilden Ziele immer nur holzschnittartig ab. Das kann schon mal dazu führen, dass sich Kennzahlen selbstständig machen und statt der Zielerreichung die Kennzahl optimiert wird. Dafür gibt es unzählige Beispiele. Ich möchte diesen Umstand mit einer Anekdote verdeutlichen.

Die Rattenplage von Hanoi

Einst sahen sich die Stadtväter von Hanoi mit einer großen Rattenplage konfrontiert, die die Gesundheit der Bürger und das Ansehen der Stadt gefährdete. Man suchte daher nach einer Lösung für dieses Problem und kam zu dem Schluss, dass alle Bürger der Stadt dazu aufgerufen werden sollten, Ratten zu jagen und zu erlegen. Erfolgreichen Rattenfängern sollte eine Prämie für jede erlegte Ratte gezahlt werden, um einen Anreiz für die Jagd zu schaffen. Anfangs schien der Plan aufzugehen, aber schon nach einigen Wochen schien es, als würde die Zahl der Ratten in Hanoi sogar größer, obwohl täglich Tausende Tiere gegen Prämie abgegeben wurden. Wie konnte das sein? Intensive Recherchen und Ermittlungen kamen zu dem Ergebnis, dass einzelne findige Bürger begonnen hatten, Ratten in großem Stil zu züchten, um so Prämien für getötete Tiere zu bekommen. Das war zwar nicht das Ziel, aber offensichtlich ein lukratives Geschäft.

Für jegliche Messungen müssen zum anderen auch Messbedingungen formuliert werden und das ist in der Praxis schwieriger, als es zunächst scheint. Was wird denn nun gemessen, oder gezählt? Welche Datenquelle wird dafür genutzt? Was wird in die Messung einbezogen, was wird herausgerechnet? Wann wird gemessen? Dies sind nur einige der Fragen, die sich stellen, wenn wir es mit Daten, Berechnungen und Aggregationen zu tun haben.

Darüber hinaus kann die Aussage der Kennzahlen oft unterschiedlich interpretiert werden. Das führt letztlich dazu, dass für jede Kennzahl viele Parameter vereinbart werden müssen, um ein gemeinsames Verständnis zu erlangen.

In der Praxis hat sich dazu ein Kennzahlensteckbrief bewährt, wie ihn Martin Kütz in seinem Buch „Kennzahlen in der IT" beschreibt [Kütz, 2003]. In der Tabelle haben wir aus unserer Sicht die wichtigsten Parameter für einen Kennzahlensteckbrief zusammengestellt.

Zweck	Was wird in diesem KPI erfasst?
Zielbezug	Welches Ziel oder Ergebnis wird mit der Kennzahl gemessen?
Grenzen	Welche Ausschlüsse und Grenzen müssen bei der Messung und Bewertung beachtet werden?
Zielwert	Welcher Zielwert soll erreicht werden?
Toleranzen	Welche Toleranzen sind akzeptabel?
Datenquellen	Woher werden die Daten bezogen?
Messverfahren	Wie wird gemessen?
Messpunkte	In welcher Frequenz wird gemessen?
Berechnungsweg	Formel zur Errechnung der Kennzahl aus den Messwerten, wenn nötig

Schließlich müssen wir bei der Auswahl der Kennzahlen auch immer darauf achten, ob das, was wir gerne messen würden, auch tatsächlich messbar ist. Oft fehlt es an geeigneten Datenquellen oder die Datenqualität ist so schlecht, dass keine sinnvollen Aussagen getroffen werden können.

■ 5.4 Wertschöpfung im Service

Es ist auch bei uns eine Frage, die wir immer wieder diskutieren: „Was ist der Zweck eines Unternehmens?" Ist der Zweck eines Unternehmens, Nutzen für den Kunden zu liefern, oder hat die Erzielung von Gewinn eine größere Bedeutung? Je nachdem, wie die Antwort auf diese Frage ausfällt, wird auch die Relevanz der verschiedenen Ziele und Ergebnisse bewertet. Die beiden Extrempositionen muten ein bisschen an wie das klassische Henne-Ei-Problem.

Bei genauerer Betrachtung stellt sich die Frage so nicht, weil ein Unternehmen legal keinen Gewinn erwirtschaften kann, wenn es keinen Nutzen für den Kunden liefert und umgekehrt auf Dauer kein Nutzen geliefert werden kann, wenn die dafür notwendigen finanziellen Mittel nicht zur Verfügung stehen. Kundennutzen und Unternehmensgewinn sind so gesehen die zwei Seiten derselben Medaille. Erfolgreiche Unternehmen verstehen diese Wechselbeziehung und halten die Balance zwischen Kundennutzen und Gewinnorientierung. Um genau diese Balance zu halten, müssen stets auch beide Seiten bewertet werden. Wir haben bereits die Balanced Scorecard vorgestellt, mit deren Hilfe diese Balance hergestellt werden kann, indem die Ziele für die verschiedenen Perspektiven gesteckt und gewichtet werden. Die Herausforderung ist jetzt, die Balance beizubehalten, während die Ziele bis auf die operative Ebene heruntergebrochen werden. Das bedeutet letztlich, dass alle im Unternehmen an dieser Balance mitwirken müssen. Ich stelle mir dazu das Unternehmen gerne als Plattform vor, die auf einer Kugel balanciert. Wenn sich eine Mehrheit der Mitarbeitenden in eine Ecke der Plattform bewegt, nennen wir diese Ecke einfach mal Kundennutzen, dann kann das dazu führen, dass eine andere Ecke nicht mehr genügend besetzt ist, nennen wir diese Ecke mal Finanzen oder Gewinnorientierung. Das führt unweigerlich dazu, dass die Plattform sich in eine Richtung neigt, erst unmerklich, dann immer deutlicher. Das Unternehmen gerät in eine Schieflage. In dieser Situation wird rasch ein Fokus auf die unbesetzte Ecke gelegt werden müssen, um die Schieflage zu beheben. Eine dauerhafte Konzentration auf den finanziellen Bereich hat allerdings, wie in dem Bild leicht zu erkennen ist, die gleiche Wirkung. Unser Körper hat ein eigenes Messsystem entwickelt, das uns hilft, die Balance zu halten. Mit den Bogengängen im Innenohr sind wir in der Lage, kleinste Abweichungen der Beschleunigung zu erkennen, die auf unseren Körper wirkt. In unserem Gehirn werden diese Informationen bewertet und feinste Nervenimpulse veranlassen unsere Muskulatur dazu, diese Abweichungen zu korrigieren. Dadurch bleiben wir im Gleichgewicht. Um die Balance im Unternehmen zu halten, brauchen wir ein ähnliches System, um Abweichungen zu erkennen und stabilisierende Maßnahmen einzuleiten. Während unser Körper es allerdings mit nur einem Parameter, der Beschleunigung, zu tun hat, müssen wir im Unternehmen auf viele verschiedene Parameter achten und können nicht einmal allgemeingültige Werte nennen, die für die einzelnen Parameter eingehalten werden müssen.

Grundsätzlich gibt es vier verschiedene Situationen, in denen die Reaktion auf wahrgenommene Abweichungen eine große Rolle spielt (Bild 5.9).

1. **Einfache Situationen**
   Dies sind Situationen, die wir leicht überblicken können. Sie werden von wenigen Faktoren bestimmt und die Wirkzusammenhänge sind offensichtlich. In diesen Situationen genügt es, die Abweichung zu erkennen und ihr Ausmaß zu beurteilen, um darauf adäquat reagieren zu können.

2. **Komplizierte Situationen**
   Diese Situationen zeichnen sich durch eine Vielzahl von Einflussfaktoren aus, deren Wirkzusammenhänge jedoch logisch nachvollziehbar sind. Durch eingehende Analyse lassen sich die Ursachen einer erkannten Abweichung ermitteln und entsprechende Reaktionen ableiten.

3. **Komplexe Situationen**
   Hier wird es schon schwieriger, die Wirkzusammenhänge nachzuvollziehen. Oft wirken einige der vielen Faktoren wechselseitig aufeinander und führen zu einem nicht vorhersehbaren Verhalten des Gesamtsystems. Solche Situationen entziehen sich der Analyse und lassen sich nicht vereinfachen. In diesen Fällen führt nur eine experimentelle Herangehensweise zum Ziel. Dabei steht die Wahrnehmung einer Veränderung oder Abweichung meist an zweiter Stelle nach einem gegebenen Impuls

4. **Chaotische Situationen**
   Chaotische Situationen entziehen sich zumeist vollständig der Kontrolle von außen. Wenn überhaupt erkennen wir Wirkzusammenhänge erst im Rückblick und dann oft nicht einmal alle. Selbst wenn einzelne Wirkzusammenhänge bekannt sind, lässt sich das Verhalten von chaotischen Systemen oft nicht vorhersagen.

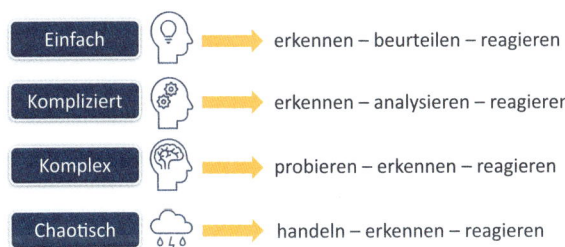

Bild 5.9 Situatives Handeln

Einfache Situationen benötigen keine besonderen Methoden zur Erkennung und Beurteilung, um adäquat reagieren zu können, und chaotische Systeme und Situationen entziehen sich ohnehin jeglicher Systematik und damit meist auch unserer Kontrolle. Messsysteme, Analysen und Bewertungen spielen vor allem bei komplizierten Systemen und Situationen eine Rolle. Die Zielzusammenhänge und Wirkmechanismen in Unternehmen haben allerdings eher den Charakter von komplexen Systemen. Mit den beschriebenen Mitteln lassen sich hier logischerweise nicht alle Abweichungen erklären und etwaige Reaktionen nicht sicher ableiten. Hier beginnt die hohe Kunst des Managements in der VUCA-Welt. Auch wenn wir das gerne leugnen und die Formel für gutes Management bei den erfolgreichen Managern oder Unternehmen suchen, es bleibt hier nur das Experiment, also ein gezieltes „trial and error", um den richtigen Weg zu finden.

■ 5.5 Service Controlling

In Unternehmen wird die Aufgabe des Erkennens von Abweichungen, die das Unternehmen aus seiner Balance bringen könnten, typischerweise durch das Controlling erbracht. Bild 5.10 zeigt die Aufgaben im Controlling, die so definiert werden können:

1. **Messsysteme entwickeln und ggf. anpassen**
   Wir benötigen Systeme, mit denen die Ergebnisse für Kundennutzen, Effizienz, Innovation und Gewinn messbar werden und in Bezug zueinander gesetzt werden können.

2. **Regelmäßiger Soll-Ist-Vergleich**
   Im zweiten Schritt müssen die gemessenen Ergebnisse mit den gewünschten Ergebnissen verglichen werden, um Abweichungen zu erkennen.

3. **Abweichungen analysieren**
   Die Analyse der Ergebnisse und eventueller Abweichungen ist entscheidend, um die möglichen Ursachen der Abweichung zu verstehen. Wenn der Gewinn einbricht, kann das daran liegen, dass Kunden ihren Nutzen durch innovativere Leistungen des Wettbewerbs erzielen, oder daran, dass die Erbringung ineffizient geworden ist. Die Gründe für Abweichungen sind genauso vielfältig, wie die Parameter, die es zu bewerten gilt.

4. **Abweichungen kommunizieren**
   Dieser letzte Schritt ist entscheidend. Entscheidungen basieren auf den zugrunde liegenden Informationen. Die Art und Weise, wie die Informationen aufbereitet werden, hat oft großen Einfluss auf die Entscheidungen, die das Management trifft.

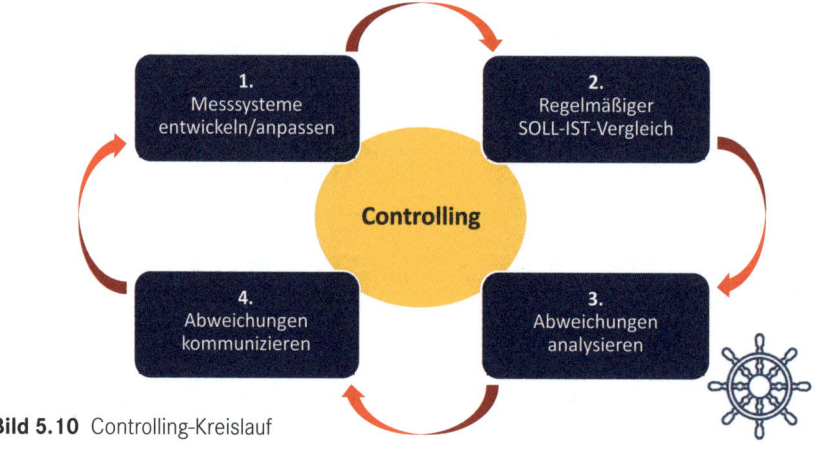

Bild 5.10 Controlling-Kreislauf

Hier schließt sich dann auch der Kreis mit den bis hier in diesem Kapitel beschriebenen Methodiken. Die hier beschriebenen Aufgaben des Controllings sind quasi ein Bindeglied zwischen der Aufgabenerfüllung, also der Erzeugung von Ergebnissen und den Ergebnis-Checks. Dabei werden die Messung und Bewertung der Ergebnisse zu einer eigenständigen Aufgabe. Das ist natürlich nur unter bestimmten Voraussetzungen sinnvoll. In vielen Situationen der Ergebniserzeugung werden die Aufgaben des Controllings von den Mitarbeitenden selbst übernommen, die Verantwortung für das Ergebnis haben.

Wenn wir Controlling hören, denken die meisten von uns an Konzernstrukturen, groteske Budget-Runden, lästige Berichtsanforderungen und Sparmaßnahmen. Der Ruf des Controllings kommt nicht von ungefähr. In vielen Unternehmen haben sich über die Jahre Managementsysteme etabliert, die sich von den Bedürfnissen der Teams, in denen die Leistungen erbracht werden, loszulösen scheinen. In der Folge hat sich in vielen Köpfen der schlechte Ruf des Controllings festgesetzt. Das liegt an vielen verschiedenen Faktoren: An erster Stelle kommt die Tatsache zum Tragen, dass in der Praxis die konkreten Aufgaben des Controllings nicht ganz klar sind. Gerade im deutschsprachigen Raum verbinden Mitarbeiter und auch Führungskräfte mit dem Begriff „Controlling" schnell das ähnlich klingende Wort „Kontrolle" aus der eigenen Sprache. Der englische Begriff „to control" bedeutet hier jedoch nicht „kontrollieren", sondern eher „steuern" oder „lenken". So kommt es auch, dass die Aufgaben von Controlling und Revision munter vermischt werden und in Skepsis gegenüber dem Controlling als solches enden. Revision und Controlling haben aber ganz unterschiedliche Zielsetzungen: Die Revision kümmert sich um „Ordnung", während das Controlling für den Unternehmenserfolg oder konkret für den Serviceerfolg sorgen soll (Bild 5.11). Im Vergleich zur Revision, die dem Prinzip der „korrekten Erfassung" folgt, arbeitet ein erfolgreiches Controlling nach dem Prinzip der „richtigen Handlung". Zu dieser Verwechslung tragen einige Controller allerdings nicht ganz unwesentlich durch ihr Auftreten bei, da sie den anderen Mitarbeitern gegenüber weniger als Unterstützer, sondern vielmehr als „Vollstrecker" und Entscheider über Wohl und Wehe des Projekts oder eines Service auftreten. Oft scheint sich der Controller dieser einschüchternden und demotivierenden Wirkung gar nicht bewusst zu sein. Dabei ist Controlling für den Erfolg eines Unternehmens wichtig. Wenn es uns gelingt, einen neuen Zugang zu den Aufgaben und dem Nutzen des Controllings zu gewinnen, kann es die Mitarbeiter sogar dazu verleiten, engagierter und motivierter zu arbeiten.

Bild 5.11
Revision versus
Controlling

Was also leistet gutes Controlling, um bei der Bewältigung der täglichen Herausforderungen zu helfen? Oder um sogar langfristig zu motivieren? In der Praxis liefert das Controlling dem Management wichtige Informationen und Trigger für die Steuerung der Leistungserbringung.

Zentrale Aufgabe des Controllings ist die Wahrnehmung der Koordinationsfunktion. Controller überbrücken Kommunikations- und Kulturbarrieren zwischen technischen und betriebswirtschaftlichen Aspekten. Controlling umfasst immer operative, administrative und strategische Aufgaben.

Das Controlling unterstützt das Management der Organisation in allen Entscheidungen bezüglich des Geschäftsbetriebs, von der Betriebsebene bis zur strategischen Entscheidungsebene. Im Grunde sind das die Ebenen des von uns vorgeschlagenen universellen Servicemodells.

1. **Geschäftsmodell-Controlling**

   Auf dieser Ebene befasst sich das Controlling mit der Analyse und Bewertung aller erbrachten Services im Serviceportfolio. Ziel ist es, Entscheidungen zum optimalen Ressourceneinsatz vorzubereiten. Darüber hinaus werden die Kundensituationen, das Vertragsportfolio, analysiert und bewertet. Das erlaubt die Konzentration auf die Bedürfnisse der Wunschkunden.

2. **Servicemodell-Controlling**

   Dieser Aufgabenbereich betrachtet die Ergebnisse im Lebenszyklus eines einzelnen Service, Ergebnisse hier sind die Servicequalitäten, der Ressourceneinsatz, die Servicekosten und die Serviceerträge. Letztlich soll die Leistungserbringung so optimiert werden, dass auf der einen Seite der Kundennutzen geliefert werden kann und auf der anderen Seite Gewinne erwirtschaftet werden. Dabei werden auch die Sourcing-Entscheidungen vorbereitet.

3. **Liefermodell-Controlling**

   Die Ergebnisse der internen und externen Liefereinheiten werden in Bezug zu den Liefervereinbarungen analysiert und bewertet. Intern erfolgt hier zusätzlich eine Bewertung der eingesetzten Verfahren und der Prozesse zum Management der Services. Damit gehört in diese Ebene auch das Prozess-Controlling. Wie gut funktionieren die etablierten Prozesse und wann gilt ein Prozess als erfolgreich implementiert? Welchen Abläufen wird besondere Aufmerksamkeit gewidmet und wie lässt sich die Zielerreichung und die Wirtschaftlichkeit steuern? Diese Fragen beantwortet das Prozess-Controlling. Es stellt sicher, dass die vereinbarten Ergebnisse wiederholbar erbracht und kontinuierlich optimiert werden.

4. **Betriebs-Controlling**

   Auf der operativen Ebene werden die Ergebnisse erbracht, die in den Liefervereinbarungen definiert wurden. Das Controlling hat hier die Aufgabe, die Effizienz der Leistungserbringung sicherzustellen. Dazu gehört auch das Controlling für die genutzten Infrastrukturen. Dieser Aufgabenbereich betrachtet den Lebenszyklus der technischen Systeme inklusive der nötigen Lizenzen. Hier geht es um die Frage, welche Kriterien zu Neuanschaffungen, Erweiterungen, Reparaturen oder Austausch führen und wie Assets finanziert werden sollen.

5. **Projekt-Controlling**

   Wir haben bereits mehrfach darauf hingewiesen, wie sinnvoll es ist, rasch zu ersten nutzbaren Ergebnissen zu kommen und diese gemeinsam mit den Wunschkunden auf Herz und Nieren zu prüfen. Das gilt selbstverständlich auch und vor allem für Projekte. Dabei werden immer die gleichen Aspekte geprüft: Machbarkeit, Wünschbarkeit und Finanzierbarkeit. Unabhängig von der genutzten Projektmanagementmethodik geht es immer darum, dass Projekte in time, in budget und in quality abgeschlossen werden.

6. **Finanz-Controlling**

   Das Finanz-Controlling ist heute quasi in alle geschäftlichen Prozesse eingebunden und in der Praxis oft als Stabsstelle direkt der Geschäftsführung unterstellt oder sogar Teil von ihr. Hier laufen alle Ergebnisse der zuvor genannten Controlling-Arten zusammen, um die Wirtschaftlichkeit aller Perspektiven bewerten und beeinflussen zu können.

   Das Finanz-Controlling lässt sich dem operativen Controlling zuordnen und dient dazu, kurz- und mittelfristige Finanzplanungen zu erarbeiten, deren Umsetzung zu begleiten und die Ergebnisse zu prüfen. Wichtigstes Ziel des Finanzcontrollings ist dabei die Planung und Sicherung der Liquidität des Unternehmens.

Das Hauptaugenmerk liegt in der Steuerung der Zahlungsströme des Unternehmens. Um dieser Aufgabe gerecht zu werden, werden die im Rechnungswesen erfassten Informationen analysiert und die Ergebnisse in Planungen sowie Vorschauen verarbeitet.

Hierzu ist es notwendig, die jeweiligen Positionen auf gleicher Ebene des betrieblichen Rechnungswesenss zu betrachten und diese nicht, wie in der Praxis häufig, zu vermischen (Bild 5.12). [Wöhe, 2020]

a) *Zahlungsmittelbestand*
   Dieser beschreibt die Summe aus dem tatsächlichen Bargeldbestand der Kasse und dem jederzeit verfügbaren Bankvermögen (Girokonten). Veränderungen des Zahlungsmittelbestands ergeben sich durch Einzahlungen & Auszahlungen.

b) *Geldvermögen*
   Dies beschreibt die Summe aus dem Zahlungsmittelbestand und kurzfristigen Forderungen (gestellte Rechnungen an Kunden) abzüglich der kurzfristigen Verbindlichkeiten (z. B. Rechnungen von Lieferanten). Veränderungen des Geldvermögens ergeben sich durch Einnahmen & Ausgaben.

c) *Gesamtvermögen*
   Dies ergibt sich aus der Summe des Geldvermögens und des Sachvermögens (z. B. Maschinen, Werkzeuge, Patente, Zinsen). Veränderungen des Gesamtvermögens ergeben sich durch Ertrag & Aufwand.

d) *Betriebsnotwendiges Vermögen*
   Dies ergibt sich aus der betrieblichen Tätigkeit (Verkauf von Waren oder Dienstleistungen) abzüglich der dazu erforderlichen Kosten. Veränderungen des betriebsnotwendigen Vermögens ergeben sich durch Erlöse & Kosten.

Die erfolgreiche Analyse und Bewertung der Informationen in diesen Aufgabenbereichen sind zweifellos wichtig für den Erfolg der Serviceerbringung. Allerdings ist dafür die Akzeptanz aller beteiligten Mitarbeiter erforderlich. Dies setzt viel Verständnis, gute Kommunikationsfähigkeiten und eine gute Menschenkenntnis voraus. Nur so kann das Controlling eine echte Motivation zum Handeln induzieren.

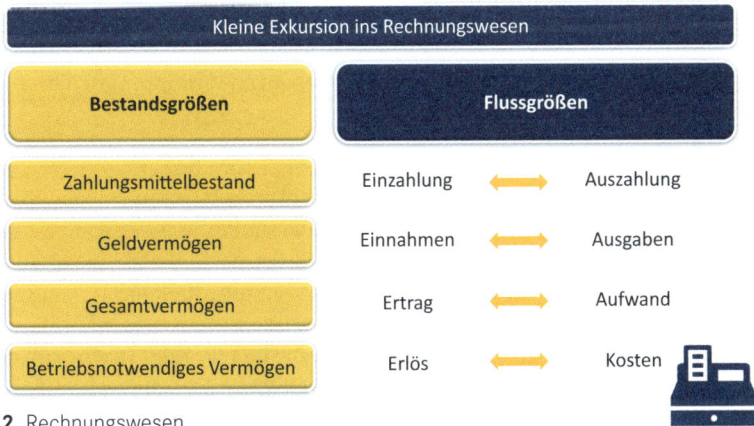

Bild 5.12 Rechnungswesen

Das Controlling nutzt die Instrumente und Techniken zur Sicherstellung der Effektivität und die Wirksamkeit in Bezug auf Ziele des Unternehmens. Effektives Controlling sorgt darüber hinaus für die Transparenz der Vorhaben und hinterfragt sowie relativiert gegebenenfalls bereits etablierte Ziele. Es liefert dem Unternehmen wirksame Planungs-, Bewertungs- und Führungsinstrumente zur Zielerreichung. Ohne klare Zielvorgabe arbeitet das Controlling allerdings ins Leere. Dabei hat das Controlling nur die Aufgabe, dem Management die erforderlichen Informationen zu liefern, um informierte Entscheidungen zu treffen. So kann das Management die Geschäfts- und Leistungsprozesse sinnvoll steuern.

Der Erfolg des Controllings hängt sehr stark davon ab, ob und wie konsequent das Management die Ergebnisse nutzt, um Entscheidungen zu treffen und zu handeln. Ansonsten bleibt es bei der Kommunikation von Missständen und der Verbreitung nachhaltig schlechter Stimmung bei allen Beteiligten. Das Controlling sollte stets als unabhängiger Berater des Managements agieren und sich als wichtiges Verbindungsglied im Unternehmen wahrnehmen. Gutes Controlling gewinnt die Mitarbeiter für sich. Dies kann nur durch verständliche Informationen und konkrete Zielvorgaben geschehen.

Je klarer die Zielvorgaben formuliert und langfristig etabliert sind, desto besser lässt sich Controlling mit immer weiter verbreiteten agilen Methoden verbinden. Klare Ziele dienen dann als Leitplanken, innerhalb derer die Mitarbeiter im Rahmen ihres Verantwortungsbereichs eigenverantwortliche Entscheidungen treffen und Verantwortung übernehmen können. Darüber hinaus sollte man auf möglichst große Transparenz setzen. Die Mitarbeitenden müssen in den Controlling-Prozess zumindest teilweise einbezogen werden, beispielsweise durch die gemeinsame Entwicklung der Kennzahlen. Dadurch wird die Akzeptanz der Maßnahmen erhöht und damit auch die Motivation. Erfolgreiches Controlling beugt Konflikten zwischen der Managementebene mit dem Anspruch der Wirtschaftlichkeit und den Teams vor, die die Leistung erbringen. Beide Aspekte sind stets aufeinander angewiesen. Gutes Controlling sorgt für Verständnis auf und für beide Seiten. Ein gutes IT-Controlling allein kann sicher keinen Mitarbeiter motivieren, abgesehen vielleicht vom Controller selbst. Steht das Controlling dagegen in einem engen Verbund mit dem Management, liefert es die wesentlichen Auslöser für richtige und zielgerichtete Entscheidungen. Damit nimmt es letztlich wesentlichen Einfluss auf die langfristige Motivation aller beteiligten Mitarbeiter.

Es ist uns bewusst, dass wir hier von Controlling sprechen und damit der Eindruck entsteht, dass wir hier von der Abteilung eines Großkonzerns sprechen. Das ist aber gar nicht so. Der Bezug zum Controlling setzt die Ergebnis-Checks in einen etablierten Kontext. Ergebnis-Checks sind für die Übernahme von Ergebnissen einzelner Mitarbeitender genauso wichtig wie für die Wahrnehmung von Ergebnissen aus Prozessen oder ganzen Geschäftsbereichen.

Wertschöpfung im Service

Wenn wir mit unseren Kunden ihre Servicemodelle entwickeln, dann gehen diese mit viel Enthusiasmus an die Nutzenargumentation und die Formulierung der Anforderungen an Qualität und Kundenerlebnis. Sie sprühen vor Ideen bei der Entwicklung der Customer Journey und stecken auch gerne viel Energie in die Gestaltung digitaler Lösungen. Je nach Branche legen sie zudem mehr oder weniger großen Wert auf die Service-Management-Prozesse bis hinunter auf die Verfahren in der Betriebsorganisation. Doch wenn wir dann von der finanziellen Seite des Service sprechen wollen, dann hört der Spaß oft auf. Gerne verweist man uns dann an die zuständigen Controller und zieht sich aus der Diskussion zurück. Es gibt aber nur wenige Servicebeziehungen, in denen der wirtschaftliche Erfolg nicht wichtig ist. Dazu gehören die Beziehungen zwischen Behörden und den Bürgern und Beziehungen zwischen gemeinnützigen Organisationen und den Empfängern der von diesen Organisationen bereitgestellten Leistungen. In allen anderen Servicebeziehungen sind der wirtschaftliche Erfolg und die ständige Optimierung des Kosten-Nutzen-Verhältnisses integraler Bestandteil jedes Geschäftsmodells. Strenggenommen gilt das auch für interne Leistungsbeziehungen, wenn etwa ein Service-Center im Unternehmen Leistungen an andere Unternehmensbereiche anbietet. Auch wenn viele Unternehmen den Aufwand der internen Leistungsverrechnung scheuen, ist die Zuordnung der Kosten zur Leistung wichtig. Nur so können Leistungen identifiziert werden, deren Nutzen nicht mehr zu den Kosten passt. Damit das gelingt, müssen Voraussetzungen geschaffen werden. Auf der einen Seite müssen die Kosten der Serviceerbringung erfasst und zugeordnet werden. Dabei ist es wichtig, zu ermitteln, wie sich die Kosten mit der Menge an Leistungserbringung verändern und was die Kostentreiber für den Service sind. Auf der anderen Seite geht es an die Preisgestaltung. Das klingt jetzt recht einfach, wir werden jedoch noch sehen, dass die Preisfindung in der Praxis der schwierigere Teil ist.

■ 5.6 Servicekosten

Wir könnten jetzt die klassischen Methoden der Kostenrechnung beschreiben und uns in Kostenarten, Kostenstellen und Kostenträgern verlieren. Da es hierzu jedoch genügend Literatur gibt, werden wir diese Grundlagenkenntnisse einfach voraussetzen und uns den spezifischeren Fragestellungen für den Service widmen.

Bei der Kalkulation der Kosten für einen Service sollte die gesamte Customer Journey betrachtet werden. Inwieweit dabei auch die Kosten für Marketing und Vertrieb in die Kalkulation einbezogen werden, hängt vor allem davon ab, ob diese Kosten einen substanziellen Anteil an den Gesamtkosten des Service haben. Wenn Sie gerade gegründet haben und Sie nur einen Service anbieten, dann müssen die Erlöse aus dem Service natürlich auch die Kosten für Marketing und Vertrieb decken. Betrachten wir einen Service, der lediglich ein kleiner Teil eines umfangreichen Serviceportfolios in einer größeren Serviceorganisation ist, dann werden die Kosten für Marketing und Vertrieb häufig als Gemeinkosten auf die Services verteilt.

Die Kosten für die Bereitstellung (Onboarding) des Service können entweder in die Servicekosten einkalkuliert werden oder separat ausgewiesen und verrechnet werden. Das ist vor allem im B2B-Geschäft üblich, denken wir nur an die Auslagerung ganzer Konzernbereiche wie z. B. das Outsourcing ganzer Rechenzentren in der IT oder die Nutzung von Cloud-Diensten, die Auslagerung des Rechnungswesens, die Auslagerung von Gebäudedienstleistungen und vielen weiteren. Nicht selten erfolgt der Transfer der Leistung in einem separaten Projekt. Erst wenn das Projekt abgeschlossen ist, wird der reguläre Servicebetrieb aufgenommen und verrechnet. Sind die Aufwände für die Bereitstellung klein, können die entsprechenden Kosten auch in die Servicepreise einkalkuliert werden. Das Gleiche gilt natürlich auch für Aufwände und Kosten bei der Beendigung der Serviceerbringung mit Ende des Servicevertrags.

Die Art der Kosten, die in der Kalkulation berücksichtigt werden sollten, unterscheidet sich je nach Art der erbrachten Leistung erheblich, was eine abschließende Übersicht über die anfallenden Kosten unmöglich macht. Die folgende Übersicht soll jedoch eine Orientierung geben, welche Kosten zur Leistungserbringung entstehen können. Ob sie für Ihren Service relevant sind oder ob möglicherweise weitere Kosten berücksichtigt werden sollten, die wir hier nicht genannt haben, müssen Sie individuell für Ihren Service bewerten.

1. **Personal**

   Da Service von Menschen für Menschen erbracht wird, werden Sie Kosten für eingesetztes Personal auf jeden Fall auf Ihrer Rechnung haben. Die Aufwände und entsprechende Kosten sollten Sie schätzen. Wenn es möglich ist, sollten die Schätzungen verifiziert werden. Personalkosten fallen in folgenden Aufgabenbereichen an:

   a) *Leistungserbringung*

      Das ist der eigentliche Leistungsprozess. Er beinhaltet die für die Erzeugung der Ergebnisse erforderlichen Aktivitäten.

   b) *Front stage (Service Desk, Empfang etc.)*

      In vielen Services werden bestimmte Touchpoints durch einen Service Desk, einen Empfang oder Ähnliches wahrgenommen. Die Aufgaben sind sehr unterschiedlich, jedoch gehören die Beantwortung von Fragen, Aufnahme von Leistungsanfragen und die Annahme von Störungen meist dazu.

   c) *Support, Field Service etc. (Störungen, Fragen etc.)*

      Für die Umsetzung der an den Touchpoints entgegengenommenen Anfragen wird Personal mit unterschiedlichsten Fachkenntnissen gebraucht. Sie leisten ihre Arbeit oft unsichtbar für den Kunden (back stage).

   d) *Service Management (Service Owner, Service Manager, Product Manager etc.)*

      Für die Steuerung der Servicequalität, das Management der Vertragsbeziehung zum Kunden und die Weiterentwicklung des Service werden weitere Rollen besetzt. Auch diese Aufwände sollten in den Service einkalkuliert werden.

   e) *Entwicklung, Betrieb, Wartung (z. B. bei digitalen Services)*

      Bei IT-Services aller Art kommen noch Mitarbeitende aus Entwicklung und Betrieb der Infrastrukturen hinzu.

2. **Betriebsmittel**

   Die Kosten für speziell für den Service aufgebaute Infrastrukturen müssen auch bewertet werden. Dazu gehören:

   a) *Gebäude und Räume*

      Gerade wenn die Serviceleistung an bestimmte Räumlichkeiten gebunden ist, z. B. bei Hotels, Restaurants, Fitnesscenter, Friseursalon etc., müssen die entsprechenden Kosten bei der Servicekalkulation berücksichtigt werden. Wenn die Räume eher nebensächlich sind, können sie auch als Teil der Umlage betrachtet werden.

   b) *Technische Infrastrukturen und Assets (z. B. Anlagen, IT-Infrastruktur etc.)*

      Die technischen Infrastrukturen spielen vor allem für digitale Services eine große Rolle, aber auch in eher klassischen Services können eingesetzte Einrichtungen, Werkzeuge und Ähnliches relevante Kostenelemente sein.

3. **Lizenzen und Nutzungsrechte**

   Wenn für die Leistungserbringung Lizenzen und Nutzungsrechte von Dritten eingekauft werden müssen, dann sind diese natürlich auch in der Kalkulation der Kosten zu berücksichtigen. Typische Elemente hier sind Softwarelizenzen und Nutzungsrechte für Daten und Informationen, die von Informationsdienstleistern eingekauft werden.

4. **Externe Leistungen**

   Die Kosten für eingekaufte Dienstleistungen führen wir hier separat auf. Da diese Kosten aber oft in Zusammenhang mit Leistungen aus bereits diskutierten Rubriken stehen, ist dieser Punkt eher als Platzhalter zu verstehen. Immer dann, wenn externe Leistungen für die Serviceerbringung eingekauft werden, müssen sie natürlich auch in der Kostenkalkulation berücksichtigt werden.

5. **Gemeinkosten und Umlagen**

   Sämtliche Kosten eines Unternehmens müssen auf die eine oder andere Weise durch die Erträge aus dem Verkauf von Produkten und Services gedeckt werden. Die Zuordnung der Gemeinkosten zu einzelnen Services kann unterschiedlichen Prinzipien folgen und die Kriterien ihrer Auswahl eines Verteilungsschlüssels sollten individuell gestaltet werden.

Einige der Kosten können wir beim Aufbau eines neuen Service nur schätzen. Die Annahmen, die diesen Schätzungen zugrunde liegen, sollten gut dokumentiert werden, um sie später verifizieren und anpassen zu können. Der Entwicklung der Kosten sollte auch Beachtung geschenkt werden. Einige Kosten sind nutzungsabhängig, andere skalieren mit Nutzungsdauer, wieder andere skalieren nicht linear. Das sollte in der Kalkulation berücksichtigt werden.

Eine detaillierte Analyse der Kosten erlaubt die Identifizierung von Kostentreibern und Einsparungspotenzialen. Das gelingt auch schon in der Designphase, wenn viele Parameter noch nicht fixiert sind. So kann bereits in einer frühen Phase Einfluss auf die Kosten und damit letztlich auch auf den Serviceerfolg genommen werden.

■ 5.7 Servicepricing

Wie wir bereits *im Kapitel „Die Welt des Kunden verstehen"* beschrieben haben, ist das Pricing eine Disziplin des Marketings und das hat einen guten Grund. Bereits in den ersten Überlegungen zum Geschäftsmodell für einen neuen Service sollten intensive Überlegungen dazu gemacht werden, wie viel Geld dafür verlangt werden soll. Dabei ist die Wahl des richtigen Pricing-Modells entscheidend. Wenn wir einfach alle anfallenden Kosten zusammenrechnen und einen prozentualen up-lift als Gewinn daraufschlagen, entgeht uns womöglich viel Geld, weil Kunden auch bereit gewesen wären, mehr zu zahlen. Umgekehrt wird der Service zum Ladenhüter, wenn der resultierende Preis viel zu hoch ist. Aber wie findet man den richtigen Preis? Und was macht den richtigen Preis aus?

Wir haben bereits bei der Entwicklung des Geschäftsmodells zwei wichtige Anhaltspunkte festgehalten:

1. Unsere Wunschkunden

2. Das Nutzenversprechen (engl.: value proposition)

Wer wüsste besser als unsere Wunschkunden, wie viel ihnen der Nutzen wert ist? Diese Frage sollte übrigens so früh wie möglich, also noch in der Phase „Informieren", im Servicedesign geklärt werden. Zumindest brauchen wir eine Indikation, in welchem Bereich der Preis liegen sollte, damit unsere Wunschkunden ihn auch bezahlen würden. Der so ermittelte Zielpreis erlaubt es, Designoptionen zu bewerten, und ist gleichzeitig eine nützliche Schranke bei der Überlegung, welche Funktionen und Features der Service mitbringt. So manche Funktionalität wäre zwar schön, erhöht aber die Ausgabenbereitschaft des Kunden in keiner Weise.

Der erste Schritt in der Überlegung für den richtigen Preis ist allerdings ein ganz anderer. Wir müssen nämlich zuerst die Frage klären, für was unsere Kunden bezahlen sollen. Die Frage klingt sicher erst einmal befremdlich, daher schauen wir uns das etwas genauer an.

Am besten lässt sich die Frage an einem konkreten Beispiel erklären. Wir schauen uns dazu eine Leistung an, die auch wir beinahe täglich angeboten bekommen, und das ist die Unterstützung in sogenannten social selling, also der Vermarktung und dem Verkauf von Produkten und Services über soziale Medien. Das Nutzenversprechen ist immer das gleiche, nämlich mehr Kunden und damit auch mehr Umsatz durch gezielten Aufbau der eigenen Marke in einer Social-Media-Plattform. So weit, so gut. In den meisten Fällen läuft das Angebot auf eine Beratung hinaus, die nach Aufwand bezahlt wird. Bisweilen werden auch Festpreisangebote gemacht, bei denen eine bestimmte Leistung erbracht wird, wie zum Beispiel Aufbau der Content-Strategie, Identifizierung der Zielkunden, Erstellung von X Templates zur Zielkundenansprache etc. Aber ist das die einzige Möglichkeit, solche Leistungen zu vermarkten? Wie wäre es mit einem Abonnement mit einer zwölfmonatigen Laufzeit, bei der inhaltlich die gleichen Leistungen erbracht werden? Vielleicht könnte die Leistung auch am Erfolg gemessen und vergütet werden, also sagen wir x Euro je Neukunde oder y % Anteil am Neukundenumsatz? Kunden, die sehr auf ihre Liquidität schauen, sind vermutlich nicht bereit, in Leistungen zu investieren, deren Nutzen sich erst später oder gar nicht einstellt. Erfolgsbasierende Abrechnungsmodelle sind hier vermutlich deutlich attraktiver. Was wäre das ideale Modell aus Kundensicht? Welches Modell würden Startups bevorzugen? Welches Modell ist für etablierte Unternehmen das richtige? Diese Frage ist essenziell, weil sich der Preis nach dem chargeable item, der Bezugsgröße für die Abrechnung, richtet.

Folgende Bezugsgrößen sind möglich:

1. **Verfügbarkeit**

   Der Service wird bereitgestellt und die Bereitstellung kostet einen festen Betrag, meist bezogen auf einen Zeitraum. Die Bezugsgröße ist hier die Verfügbarkeit innerhalb einer vereinbarten Bereitstellungszeit. Dienstleister übernehmen in diesem Szenario nur das Verfügbarkeitsrisiko und einen Teil des Qualitätsrisikos. Kunden brauchen auch keine Investitionen zu tätigen, die möglicherweise für Infrastruktur oder Ähnliches anfallen würden.

2. **Nutzung**

   Hier wird eine Bezugsgröße verwendet, die Bezug zur Nutzungshäufigkeit oder Nutzungszeit des Service hat. Die Schlagworte sind hier pay-per-use oder pay-per-hour. Interessant sind diese Modelle für Kunden dann, wenn die Nutzung des Service marktbedingt stark schwankt. Dienstleister übernehmen hier sowohl das Risiko im Markt als auch Kapazitäts- und Prozessrisiken. Das Modell kennt ihr, wenn ihr schon mal einen E-Scooter in einer Großstadt gemietet habt. In unserem Beispiel der Marketingberatung stellen die Dienstleister ihre Expertise, also einen Berater, zur Verfügung. Abgerechnet wird pro Stunde oder Tag.

3. **Ergebnis**

   In diesem Modell wird eine Vergütung fällig, sobald der Kunde ein konkretes Ergebnis erhalten hat. Das kann die Anzahl produzierter oder nutzbarer Einheiten sein. Typischerweise werden hier Ergebnisse gewählt, die für den Kunden direkten Bezug zu seinem Erfolg haben. Produktionsanlagen für die Fertigung werden von einigen Anlagenbauern diese Weise angeboten. Dabei bekommen die Kunden die Anlage für einen bestimmten Zeitraum zur Verfügung gestellt. Kosten für Wartung, Reparatur etc. werden vom Anbieter übernommen. Abgerechnet wird je produzierter Einheit. Dienstleister übernehmen hier zusätzlich das Effektivitätsrisiko und die Ausfallrisiken. Die Drucker in vielen Unternehmen werden heute auf diese Weise abgerechnet. Nicht der Drucker wird bezahlt, sondern die gedruckte Seite. In unserem Beispiel von oben fällt die Abrechnung je Neukunde in dieses Modell.

4. **Erfolg**

   Das erfolgsabhängige Preismodell geht noch einen Schritt weiter als das ergebnisabhängige Modell. Die Vergütung richtet sich hier nach ökonomischen Größen auf Seiten des Kunden, also nach den Kosten oder dem Gewinn. Der Dienstleister übernimmt hier Risiken in Bezug auf den Nutzen oder Wert, den seine Leistungen tatsächlich beim Kunden erzeugen.

   In dem Social-selling-Beispiel von oben entspricht das der Abrechnung von y % des Neukundenumsatzes.

Jedes Modell hat seine Vorzüge und in vielen Branchen lassen sich Präferenzen in Bezug auf die Art der Abrechnung bestimmter Leistungen erkennen. Das heißt jedoch nicht, dass das vorherrschende Preismodell das beste sein muss. Für die Auswahl des Preismodells sind zwei Fragestellungen relevant: zum einen die Frage, welches Preismodell für die Wunschkunden ideal wäre. Diese Frage können nur die Kunden beantworten. Sie müssen sich also bemühen, die Welt Ihrer Kunden zu verstehen. Die zweite Frage ist, wie viel Risiko Sie bereit sind, mit Ihrem Service zu übernehmen.

Ist die Bezugsgröße ausgewählt, geht es daran, den Preis für die Bezugsgröße zu bestimmen. Auch dafür können verschiedene Herangehensweisen gewählt werden.

1. **Kostenorientiert**

   Bei der kostenorientierten Preisgestaltung werden zunächst die Servicekosten ermittelt und auf die Bezugsgröße zugeordnet. Typischerweise erfolgt die Ermittlung des Preises dann durch verschiedene Aufschläge. Zunächst wird ein Aufschlag gemacht, um eine Mindestmarge abzubilden. Je nach Service können dann weitere Aufschläge z. B. für Risiken, Skonto und Rabatte gemacht werden.

   Dieses Modell ist zwar einfach, berücksichtigt aber die Markt- und Kundensicht in keiner Weise. Es besteht so das Risiko, dass der Preis für den Markt deutlich zu hoch oder zu niedrig ist. Ein zu niedriger Preis kann, abgesehen vom entgangenen Gewinn, das Vertrauen in die Qualität des Dienstleisters beschädigen.

2. **Wettbewerbsorientiert**

   Ein wettbewerbsorientierter Preis wird auf Basis eines Vergleichs der Preis-/Leistungsverhältnisse der bestehenden Angebote in einem Markt bestimmt. Das eigene Angebot wird dafür in den Kontext der bestehenden Angebote gesetzt.

3. **Marktorientiert**

   Ist das Marktsegment neu, das Nutzenversprechen oder das gewählte Preismodell so anders als bei möglichen Wettbewerbern, dann ist ein Preisvergleich oft gar nicht möglich. In diesen Fällen orientieren wir uns direkt am Markt. Das geschieht oft durch eine Marktanalyse, bei der potenzielle Kunden danach befragt werden, was sie bereit wären, für den Service zu zahlen.

4. **Wertorientiert**

   Die wertorientierte Preisbildung geht einen anderen Weg. Unabhängig von der Meinung der Kunden wird der Wertbeitrag des Service im Geschäft des Kunden ermittelt. Voraussetzung dafür ist, dass der Dienstleister das Geschäft des Kunden, dessen Herausforderungen und den Nutzen der eigenen Leistungen in diesem Kontext genau kennt. Im B2C-Geschäft spielen hier oft noch ganz andere Faktoren eine Rolle, z. B. Prestige- oder Imagegewinn.

5. **Nachfrageorientiert**

   Nachfrageorientierte Preisbildung erlaubt die Anpassung des Preises an die tatsächliche Nachfrage. Bei hoher Nachfrage werden so auch höhere Gewinne erzielt, bei geringerer Nachfrage wird bei geringeren Preisen die Wettbewerbsfähigkeit sichergestellt. Dieses Modell kennen wir zum Beispiel aus der Reisebranche. In der Hauptsaison sind die Angebote deutlich teurer als in der Nebensaison.

In allen Fällen müssen die zugrunde liegenden Annahmen, z. B. in Bezug auf die Kostenentwicklung und die erwarteten Absatzmengen, sorgfältig betrachtet werden. Zum einen kann so, gerade bei neuen Services, ermittelt werden, ab wann der Service profitabel ist, zum anderen können so auch unterschiedliche Preismodelle gegeneinander bewertet werden, da sich die Annahmen in den Modellen unterschiedlich auswirken können.

■ 5.8 Budget

Die Leistungen werden in den Liefereinheiten gemäß Liefervereinbarung erbracht. Die dafür erforderlichen Geldmittel werden in Form eines Budgets bereitgestellt. Budgets werden typischerweise für den Zeitraum eines Jahres im Voraus geplant. Die Planung der Budgets und die Überwachung der Ausgaben stellen sicher, dass der Service insgesamt innerhalb des erwarteten Finanzrahmens erbracht werden kann. Steigen die Ausgaben unerwartet stark an, so gefährdet das unser verfügbares Geldvermögen. Das Budget stellt den finanziellen Handlungsrahmen für die Liefereinheit dar. Der größte Teil des Budgets ist in der Regel zweckgebunden und dient der vereinbarungsgemäßen Leistungserbringung. Ein Teil dient darüber hinaus der Weiterentwicklung, Optimierung, Automatisierung oder anderen Maßnahmen zur Verbesserung der Leistungsfähigkeit der Liefereinheit. Da die Ausgaben für die Zukunft geplant werden, unterliegen Budgets immer auch einer gewissen Unsicherheit in Bezug auf die Planungen.

6 Systeme zur Zusammenarbeit schaffen

Wenn ein Service durch eine einzelne Person erbracht wird, dann obliegt es dieser Person, ihre Arbeit vorzubereiten, den Service zu erbringen und dabei an allen Berührungspunkten mit dem Kunden beste Ergebnisse zu liefern. Die Verantwortung für alle Aufgaben im Service liegt bei dieser einen Person. Wenn der Service gut ist, verdient diese Person das Lob und die Dankbarkeit der Kunden. Wenn der Service nicht den Erwartungen der Kunden entspricht, trägt diese Person die Konsequenzen.

Schon in kleinen Unternehmen wie zum Beispiel einem Frisörsalon ändert sich das, sobald die Meisterin einen Auszubildenden in den Betrieb aufnimmt oder eine weitere Friseurin einstellt. Sobald mehrere Personen an der Serviceerbringung beteiligt sind, bedarf es einer klaren Zuordnung der Verantwortung für die anfallenden Aufgaben sowie eines gemeinsamen Verständnisses davon, wie die Ergebnisse für den Kunden ausfallen sollen. Das gilt selbstverständlich sowohl für den Nutzwert als auch für das Garantieversprechen, Emotionen und die Kommunikation. Sollen gleichbleibende Ergebnisse für die Kunden sichergestellt werden, unabhängig davon, wer gerade bedient? Dann müssen möglicherweise konkrete Arbeitsschritte und Übergabepunkte einzeln definiert werden. In jedem Fall aber sollte jeder Beteiligten klar sein, wie die Ergebnisse für die Kunden aussehen sollen, was deren Erwartungen und was der eigene Anspruch ist.

Die Erwartungen aller Beteiligten an den Prozess, aber auch an die Ergebnisse müssen konkretisiert und festgelegt werden. Zudem wird der Mehrwert jeder einzelnen Aktivität definiert und auch regelmäßig überprüft. Die Erarbeitung der sogenannten **Value Chain** steht hier im Vordergrund, also der Wertschöpfung am Ende der Summe aller Aktivitäten. Durch alle diese Schritte entsteht ein konkretes Ergebnis, mit dem die nächste Person in der Wertschöpfungskette weiterarbeiten kann.

Das kann schon in kleinen Unternehmen eine echte Herausforderung sein. Die Frage ist: Wie kann es gelingen, gewünschte Handlungsweisen zu fördern und unerwünschte zu vermeiden? Was genau ist erwünscht und was nicht? Was können wir tun, dass alle Mitarbeiter aus dem Bauch heraus das richtige tun? Und wie erreichen wir das alles ohne starre Vorgaben und enge Handlungskorsette, die jede Individualität und Kreativität gefährden?

Wenn Sie die Möglichkeit haben, einen Blick in größere Serviceorganisationen zu werfen, und die Mitarbeiter dort beobachten, dann ist Ihnen vielleicht schon einmal aufgefallen, dass die Verhaltensweisen oft stereotyp wirken, wie einstudiert. In vielen Fällen ist das auch so. Die meisten Organisationen trauen ihren Mitarbeitern nicht zu, individuell richtig auf die typischen Kundensituationen zu reagieren. Daher werden Handlungen und die zugehörige Kommunikation für solche Situationen vordefiniert und in Richtlinien dokumentiert. Diese Richtlinien werden dann zu Arbeitsmitteln der Mitarbeiter. Das funktioniert zumeist ganz ordentlich, kann aber je nach Situation regelrecht komische Züge annehmen. Die Fast-Food-Kette McDonald's hat sich mit der Challenge „Bestellen ohne Nachfragen" in einer kleinen YouTube-Serie selbstironisch mit dieser stark strukturierten Kundeninteraktion auseinandergesetzt.

Darüber hinaus sind Mitarbeiter, die es gewohnt sind, nach engen Richtlinien zu arbeiten, oft mit Situationen, die nicht in den Richtlinien stehen, überfordert. Das liegt in den meisten Fällen gar nicht daran, dass sie ihrer Aufgabe nicht gewachsen sind. Oft bringt einfach die Situation eine unklare Verantwortung hervor. Unter unklarer Verantwortung verstehen wir hier eine nicht definierte Pflicht oder eine fehlende oder unzureichende Handlungsbefugnis. In der klassischen hierarchischen Organisation wird nun (hierarchisch) eskaliert, also die Entscheidung zum Umgang mit der Situation an jemanden weitergegeben, der in der Organisation die entsprechenden „Schulterklappen" oder die notwendigen Befugnisse hat.

Problematisch ist zudem, dass diese klassischen linearen Abläufe bei sehr komplexen Zusammenhängen in der Value Chain nicht abbildbar sind. Man hat nicht mehr nur eine einzige Kette an Ereignissen vom Lieferanten über den Zwischenhändler und Endmonteur bis zum Kunden. Vielmehr sind sehr komplexe Zusammenhänge mit vielen unterschiedlichen Leistungen miteinander verwoben. Oftmals sind auch mehrere Partner und Rollen involviert, intern wie extern, die miteinander wirken (Bild 6.1). Abhängigkeiten können nicht nur linear, sondern durchaus auch zyklisch sein. Daher spricht man bei Prozessen dieser Art von **Value Networks**.

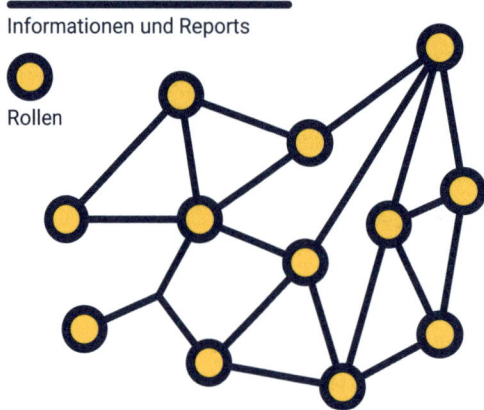

Informationen und Reports

Rollen

Bild 6.1 Value Network

Hierzu ein Beispiel. Im IT-Service wird eine Leistung bestellt. Dazu wird ein „Request", also eine Anforderung für einen neuen Arbeitsplatz für einen Mitarbeiter, mittels Ticketsystem abgesetzt. Jetzt muss ein Hersteller einen PC liefern, dieser muss konfiguriert und bereitgestellt werden. Zu den Applikationen, die aufgespielt werden müssen, benötigt der Mitarbeiter entsprechende Rechte. Wenn der Ablauf nicht gestört wird, ist es ein linearer Prozess mit vielen kleinen Einzelschritten. Plötzlich ergibt sich eine Änderung des Aufgabenfelds des Mitarbeiters. Also muss im Nachhinein umkonfiguriert werden, sonst kann der nächste Schritt nicht erfolgen oder eine Störung kommt hinzu. Der Ablauf wird somit komplexer und Abhängigkeiten entstehen. Der vormals lineare Prozess wird zu einem verzweigten, manchmal sogar zyklischen Prozess. Bei Projekten von großen Unternehmen sind solche Vorgänge noch weitaus komplexer, da Einzelprojekte zum Beispiel eigene Ziele haben, die sich manchmal auch gegenseitig ausschließen. Zudem bestehen oft Abhängigkeiten zwischen unterschied-lichsten Projekten oder auch einzelnen Abläufen zur Servicebereitstellung.

In der IT und Softwareentwicklung wurde in der Vergangenheit oft jede Applikation se-parat entwickelt. Später gab es den Trend, alles zu modularisieren. Heute ist die Entwick-lung häufig so organisiert, dass alles in Microservices umgesetzt wird. Vergleichbar ist das mit den Apps auf einem Handy. Für jede einzelne Aktivität gibt es eine App, eine für Chatnachrichten oder eine zum Bezahlen. Genauso funktioniert es heute in Unternehmen auch. Es gibt sehr konkrete Aufgabenstellungen, die erledigt werden und für die passende Funktionen entwickelt werden müssen. Die Herausforderung im Unternehmen ist, dafür zu sorgen, dass Einzelaufgaben so organisiert werden, dass sie ineinandergreifen können und eine Gesamtzusammenarbeit ermöglicht und gefördert wird. Diese Gesamtzusammenarbeit wird mit Hilfe eines gut durchdachten, geplanten und erprobten Value Network vorbereitet und umgesetzt. Dabei müssen nicht nur Prozesse und Tools definiert werden, sondern auch die Kommunikationsschnittstellen zwischen den Komponenten und zu den Beteiligten. Wie kann man also sicherstellen, dass die einzelnen Beteiligten in der Wertschöpfungskette automatisch so orchestriert werden, dass sie gut zusammenarbeiten können? Das richtige System ist der Schlüssel.

■ 6.1 Systeme

Ein System für eine Zusammenarbeit ist nicht automatisch ein technisches System, wie z. B. ein Server mit Applikationen. Systeme können unterschiedliche Ausprägungen haben und im Zusammenspiel von **Teams, Routinen, Prozessen, Automatisierung und auch KI** zum Tragen kommen.

Teams

Überall dort, wo Aufgaben nicht durch eine einzelne Person erledigt werden können, sollen oder dürfen, werden diese einzelnen Personen in Teams organisiert. Ein Team ist ein System, in dem man arbeitet und sich organisiert, um gemeinsam Ergebnisse zu erzielen. Mehr zu der Organisation von Teams und wie Zusammenarbeit gestaltet werden kann, beschreiben wir in den folgenden Abschnitten zu Aufbau- und Ablauforganisation.

Prozesse

Prozesse sind die Abfolge von Aktivitäten, um ein bestimmtes Ergebnis zu erreichen. Darin werden alle Aktivitäten beschrieben, wie z. B. eine Serviceerbringung erfolgt, eine Störung beseitigt oder eine Änderung durchgeführt wird. Bei immer wieder auftretenden Problemen wird Ursachenforschung betrieben, um festzustellen, welche Aktivitäten umgesetzt werden müssen, damit zum Beispiel ein Service dauerhaft ohne wiederkehrende Fehler funktionieren kann. Allerdings solltest du gut überlegen, wo komplexe Prozesse wirklich sinnvoll sind und wo der Aufwand, diese zu entwickeln, zu etablieren und zu steuern den Nutzen überwiegt. Mehr zu Prozessen beschreiben wir im Abschnitt „Ablauforganisation".

Automatisierung

Beim System der **Automatisierung** geht es wiederum um Tools, nämlich Werkzeuge, Ticket-Tools oder Tools für die Zusammenarbeit, alles was Abläufe effizienter macht. Automatisierung hängt dabei nicht von der Unternehmensgröße ab, da sich auch kleine Unternehmen durchaus voll automatisieren lassen. Es hängt davon ab, wie viele Durchläufe erfolgen, wie gut der Service organisiert wird und wie viele Komponenten des Value Network organisiert werden müssen.

Das System KI

Insbesondere im Bereich des Servicemanagements spielt ein System eine immer größer werdende Rolle: die **Künstliche Intelligenz (KI)**. Dabei geht es größtenteils um Chatbots, die man im Internet bei immer mehr Firmenwebseiten in unterschiedlicher Qualität antrifft. Sie übernehmen Aufgaben, die zuvor von Service-Desk-Mitarbeitern übernommen wurden. Damit haben diese Mitarbeiterinnen mehr Zeitkapazitäten, um sich mit komplexeren Kundenanfragen auseinanderzusetzen. Voraussetzung dafür ist natürlich, dass sie die entsprechenden Fähigkeiten erwerben konnten und erworben haben.

Der Einsatz von KI wirft neue Fragestellungen auf, da sich das Aufgabenfeld und der tägliche Ablauf der Mitarbeiter dadurch erheblich verändert. Sie sind plötzlich angehalten sich dauerhaft mit den sehr individuellen Situationen der Kunden auseinanderzusetzen und müssen eine emotionale Beziehung zu ihnen aufbauen. Die KI übernimmt die Masse und arbeitet diese schnell und effizient ab, die Mitarbeiterin hingegen übernimmt die komplexen und zeitintensiven Anfragen, die die KI nicht lösen kann. Bevor KI eingesetzt wird, sollte in geprüft werden, ob eine Automatisierung mittels KI sinnvoll sein kann. Dabei wird herausgearbeitet, wie häufig Vorgänge vorkommen und wie viele Varianten es gibt. Hat ein Vorgang eine hohe Häufigkeit und kaum Varianten, kann KI nützlich sein. Ist es jedoch ein seltener Vorgang und es gibt zudem viele Varianten, ist man wahrscheinlich deutlich effizienter ohne Einsatz einer KI. Die Entwicklung von KI sollten wir auf jeden Fall im Blick behalten, da sich immer mehr spannende Lösungen ergeben und die Weiterentwicklung in sehr zügigen Schritten vorangeht.

Es gibt inzwischen sogar KI-Lösungen, die Bewerbungsgespräche führen. Eine solche Lösung ist sogar in der Lage, emotionale Regungen des Gegenübers zu erkennen, und zwar in einer Form, die über die menschliche Wahrnehmung hinausgeht. Eine negative Erfahrung mit KI im Bewerbungsprozess musste ein Konzernunternehmen allerdings auch schon zugestehen. Dort lernte die KI, dass sich Frauen häufig aufgrund einer Schwangerschaft zeitweise aus dem Berufsleben zurückziehen. Das „erkannte" die KI als für das Unternehmen problematisch und sortierte alle weiblichen Kandidaten von vorneherein aus.

■ 6.2 Organisation

6.2.1 Lebenszyklus und Wahl der Systeme

Die sozialen Medien sind heute voll von Geschichten über Gründer und Ihre Start-Ups, von großen Ideen und Enthusiasmus, von Neuen digitalen Lösungen und Innovationen. Agiles Arbeiten wird hier zur Pflicht, es scheint, als wäre das die einzig mögliche Art zu arbeiten. Aber, je nach Entwicklungsgrad der Organisation, oder ihrer Produkte und Services, gibt es unterschiedliche Arten von Systemen, die hilfreich sind. Ein nützliches Modell zur Verdeutlichung und Einordnung ist das Modell von den Pionieren, Siedlern und Stadtplanern nach Wardley [Wardley, 2005]. Das Modell beschreibt drei verschiede Organisationsstrukturen, die in ihrer Arbeits- und Herangehensweise, also ihrer Teamkultur unterschiedlich und erst einmal nicht kompatibel zueinander sind (Bild 6.2). Das müssen sich aber auch nicht sein, denn sie werden je nach Entwicklungsstufe des Unternehmens oder der Produkte und Services dieses Unternehmens nacheinander gebraucht und nicht gleichzeitig.

Bild 6.2 Pioniere, Siedler Stadtplaner

Das Modell beruht auf einem Modell der US-amerikanischen Gesellschaft von vor 300 Jahren, als die USA von Einwanderern besiedelt wurde. Die ersten Menschen, die ankamen, also die sogenannten Pioniere, waren in der Regel allein unterwegs, mussten sich an keine Strukturen halten und haben einfach das gemacht, was sie für richtig hielten und was sie am Überleben hielt. Sie erkundeten das Land und ließen sich dort nieder, wo sie genügend Nahrung und Ressourcen zum Leben vorfanden. An Orten, an denen genügend Ressourcen zum Leben verfügbar waren, folgten den Pionieren Siedler, die sich niederließen und Strukturen schafften, um produktiv genug für anhaltendes Wachstum zu sein. Irgendwann mussten die Strukturen größer werden, aus Dörfern wurden Städte und diese brauchen auch eine übergeordnete Gesamtstruktur, um sie möglichst effizient zu gestalten. Das war die Zeit der Stadtplaner.

Pioniere

Pioniere sind mutig und experimentieren viel auf unerprobtem Terrain. Start-ups und eben auch Entwicklungsbereiche in etablierten Unternehmen suchen nach neuen Lösungen für die Herausforderungen ihrer Wunschkunden. Der Weg ist hier noch nicht vorgezeichnet und es lauern Fallstricke, Hindernisse und Irrwege an jedem Punkt entlang des neu entstehenden Weges. Hier braucht es Mut, Risikobereitschaft, Entschlossenheit und Durchhaltewillen, aber auch die Bereitschaft, loszulassen. Viele Ideen überleben diese Phase nicht. Es ist offensichtlich, dass Perfektion hier schlicht dumm ist. Wenn im weiteren Verlauf doch eine Hürde zu groß war oder der Weg in eine Sackgasse führt, dann ist der zusätzliche Aufwand völlig überflüssig gewesen. Wenn Innovationen geschehen sollen, brauchen wir keine Strukturen, sondern Kreativität. Alte oder feste Strukturen sind in kreativen Prozessen hinderlich. Gefragt sind stattdessen Möglichkeiten, autark in kleinen Gruppen, vielleicht sogar allein, an Ideen zu arbeiten. Pioniere akzeptieren dabei bewusst die Möglichkeit zu scheitern. Pioniere entwickeln, haben dafür aber wenig Interesse an der Anwendung genauer gesagt der Anwendbarkeit. Es geht ihnen mehr um die neuen Methoden und wie sie funktionieren. Sie sind getrieben von der Neugier und den Chancen.

Siedler

Siedler sehen die Möglichkeiten eines neuen Lebensraumes. Sie haben eine Vision was man mit den Neuentwicklungen machen kann. Sie setzen sie um, schaffen Strukturen dafür oder generieren ein marktfähiges Produkt daraus. Siedler brauchen und schaffen Rahmenbedingungen, die einen nachhaltigen Erfolg möglich machen. Das erfordert eine andere Kultur, um agieren zu können. Dafür werden sie erste Strukturen und Regeln schaffen. Das Zusammenwirken und der Zusammenhalt in der Gemeinschaft sind jetzt wichtig. Weil ein Scheitern immer noch möglich ist, werden Risiken sorgfältig abgewägt und Maßnahmen zur Risikokontrolle ergriffen. Ihr Fokus liegt auf der Produktivität und Wachstum.

Stadtplaner

Wenn die Strukturen weiterwachsen, kommen die Stadtplaner ins Spiel, sie beschäftigen sich mit der Leistungssteigerung eines bereits etablierten Produkts, oder Service und der Einführung eines Qualitätsmanagements. Die bereits etablierten Geschäftsmodelle werden analysiert und optimiert. Prozesse, Kontrollstrukturen und Richtlinien sorgen für Stabilität und Wiederholbarkeit. In dieser Phase schlägt die Stunde der Standards, mit Prozess Frameworks, Managementsystemen und Normen. Der Spielraum für freie Gestaltung und Experimente wird immer kleiner, weil die Parameter zur Steuerung der Leistung weitgehend bekannt sind. Der Fokus der Stadtplaner ist die Profitabilität.

Zusammengefasst bewegen sich die Pioniere komplett in einem blauen Ozean (Blue Ocean) [Kim/Mauborgne, 2015] und wissen anfangs noch nicht, ob ihre Aktivitäten Erfolg haben werden. Die Siedler bewegen sich langsam aus dem Blue Ocean heraus, in einen stabilen und erfolgreichen Bereich, mit einem Produkt was verkauft werden kann. Die Stadtplaner sind bereits im sogenannten Red Ocean unterwegs und sind im intensiven Wettbewerb, haben ihre Leistung bereits etabliert und leben eine ganz andere Systematik. Das ist der Bereich, in dem ausgefeilte Prozesse und ein hoher Automatisierungsgrad stattfinden. Dort wird bereits über weitere Optimierung, über eine KI, Reduktion von Personalressourcen und ähnlichem nachgedacht. Bild 6.3 zeigt die wichtigsten Unterschiede einer Blue Ocean und einer Red Ocean Strategie.

Bild 6.3 Blue Ocean – Red Ocean

Hierzu ein erläuterndes Beispiel: Im Labor eines Chemieherstellers wird geforscht und entwickelt, ganz im Sinne des klassischen „Trial and Errors", so wie es die Pioniere auch gemacht haben. Von der reinen Forschung geht es weiter zur Forschungsentwicklung und zur Einzelfertigung. Hier kommen bereits die ersten interessierten Kunden ins Spiel. Das ist der Übergang zu den Siedlern. Das Produkt wird umgesetzt und einer kleinen Serie gefertigt. Sobald das Produkt „reif" ist, geht es über zur industriellen Produktion. Bei der industriellen Produktion wird es in Massen produziert. Im nächsten Schritt (Stadtplaner) beginnt dann die Optimierung der Produktion. Dazu gehört auch, alle Abhängigkeiten zu betrachten, wie z. B. Zulieferungsmaterialien oder was mit dem Abfall durch die Produktion geschieht. Weiter findet eine Kopplung mit der bestehenden Produktion statt, womit wiederum Synergien geschaffen werden.

Ein wichtiger Aspekt des Modells nach Wardley, ist die Implikation im Hinblick auf en sinnvollen Einsatzbereich von Methoden für die einzelnen Phasen, vom agilen Vorgehen bis zum Einsatz von Six Sigma. Die Pioniere machen den Start und arbeiten agil, weil das agile Vorgehen am besten geeignet ist, mit der Unsicherheit bezüglich des richtigen Ergebnisses umzugehen. Die Siedler bilden die nächste Stufe. Hier kommen situativ unterschiedliche Methoden zum Einsatz. Darauf bauen die Stadtplaner auf, die aufgrund der bereits etablierten Prozesse nach Managementsystemen zur Prozessverbesserung wie zum Beispiel der Six Sigma-Methode arbeiten. Die Grundidee hier ist die Vermeidung von Fehlern und die Reduktion von Toleranzen. Die Verbesserung der Qualität hat eine möglichst hohe Gewinnmarge zum Ziel.

Die Quintessenz aus diesem Modell lautet, dass bestimmte Phasen bestimmte Arbeits- und Vorgehensweisen benötigen, um zu wachsen. Nicht jede Methode passt zu jeder Situation, man kann also nicht per se sagen, dass das agile Arbeiten für alle genau das Richtige ist. Was man jedoch sagen kann ist, dass Anteile des agilen Arbeitens immer mehr auch in altbewährte Methoden einfließen. Beim klassischen Projektmanagement war es früher noch so, dass ein Start und Ziel definiert wurden, am Projekt gearbeitet, es fertigstellt und dem Kunden am Ende übergeben wurde. Auch wenn die Grundbestandteile davon noch Bestand haben, wird heutzutage auch in linear geplanten Projekten in regelmäßigen Abständen Feedback vom Kunden geholt und Zwischenergebnisse besprochen. Genau das ist eines der Kernelemente der agilen Kultur. Diese Betrachtung zeigt, dass es keinen Grund für „Glaubenskriege" zwischen vermeintlich stark polarisierenden Methoden wie agiles Arbeiten und lineare Vorgehensweisen und Fehlerreduzierung gibt. Diese Herangehensweisen können sich hervorragend gegenseitig ergänzen. Auch die Anwendung von gemischten Formen aus beiden Methoden ist häufig zielführend.

 Warum erzählen wir das alles an dieser Stelle? Es geht darum, zu verstehen, dass es nicht DAS richtige System für den besten Service gibt, sondern passende Systeme für verschiedene Situationen und Lebenszyklusphasen der Services und der Serviceorganisation. ∎

6.2.2 Hierarchie versus Selbstorganisation

Die Art der Zusammenarbeit spielt für diejenigen Mitarbeiter, die Aufgaben erledigen sollen eine sehr große Rolle. Unterschiedlichen Anforderungen bedingen die anzuwendende Arbeitsweise, wie weiter oben im Wardley-Modell beschrieben. Die herangezogene Arbeitsweise muss für den Mitarbeiter passen, egal ob es sich dabei um ein agiles Umfeld handelt, bei dem die Mitarbeiter selbst Entscheidungen treffen müssen, schnell gehandelt und schnell reagiert werden muss oder um sehr hierarchische Strukturen oder risikoreiche Umgebungen, bei denen Fehler möglichst ausgeschlossen werden müssen.

Egal welche Vorgehensweise gewählt wird, sie hat entsprechende Konsequenzen, insbesondere auf die Verantwortung, die weitergegeben wird. Je niedriger die Hierarchieebene, desto mehr sinkt in klassischen Umgebungen auch die Verantwortung und gleichermaßen verringern sich auch die Freiheiten. Entscheidungen müssen längere Wege zurücklegen und Veränderungen gehen langsamer vonstatten. Hierarchische Strukturen sind zwar oft stabiler gegen Störfaktoren und bieten scheinbare Sicherheit. Sie sind jedoch auch oft überfordert mit hohen Veränderungsgeschwindigkeiten und kurzen Innovationszyklen. Im Umkehrschluss sind agile Organisationen deutlich beweglicher jedoch nicht per se instabil. Sie agieren nur schneller, sind flexibler, dynamischer und teilen Verantwortung auf. DIE richtige oder perfekte Organisationsstruktur gibt es dabei nicht, sondern lediglich zweckmäßige Strukturen für eine bestimmte Aufgabenstellung.

Kommunikation

Es gibt viele unterschiedliche Arten von Kommunikation in Unternehmen. Von Meetings für bestimmte Arbeitsbereiche, über Regelmeetings, Projekt- oder aufgabenorientierte Meetings um für Transparenz oder Aufgabenklarheit zu sorgen. Wie kann man Kommunikation optimal einsetzen, um mit räumlicher Trennung umzugehen? Wie geht man mit „Flurfunk" um? Aber auch Storytelling gehört zur Kommunikation, und zwar nicht nur, um sich als Marke nach außen hin zu präsentieren. Mit Storytelling kann die Unternehmensgeschichte gemeinsam gestaltet und erzählt werden. Uns fällt gutes Storytelling immer wieder bei Unternehmen auf, die nicht hierarchisch organisiert sind. Dort gibt es durchweg eine starke Geschichte, an der sich alle gemeinsam orientieren.

■ 6.3 Aufbauorganisation

Die Aufbauorganisation bildet das Gerüst einer Organisation. Sie regelt den Informations- und der Direktivfluss auf allen Ebenen. Sie legt fest, wer in welchem Team arbeitet und in welchem Rahmen sich die Teams bewegen. Die Aufbauorganisation spiegelt sich oft in mehr oder weniger hierarchisch organisierten Organigrammen wider. An dieser Stelle fassen wir die Themen zusammen, die sich auf die Struktur des Unternehmens, die Zuordnung der Systeme und die grundsätzliche Organisation der Zusammenarbeit in Teams beziehen.

Führungssysteme

Führungssysteme innerhalb einer Aufbauorganisation müssen sorgfältig geplant werden, damit deren Umsetzung gut funktioniert. Dabei wird der favorisierte Führungsstil und das, was darunter verstanden wird in entsprechende Strukturen des Führungssystems einge- passt. Bei einem kooperativen Führungsstil braucht es z. B. eine Organisation, die kooperativ arbeitet, gemeinsam mit einer entsprechenden Kommunikationsstruktur. Die eingeführte Meeting- und Reportingstruktur trägt sich selbst ohne das führend eingegriffen werden muss. Alle Mitarbeitenden sind über ihr Ziel informiert, arbeiten gemeinsam an ihren Ergebnissen und nehmen Ergebnisreviews vor. Klassische Systeme funktionieren vor allem über Ziel- und Kennzahlenerreichung und sind in hierarchischen Führungsstilen wiederzufinden.

Die verschiedenen Führungssysteme und was sie für die Unternehmen und besonders die Menschen bedeuten, besprechen wir im Kapitel 7 *„Mit Vertrauen und Verantwortung führen".*

Teams

Ein Team ist ein System, in dem man arbeitet und sich organisiert, um gemeinsam Ergeb- nisse zu erzielen. Es wird in der Regel dann zusammengestellt, wenn mehrere Personen benötigt werden, um eine bestimmte Aufgabe zu lösen oder zu erarbeiten. Die Aufgabe des Vorgesetzten ist dabei, die passenden Personen ins Team zu holen. Zum einen müssen die Teammitglieder, die fachlichen Kompetenzen zur Erledigung der Aufgabe haben. Zum ande- ren muss die Teamstruktur beachtet werden. Bild 6.4 zeigt die unterschiedlichen Rollen in einem Team, die nach dem Modell von Meredith Belbin je nach Aufgabe und vorhandener Struktur besetzt sein sollten. Können die ausgewählten Teammitglieder optimal miteinander arbeiten, ergänzen sie sich fachlich und persönlich und funktionieren sie als Team? Welches Teammitglied übernimmt welche Rolle? Wer übernimmt die Führung im Team?

Ist das Team zusammengestellt, muss dafür gesorgt werden, dass alle Teammitglieder ein gemeinsames Verständnis für das zu erreichende Ziel und die zu erledigenden Aufgaben bekommen. Diese Zielorientierung kann dabei auch über das Projekt oder die Aufgabe hinausgehen und Relevanz für eine ganze Abteilung oder sogar für das ganze Unternehmen haben. Wichtig ist auch, dass alle Teammitglieder wissen, wie mit Fehlern umgegangen wird.

Werden Fehler als Ergebnisse behandelt, die es weiter zu bearbeiten gilt oder werden sie sofort sanktioniert? Wie werden sie sanktioniert? Gibt es eine gewisse Fehlertoleranz, die iteratives Arbeiten fördert oder ist das Team angehalten, die Aufgaben völlig fehlerfrei zu bewältigen? Was passiert, wenn Fehler passieren? Kläre diese Fragen vorab, damit alle Team- mitglieder wissen, woran sie sind. Nur wenn Fehler als normaler Teil der täglichen Arbeit

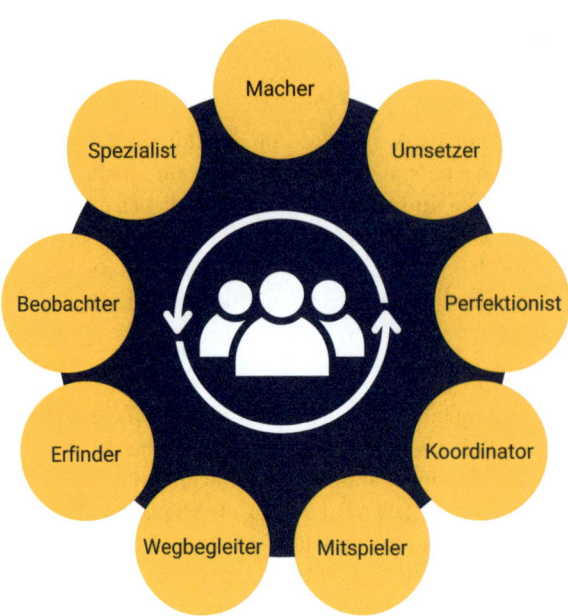

Bild 6.4 Teamrollen nach Belbin

betrachtet werden, sind schnelle Ergebnisse möglich, die dann iterativ verbessert werden können. Fehler akzeptieren heißt allerdings nicht, Fehler einfach hinzunehmen und nicht darauf zu reagieren. Denn jeder Fehler heißt, für die Zukunft zu lernen und Dinge besser machen zu können. Aus diesem Grund nennen wir es auch lieber Lernkultur als Fehlerkultur, denn darum geht es: Permanent lernen und die Ergebnisse, Arbeitsweisen und Kultur trotz hoher Geschwindigkeit regelmäßig in Frage stellen und stetig verbessern. Fehler sind dafür großartige Trigger.

Eine null Fehler Toleranz führt aus unserer Sicht in vielen Fällen zu Hemmungen und kann das Arbeits- oder Teamklima nachhaltig negativ beeinflussen. Das heißt aber nicht, dass es keine Situationen gibt, in denen auch Fehlervermeidung die richtige Strategie sein kann. In welchen Situationen und Lebenszyklusphasen der Servicebereitstellung welche Strategie passt, darauf gehen wir etwas später ein, wenn es um Pioniere, Siedler und Stadtplaner geht.

In unseren Unternehmen nutzen wir Kernelemente der agilen Arbeitsweise, um bereits während der Erarbeitung der Aufgaben Feedback einzuholen und effizient Optimierungsbedarf festzustellen. Als nützlich haben sich dabei für unsere Situation die Methoden „Speedboat" und „Starfish" erwiesen.

Starfisch

Bei der Starfish-Methode in Bild 6.5 (zu Deutsch „Seestern") werden fünf wesentliche Aspekte der Zusammenarbeit innerhalb des Teams thematisiert. Wie bei einem Seestern werden die Aspekte sternförmig angeordnet und besprochen. Auf diese Weise wird der Status quo auf eine sehr bildhafte und leicht verständliche Weise erfasst. Es wird festgestellt, welche Dinge gut laufen und wo es Verbesserungsbedarf gibt. Die Methode hat sich in unseren Projekten besonders nützlich dabei gezeigt, Methoden, Werkzeuge und Verhaltensweisen zu identifizieren, die nicht, nicht mehr oder nur noch bedingt sinnvoll sind.

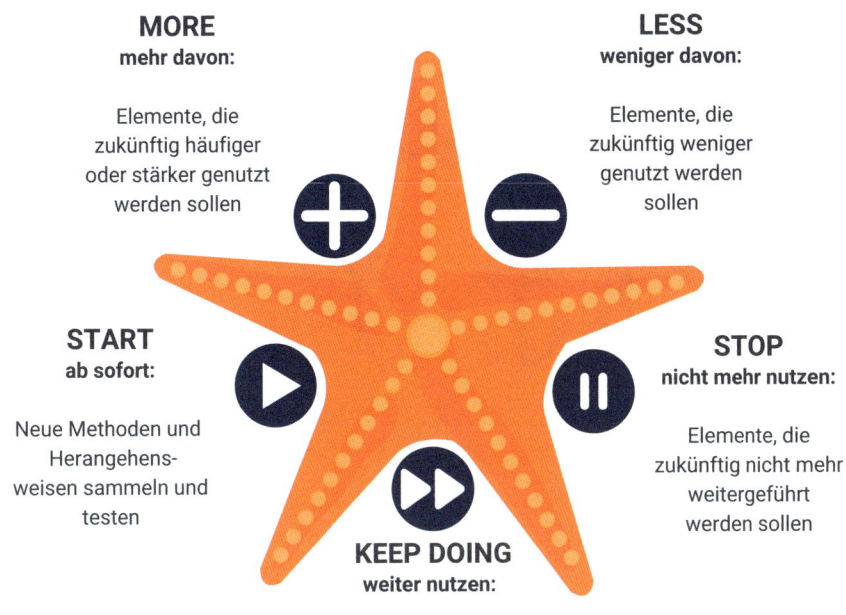

MORE
mehr davon:

Elemente, die
zukünftig häufiger
oder stärker genutzt
werden sollen

LESS
weniger davon:

Elemente, die
zukünftig weniger
genutzt werden
sollen

START
ab sofort:

Neue Methoden und
Herangehens-
weisen sammeln und
testen

STOP
nicht mehr nutzen:

Elemente, die
zukünftig nicht mehr
weitergeführt
werden sollen

KEEP DOING
weiter nutzen:

Erprobte und gut funktionierende
Elemente weiterhin umsetzen

Bild 6.5 Starfish

Ebenso lassen sich Ansätze, identifizieren, die weiter ausgebaut werden sollten oder ganz neue Ideen zum Umgang mit Herausforderungen finden.

Eine alternative Starfish-Form hat noch einen sechsten Arm. Er beinhaltet den Punkt „Danke sagen". Hier geht es darum, bei wem und wofür für uns bedanken möchten und so sowohl Teammitgliedern als auch Außenstehenden Wertschätzung für ihren Beitrag geben möchten. Das fühlt sich nicht nur gut an, sondern leistet auch einen positiven Beitrag zur Motivation aller Beteiligten – wenn es ernst gemeint ist.

Speedboat

Bei der Speedboat-Methode (Bild 6.6) geht es darum, zu visualisieren welche Faktoren die Entwicklung und Innovationen – das Vorankommen des Teams – behindern und welche dazu beitragen.

Das Boot stellt dabei vier Symbole für den Teamfortschritt dar: Der Propeller symbolisiert den Motor des Bootes also all das, was uns voranbringt und dazu beiträgt, die gewünschten Ergebnisse zu erzeugen und Ziele zu erreichen. Der Rettungsring ist unser Lebensretter. Er steht für alle diejenigen Methoden, Arbeitsmittel oder Teammitglieder, die helfen oder das Projekt oder den Prozess „retten" können, wenn etwas nicht optimal läuft. Der Anker steht für alle Dinge, die uns behindern oder das Team zurückhalten. Das sind Dinge, die wir verbessern oder beseitigen müssen, um unsere Ziele zu erreichen. Die Klippen unter Wasser stehen für mögliche Gefahren, also das Risiko, was alles falsch laufen könnte oder uns bedroht. Beide Methoden helfen dabei im Team auf spielerische Weise herauszufinden, wo die Stärken, Schwächen, Chancen und Risiken der Zusammenarbeit, der Werkzeuge und Methoden und des Umfeldes liegen und wie in Zukunft damit umgegangen werden soll.

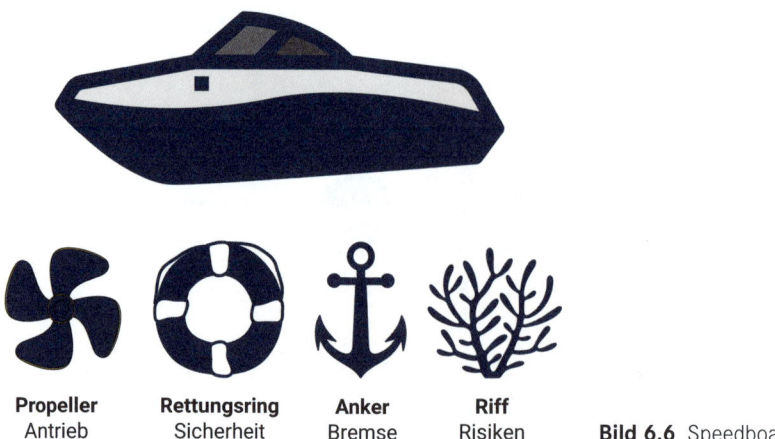

Propeller	**Rettungsring**	**Anker**	**Riff**	
Antrieb	Sicherheit	Bremse	Risiken	**Bild 6.6** Speedboat

Workshops, die sich an solchen Strukturen orientieren, führen aus unserer Erfahrung oft schneller zu sinnvollen Ergebnissen als unstrukturierte Gruppendiskussionen, die sich häufig zwischen Ursache, Wirkung und Lösung im Kreis drehen.

Fun-Value-Graph

Teams lassen sich jedoch nicht nur von sachlichen Themen leiten. Für erfolgreiche Arbeit sollten die Menschen und deren Empfindungen im Mittelpunt stehen. Daher sollten die nicht sachlich-fachlichen Aspekte in dieser Art Bewertungen immer eine gleichwertige Rolle spielen. Was uns persönlich dafür wirklich gut gefällt, ist der „Fun-Value-Graph" (Bild 6.7), eine weitere kleine Methode, die dazu beitragen kann, sich auf die für die einzelnen Teammitglieder richtig wichtigen Dinge zu konzentrieren. Auch hier geht es wieder um vier Quadranten.

Natürlich ist hier Vorsicht geboten, denn hier geht es nicht darum, die wichtigen Dinge, die keinem Spaß machen einfach sein zu lassen. Es geht eher darum, sie in den Blick zu bringen und denen, die daran arbeiten, obwohl es nicht unbedingt die Lieblingsbeschäftigung ist, Wertschätzung und Respekt entgegenzubringen. Und es geht natürlich auch darum, möglicherweise bestehende Aufgaben so zu verschieben, dass möglichst viele Teammitglieder die Aufgaben bekommen, die ihnen Freude machen und umgekehrt andere nicht unnötig mit Aufgaben zu belasten, die sie hassen.

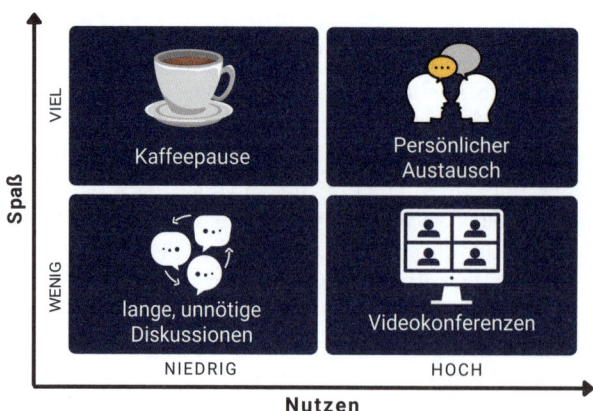

Bild 6.7 Fun-Value-Graph

Und darüber, was mit Aktivitäten passiert, die weder Freude bereiten noch einen relevanten Nutzen erzeugen brauchen wir nicht viel schreiben, oder? Im Kapitel 8 *„Einfach machen"* gibt es einen Abschnitt zum Thema „Müllabfuhr".

Routinen

Routinen und die Arten der Zusammenarbeit könnten wir ebenso gut im Abschnitt zur Ablauforganisation besprechen. Sie sind allerdings für funktionierende Teams so sehr von Bedeutung, dass wir sie an dieser Stelle besprechen wollen. Ein wichtiger Bestandteil erfolgreicher Zusammenarbeit mit gleichbleibend guten Ergebnissen sind **Routinen**, die alle kennen und gemeinsam durchführen, sei es nur ein Regelmeeting, die Art wie wir miteinander umgehen oder bestimmte Handgriffe, die immer auf die gleiche Weise erledigt werden. Routinen geben den Beteiligten Sicherheit und schaffen Gemeinsamkeit. Sie helfen auch neuen Teammitgliedern, sich in die Gruppe einzufinden und die Art, wie gearbeitet und kommuniziert wird zu verstehen und zu verinnerlichen. Ein klassisches Beispiel aus dem Service Management sind regelmäßige Service Review Meetings.

Alle Beteiligten treffen sich in festgelegten Zyklen, um über die vereinbarten Services und die Zusammenarbeit zu sprechen. Es geht um die Erfüllung von Service-Levels, um veränderte Anforderungen, um Schnittstellen, die Art der Zusammenarbeit und andere Themen, die für eine gute Servicebereitstellung wichtig sind. Direkt, nachdem solche Routinen etabliert sind, stehen sich oft verhärtete Fronten gegenüber. Es geht immer um die vielen Dinge, die nicht funktionieren, gegenseitige Vorwürfe, Eskalationen, kurz um eher unangenehme Gespräche, die sich in der langen Zeit ohne Routine angestaut haben. Irgendwann kommt dann der Tag, an dem seit dem letzten Regelmeeting alles weitgehend wie geplant funktioniert. Vielleicht lief es sogar besser als erwartet und alle Beteiligten wissen, dass sie ihren Anteil daran hatten. Das ist dann der Moment, in dem die angesetzte Zeit nicht mehr für Diskussionen über Vergangenes, sondern für gemeinsame Überlegungen, wie es noch besser laufen könnte genutzt werden kann. Das ist in unserer langjährigen Erfahrung immer wieder ein Wendepunkt in Projekten, die eine langfristige Zusammenarbeit zum Beispiel im Service Sourcing etablieren sollen. Es entwickelt sich mehr und mehr Vertrauen und immer konstruktivere, innovativere gemeinsame Aktivitäten.

Routinen tragen also dazu bei, den Alltag zu strukturieren und Sicherheit zu geben. Die meisten Menschen mögen feste Gewohnheiten und vorhersehbare Abläufe reduzieren Stress und erleichtern die Arbeit. Sie helfen dabei, bestimmte Handlungen zu automatisieren und tragen so auch dazu bei, Zeit und Ressourcen zu sparen. Denn alles, was wir „routiniert" erledigen, schaffen wir in der Regel mit weniger Energieeinsatz.

Eine besondere Bedeutung haben gemeinsame Routinen erlangt, seit immer öfter nicht am selben Ort, sondern über große Entfernungen zusammengearbeitet wird. Was im gemeinsamen Büro in der Kaffeepause oder nach dem Essen automatisch passiert, muss allerdings in lediglich digital zusammenarbeitenden Teams bewusst herbeigeführt werden. Das ist nicht immer leicht und braucht Zeit und Geduld. Es ist allerdings für die Entwicklung des Teams von noch größerer Bedeutung als in Präsenzteams. Routinen sind wichtig für das gemeinsame Teamgefühl, das Zugehörigkeitsgefühl jedes Einzelnen aber auch für die Teamkultur und besonders für die Sicherung gemeinsamer Ergebnisse.

6.3.1 Vertikale und horizontale Zusammenarbeit

Bei den Teamstrukturen hierarchischer Führungsstile muss nicht nur die vertikale, sondern auch die horizontale Struktur beachtet werden. Bei der horizontalen Struktur, also bei Teams, die nebeneinander auf der gleichen Hierarchieebene arbeiten, müssen Strukturen geschaffen werden, die optimale Zusammenarbeit ermöglichen. Ob dies nun in Prozessen oder durch die Bildung von Gremien organisiert wird, ist dabei zweitrangig, solange es zum Ergebnis führt. Hingegen muss man sich bei der vertikalen Struktur fragen, wie man von oben nach unten Ziele und Aufgaben herunterbrechen kann. Oder wie von unten nach oben die Zielerreichung bewertet und gesteuert wird.

Alles Agil?

Wenn es um Zusammenarbeit geht, fällt inzwischen immer das Stichwort Agilität. Aber was bedeutet das eigentlich? Wir möchten dies im Vergleich zu einer klassischen Projektstruktur simpel beschreiben. Bei einem Projekt gibt es in der Regel einen Plan und dieser wird umgesetzt. Dann werden Tests gemacht, um zu überprüfen, ob der Plan funktioniert hat. Insbesondere bei größeren Projekten nehmen das Planen, Umsetzen und Überprüfen sehr viel Zeit in Anspruch, sodass sich in der Zwischenzeit Rahmenbedingungen möglicherweise verändert haben. Der Plan, den man vor fünf Jahren gemacht hat, passt nun also nicht mehr. Im Nachhinein wird versucht, Bestandteile des Plans anzupassen, was wiederum sehr zeitaufwendig ist und nicht unbedingt zum Ziel führt.

Bei einer agilen Vorgehensweise hat man zwar eine Zielrichtung, aber wie das Ergebnis ganz konkret am Ende aussehen soll, ist nicht festgelegt. Das heißt, man plant von Anfang an ein, dass sich Dinge im Verlauf verändern werden, und der Plan wird zu Beginn nur grob entworfen. Die Aufgaben, die jedoch unmittelbar anstehen, werden umso konkreter geplant und umgesetzt. So kann auf Veränderungen von Rahmenbedingungen unmittelbar reagiert werden. Dies hat verschiedene Konsequenzen auf die direkte Arbeit und Umsetzung.

Als erste Konsequenz hat man viel früher Kontakt zu den Kunden, denn diese werden nach jeder Iteration des Produktes oder Services aktiv einbezogen. Nach der Lieferung der ersten Iteration (Minimum Viable Product). Werden die Rückmeldungen zum Produkt direkt eingeholt, um diese unmittelbar in die nächste Iteration einfließen zu lassen: Hier findet also ein iteratives anstelle eines linearen Arbeitens statt. Drei Stellschrauben haben beide Vorgehensweisen dennoch gemein: Qualität, Zeit und Ressourcen. Vereinfacht ausgedrückt wird beim klassischen Projektmanagement die Qualität definiert. Anschließend werden das Zeitfenster bzw. die Deadline festgelegt sowie die Ressourcen, die genutzt werden. Wenn Abweichungen festgestellt werden, versucht man, das ursprünglich definierte Ziel durch den Einsatz von Ressourcen oder durch die Verlängerung der Zeit doch noch zu erreichen.

In der agilen Welt werden die Zeitfenster zu Beginn bereits anders definiert. Diese Zeitfenster werden Sprints genannt und sind zum Beispiel zwei oder vier Wochen lang. Wenn das Zeitfenster für die Sprints abgelaufen ist, wird das erzielte Ergebnis abgeliefert, unabhängig davon, ob es den ursprünglich geplanten Status erreicht hat. Für den Sprint werden fest eingeplante Ressourcen genutzt. Damit ist die einzige Komponente, die variabel ist, die Qualität. In der agilen Welt wird also das geliefert, was in der zur Verfügung stehenden Zeit machbar war und der angedachten Qualität am nächsten kommt. Hier schließt sich der Kreis zum Kundenkontakt, um frühzeitig über mögliche Anpassungen zu sprechen.

Dies Vorgehensweise beschreibt jedoch nur den konzeptionellen Teil der Methode. Dahinter verbirgt sich noch viel mehr, denn es handelt sich hierbei um eine Grundphilosophie oder auch Lebenseinstellung zur Arbeit beziehungsweise dazu, wie Arbeit funktionieren soll. Es wird von einer partnerschaftlichen Zusammenarbeit ausgegangen, man ist füreinander da und dennoch steht das Ergebnis für den Kunden im Vordergrund. Man setzt auf Dialoge. Überforderung soll vermieden werden. Zusätzlich gibt es das agile Manifest mit zwölf verschiedenen Prinzipien zur Gestaltung der Zusammenarbeit. Wir arbeiten in unserem Unternehmen im Übrigen auch mit solchen Manifesten.

Im Wandel vom klassischen Projektmanagement zur Agilität kommen wieder bekannte Muster zum Vorschein. Es werden oftmals stimmige Merkmale vereinzelt aus der neuen Methode herausgenommen und wie ein Template auf das eigene Unternehmen übertragen, mit der Hoffnung den gleichen Effekt zu erzielen. Das kann dazu führen, dass neue Methoden wieder nur als „Korsett" den Mitarbeitern einschränkend übergestreift werden, anstatt ihnen mehr Freiraum und Möglichkeiten zur Entfaltung zu geben.

Unsere Hitliste erfolgreicher Zusammenarbeit

Unsere Hitliste orientiert sich an grundlegenden agilen Prinzipien, die wir mit unseren Erfahrungen angereichert und auf die Zusammenarbeit im Service Management ausgerichtet haben.

Platz 7: Teams reflektieren sich regelmäßig und passen ihr Verhalten an

Aus Fehlern zu lernen ist ein zentraler Erfolgsfaktor, besonders in iterativen Vorgehensweisen. Nur wer Fehler erkennt, kann in der nächsten Iteration zuverlässig ein besseres Ergebnis erzielen. Dazu ist es wichtig, sich selbst und die eigene Arbeit regelmäßig zu hinterfragen. Es gibt heute kaum noch ein Unternehmen, das sich nicht auf die Fahne schreibt: „Wir haben eine positive Fehlerkultur. Fehler dürfen gemacht werden". Wichtig ist aber nicht, was auf solchen Folien und Plakaten steht, sondern was in den Köpfen der der Menschen passiert und welche Kultur gelebt wird.

Wenn ich als Unternehmen sage „wir haben eine tolle Fehlerkultur" und in der Kaffee-Ecke stehen alle zusammen und sagen: „hey, habt ihr gesehen, der Müller, der hat wieder einen Scheiß gebaut – da hat nichts funktioniert und wir müssen es wieder ausbaden und von vorne anfangen". Solange das in den Köpfen ist – und das ist es, denn jahrzehntelang galten Fehler vor allem als Schwäche – solange nutzt die schönste Fehlerkultur nichts.

Zu einer guten Fehlerkultur gehört es nicht nur Fehler zu akzeptieren, sondern auch wenn man mal hingefallen ist, nicht gleich wieder aufstehen und zu hoffen, dass es niemand gemerkt hat und schnell weiterzugehen. Es heißt sich die Zeit zu nehmen innezuhalten und zu überlegen warum bin ich eigentlich hingefallen und was muss ich denn anders machen, dass ich nicht gleich wieder in zehn Metern daliege.

Der nächste Schritt ist es, Verhalten anzupassen. Das bedeutet auch, alte Denkmuster zu hinterfragen. Natürlich ist es sehr komfortabel in einer Erfahrungswelt, in der man sich gut auskennt und immer, wenn man an den Rand dieser Erfahrungswelt kommt, dann wird es irgendwie kühl und ungemütlich. Versuch es einmal, über diesen Rand zu klettern und du wirst sehen: Das ist zwar erst mal ungemütlich, und macht manchmal sogar etwas Angst, aber es macht dann schon Spaß, Neues zu erleben und auch Neues zuzulassen. Außerdem ist es die Grundlage für Entwicklung und Innovation und Voraussetzung für echtes Wachstum als Person, als Team und im Unternehmen. Bild 6.8 zeigt die verschiedenen Abstufungen dieser Grenzen, die wir überschreiten sollten, wenn wir wirklich nachhaltig lernen wollen.

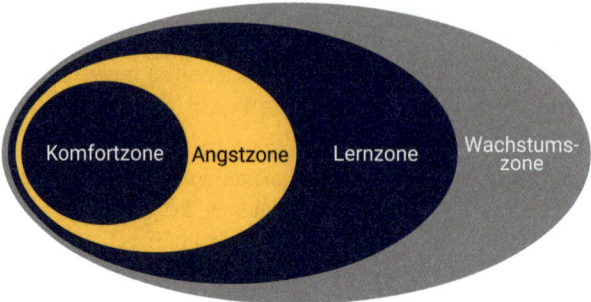

Bild 6.8
Raus aus der Komfortzone

Platz 6: Informationen werden am besten im persönlichen Gespräch übermittelt

Das folgende Beispiel finden wir sehr eindrücklich für unseren Platz sechs: Stelle dir vor, du liest als Mitarbeiter folgendes Firmenmemo: „Sehr geehrte Mitarbeiter und Mitarbeiterinnen, wie Sie schon bemerkt haben, gibt es in den letzten drei Monaten große Probleme in unseren wichtigsten Projekten. Tatsächlich besteht in einigen Situationen die Gefahr, diese Projekte zukünftig zu verlieren. Wir werden deshalb einige für uns alle schmerzliche Maßnahmen durchführen müssen. Im Einzelnen sind das Maßnahme 1, Maßnahme 2, Maßnahme n. Wir sind sicher, dass ihr mit Freude daran mitarbeiten werdet. Mit freundlichen Grüßen Euer Vorstand.

Die Alternative: Die Teamleiterin kommt vor dem Mittagessen und sagt: Hey Roland, Nico, Pia, lasst uns mal nach dem Essen kurz zusammensetzen, es gibt etwas wichtiges zu besprechen. Danach erklärt sie bei einer Tasse Kaffee die Situation: Ihr merkt es ja, es läuft nicht so rund in unserem Projekt. Wir müssen gemeinsam darüber nachdenken. Habt ihr irgendwelche Ideen, was wir besser machen könnten, damit der Kunde in Zukunft zufriedener ist? Nur wenn er uns den Folgeauftrag gibt, können wir unsere Ideen, die wir ja schon alle haben im Projekt wirklich fortführen." Es steht außer Frage, welche Art der Kommunikation die größere Chance darauf hat, dass alle an einem Strang ziehen, oder?

Natürlich kann nicht jede Kommunikation im Einzelgespräch erfolgen. Auch größere Runden können hilfreich sein. Das direkte Gespräch einzeln oder in der Gruppe hat einen riesengroßen Vorteil: Sender und Empfänger sind weitgehend synchron. Alle Beteiligten, egal ob Sender oder Empfänger, können sofort sehen und spüren, wie die Reaktion ist. Wenn ich etwas erzähle, sehe ich die Reaktion der Zuhörer und kann darauf reagieren. Wenn ich etwas erzählt bekomme, sehe ich bei dem der es erzählt, wie ist die Körpersprache dabei? Ich kann Missverständnisse sofort aufklären, indem ich sofort Rückfragen stelle, notwendige Klärungen und Klarstellungen können sofort stattfinden.

Platz 5: Zusammenarbeit und Gemeinschaft sind wichtig

Den Fokus auf Zusammenarbeit und Gemeinschaft legen klingt für Teams, die gemeinsam Ergebnisse erzeugen wollen, klingt selbstverständlich. In der Realität versuchen wir oder zumindest die meisten von uns natürlich ein Team zu sein. Und zusammen an der Gemeinschaft zu arbeiten. Häufig sind die Bemühungen jedoch auf kleine Teams beschränkt bewegen sich innerhalb vorhandener „Silos" (Abteilungen, Bereiche). Was wir hier meinen mit Zusammenarbeit und Gemeinschaft ist echte, fachübergreifende Zusammenarbeit über Teamgrenzen, fachliche Spezialisierungen und sogar über Unternehmensgrenzen hinweg. Zu profitieren von den Fähigkeiten anderer, die einen völlig anderen fachlichen und Erfahrungshintergrund haben, die Impulse von außen geben, die ausschließlich innerhalb der kleinen „Team-Welt" verborgen geblieben wären.

Zusammenarbeit heißt, sich am Ergebnis orientiert zu finden und mit einem echten Wir-Gefühl dafür zu arbeiten, dass das Ergebnis, welches wir als Team liefern, tatsächlich gut ist und genau das, was unser Kunde braucht. Das setzt allerdings voraus, dass diese Teams auch die Verantwortung bekommen, Entscheidungen zu treffen. Ist das nicht der Fall und wir sollen Verantwortung für ein Ergebnis übernehmen während Entscheidungen woanders getroffen werden, werden wir uns nicht mit dem Team und dem Ergebnis identifizieren. Mehr Details zu diesem Thema beschreiben wir im Kapitel 7 *„Mit Vertrauen und Verantwortung führen"*.

Platz 4: Teams organisieren sich, wenn immer möglich selbst

Selbstorganisierte Teams sind ein Thema, das besonders für Vorgesetzte in klassisch hierarchisch organisierten Unternehmen oft schwer nachzuvollziehen und zu akzeptieren ist. Es ist in dieser Erfahrungswelt schwer vorstellbar, dass Teams ohne Führung, ohne Anweisungen, ohne Kontrolle das Richtige tun. Unsere persönliche Erfahrung zeigt jedoch tatsächlich, dass Teams, die sich weitgehend selbst organisieren, mit einer höheren Wahrscheinlichkeit erfolgreich sind als Teams, die von außen eine Organisationsstruktur aufgetragen bekommen. Unsere Erklärung für diese Beobachtung ist, dass die Menschen, die im Team gemeinsam arbeiten doch am besten wissen, was nötig ist und welche Struktur sie brauchen, um das beste Ergebnis zu liefern. Auf diese Weise folgt die Struktur auf natürliche Weise den Ergebnissen, die erzeugt werden sollen – gesteuert von denen, die den besten Blick auf die jeweilige Situation haben und Entscheidungen dort treffen, wo die Ergebnisse erzeugt werden.

Platz 3: Beteiligte erhalten Vertrauen und Unterstützung

So selbstverständlich dieser Punkt klingt, so häufig finden wir Situationen, in den Vorgesetzte oder auch andere Teammitgliedern den Beteiligten nicht zutrauen, genauso gute Ergebnisse zu erzielen, wie sie es selbst tun würden. Oder man traut Mitarbeitenden nicht zu, dass sie sich ohne Steuerung von außen, Druck oder Karotten vor der Nase in Form von Belohnungen genug anstrengen.

Wenn es dann Schwierigkeiten im Projekt gibt oder die Ergebnisse nicht den Erwartungen entsprechen, dann fühlt man sich erst einmal in den eigenen Vorurteilen bestätigt. Wer hat den Spruch nicht schon einmal gehört oder vielleicht sogar selbst gesagt: „Wenn man nicht alles selbst macht ...". Dabei wäre es oft so leicht, einfach an der richtigen Stelle eine kleine Unterstützung oder einen Impuls von außen zu geben, um das Team nicht nur in der aktuellen Situation, sondern auch für zukünftige Aufgaben noch besser zu befähigen.

Natürlich bedingt dieses Vertrauen auf der anderen Seite auch, dass die Teams und einzelne Akteure die Verantwortung übernehmen, dieses Vertrauen zu rechtfertigen und sich nicht dahinter zu verstecken. Auch hier zeigt zumindest unsere Erfahrung, dass Geduld sich auszahlt. Je öfter Teams merken, dass ihnen echtes Vertrauen entgegengebracht wird, dass auch in schwierigen Situationen nicht entzogen wird, desto größer werden die Anstrengungen sein, dieses Vertrauen nicht zu enttäuschen.

Platz 2: Erfolg misst sich am Wert der Services für die Kunden

Auf Platz zwei geht es drum, wie wir eigentlich feststellen, ob wir als Team erfolgreich sind oder nicht. Hier neigen wir dazu, zu betrachten, was wir dem Kunden geliefert haben und ob das den Vereinbarungen entspricht. Stattdessen sollten wir uns öfter Gedanken darüber machen, was die Kunden eigentlich davon haben, welche Probleme wir für die Kunden lösen. Im Kapitel 2 *„Die Welt des Kunden verstehen"* geht es darum, wie wir genau das erfahren können. Wenn wir das wissen, geht es darum, zu überlegen, wie wir unsere internen Abläufe so gestalten, dass der Nutzen für die Kunden möglichst groß ist.

Dabei gilt immer der Grundsatz: „Ergebnis vor Prozess oder Methode". Prozesse und Methoden helfen uns, unsere Abläufe zu organisieren. Stehen Abläufe aber dem besten Ergebnis im Weg, dann müssen die Abläufe geändert werden. Wer hat sich nicht schon einmal in irgendeiner Service-Hotline darüber geärgert, kein zufriedenstellendes Ergebnis zu bekommen, weil der Servicemitarbeiter durch die eigenen Prozesse und Regeln daran gehindert wird? Exzellente Serviceorganisationen tun alles dafür, das zu vermeiden.

Platz 1: Einfach machen!

Zu diesem Punkt müssen wir hier gar nicht so viel schreiben, denn wir haben ihm ein eigenes Prinzip gewidmet. „Einfach machen" hat zwei Bedeutungen. Die erste ist, die Dinge so einfach wie möglich zu gestalten. Das ist die Kunst, die Menge nicht getaner Arbeit zu minimieren, ohne auf relevante Ergebnisse zu verzichten. Überall dort, wo es zwei Lösungen für ein Problem gibt, eine komplizierte und eine einfache, sollten wir alles daransetzen, die einfache zu nutzen. Das ist natürlich nicht in jedem Fall der richtige Weg, das gilt aber ebenso für die komplizierte Variante und die erzeugt definitiv mehr Aufwand beim Ausprobieren.

Die zweite Bedeutung von „einfach machen" ist einfach anfangen, „just do it". Wir bewerten die aktuelle Situation, überlegen uns was getan werden muss und fangen einfach an. Wenn etwas nicht funktioniert, dann schauen wir gemeinsam mit den Stakeholdern, was besser werden muss, sammeln Ideen und starten damit die nächste Iteration. Das ist ein wesentliches Merkmal einer agilen Kultur. Früh scheitern, früh draus lernen, früh darauf reagieren.

■ 6.4 Ablauforganisation

Prozessdesign und Prozessmanagement

Prozesse zu definieren ist überall dort nötig, wo Menschen oder auch Maschinen gemeinsam strukturiert wiederholbar und effizient an relevanten Ergebnissen arbeiten. Ebenso wichtig wie die Definition der Prozesse ist es die Prozesse zu leben und sie so zu steuern, dass sie ihren Zweck dauerhaft erfüllen. Es ist erstaunlich, wie verbreitet auch heute noch Prozesse sind, die nur noch wenig zum gemeinsamen Ergebnis beitragen und stattdessen von den Beteiligten Menschen eher als Last denn als Unterstützung für die tägliche Arbeit gesehen werden. Prozess-Management bedeutet, die gewünschten Ergebnisse und Steuerimpulse zu betrachten, regelmäßig zu überprüfen, ob der Prozess seinen Zweck weiter bestmöglich erfüllt und entsprechende Korrekturen vorzunehmen. Im Abschnitt „Relevante Ergebnisse zählen" gehen wir detailliert auf Kennzahlen und mögliche Steuerimpulse sowie deren Nutzung ein.

Prozesse sollten immer ausgehend vom gewünschten Ergebnis im besten Fall anhand eines typischen Use Cases betrachtet werden. Erst wenn klar ist, was das Ergebnis sein soll folgen die Detailebenen der Prozessbeschreibung. Dabei werden die häufigsten und dann die weniger häufigen Varianten genauer betrachtet und bewertet. Stell dir bei der Prozessgestaltung immer wieder die folgende Frage: Müssen wirklich alle Varianten abgebildet werden oder verkomplizieren sie den Prozess? Prozesse sind dafür gedacht häufige Aktivitäten so zu organisieren, dass sie wirtschaftlich, wiederholbar und in gleichbleibender Qualität geleistet werden können. Zu viele Sonderfälle, die im Prozess behandelt werden, wirken diesem Ziel entgegen, denn die Gefahr bei einer Berücksichtigung aller Varianten besteht darin, sich zu sehr in Einzelaktivitäten zu verlieren.

In der Praxis hat es sich bewährt besser ist es, möglichst allgemein zu beginnen und die Prozesse nicht zu sehr herunterzubrechen, sondern in Prozessschritten zu denken. Immer mit dem Blick darauf, welche Ergebnisse, oder Zwischenergebnisse beim jeweiligen Schritt erstellt werden und was das übergeordnete Gesamtziel ist. Was sind die Outputs, die der Prozess erzeugen muss, damit ein bestimmtes Ergebnis erzeugt werden kann? Erst danach folgt die Überlegung, welchen Input es für die Durchführung des Prozesses braucht. Der Prozess wird also von hinten aufgerollt oder designt.

Prozesse

Die Aktivitäten für Planung, Vereinbarung, Gestaltung, Betrieb und stetiger Verbesserung der Services werden in Prozessen beschrieben. In der einfachsten Form beschreibt ein Prozess die benötigten Inputs, die Aktivitäten zur Verarbeitung des Inputs und den erwarteten Output. Beeinflusst werden die Aktivitäten des Prozesses durch die Nutzung vorhandener Fähigkeiten und Ressourcen (Bild 6.9).

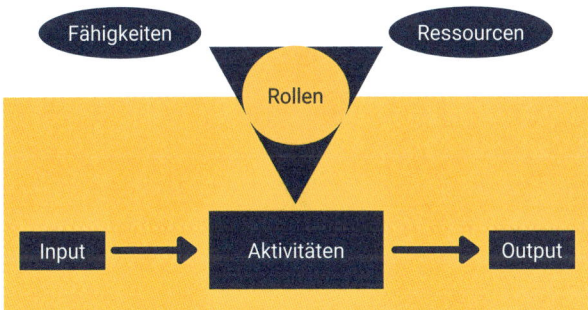

Bild 6.9 einfacher Prozess

Neben Aktivitäten, Input und Output ist es wichtig, auch Rollen zu definieren, mit deren Hilfe die vorhandenen Ressourcen und Fähigkeiten den Prozessaktivitäten zugeordnet werden. Rollendefinitionen informieren die beteiligten Menschen, was in der entsprechenden Rolle von ihnen erwartet wird. Definierte, dokumentierte, wiederholbare und gelebte Prozesse sind die Basis einer erfolgreichen Serviceerbringung. Prozesse beschreiben Aktivitäten, Abläufe und Abhängigkeiten. Prozesse haben folgende grundlegende Eigenschaften:

- Sie sind messbar (z. B. Kosten, Qualität).
- Sie liefern spezifische Resultate (individuell erkennbar, zählbar).
- Sie haben spezifische Abnehmer (intern oder extern → Stakeholder).
- Sie reagieren auf spezifische Ereignisse (Trigger).

Prozesse werden schnell bürokratisch, wenn Entscheidungen aus dem Ablauf heraus an Personen oder Rollen gebunden werden, die sonst nicht in den Ablauf eingebunden sind. Solche Freigaben können im Sinne eines vier-Augen-Prinzips in Einzelfällen sinnvoll sein, zum Beispiel zur Qualitätssicherung, oder um die Einhaltung kritischer Regelungen sicherzustellen. Im Allgemeinen ist es jedoch besser, den Ablauf nicht durch Freigaben zu behindern, sondern die Entscheidungsverantwortung bei den im Prozess involvierten Personen zu belassen. Eine gute Alternative zu Freigabeprozessen, die in der Regel den Prozess verlangsamen, sind Vetoregelungen. Vetoregelungen erlauben es, ähnlich, wie Freigaben, den Prozessablauf zu unterbrechen, oder umzuleiten. Die Ausübung des Vetorechts erfordert jedoch eine Aktivität. Dadurch kommt es seltener zu Wartezeiten, oder Unterbrechungen im Prozess. Diese sind hingegen bei klassischen Freigaben die Regel, weil der Prozess erst weiterläuft, wenn eine Aktivität erfolgt ist. Der Unterschied liegt also in der Frage, ob die Unterbrechung, oder der Fortgang des Prozesses die Regel ist.

Am Prozess beteiligte Menschen

Prozesse geben eine wichtige Struktur, was eine Serviceorganisation jedoch ausmacht, sind die beteiligten Menschen. Von deren Erfahrungen zu profitieren heißt, die Chance auf erfolgreiche Veränderungen maximieren. Bei geplanten Veränderungen, wie die Gestaltung neuer Serviceprozesse reicht es also nicht aus, sich mit dem Management in ein stilles Kämmerchen einzuschließen, neue Prozesse zu definieren und diese dann zu verkünden. Die Reaktion der Mitarbeitenden darauf wird Ablehnung sein. Zu Recht.

Es heißt also, die Mitarbeitenden vom ersten Moment an einzubinden und von deren Erfahrungen zu profitieren. Niemand kennt die Stärken und Schwächen des Unternehmens bzw. der Serviceorganisation so gut wie die Mitarbeitenden, die oft seit Jahren Services erbringen. Hier gilt es, Ideen aufzunehmen und in die Gestaltung der Prozesse einfließen zu lassen. Darauf zu verzichten ist fahrlässig und kostet oft viel Geld. Viele Unternehmen leisten sich externe Berater, um ihre Prozesse neu zu gestalten und der Blick von außen kann helfen, Betriebsblindheit zu überwinden und gewachsene Prozesse zu vereinfachen. Akzeptanz für die neu gestalteten Prozesse lässt sich jedoch am besten sicherstellen, wenn die Prozessbeteiligten selbst in die Gestaltung ihrer Abläufe eingebunden werden.

Von Beginn an auf das Team zu setzen, bedeutet auch, eine stabile Basis für die Akzeptanz der neuen oder veränderten Prozesse zu legen. Entscheide selbst, wo die Akzeptanz größer sein wird: Bei gemeinsam erarbeiteten Ergebnissen mit breiter Beteiligung oder bei „Befehlen von oben". Das bedeutet nicht, dass alle machen sollen, was sie wollen. Es geht um konstruktive Beteiligung an einer zielorientierten Prozessdefinition entsprechend den individuellen Fähigkeiten, Erfahrungen und Interessen. Dieser Prozess lässt sich moderieren und entsprechend der Ziele steuern.

Kultur und Struktur

Bis heute dominieren besonders in großen Unternehmen fachliche „Silos" und Hierarchien (Bild 6.10). Diese Struktur stößt bei den heutigen Anforderungen an Serviceorganisationen schnell an Grenzen und wird durch Strukturen und eine Kultur ersetzt werden, die sich nicht an der Fachlichkeit, sondern am Ergebnis für die Kunden orientieren.

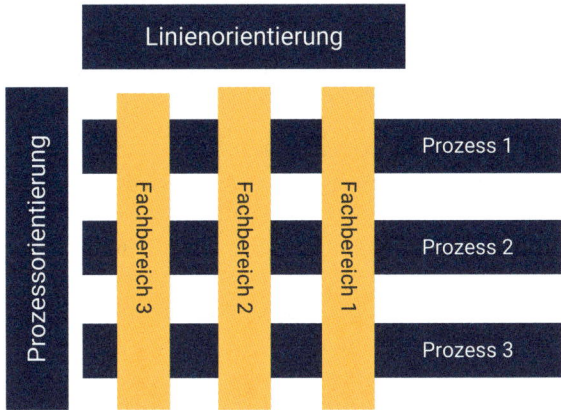

Bild 6.10 Linie versus Prozess

Es werden fachübergreifende Teams in horizontalen Netzwerken gemeinsam an den Produkten des Unternehmens und am dafür nötigen IT-Service arbeiten. Interdisziplinäre Zusammenarbeit und ganzheitliche Verantwortung der Teams beeinflussen deren Ergebnisse positiv. Diese grundlegende Veränderung der Zusammenarbeit ist jedoch nicht per Verordnung im Unternehmen umsetzbar. Es ist eine kulturelle Veränderung, die gemeinsam mit allen beteiligten Menschen gestaltet werden muss. Auf diese Weise zu Arbeiten setzt ein hohes Maß an Verantwortung bei allen Beteiligten und Vertrauen in die Entscheidungen der aller Beteiligten voraus. Es gilt, gemeinsam mit den Teams sinnvolle neue Strukturen und Prozesse der Zusammenarbeit zu entwickeln, damit zu experimentieren und sie stetig den Anforderungen und Bedürfnissen neu anzupassen.

Eine prozessorientierte Vorgehensweise und horizontale Zusammenarbeit an einem gemeinsamen Ergebnis (Service) bedeuten also einen Wandel in der Unternehmenskultur, da Aufgaben nicht mehr wie gewohnt innerhalb einzelner Fachbereiche, sondern linienübergreifend betrachtet und bearbeitet werden.

Dieser Wandel trifft bei Menschen, die seit vielen Jahren in festen Strukturen zusammenarbeiten, häufig auf Ablehnung, da sie gewohntes Terrain verlassen müssen, um der neuen Arbeitsweise gerecht zu werden. Mit diesen Widerständen gilt es in Veränderungsprojekten umzugehen. Gelebtes und offen kommuniziertes Vertrauen in die Leistungsfähigkeit der Beteiligten und konsequente Übertragung von Verantwortung für die Ergebnisse dorthin, wo die Ergebnisse erzeugt werden, bilden die Basis. Als Konsequenz sollten beteiligte Mitarbeiter von Beginn an informiert und in Veränderungsprozesse eingebunden sein. Gezielte Weiterbildungsmaßnahmen und regelmäßige Feedbackrunden nehmen Kritik auf und tragen dazu bei, Widerstände abzubauen. Eine positive Fehlerkultur reduziert Ängste und fördert Innovationen und Umsetzungsgeschwindigkeit.

Nur wer den beteiligten Mitarbeitern Vertrauen schenkt und ihnen zutraut, ihre Rolle aus eigenem Antrieb so gut es gerade möglich ist zu erfüllen, kann erwarten, dass diese die Verantwortung übernehmen, eigenständig die besten Ergebnisse zu liefern.

Prozessautomatisierung

Wenn die Prozesse optimiert wurden und die erwarteten Ergebnisse zuverlässig erzeugt werden, folgt die weitere Verbesserung der Effizienz und Effektivität durch Automatisierung.

Automatisieren heißt dabei nicht, Bestehendes einfach nur in die digitale Welt zu übertragen. Vielmehr bedeutet es, die Möglichkeiten, die Digitalisierung und Automatisierung bieten, zu nutzen, um Abläufe weiter anhand dieser neuen Möglichkeiten zu verbessern und zu modernisieren.

Ein einfaches Beispiel ist ein klassisches physisches Aktenordnersystem, das digitalisiert wird. Hier gilt es nicht nur, die vorhandenen Aktenordner in eine elektronische Form zu bringen und die bisher manuellen Abläufe in Workflows zu übertragen. Da durch die Digitalisierung nun erweiterte Zugriffsmöglichkeiten vorhanden sind, bieten sich ganz neue Möglichkeit der gemeinsamen Arbeit an den enthaltenen Informationen. Das ist Prozessautomatisierung, also die Optimierung des Prozesses auf einen digitalen Prozess hin und geht weit über das reine Übertragen der bestehenden Prozesse in die digitale Welt hinaus. Auch hier greift die Herangehensweise „vom Ende her denken". Der digitale Prozess wird neu bewertet, und zwar unter Berücksichtigung der digitalen Möglichkeiten. Das Ergebnis ist möglicherweise das gleiche, aber der Ablauf ist ein völlig anderer. Nicht die bestehende Struktur wird automatisiert, sondern der Weg, mit dem das Ziel erreicht werden soll, wird unter Nutzung digitaler Technologien neu gedacht. Genau diese Vorgehensweise fällt vielen Unternehmen schwer. Doch sie bietet große Chancen, sich von alten Strukturen und Abläufen zu lösen und diese zu vereinfachen.

Ein weiteres Beispiel ist die Zentralisierung der Rechnungsprüfung eines großen Handelskonzerns. Klassisch werden bisher Einzelrechnungen in einem Markt vom Marktleiter geprüft, gebucht und abgelegt. Im neuen Prozess werden die Rechnungen nicht mehr dem Markt zugesandt, sondern zentral bei der Zentralrechnungsprüfung erfasst, digitalisiert und automatisiert innerhalb des richtigen Kostenrahmens abgerechnet, soweit es automatisiert möglich ist. Diese Reorganisation zieht Konsequenzen in der Aufbauorganisation nach sich, da die Einzelaufgaben nun an anderer Stelle verortet werden und eine Zentralisierung stattfindet. Funktionieren kann eine solche Änderung nur, wenn übergreifend vorgegangen wird. Ein einzelner Marktleiter hätte diese Änderung nicht umsetzen können, da er ausschließlich innerhalb eines geschlossenen Systems, und nicht übergreifend tätig ist.

Generische Prozessmodelle

Bei der Gestaltung der Prozesse können generische Prozessmodelle, wie sie in Methoden wie zum Beispiel ITIL für die IT beschrieben werden, als Basis für eine konsistente Prozessbeschreibung nützlich sein [Service Operation, 2011]. Sie werden verwendet, um den Aufbau der zu definierenden Prozesse auf abstrakter Ebene darzustellen. In der Regel werden in generischen Prozessmodellen die drei Ebenen Prozesssteuerung, Prozess und Prozess-Enabler unterschieden:

- *Prozesssteuerung*
  - Prozessziel
  - Wichtige Erfolgsfaktoren und Kennzahlen
- *Prozess*
  - Input und Trigger
  - Aktivitäten
  - Output

- *Prozess-Enabler*
  - Fähigkeiten und Ressourcen
  - Rollen

Prozesssteuerung

Die erste Ebene Prozesssteuerung beinhaltet das Ziel sowie wichtige Erfolgsfaktoren und Kennzahlen. Das Prozessziel beschreibt, was dieser Prozess leisten soll. Warum gibt es diesen Prozess und was kann als Ergebnis erwartet werden? Um den Prozess steuern zu können, werden wichtige Erfolgsfaktoren (Critical Success Factor, CSF) definiert, die zur Erreichung des Prozesszieles beitragen. Diese CSF werden oft auch als qualitative Ziele bezeichnet und beschreiben Faktoren, die für die Zielerreichung wichtig sind. Soll ein Prozess beispielsweise ein perfektes Menü liefern, so wären wichtige Erfolgsfaktoren der Geschmack der Speisen oder ein perfekter Service beim Servieren. Um zu erkennen, ob diese wichtigen Erfolgsfaktoren den Erwartungen entsprechen, werden messbare Größen, also Kennzahlen (Key Performance Indicators, KPI) definiert. Diese KPI ermöglichen es, konkret zu messen, ob der Prozess in der Lage ist, das Prozessziel zu erreichen. In unserem Beispiel müssten wir also eine Kennzahl für die Messung des Geschmackes finden. Das ist nicht immer leicht und bedarf einer klaren Struktur, die wir im Abschnitt „Relevante Ergebnisse zählen" beschreiben.

Prozess

Die zweite Ebene, der eigentliche Prozess, beschreibt Input und Trigger, Aktivitäten und Output sowie in einigen Prozessmodellen (z. B. ITIL) auch Rollen. Der Prozess lässt sich anhand eines Ausspruchs, der eigentlich aus der Juristerei stammt, sehr plastisch beschreiben. Es wird Ambrose Gwinnet Bierce zugeschrieben und lautet:

> „Ein Prozess ist eine Maschine, die man als Schwein betritt und als Wurst verlässt."

Das Schwein steht hier für den Input und verdeutlicht, dass die besten Aktivitäten im Prozess nichts wert sind, wenn schon der Input nicht den Anforderungen entspricht. Würde beispielsweise „ein Apfel" in den Prozess eintreten, dann könnte dieser trotz aller Perfektion daraus keine Wurst produzieren. Zudem werden die Aktivitäten beschrieben, um das Schwein zu Wurst zu verarbeiten und gegebenenfalls wird beschrieben, was die beteiligten Mitarbeiter in jedem Prozessschritt leisten müssen (Rollenbeschreibung). Auch der Output muss spezifisch definiert werden. „Wurst" ist nicht ausreichend und muss durch sinnvolle Attribute ergänzt werden. Output könnte z. B. sein: 10 kg Fleischwurst, 5 kg Leberwurst, usw. Auch die Qualität der Wurstwaren müsste natürlich beschrieben werden.

Rollenbeschreibungen werden häufig mit Stellenbeschreibungen verknüpft, sind allerdings nicht einer spezifischen Person zugeordnet. Um zu beschreiben, welche Rollen an einem Prozess beteiligt sind, kann das RACI-Modell nützlich sein.

- *Responsible:* Verantwortlich für die Durchführung
- *Accountable:* Rechtlich oder kaufmännisch ergebnisverantwortlich (Genehmiger)
- *Consulted:* Fachleute, die um Rat gefragt werden oder beteiligt sind
- *Informed:* Erhält Informationen über den Verlauf bzw. das Ergebnis

Manchmal wird das Modell um zwei weitere Rollen erweitert und als RACI-VS bezeichnet:

- *Verify:* Prüft Ergebnisse gegen vereinbarte Akzeptanzkriterien
- *Sign-Off:* Bestätigt das Ergebnis der Verifizierung

Prozess-Enabler

Die dritte Ebene ist die der Enabler, also der Faktoren, die einen Prozess tatsächlich zu einem lebendigen Teil der täglichen Arbeit werden lassen. Diese Enabler sind auf der einen Seite Ressourcen, welche zur Durchführung eines Prozesses benötigt werden. Das können sowohl technische Ressourcen als auch am Prozess beteiligte Personen sein. In unserem Beispiel könnten das die Maschinen zur Wurstproduktion und die Mitarbeiter sein, welche diese Maschinen bedienen. Auf der anderen Seite können Enabler auch Fähigkeiten sein, welche zur Prozessdurchführung benötigt werden. In unserem Beispiel könnten das die Fertigkeiten der Mitarbeiter oder das Wissen um die Produktion von Wurst sein. Bild 6.11 zeigt dieses Modell im Zusammenhang.

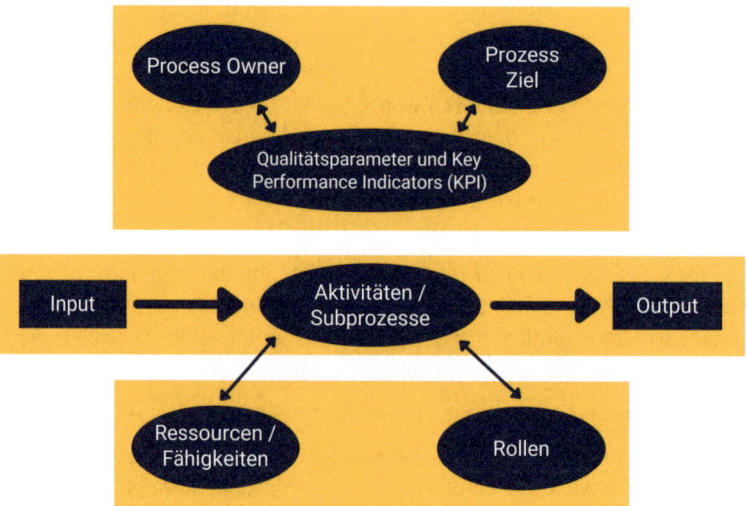

Bild 6.11 generisches Prozessmodell

Verfahren und Routinen

Grundsätzlich geht es bei Prozessen darum, Aktivitäten auf einer übergeordneten Ebene zu beschreiben: Was muss getan werden, um ein bestimmtes Ergebnis zu erreichen? Verfahren und Routinen beschreiben die Details:

- Wie soll es umgesetzt werden?
- Welche Tools braucht es dafür?
- Welche Arbeitsschritte sind notwendig?
- Welches Wissen muss der Mitarbeiter haben, um die Aufgaben erledigen zu können?

Das Verfahren beinhaltet im ersten Schritt, dass man die Arbeitsschritte kennt und weiß, was das Ergebnis ist. Der nächste Schritt ist die Umsetzung der Schritte auf den einzelnen Ebenen sowie die Nutzung der richtigen Tools, um das Ergebnis zu erzeugen. Bei den Routinen geht man eine Ebene darunter und betrachtet, welche Routinen vorhanden sind. Welche Tagesroutinen, Wochenroutinen, Monatsroutinen und Jahresroutinen gibt es? Welche Aufgaben werden darin abgewickelt?

Front Stage/Backstage

Während Erwartungen und Richtlinien im Umgang mit Kunden bei den sogenannten First-Line Workern, also den Mitarbeitern im direkten Kundenkontakt, noch vielfach klar sind, so ändert sich das Bild, wenn wir uns in der Leistungskette vom Kunden wegbewegen. Das Ergebnis beim Kunden wird dann rasch nebensächlich. Dem Mitarbeiter in der Buchhaltung oder der Kollegin im Rechenzentrum ist ihr Beitrag am Ergebnis für den Kunden nicht unmittelbar bewusst. Dennoch leisten beide einen erheblichen Teil dessen, was der Kunde als Service erlebt. Bild 6.12 zeigt am Beispiel einer der Veränderungen durch Digitalisierung, wie sich die Aufgabenstellungen zwischen Fachbereich und IT-Serviceorganisation verschieben. Als Ergebnis verändern sich durch den direkten Kundenkontakt auch viele Rollen im Unternehmen. IT Services, die bisher im Hintergrund liefen, werden durch Serviceportale zu direkten Touchpoints, während die Rolle der Experten in den Fachbereichen sich eher in den Hintergrund verschiebt, da immer mehr Kunden den Kontakt über das Portal suchen, statt den Fachbereich anzurufen. Wichtig: Das ist nur eines von vielen Beispielen. Natürlich ist je nach Service auch die umgekehrte Richtung möglich.

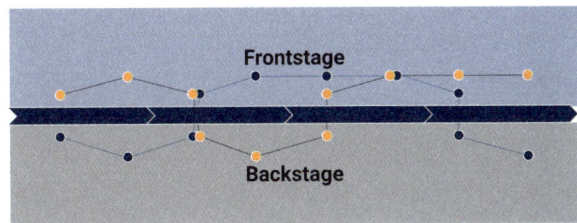

Bild 6.12 Frontstage/Backstage

● IT ● Fachbereich

Insbesondere deshalb ist es wichtig sich damit auseinanderzusetzen, wie man Leistung honoriert, Motivation erzeugt und wie Mitarbeiterergebnisse gemessen werden. Wie kann man erreichen, dass diejenigen, die nicht direkt mit Kunden arbeiten, trotzdem kundenorientiert vorgehen? Und das auch, wenn sie an ganz anderen Leistungen gemessen werden? Diese Fragen tauchen vor allem beim klassischen Führungsstil Führen mit Zielen auf. Besser wäre es, alle Beteiligten am Ergebnis des Unternehmens zu messen und nicht anhand von Einzelergebnissen, die in Zielvereinbarungen festgeschrieben wurden. Mit den richtigen Systemen und Prozessen kann eine Verbindung von Front Stage und Backstage gelingen.

Prinzipien und Richtlinien

Ein wesentlicher Faktor für erfolgreiches Services Management ist inzwischen auch ein hohes Maß an Reaktionsfähigkeit und Innovationskraft. Um den Menschen im Service ein Umfeld zu bieten, in dem sie diesen neuen Anforderungen gerecht werden können, bieten gemeinsame Prinzipien eine smarte Alternative zu starren Prozessen und Richtlinien. Statt enge Vorgaben für jede einzelne Aktivität und jede mögliche Situation zu machen, sorgen diese gemeinsamen Prinzipien für Leitplanken, innerhalb derer alle Akteure Entscheidungen dort treffen können, wo die Ergebnisse erzeugt werden und mithilfe dieser Leitplanken dabei immer die gemeinsame Richtung im Blick behalten. In regulierten Umgebungen oder Branchen gilt es, eine angemessene Balance zwischen den notwendigen Vorgaben (Richtlinien) und der Handlungsfreiheit zu finden (Bild 6.13).

Je mehr Richtlinien, desto weniger Freiraum für Innovationen

Bild 6.13
Richtlinien und Innovationen

◼ 6.5 Kommunikation

Der Zweck einer Unternehmensgründung ist, dass man Dinge gemeinsam umsetzt, die man nicht allein umsetzen kann. Gemeinsame Ziele sollen innerhalb eines Unternehmens verfolgt und auch erreicht werden. Essenziell wichtig ist es dafür, miteinander zu kommunizieren, sowohl im Aufbau als auch Ablauf, und zwar über alle Modelle hinweg und ganz gleich, ob man sich gerade in der Pionier- oder in der Stadtplanerphase befindet. Innerhalb aller Phasen sollte strukturiert und gradlinig miteinander kommuniziert werden. Jede Methodik bringt ihre eigenen Kommunikationsstrukturen mit. In der agilen Welt wird häufig über Standup-Meetings, über Kanban Boards oder über Reviews kommuniziert. Ganz gleich, welchen Namen die Methode hat, aus unserer Sicht ist persönliche Interaktion immer besser als jede andere Art der Kommunikation. Letzteres ist übrigens auch eines der Prinzipien im agilen Manifest.

Kommunikation ist immer bidirektional. Man sollte dabei berücksichtigen, wie sich Kommunikation auf andere auswirkt und welche Rückmeldungen man darauf bekommt. Große Konzerne haben hier häufig noch Nachholbedarf. Dort bedeutet Kommunikation, dass E-Mails verschickt, Intranetseiten veröffentlicht werden oder Vorgesetzte im Meeting monologisieren. Es findet wenig Dialog, Austausch oder Resonanz statt, ganz zu schweigen von fehlender Empathie. Kommunikatives senden UND empfangen gehört als Unternehmenslenker dazu, auch wenn viele lieber nur senden möchten.

Offenheit, Transparenz, Gemeinschaftsbedürfnis

Zur Kommunikation gehört auch das Thema Offenheit, so wie wir es in Kapitel 3 *„den Menschen in den Mittelpunkt stellen"* und in Kapitel 7 *„Mit Vertrauen und Verantwortung führen"* bereits intensiv ausgeführt haben. Zusammenfassend ist es wichtig, den aktuellen Bearbeitungsstand zum Beispiel eines Projektes und die relevanten Ergebnisse klar, offen und direkt zu kommunizieren. Dazu gehört auch der transparente Umgang mit Fehlern.

Allerdings ist Kommunikation nicht immer strukturiert und dementsprechend auch nicht immer planbar und schon gar nicht beeinflussbar. Vorhanden ist sie trotzdem. Das beste Beispiel sind die vielen tausend Gespräche, die in den Unternehmen jeden Tag in der Kaffeeküche, in der Kantine oder auf dem Weg in die Innenstadt zum Mittagessen stattfinden Auch in der Freizeit und völlig außerhalb des Unternehmenskontextes finden diese Gespräche statt und haben Einfluss auf Motivation, Haltung und die Bindung zum Unternehmen. Denn Kommunikation dient nicht ausschließlich dem Zweck der Informationsübermittlung, sie hat ebenso eine wichtige soziale Funktion, indem sie dabei hilft, menschliche Grundbedürfnisse nach Zugehörigkeit, Anerkennung und Gemeinschaft zu erfüllen. Uns als Unternehmen ist es wichtig, als Team und auch als Gesamtorganisation einen gemeinsamen Zweck zu erfüllen. Unsere Gemeinschaft entsteht dadurch, dass wir zusammenarbeiten und über den reinen Informationsaustausch hinaus miteinander reden.

Der Kampf mit der Kommunikation

Unternehmensinterne Kommunikation ist zeitintensiv und kostspielig. Außerdem erreicht sie oft nicht diejenigen, die sie soll: Viele Mitarbeiter sind nicht im Bilde, was in anderen Abteilungen oder Projekten vor sich geht, ganz egal wie viel Mühe sich ihre Kollegen mit regelmäßigen Veröffentlichungen machen. Das ist selbst dann der Fall, wenn die Arbeitsabläufe eng zusammenhängen und die Ergebnisse anderer Abteilungen direkten Einfluss auf die eigene Arbeit haben.

Natürlich haben Mitarbeitende auch eine Verantwortung, sich aktiv zu informieren. Nur wird das gerne vergessen oder geht im Tagesgeschäft unter. Genau hier gilt es anzusetzen. Warum greifen etablierte Kommunikationsmethoden, wie zum Beispiel E-Mail, nicht mehr zuverlässig und wie können Mitarbeiter, die ihrer Hol-Schuld nicht mehr nachkommen wollen oder können, nachhaltig informiert werden?

Schuldzuweisungen helfen nicht

Es gibt unterschiedliche Ansichten darüber, wer für die Kommunikationslücken verantwortlich ist. Für die einen ist klar, es wurde zu wenig kommuniziert; für die anderen, es wurde sich zu wenig informiert. Beides kann zutreffend sein. Mitarbeiter, die intensiv an einem Thema mitarbeiten und Teil eines Teams sind, können sich sehr einfach und schnell über die aktuellen Vorgänge informieren. Diejenigen, die weniger intensiv involviert sind, sind darauf angewiesen, mit Informationen versorgt zu werden oder selbst gezielt nachzufragen. Letzteres wird häufig als unangenehm und störend empfunden und wird daher verdrängt, verschoben oder unterlassen. Je mehr dieser Informationen zu verarbeiten sind, desto schwieriger wird es, diejenigen aus der Flut der Nachrichten zu filtern, die tatsächlich von Bedeutung sind.

Eine Möglichkeit, damit umzugehen ist es, sich in die Situation des Gegenübers zu versetzen. Informierende sind zunehmend frustriert, weil ihre Bemühungen keine Früchte tragen. Und genau aus diesem Grund ist es so wichtig, zu verstehen, was die Mitarbeiter bewegt und was sie davon abhält, gängige Kommunikationskanäle zu nutzen. Beispielsweise lässt sich das lästige Nachfragen-müssen vermeiden, wenn die Mitarbeiter direkt angesprochen werden und Zeit für Fragen und Feedback in kleinen Kreisen besteht.

Fest definierte Regeln, wo welche Informationen verfügbar sind, sollten Grundbestandteil eines erfolgreichen Kommunikationspakets sein. Die meisten Unternehmen nutzen Ordnerstrukturen für die Ablage, andere arbeiten mit virtuellen Räumen oder internen wie öffentlichen Portalen. Diese Strukturen eignen sich grundsätzlich, um Mitarbeitende zuverlässig und kontinuierlich über aktuelle Sachthemen auf dem Laufenden zu halten.

Allein das Vorhandensein einer solchen Infrastruktur führt jedoch noch nicht zur reibungslosen Kommunikation. Eindeutig definierte Regeln zur Ablage der Dokumente müssen allen bekannt sein und vor allem gelebt werden. Durchdachte und gut funktionierende Suchfunktionen gehören heute ebenfalls zum Standard.

Nicht nur der Ort, sondern auch der Zeitpunkt der Veröffentlichungen sollte gut gewählt sein. So eignet sich zum Beispiel das Erreichen von Meilensteinen innerhalb eines Projektes gut für neue Mitteilungen. Grundsätzlich sollten Mitarbeiter so regelmäßig kommunizieren, dass die Nachrichten so kurz und interessant wie möglich sind. Je kürzer die übermittelten Informationen sind, desto größer wird die Wahrscheinlichkeit, dass sie von den Empfängern aufgenommen werden.

Der beste Weg, sich von Massenmails abzusetzen ist immer noch die altmodische persönliche Kommunikation. Triff Dich mit Deinen Mitarbeitern und sprich über aktuelle Vorgänge. Das kann natürlich kaum von Einzelnen geleistet werden. Nutze Mitarbeiter, die gerne kommunizieren. Berichte, was das Team bewegt und was für die Arbeit von Nutzen ist. Ganz wichtig: feiere Erfolge mit deinen Mitarbeitern und im ganzen Unternehmen. So wird dir nicht nur zugehört, das Team wird zusätzlich motiviert, weiter gute Leistungen zu erbringen.

Mittel zur Kommunikation

- Offenheit und Ehrlichkeit
- Direkte vor indirekter Kommunikation
- Dialog statt Monolog
- Horizontale Kommunikation statt vertikaler
- Informationen Empfängergerecht aufbereiten
- Relevante Informationen kommunizieren
- Storytelling
- Meetings
- Kommunikationstools
- Feedback
- Gemeinsame Unternehmungen
- Gamification
  (z. B. interaktive Informationssuche als Schnitzeljagd beim Onboarding)

■ 6.6 Projekte, Programme und Co

Temporäre Aufbauorganisation

Ein Projekt ist wie ein kleines Unternehmen, das ein Ziel erreichen soll. Innerhalb eines Projektes gibt es die gleichen Strukturen wie in einem Unternehmen. Die Zusammenarbeit muss organisiert werden und es gibt eine Aufbauorganisation, die auf das Projektziel abgestimmt wird. Folgende Fragen gilt es für eine optimale Organisation zu klären: Wird hierarchisch oder selbstorganisiert gearbeitet? Welche Prozesse sind für dieses Vorhaben adäquat? Welche Systematik oder Art der Kommunikation wird für das Vorhaben gemeinsam ausgewählt und gelebt? Sollen die Ziele eher linear oder iterativ erreicht werden?

Linear versus iterativ

Aber was bedeutet es eigentlich, Projekte linear oder iterativ zu planen. Das Thema ist bereits seit längerer Zeit eines der großen Themen im Service Management. Plötzlich muss alles agil sein als Standard gesetzte lineare Methoden wie PRINCE2 oder PMBOK werden plötzlich als nicht mehr zeitgemäß betrachtet. Wer etwas auf sich hält, plant seine Projekte heute iterativ. Agilität ist eines der wohl am meisten genannten Stichworte in entsprechenden Diskussionen. Die Methoden der Wahl sind heute iterative Vorgehensweisen wie SCRUM oder DEVOPS. Ob das tatsächlich so ist oder es möglicherweise doch nicht so schwarzweiß ist, möchten wir an dieser Stelle zunächst gar nicht bewerten. Hier soll es zunächst grundlegend um die Frage gehen, was eigentlich der wesentliche Unterschied zwischen linearem und iterativem Vorgehen ist.

Als der neue Flughafen in Berlin geplant wurde, war der Scope von Beginn an festgelegt und jeder wusste, was hinterher das Ergebnis sein sollte: Ein zeitgemäßer und angemessener Hauptstadtflughafen. Es wurden also sehr verkürzt ausgedrückt die Termine und die benötigten Ressourcen geplant, die voraussichtlichen Kosten abgeleitet und die notwendigen Aktivitäten geplant, um das festgelegte Ergebnis zu erreichen. Was in den vergangenen Jahren dort passiert ist, ist inzwischen Geschichte und braucht nicht weiter ausgeführt zu werden.

Was ist schief gegangen? Das sind sicherlich bei einem so komplexen Projekt sehr viele verschiedene Dinge. Wir greifen hier einen Punkt heraus, der uns bei unserer Erklärung helfen könnte: Wenn im Projektverlauf Abweichungen vom geplanten Scope festgestellt wurden, wurde reagiert, wie das in klassischen Wasserfallprojekten üblich und ja auch oft richtig ist: Es wurden Maßnahmen eingeleitet, um den Scope vielleicht doch noch einzuhalten. Wenn der Termin gefährdet war, wurden mehr Leute geholt, wenn das Ergebnis gefährdet war, wurde vielleicht noch einmal neu entwickelt oder nachgebessert. Die Brandschutzanlagen wurden wieder abgerissen und alles noch mal neu geplant und umgesetzt, um nur ein Beispiel zu nennen. Wenn man die drei Komponenten Qualität, Zeit und Kosten betrachtet, dann ist in der linearen Welt das Ergebnis fixiert und während des Projektverlaufes werden alle Aktivitäten so geplant, dass dieses Ergebnis erreicht wird. Entweder wird der Termin angepasst oder es werden mehr Ressourcen investiert, um das geplante Ergebnis doch noch zu erreichen. Oder beides. (Bild 6.14)

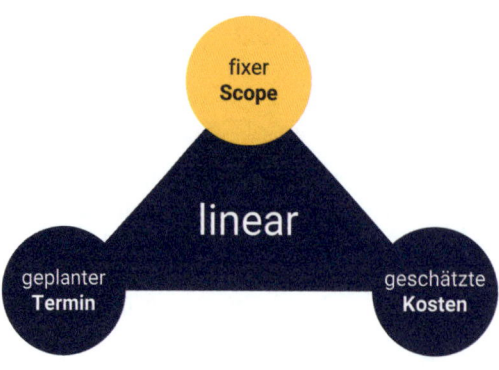

Bild 6.14 Lineare Welt

Was ist anders in der agilen Welt? Vorweg: Es ist nicht so, dass in der agilen Welt plötzlich alles irgendwie cooler ist. Morgens eine Viertelstunde Kaffee trinken und erzählen, was man so macht, vielleicht ein buntes Kanban Board füllen, auf dem steht, was wir noch vorhaben und was wir vielleicht verschoben haben und der Chef rennt durch die Flure und sagt, wir sind jetzt alle agil. So leicht ist es dann doch nicht.

Auch in der agilen Welt gibt es einen klaren Rahmen und Vorgaben, wie die Zusammenarbeit organisiert wird. Vielleicht sogar mehr als in den etablierten linearen Methoden. Was aber ist der wesentliche Unterschied zu unserem Dreieck oben? Im Prinzip stellen wir dieses Dreieck einfach auf den Kopf (Bild 6.15).

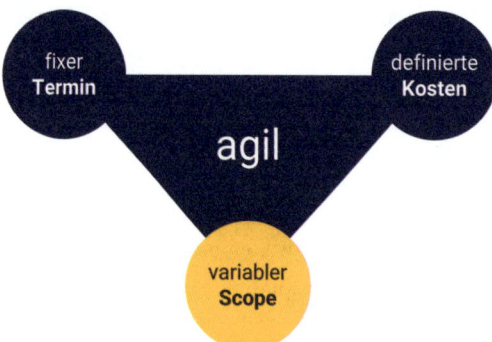

Bild 6.15 Agile Welt

Es gibt fixe Termine, ein Sprint ist ein Sprint und wenn er zu Ende ist, ist er zu Ende. Dann wird das abgeliefert, was dann da ist. Denn die Kosten sind vorab ebenfalls definiert und fix. Wenn ich meinen Sprint plane, dann weiß ich ganz genau welche Ressourcen für das Projekt eingeplant und welche Assets in diesem Sprint benötigt werden.

Wenn sowohl Kosten als auch Termine fix sind, dann muss die Konsequenz daraus sein, dass der Scope, bzw. das Ergebnis variabel wird, denn alle drei Ecken können in diesem Dreieck naturgemäß nicht fix sein. Ist das Ergebnis in einem Sprint in Gefahr und das geplante Ziel kann nicht erreicht werden, dann werden nicht die Anstrengungen, um den ursprünglichen Scope zu erreichen verändert. Es wird der Scope verändert und ein Ergebnis erzeugt, welches dem Kunden präsentiert wird und ausgehend davon die nächste Iteration geplant.

Übersicht der Projektmanagement-Methoden

Ob für dein Projekt eher eine lineare oder eine iterative Vorgehensweise geeignet ist oder vielleicht eine Mischung daraus, das hängt von vielen Faktoren ab. Entwicklungsprojekte, bei denen Zwischenstände mit den Kunden besprochen und getestet werden können, werden heute fast ausschließlich mit iterativen Methoden geplant. Bei Umbauarbeiten in einem Atomkraftwerk würde man vermutlich etwas konservativer und eher am klassischen Wasserfallmodell orientiert planen. Oft hängt die Entscheidung auch von der Organisation ab, in der sie getroffen wird. Klassisch hierarchisch organisierte Konzerne tendieren oft eher zu klassischen Methoden, kleinere oder jüngere Unternehmen versuchen nach Möglichkeit agil zu planen und zu arbeiten. In der folgenden Tabelle findest du je zwei Beispiele klassischer und agiler Vorgehensweisen. Erwähnen wollen wir noch, dass auch die Autoren klassischer Methoden versuchen, sich dem Trend zur Agilität anzupassen. So gibt es seit einiger Zeit eine eher mäßig erfolgreiche agile Variante von PRINCE2 (PRINCE2 agile).

PRINCE2 (klassisch)	PRINCE2 steht für „PRojects IN Controlled Environments" In der Methode werden 7 Prinzipien, also grundlegende Regeln für das Projektmanagement, 7 Themen zu verschiedenen Aspekten des Projektmanagements und 7 Prozesse für die Durchführung von Projekten beschrieben. Die Autoren heben besonders die Skalierbarkeit dieser Methodik für verschiedene Ansprüche hervor [PRINCE2, 2005] [PRINCE2, 2009].
PMBOK (klassisch)	Der PMBOK-Guide (Guide tot he Project Management Body of Knowledge) des Project Management Institute (PMI) ist ebenfalls ein prozessorientierter Ansatz. Bisher wurden fünf Prozessgruppen (Initiierung, Planung, Ausführung Überwachung/Steuerung, Abschluss) und zehn Wissensgebiete (z. B. Terminmanagement) beschrieben. Diese wurden in der siebten Ausgabe in 2021 durch Performance Domains (z. B. Stakeholder) und Principles (z. B. Leadership) ergänzt [PMI, 2004].
SCRUM (agil)	SCRUM beschreibt ein konkretes Vorgehensmodell für agiles Projekt- und Produktmanagement. Es beschreibt, in welchen Zyklen (Teil-)Ergebnisse in Sprints erzeugt werden, wie diese Sprints geplant werden und welche Rollen und Verantwortlichkeiten wichtig sind (Product Owner, Scrum Master). Außerdem werden Aktivitäten und Ereignisse (Sprintplanung, Daily Scrum, Sprint review, Retrospektive) und sogenannte Artefakte (Product Backlog, Sprint Backlog, Product Increment) beschrieben. SCRUM ist die Methode, die in den meisten Fällen mehr oder weniger konsequent eingesetzt wird, wenn Unternehmen davon sprechen „agil" zu arbeiten [Loitsch, 2021].
DEVOPS (agil)	DEVOPS ist keine in sich geschlossene Methode im eigentlichen Sinne, sondern eine Philosophie für die Zusammenarbeit zwischen Entwicklung und Betrieb. Es geht einerseits um Prozessthemen, wie zum Beispiel den Grundsatz, den Betrieb möglichst früh und konsequent in die Entwicklung einzubinden. Andererseits geht es um technische Aspekte, wie zum Beispiel ein hoher Automatisierungsgrad bei Tests und Deployment. Ziel ist es, flexibler auf schnell veränderte Anforderungen und Rahmenbedingungen reagieren zu können. Außerdem geht es um die gemeinsame End-to-End Verantwortung der beteiligten Teams. DevOps soll dazu beitragen, die Time-to-Market neuer Produkte und Services zu reduzieren, ohne die Servicequalität und die Sicherheit zu beeinträchtigen [Kim/Humbble/Debois/Willis, 2016].

7 Mit Vertrauen und Verantwortung führen

„Manager haben Angst, Entscheidungen zu treffen!" oder „Panikattacken, wenn Manager Angst haben!" Das waren vor einiger Zeit Überschriften in einem Magazin für Manager. Da wird auf der einen Seite die Gehaltsforderung von sogenannten Führungskräften damit begründet, dass ja auch die Verantwortung größer wäre. Andererseits haben diese dann Angst davor, diese Verantwortung wahrzunehmen und Entscheidungen zu treffen. Was ist denn eigentlich Verantwortung? Ist es die Macht, die durch die Position verliehen wird? Ist es eine Belastung, die wir spüren, wenn schwierige Entscheidungen getroffen werden müssen? Haben Führungskräfte tatsächlich Angst davor, Entscheidungen zu treffen? Oder ist es eher die Angst vor den Konsequenzen, wenn die Entscheidung falsch war? Wo bleibt denn da der Führungsanspruch?

Wir stellen immer wieder fest, dass die Begriffe viel Interpretationsspielraum lassen. Was ist eigentlich Verantwortung, was hat es mit dem Begriff „Führen" auf sich und was hat das Ganze mit Vertrauen zu tun? Der Reihe nach.

■ 7.1 Eine Begriffsbestimmung

Führen

Gerade beim Begriff Führen gibt es vielfältige Diskussionen darüber, was er genau bedeutet und beinhaltet. Wir werden hier die Begriffe nicht neu definieren, sondern lediglich aus unserer Sicht erläutern, wie wir diese Begriffe verstehen. Das eine oder andere Beispiel unterschiedlicher Führungskulturen dient dazu, unsere Sicht klarer zu machen (Bild 7.1).

Wenn wir über Führen sprechen, gibt es drei Ebenen, die es aus unserer Sicht zu unterscheiden gilt. Management, Führung und Leadership.

Managen ist das Steuern von Einzelaufgaben und Aktivitäten, um innerhalb eines bestimmten Zeitfensters ein konkretes Ziel zu erreichen. Dazu gehören die Teildisziplinen der Planung, der Organisation und der Kontrolle. Viele ManagerInnen haben dabei nicht einmal Personalverantwortung, sondern lediglich eine fachliche Aufgabe und vielleicht Ziele. Einer guten ManagerIn genügt Fach- und vor allem Methodenkompetenz.

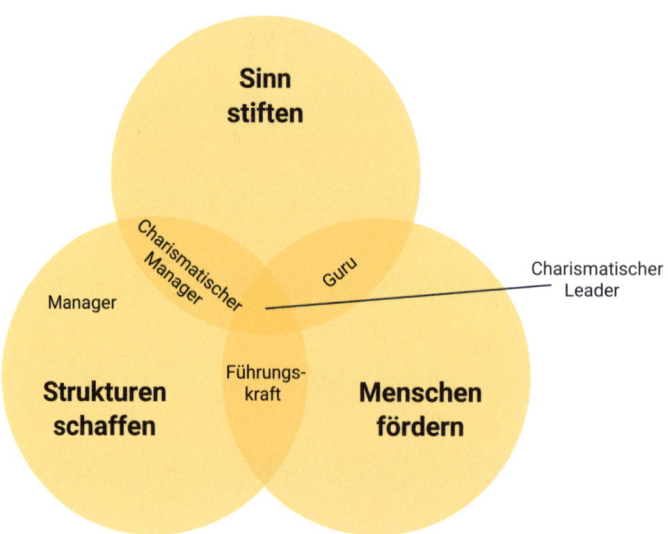

Bild 7.1 Führen

Führen bedeutet für uns, die Menschen mitzunehmen und dafür zu sorgen, dass alle Beteiligten in die gleiche Richtung gehen, an den gleichen Zielen arbeiten und das Gleiche erreichen wollen. Das schließt die Aufgaben der Förderung und Entwicklung der Mitarbeitenden mit ein. Für solche Führungsaufgaben rücken soziale und emotionale Kompetenzen in den Vordergrund. Gute Führung vereint die Fähigkeiten des Managements mit den Führungsfähigkeiten. Leadership geht über diese beiden Ebenen hinaus. Leadership erfordert andere Fähigkeiten. Hier werden oft Begriffe wie Integrität, Persönlichkeit oder Charisma genannt. Leader haben eine klare Vision und eine glaubwürdige persönliche Geschichte, die diese unterstreicht. Leader sollen vor allem eines: Sinn stiften. Offensichtlich kann es beliebige Kombinationen dieser drei Ebenen der Führung geben. Die machtvollste Kombination ist aber die Verbindung aller drei Ebenen.

Verantwortung

Jeder von uns trägt Verantwortung zumindest für das eigene Leben. Das heißt aber nicht automatisch, dass uns immer klar ist, was Verantwortung ist. Die großen Philosophen, von Aristoteles und Plato, über Kant und Sartre, bis Nietzsche und Schweitzer, haben sich darüber Gedanken gemacht, was denn das Wesen der Verantwortung ist. Keine Angst, wir werden keinen philosophischen Diskurs führen. Alles zusammengenommen und für die Zwecke im täglichen Leben strukturiert, bedeutet Verantwortung die Zuschreibung einer Pflicht, also einer Aufgabe für etwas oder jemanden. Diese Pflicht kann ich bewusst und aus freien Stücken übernehmen, wenn ich mich beispielsweise für ein Amt zur Wahl stelle, ein Unternehmen gründe oder mich auf einen bestimmten Job bewerbe. Mit Übernahme der Aufgabe übernehme ich immer auch die entsprechenden Pflichten. Manchmal wird Verantwortung unbewusst übernommen, wenn die Pflicht eher implizit auf eine Entscheidung folgt. Das ist z. B. der Fall, wenn Sie sich für Kinder entscheiden. Die damit verbundene Verantwortung können Sie erst dann ermessen, wenn die Kinder da sind.

Die Verantwortung bekommen Sie in allen Fällen durch eine Instanz verliehen, die die Erfüllung der Pflichten auch einfordern kann. Diese Instanz kann Gott sein oder aber auch der

Staat, ein Verein, Arbeitgeber, die Chefin oder der Partner. Ganz gleich, wer die Verantwortung übergeben hat, wenn ich Verantwortung übernommen habe, dann bin ich auf jeden Fall rechenschaftspflichtig gegenüber der Instanz, die die Verantwortung verliehen hat.

Rechenschaft ablegen ist nicht unbedingt schwer oder aufwendig. Auf die Frage: „Schatz, hast du den Müll rausgebracht?" genügt ja ein kurzes „Ja". Das Ding mit der Rechenschaft wird immer dann anstrengend, wenn wir unserer Verantwortung eben nicht nachgekommen sind. Dann müssen wir aufwendig erklären, was uns an der Erfüllung unserer Pflicht gehindert hat. Das hat damals in der Schule schon zu so haarsträubenden Aussagen geführt wie: „Der Hund hat meine Hausaufgaben gefressen." Dann wird auch meistens aus *Rechenschaft* die *Rechtfertigung.* Es gibt einen schmalen Grat zwischen diesen beiden. Wir können aber eines festhalten: Wer sich rechtfertigt, macht sich zumindest in der Wahrnehmung von außen oft verdächtig.

Wir sind doch alle sehr erfinderisch, wenn es um Rechtfertigungen oder besser Ausreden geht. Ich habe sogar manchmal das Gefühl, dass die Menschen glauben, sie müssten sofort tot umfallen, wenn ihnen keine Ausrede mehr einfällt.

Alle Ausreden sagen im Grunde nur eins: „Ich war's nicht!" Dieser Satz fällt schon im Kindergarten täglich tausendfach und wie es bei so grundlegenden Aussagen ist, wurden im Laufe der Zeit zahllose Spielarten dieser Aussage formuliert. Sätze wie „Ich hab' nix gemacht" gehören in den Alltag zahlloser IT Helpdesks. Wenn wir nur die Hälfte der Energie, die wir auf gute Ausreden und die Flucht vor der Verantwortung aufwenden, auf die eigentliche Aufgabe verwenden würden, dann hätten die meisten von uns gar keine Ausreden mehr nötig! Wenn wir einfach unsere Pflicht erfüllen, hat das positive Konsequenzen. Nicht weil es Lob oder Anerkennung einbringt, sondern weil es von dem Rechtfertigungsdruck befreit und dadurch auch frei macht für neue Aufgaben, ohne Angst vor Konsequenzen.

Im besten Fall werden beim Übertragen von Verantwortung die Aufgaben, aber auch die zu erwartenden Ergebnisse besprochen. Außerdem brauchen Sie entsprechende Fähigkeiten, das Wissen und es muss Ihnen die notwendige Entscheidungsgewalt übertragen worden sein. Ohne ausreichende Entscheidungsbefugnisse tragen Sie nicht die Verantwortung für eine Aufgabe, sondern Sie führen die Aufgabe lediglich aus. Wer nur Anweisungen befolgt, kann nicht für die schlechten (und auch nicht für die guten) Ergebnisse verantwortlich sein, solange die Anweisungen korrekt befolgt wurden. Neben den Befugnissen, Fähigkeiten und Wissen müssen Sie außerdem die Motivation haben, die Verantwortung zu übernehmen. Zu guter Letzt ist der Rahmen, innerhalb dessen Sie die Verantwortung tragen, von Bedeutung.

Wer Verantwortung trägt, kann sich nicht nur auf Vorschriften berufen. Das Handeln nach Vorschriften, die reine Pflichterfüllung sind, ist vor allem im militärischen Bereich ausgeprägt. Hier haben Einzelne wenig Verantwortung. Sie geben sie unter Verweis auf den Befehl ab. Vorschriften und Befehle beschränken die Freiheit. Freiheit oder Macht sind jedoch Voraussetzung dafür, dass ich Verantwortung übernehmen kann. Daher muss die verantwortliche Person den Geist der Aufgabe erfassen und erfüllen. Verantwortung hat so einen starken Bezug zur Haltung und Einstellung der verantwortlichen Person – ihren Werten. Für Verantwortung im Unternehmen gibt es hier zwei gute Nachrichten. Zum einen können Unternehmen ihre Mitarbeitenden aussuchen und tun das häufig mit sehr aufwendigen Verfahren. Mittlerweile wird gerade bei Führungskräften nicht nur auf die fachliche Eignung geachtet, sondern auch und vor allem auf ein bestimmtes Wertebild. Das ist allerdings keine leichte Aufgabe. Zum anderen prägen die Top-Führungskräfte – im Guten wie im Schlechten – die

Kultur in ihren Unternehmen. Die Werte, die in einem Unternehmen gelebt werden, sind durch das gelebte Vorbild des Managements geprägt. Damit ist keine Hochglanzbroschüre gemeint, sondern die tatsächliche, erlebbare Haltung. Oft sind Skandale und langwierige juristische Aufarbeitungen, wie sie in der jüngeren Geschichte zum Beispiel bei VW und der Deutschen Bank zu sehen waren, die Folgen, wenn der Zweck die Mittel heiligt. Im Norddeutschen kennen wir eine Redensart für den Fall, dass die Unternehmenskultur deutliches Verbesserungspotenzial hat: „Der Fisch stinkt vom Kopf.“

Menschen sind unterschiedlich. Deren Werte und Prinzipien sind das ebenfalls und somit meist auch die Ausführung von Aufgaben. Daher ist es wichtig, dass die Person die diesbezüglich gültigen Prinzipien des Unternehmens kennt und sich danach richtet. Prinzipien sind wie Leitplanken, sie dienen als Orientierung für den Werterahmen. Der Werterahmen sorgt dafür, dass die einzelnen Personen nicht losgelöst davon ihre eigenen Interessen und Werte vertreten. Das Vertreten eigener Interessen und Werte muss zwar nicht immer gleichbedeutend sein mit Egoismus oder gar Untreue, Eigeninteressen lenken jedoch oft erheblich vom gemeinsamen Ziel des Unternehmens ab. Das folgende Beispiel soll verdeutlichen, wo und wie Verantwortung verortet wird und was Verantwortung mit Schuld und Rechenschaftspflicht zu tun hat.

Stellen Sie sich, Sie werden Zeuge eines Unfalls, bei dem ein Personenschaden entstanden ist. Gesetzlich sind Sie dazu verpflichtet zu helfen. Es ist Ihre Pflicht, anzuhalten und Erste Hilfe zu leisten. Damit ist die Aufgabe schon mal klar. Die erste Frage, die Ihnen nun wahrscheinlich durch den Kopf schießt, ist: Bin ich in der Lage, Hilfe zu leisten? Weiß ich noch wie die stabile Seitenlage funktioniert? Unabhängig davon, wie Ihre Antwort ausfällt, Hilfe holen ist immer möglich und notwendig. Die nächste Frage ist, was darf ich in dieser Situation überhaupt tun? Darf ich eine verletzte Person anfassen? Darf ich eine Mund-zu-Mund-Beatmung durchführen? Wie ist das mit Herzmassage? Und was passiert, wenn ich dabei vielleicht versehentlich Schaden anrichte? Die Antwort ist hier recht klar. Ja, ich darf das alles. Aber habe ich überhaupt die Motivation dazu? Es gibt immer noch Menschen, die an einem Unfall vorbeifahren. Sie scheuen sich, Verantwortung zu übernehmen. Wenn Personen, die an einem Unfall vorbeigefahren sind, gefragt werden, warum sie nicht geholfen haben, geben sie die unterschiedlichsten Gründe an. Das reicht von „Ich habe den Unfall gar nicht gesehen“ und „Ich dachte, da sind schon andere“ bis zu „Ich weiß gar nicht mehr, wie das mit der Ersten Hilfe geht“. Das führt uns zu den Rahmenbedingungen. Welche Werte und Prinzipien haben Menschen in einer solchen Situation? Ist ihnen der Unfall eher egal? Oder ist es eine Selbstverständlichkeit zu helfen? Vielleicht gehören sie auch eher zu dem Typ Mensch, der sofort die Handykamera zückt? Spannend bei dieser Situation ist die Frage nach der Schuld. Unbeteiligte Helfende übernehmen Verantwortung, obwohl sie keine Schuld am Unfall haben. Helfern fällt es leicht, Rechenschaft abzulegen. Menschen, die die Motivation zu helfen nicht aufbringen, laden jedoch Schuld auf sich. Sie brauchen Ausreden.

Das Beispiel verdeutlicht auch die fünf Voraussetzungen, die verantwortliches Handeln erst möglich machen.

1. **Die Pflicht**

   Ein klarer Arbeitsauftrag, ob explizit, oder implizit, als Teil eines kulturellen Grundkonsenses erteilt, ist der Gegenstand der Verantwortung. Je klarer die Pflicht ist, desto zielgerichteter kann sie ausgeübt werden.

   Im Beispiel: gesetzliche Pflicht zur Hilfestellung.

2. **Fähigkeiten**

Wer Verantwortung übernehmen will, braucht die zur Erfüllung der Pflicht erforderlichen Fähigkeiten. Ohne diese Fähigkeiten kann die Pflicht nicht ausgeübt werden.

Im Beispiel: unter anderem Kenntnisse der Ersten Hilfe. Ein Erste-Hilfe-Kurs ist daher Pflicht bei der Erlangung der Fahrerlaubnis.

3. **Befugnisse**

Jede verantwortliche Ausübung einer Pflicht bedarf der Freiheiten (oder Befugnisse), Entscheidungen zu treffen und Maßnahmen zu ergreifen, um die Pflicht zu erfüllen. Pflichterfüllung ist zwar auch ohne Befugnisse möglich, allerdings tritt in diesem Fall die Arbeitsanweisung an die Stelle der Verantwortung. Die Verantwortung verbleibt bei der anweisenden Person.

Im Beispiel: Durchführung von Maßnahmen zur Wiederbelebung sind gesetzlich geschützt.

4. **Motivation**

Verantwortung zu übernehmen, ist ein freiwilliger Akt. Es erfordert den Willen, die eigenen Freiheiten und Fähigkeiten für die Erfüllung der Pflicht einzusetzen. Wenngleich es äußere Faktoren geben kann, die zur Übernahme der Verantwortung motivieren, bleibt es immer eine freiwillige Entscheidung, die Verantwortung tatsächlich wahrzunehmen.

Im Beispiel: unterschiedlicher Umgang mit der Situation – vorbeifahren oder anhalten und helfen.

5. **Werte**

Die persönliche Einstellung und der kulturelle Rahmen bestimmen die Art und Weise, wie mit der Pflicht umgegangen wird. Die Wahl der Mittel und der Umgang mit Rechten anderer wird bestimmt durch die persönliche Haltung.

Im Beispiel: die Nutzung von Fotos und Videos vom Unfallopfer in sozialen Medien, unabhängig von geleisteter Hilfe.

In der Realität sehen wir bei der Übernahme von Verantwortung immer wieder Lücken. Es fehlen einzelne der genannten Voraussetzungen und das führt zu teilweise geradezu stereotypen Verhaltensweisen. Die folgenden fünf Charaktere beschreiben mit einem kleinen Augenzwinkern diese Lücken bei Führungskräften gemeinsam mit den resultierenden Verhaltensweisen (Bild 7.2).

Krisenmanager entstehen nach unserem Verständnis immer dann, wenn das Ziel der Aufgabe nicht klar vereinbart ist bzw. die Pflicht nicht verstanden wird. Ohne klare Pflicht wird nach akuten Problemen gesucht, die gelöst werden können. Bei der Pflicht kommt es nur auf das konkrete Problem an, weil hier die Zielsetzung klar ist. Nach der Erledigung wendet man sich der nächsten Krise zu. Im Krisenmodus lassen sich viele Dinge schnell umsetzen und es fällt auch leicht, Rechenschaft abzulegen. Sobald eine klare Aufgabe oder ein konkretes Ziel formuliert wurde, endet das Krisenmanagement in der Regel und weicht einem planvolleren Umgang mit der Verantwortung.

Der Analogmanager ist der Aufgabe schlichtweg nicht gewachsen. Die erforderlichen fachlichen Kompetenzen bringen die meisten noch mit, wurden sie doch meist befördert, weil sie die besten Fachkräfte waren. Allerdings fehlen oft methodische Kenntnisse in der Rolle als Führungskraft und noch häufiger kann die Persönlichkeitsentwicklung nicht mit der Geschwindigkeit der Karriere Schritt halten. Daher fehlen die sogenannten Soft Skills. In Meetings fällt der Analogmanager dadurch auf, dass er die richtigen Fragen stellt, aber mit

Krisenmanagerin

Die Krisenmanagerin hat keine Pflichten und sucht nach akuten Problemen. Nach der Krise ist vor der Krise.

Analogmanager

Dem Analogmanager fehlen Fähigkeiten, was eine Aufgabenerledigung praktisch unmöglich macht. Er sucht gern nach Schuldigen, weil das von seinen eigenen Schwächen ablenkt.

Managementdarstellerin

Die Managementdarstellerin muss für jede Entscheidung um Erlaubnis fragen. Sie hat stets Angst, übergangen zu werden und bringt sich gerne in vielen Diskussionen ein.

Der Blockwart

Dem Blockwart fehlt jegliche Motivation, Verantwortung zu übernehmen. Er orientiert sich stattdessen an Regeln und Richtlinien, an die er sich halten kann.

Der Souverän

Souveräne werden häufig als starke Führungskräfte wahrgenommen und diese sind sie auch. Problematisch wird das nur dann, wenn der Souverän seine eigenen Ziele und Werte über die des Unternehmens stellt.

Bild 7.2 Führungscharaktere

den Antworten nichts anfangen kann. Meist fehlen mehrere Fähigkeiten, was eine Aufgabenerledigung praktisch unmöglich macht. Analogmanager suchen gern nach Schuldigen, weil das von ihren eigenen Schwächen ablenkt. Methodentrainings und vor allem Coaching zur Persönlichkeitsbildung sind hier unabdingbar.

Der Managementdarsteller ist besonders im unteren und mittleren Management von Konzernen sehr weitverbreitet. Es sind meist Team- seltener Abteilungsleitende, die zwar eigentlich gerne Entscheidungen treffen wollen, aber die Befugnisse dazu nicht haben. Für jede Entscheidung, die sie treffen möchten, die sie möglicherweise aus fachlicher Sicht sogar treffen könnten, müssen sie die vorgesetzte Person fragen. Managementdarsteller haben stets Angst, übergangen zu werden und bringen sich gerne in vielen Diskussionen ein. Wenn Sie allerdings um Entscheidungen gebeten werden, dann hören wir den Satz: „Ich nehme das mal mit."

Dem Blockwart fehlt jegliche Motivation, Verantwortung zu übernehmen. Er orientiert sich stattdessen an Regeln und Richtlinien, an die er sich halten kann. Diese umreißen klar, was und wie es gemacht werden soll, und nehmen dem Blockwart eigene Entscheidungen dazu ab. Er ist jemand, der bildlich gesprochen mit dem Gesetzbuch oder der Hausordnung unter dem Arm unterwegs ist und daraus zitiert, was gemacht werden muss. Standardmäßig entzieht er sich durch die Regelwerke der Eigenverantwortung. Blockwarte behindern Veränderungen und Innovation, da sie nicht vom Regelwerk abrücken wollen und ohne Regel eher gar nichts tun. Verantwortung beginnt aber erst jenseits der Regeln, Richtlinien und Vorgaben.

In den meisten Fällen ist es ratsam, Führungskräften, die keine Verantwortung wollen, diese abzunehmen. Allerdings kann auch ein intensives persönliches Gespräch zu einer Lösung führen. Nicht selten sind es persönliche, schlechte Erfahrungen im Unternehmen, die gegen die Übernahme von Verantwortung sprechen.

Der Souverän hat in der Regel alle Möglichkeiten. Er weiß, wie Entscheidungen getroffen werden, kann führen, übernimmt Verantwortung und hat häufig eine hohe Motivation. Souveräne werden häufig als starke Führungskräfte wahrgenommen und das sind sie auch. Problematisch wird das nur dann, wenn der Souverän seine eigenen Ziele und Werte über die des Unternehmens stellt. Starke Persönlichkeiten neigen dazu, sich eher an den eigenen Werten zu orientieren, sobald die eigenen Werte nicht mit den Unternehmensrichtlinien oder Werten zusammenpassen. Das kann zu Konflikten führen. Dabei kann dieser Weg auch in eine für beide Seiten positive Richtung führen.

Sich dieser Lücken bewusst zu werden, ist eine Möglichkeit, zielorientiert damit umzugehen. Dadurch werden die einzelnen Parameter identifiziert und können angegangen werden. In den meisten Fällen können die Lücken schon bei der Übergabe bzw. Übernahme von Verantwortung identifiziert und gezielt geschlossen werden.

Aus unserer Erfahrung sind häufig unterschiedliche Typen in einer Person vereint. *Reinformen* gibt es nur selten. Bei Kombinationen der Lücken ist aber zu sehen, dass einige der Voraussetzungen größere Bedeutung haben als andere. Bei fehlenden Fähigkeiten spielen zum Beispiel fehlende Befugnisse nur eine untergeordnete Rolle. Die Motivation hat eine sehr dominante Bedeutung. Fehlt diese, sind alle anderen Voraussetzungen so gut wie bedeutungslos. Wir haben in den vergangenen Jahren festgestellt, dass die Zahl der Führungskräfte, die sich sehr eng an Regeln halten, deutlich zugenommen hat. Immer kompliziertere Regelwerke machen es Unternehmen und ihren Führungskräften derzeit schwer, überhaupt noch Verantwortung zu übernehmen und vernünftige Risiken einzugehen. Durch diese Verhaltensweise, gepaart mit dem Drang von Politik und Gesellschaft, alles zu regulieren, verlieren wir zusehends an Boden bei der Übernahme von Verantwortung in Bezug auf die technologischen Entwicklungen der Digitalisierung.

Paralyse durch Analyse

Diejenigen, die tatsächlich Entscheidungen treffen dürfen, prüfen meist sehr gründlich den Sachverhalt. Wenn wir uns umfassend mit einer Fragestellung beschäftigen, bekommen wir in der Regel sowohl Argumente dafür als auch dagegen. Wir nutzen Bewertungsschemata, Referenzen, Studien, Benchmarks und SWOT-Analysen, um eine rationale Entscheidung zu begründen. Das geht zum Teil so weit, dass gar keine Entscheidung getroffen wird, weil immer neue Optionen und Informationen auftauchen. Dieses Phänomen hat sogar einen Namen: *Paralyse durch Analyse*. Der zwanghafte Wunsch nach vollständiger Information lässt uns wie das Kaninchen vor der Schlange erstarren.

Dieses Vorgehen hat drei Gründe:

1. Wir müssen Rechenschaft für unsere Entscheidungen ablegen und die Informationsflut gibt anderen die Möglichkeit, unsere Entscheidungen später zu bewerten. Wir haben schlichtweg Angst, im Überfluss der Informationen eine bessere Option oder auch nur eine bessere Argumentation übersehen zu haben. Dummerweise werden Entscheidungen später auf Basis der dann verfügbaren Information bewertet. Echte Entscheidungen sind jedoch immer zukunftsoffen, d. h., dass eine Entscheidung auch bei optimaler Berücksichtigung der Informationen zum Entscheidungszeitpunkt sich später als objektiv falsch herausstellen kann.

2. Wir sind so konditioniert, dass wir davon ausgehen, dass logisches, rationales Denken automatisch zu guten Entscheidungen führt. Wenn aber Entscheidungen auf rein logischen Prozessen beruhen würden, dann könnten wir diese getrost den Computern überlassen, was tatsächlich schon versucht wird. Gute Führungskräfte verlassen sich auch auf ihr Bauchgefühl, ihre Instinkte, ihre Erfahrung. Diese drei Begriffe beschreiben Situationen, in denen wir Entscheidungen treffen, ohne sofort eine rationale Erklärung abgeben zu können. Neuere Forschungen zeigen jedoch, dass in solchen Situationen eine Vielzahl an zurückliegenden Erfahrungen der Entscheidung zugrunde liegen. Solche Entscheidungen sind mindestens genauso gut oder besser, nur eben schlechter zu rechtfertigen.

3. Wir wollen keine Fehler machen. Fehler werden in vielen Unternehmenskulturen immer noch nicht akzeptiert. So hindert der Versuch, Fehler zu vermeiden, uns darin, zu lernen und uns oder das Unternehmen weiterzuentwickeln.

Daher sammeln Führungskräfte Unmengen an Informationen und fragen im Zweifelsfall namhafte Berater oder zumindest Berater namhafter Organisationen, wie sie denn nun entscheiden sollen. Sie ducken sich vor der eigenen Verantwortung weg. In manchen Unternehmen gibt es kaum noch Treiber für Innovationen. Wir haben es schon erlebt, dass es zwar in Unternehmen eine Vielzahl an Projekten gab, die jedoch ausnahmslos aus Feststellungen der Revision resultierten. Es gab kein einziges Innovationsprojekt. Niemand wollte Verantwortung übernehmen.

Vertrauen

Wenn es um den Aufbau einer neuen Geschäftsbeziehung geht, werden Sie oftmals keine andere Wahl haben, als einen Vertrauensvorschuss zu geben. Wir verfolgen dabei die These, dass es einen Vertrauensvorschuss – im reinen Sinn – gar nicht geben kann, weil Vertrauen immer ein Vorschuss ist. Sonst wäre es kein Vertrauen, sondern eine Erfahrung, die gemacht wurde. Ein gewisses Grundvertrauen in z. B. die Qualität und in die Seriosität ist sicherlich gegeben, denn wie soll ich sonst einen neuen, geschäftlichen Kontakt in Betracht ziehen. Dieses Grundvertrauen etabliert sich bereits vor dem ersten Kontakt, zum Beispiel durch eine professionell gestaltete Webseite, den Auftritt in den sozialen Medien oder auch durch unabhängige Bewertungen. Sobald ich die Geschäftsbeziehung eingegangen bin, muss ich immer wieder prüfen, ob die Zusammenarbeit so abläuft, wie ich es mir vorgestellt habe. Um das Risiko eines Fehlgriffs zu minimieren, vergeben viele Unternehmen zu Beginn erst mal nur einen kleinen Auftrag. Wenn die Zusagen erfüllt und die Qualität erbracht werden, folgen in der Regel auch größere Aufträge.

Das gleiche Prinzip hat auch zwischen Führungskraft und Mitarbeitenden Bestand. Die Führungskraft überträgt Mitarbeitenden Aufgaben und entsprechende Befugnisse. Die Führungskraft vertraut darauf, dass die Mitarbeitenden die Fähigkeiten und auch die Motivation mitbringen, die Aufgabe auszuführen. Weil sie ihnen vertraut, gibt sie ihnen die entsprechenden Befugnisse. Auf eine harte Probe wird dieses Konzept dann gestellt, wenn es Meinungsverschiedenheiten gibt und die Mitarbeitenden anders agieren, als die Führungskraft dies in der gleichen Situation getan hätte. Übergehen die Führungskräfte nun die Mitarbeitenden, entsteht Misstrauen. Die Mitarbeitenden lernen dadurch, dass ihnen Vertrauen nur nach außen hin geschenkt wird, also nur so lange, wie sie genauso agieren, wie die Führungskraft das möchte. An dieser Stelle gibt es Parallelen zur Fehlerkultur. Nach außen hin wird oft eine positive Fehlerkultur oder Vertrauenskultur propagiert, die andersgeartete Realität hört man dann jedoch oftmals dezidiert in der Kaffeeküche.

Egal, ob es sich um interne oder externe Beziehungen handelt, Vertrauen beruht immer auf Gegenseitigkeit. Auch dann, wenn kein Vertrauensvorschuss geleistet werden musste, muss im Nachgang jedoch durch die Ergebnisse Vertrauen gerechtfertigt werden. Es gibt sowohl für Mitarbeitende wie auch Dienstleister Möglichkeiten, Vertrauen kontinuierlich aufzubauen. Man gibt ein Versprechen ab und liefert entsprechend. Je konsequenter das Versprechen eingehalten und Ergebnisse geliefert werden, desto größer wird das Vertrauen auf der anderen Seite in die Loyalität, Zielstrebigkeit und auch in die Fähigkeiten.

Die Eckpfeiler des Vertrauens (Bild 7.3) sind

▪ **Der gute Wille – Vertrauen in eine gute Absicht**
Die Annahme, dass die andere Person mit guter Absicht handelt und mir nichts Böses will, ist die Grundlage jeden Vertrauens. Ohne diese Grundannahme ist keine vertrauensvolle Zusammenarbeit möglich. Wenn meine Erfahrungen und mein Menschenbild diese Grundannahme nicht zulassen, wird jegliche Zusammenarbeit mit anderen durch die Ausübung von Macht und Kontrolle geprägt sein.

▪ **Die Kompetenzvermutung – Vertrauen in Fähigkeiten**
Gerade Fachkräften, die einen Großteil ihres Erfolgs ihrer fachlichen Expertise und ihren Fähigkeiten verdanken, fällt es schwer, anderen diese Expertise zuzugestehen. Doch genau das ist hier entscheidend. Ich muss annehmen, dass die Fähigkeiten zur Erfüllung der Aufgabe ausreichen.

▪ **Verlässlichkeit – Vertrauen in die Erfüllung von Versprechen und Zusagen**
Bei der Übergabe von Verantwortung muss ich mich auf die Fähigkeiten anderer verlassen. Ich muss loslassen und darauf vertrauen, dass meine Verantwortung in guten Händen ist. Ich muss mich darauf verlassen, dass die gemachten Zusagen wie versprochen eingehalten werden.

▪ **Verbindlichkeit – Vertrauen in Nachvollziehbarkeit und Transparenz**
Verbindlichkeit entsteht durch Vereinbarungen und die nachvollziehbare Rechenschaft über den aktuellen Stand und erzeugte Ergebnisse. Das schließt den offenen Umgang mit Fehlern, Hindernissen und Risiken ein. Umgekehrt kann ich durch Verlässlichkeit und Verbindlichkeit die Annahmen bestätigen und Vertrauen rechtfertigen. Vertrauen wirkt wie ein Konto. Durch Verlässlichkeit und Verbindlichkeit kann ich auf dieses Konto einzahlen. Dann ist ein gelegentliches Abheben durch Fehler oder die Nichteinhaltung einer Zusage gedeckt. Wichtig ist nur, dass mein „Kontostand" nicht ins Soll gerät.

Der gute Wille
Vertrauen in eine gute Absicht

Die Kompetenz-vermutung
Vertrauen in Fähigkeiten

Verlässlichkeit
Vertrauen in die Erfüllung von Versprechen und Zusagen

Verbindlichkeit
Vertrauen in Nachvollziehbarkeit und Transparenz

Bild 7.3 Eckpfeiler des Vertrauens

Verantwortung und Vertrauen sind eng miteinander verknüpft. Wenn Sie jemandem Verantwortung übertragen möchten, dann setzt das Vertrauen voraus. Auf der anderen Seite werden die Mitarbeitenden, denen Sie Verantwortung übertragen, diese nur dann übernehmen, wenn Sie ihnen zuvor Vertrauen entgegengebracht haben.

Führungskulturen

Wie bereits deutlich wurde, spielen die Themen Vertrauen und Verantwortung innerhalb eines Unternehmens, insbesondere zwischen Mitarbeitenden und Vorgesetzten eine große Rolle. Die Frage, die Sie sich daher stellen sollten, lautet: „Welche Führungskulturen gibt es und welche davon will ich für mein Unternehmen einsetzen und leben?" Dabei gibt es keine falschen Führungsstile, sondern nur solche, die ggf. nicht zur Unternehmensphilosophie passen. Neben der Übersicht der Führungskulturen und Stile, zeigen wir Ihnen nachfolgend ihre jeweiligen Konsequenzen für die Zusammenarbeit. Ihr Führungsstil hat Auswirkungen darauf, wie Verantwortung wahrgenommen und Vertrauen ermöglicht wird.

Einen klassischen Ansatz, den „Span of Control" (Bild 7.4), möchten wir hier noch erwähnen. Laut dieser Leitungsspanne sollte eine Führungskraft generell nicht mehr als fünf oder zehn Mitarbeitende haben. Aus unserer Sicht ist dieser Ansatz generell gut, wenn die Mitarbeitenden differenzierte Aufgaben erfüllen. Sehen wir uns aber zum Beispiel Organisationen an, in denen es im Rechnungswesen durchaus Abteilungen mit 50 oder 60 Verwaltungskräften oder Sachbearbeitenden gibt, die alle Rechnungen prüfen, dann ist aus unserer Sicht auch eine Leitungsspanne in diesem Rahmen möglich. Wozu sollten hier noch künstlich Hierarchien erzeugt werden?

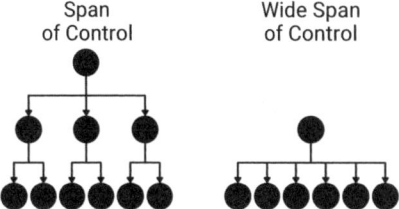

Bild 7.4 Span of Control

Die häufigste Führungsart ist wohl die **hierarchische Führung**. Sie ist insbesondere in großen Unternehmen häufig vorzufinden und geht meist mit einem sieben- oder achtstufigen Organigramm einher. Jede Hierarchieebene hat einen Entscheidungsbereich, für den Entscheidungen getroffen werden. In letzter Konsequenz hat die unterste Ebene dieser Führungsart keine Entscheidungsgewalt und führt lediglich Aufgaben aus. Mitarbeitende auf der untersten Stufe haben wenig Spielraum in der Ausgestaltung ihrer Arbeit. Gegebenenfalls verlieren Sie durch diese Art der Führung ungeahntes Potenzial. Klassische Karrieren haben das Ziel, durch die Überwindung der Hierarchiestufen die Karriereleiter Stück für Stück nach oben zu klettern. Das führt unter anderem dazu, dass Karriere immer Führung bedeutet. Nicht immer wird aber aus einer guten Fachkraft auch eine gute Führungskraft. Zu unterschiedlich sind die Anforderungen an Fähigkeiten und Kompetenzen. Außerdem werden oftmals Mitarbeitende übersehen, die keinerlei Interesse an dieser Art Karriere haben. Hier wurde nach und nach das Modell der sogenannten Fachkarrieren geschaffen, um die Entwicklung von Expertinnen und Experten mit ihrem Aufgaben- und Verantwortungsbereich zu schematisieren.

Beim **kooperativen Führungsstil** stellt sich die Führungskraft zunächst auf die gleiche Ebene mit den Mitarbeitenden. Damit soll herausgefunden werden, wie Mitarbeitende dahingehend unterstützt werden können, ihre Arbeit optimal auszuführen. Man spricht auch von der dienenden Führung. Die Führungskraft macht sich sprichwörtlich zum Diener ihrer Mitarbeitenden und sorgt dafür, dass sie alles haben, was sie brauchen, um optimale Arbeitsergebnisse zu erzielen. Sie schafft entsprechende Rahmenbedingungen und räumt Hindernisse aus dem Weg. Hierarchische Funktionen werden bewusst aufgelöst. Stattdessen wird gemeinsam mit den Mitarbeitenden besprochen, wie Aufgaben umgesetzt und Ziele erreicht werden sollen. Stellen Sie sich die Rolle der Führungskraft als spielführende Person vor, die mit auf dem Platz steht und mit dem Team gewinnen will, statt wie ein Vereinsvorstand zu agieren, der aus der Ferne Entscheidungen über das Team trifft (Bild 7.5).

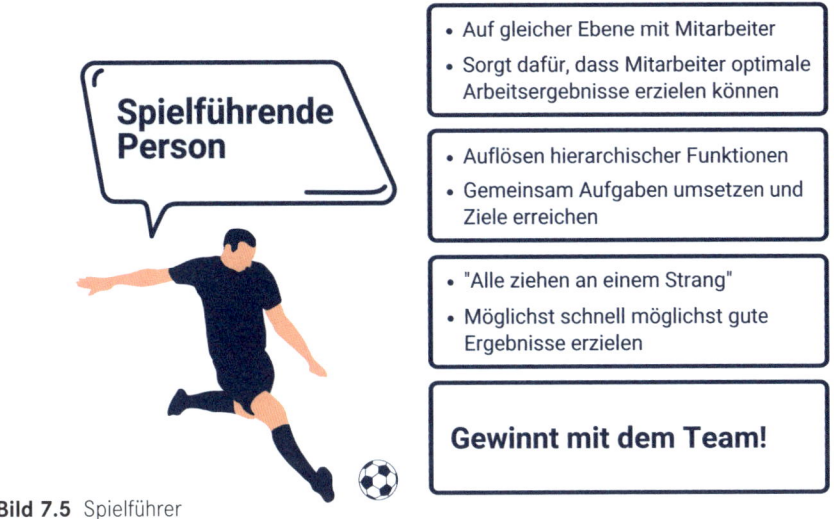

Bild 7.5 Spielführer

In der Realität lässt sich dieser Führungsstil nur vereinzelt vollständig umsetzen, weil es für bestimmte Bereiche Führungskräfte braucht. Teils, weil es gesetzliche Regelungen gibt oder aber, weil eine Verantwortung für Mitarbeitende gegeben sein muss. Definitiv möglich ist es aber, zum Beispiel einzelne Führungsebenen zu entfernen und dafür andere Rollen zu schaffen wie z. B. im agilen Management. Product Owner, die eine fachliche Verantwortung für die Erstellung der Ergebnisse haben, aber den anderen hierarchisch nicht vorgesetzt sind, sind nur eine mögliche Lösung. Ein anderes Beispiel aus der Praxis eines unserer Kunden ist, das Unternehmen in eine komplett agile Organisation umzuwandeln. Alle Mitarbeitenden arbeiten in selbst organisierten Teams, die sich anhand der vorgegebenen Ziele selbst ihre Aufgaben suchen und umsetzen. In einer solchen Organisation gibt es keinerlei Führungskräfte mehr. Lediglich Personalverantwortliche, die der vorgegebenen Pflicht der Personalführung nachkommen und Mitarbeitende einstellen, Gehaltsverhandlungen führen und die vertraglichen Rahmenbedingungen besprechen, haben einen Sonderstatus. Oder es gibt Personen, die mit Sonderaufgaben betreut sind und beispielsweise zum Ende des Jahres zahlenmäßig kontrollieren, ob auch alle Mitarbeitenden ihren Urlaub genommen haben, um den gesetzlichen Anforderungen gerecht zu werden. Sie treffen keinerlei Entscheidungen darüber, was oder was nicht gemacht wird. Der systemimmanente Zwang der Beförderung, wie er beim hierarchischen Führungsstil vorhanden ist, entfällt in einer solchen Organisation. Das hat den Vorteil, dass Mitarbeitende im Falle einer Beförderung in ihrer fachlichen Rolle bleiben können und somit weiterhin das tun, wofür sie am besten qualifiziert sind.

Wir selbst führen unser Unternehmen mit diesem Stil und lassen unseren Mitarbeitenden zudem den Freiraum, selbst zu entscheiden, wann sie Urlaub nehmen und wie lange sie jeden Tag arbeiten. Dafür ist sehr viel Vertrauen notwendig und wir behaupten auch nicht, dass diese Freiheiten nicht auch schon ausgenutzt worden sind. Es wird also immer auch Situationen geben, in denen es nicht so glattläuft, wie es angedacht war. Dennoch sind wir der Meinung, dass der positive Nutzen, den wir aus dieser Organisation ziehen, diese Nachteile mehr als aufwiegt. Zudem gibt es letztlich auch bei einem hierarchischen Führungsstil Mittel und Wege, den eigenen Nutzen über den der Firma zu stellen. Diese Gefahr besteht also überall.

Beim **Führen mit Macht** geht es, wie der Name schon sagt, darum Macht auszuüben. Das geschieht zum Beispiel, indem Anreize bei Wohlgefallen und Strafen bei Nichtgefallen verteilt werden. Damit werden Mitarbeitende entweder gefördert oder eben bewusst nicht gefördert bis hin zur Entlassung. Das Führen mit Macht kann nur in Ausnahmesituationen angewandt werden und stellt damit eine Art letztes Mittel dar, weil die Machtmittel im Unternehmen begrenzt sind. Zu den Machtmitteln gehört die Rücknahme von Vergünstigungen sowie in manchen Fällen die Übergabe von ungeliebten Aufgaben und zuletzt Abmahnungen und die Kündigung. Da das Führen mit Macht von der Androhung der Ausübung der Macht lebt, erschöpfen sich entweder die zur Verfügung stehenden Mittel oder die Führungskraft wird unglaubwürdig, weil die Mittel nicht eingesetzt werden. Ein dauerhaftes Führen mit Macht ist kaum möglich. Zudem entsteht eine vergiftete Kultur, die langfristig zur Kündigung von Mitarbeitenden führt.

Je nach Menschentyp kommen **Führen mit Aufgaben und Führen mit Zielen** zum Tragen. Bei gewerblichen Mitarbeitenden sollten Sie wahrscheinlich eher mit Aufgaben oder Zielen arbeiten als mit Werten, da konkrete Informationen und Aufgabenstellungen dazu beitragen, dass Ziele in diesem Bereich besser erreicht werden können. Auch Auszubildende brauchen zu Beginn ihrer Tätigkeit meist etwas mehr Anleitung, um zum Ziel zu kommen. Daher bietet es sich auch bei dieser Personengruppe an, anfangs eher mit konkreten Aufgaben, anstatt mit Zielen zu arbeiten. Egal welcher Führungsstil ausgewählt wird, in beiden Fällen wird vorab mit den Mitarbeitenden über die Aufgabe, das Ergebnis und die Erwartungen gesprochen. Anhand regelmäßiger Ergebnis-Checks wird überprüft, ob das Ergebnis, welches zuvor gemeinsam vereinbart wurde, erreicht wird, oder Sie unterstützen die Mitarbeitenden dabei, es zu erreichen. Auch beim Führen mit Zielen gibt es regelmäßige Ergebnis-Checks. Sie geben beiden Seiten Hinweise darauf, ob die Mitarbeitenden auf dem richtigen Weg sind. Sie erhalten entsprechendes Feedback, um sie dabei zu unterstützen, den richtigen Weg einzuhalten und das Ziel zu erreichen. Durch diese Ergebnis-Checks kann bereits frühzeitig im Prozess reagiert werden. Nämlich dann, wenn dabei festgestellt wird, dass zum Beispiel eine Fähigkeit oder Rahmenbedingungen fehlen.

Der große Vorteil für all diese Führungsstile ist, dass von beiden Seiten Vertrauen bewiesen werden kann. Verantwortung für Ergebnisse wird sowohl übergeben als auch übernommen. Bewusst liegt der Fokus hierbei auf dem Ergebnis und nicht auf der Art und Weise der Umsetzung. Den Weg bestimmen die Mitarbeitenden selbst, lediglich das Ergebnis ist vereinbart. Praktisch könnte eine Aufgabe sein, ein bestimmtes Produkt zu entwickeln oder den Umsatz im nächsten Monat um zehn Prozent zu steigern. Vorab wird gemeinsam überlegt, wie der Weg dahin aussehen könnte, und vereinbart, wie dieser gestaltet werden kann. Wie letztlich die Aufgabe erfüllt wird, liegt bei den Mitarbeitenden selbst. So haben diese die Möglichkeit, die Verantwortung wahrzunehmen, die von ihnen erwartet wird.

Ein weiterer großer Vorteil der Feedbacks ist, dass Sie als Führungskraft die Möglichkeit haben, Wertschätzung zu zeigen. Sie nehmen die Leistung des Mitarbeitenden wahr und setzen sich bewusst damit auseinander. Das bedeutet auch, dass Sie helfen können, falls es erforderlich wird. Mitarbeitende werden in ihrer Entwicklung unterstützt und stehen im Mittelpunkt. Nach Beendigung der Aufgabe kann gemeinsam geprüft werden, ob die Erwartungen erfüllt wurden. Auch die Mitarbeitenden können Feedback geben und zum Beispiel darüber informieren, an welcher Stelle sie sich mehr Unterstützung von Ihnen oder durch andere Rahmenbedingungen gewünscht hätten. Diese Vorgehensweise führt zu einer Win-win-Situation. Nicht nur Mitarbeitende, sondern auch Führungskräfte können aus dieser Situation lernen. Das ist neben der Aufgabenerfüllung aus unserer Sicht der Sinn des Ganzen: gemeinsam zu wachsen.

Eine Herausforderung besteht darin, sich mit jedem Mitarbeitenden individuell auseinander-zusetzen, persönlich und auch zeitlich. Erst dann kann der richtige Stil ausgewählt werden, denn nicht jeder Mitarbeitende kann mit Zielen geführt werden. Wichtig ist es außerdem, dass Sie eine Strategie entwickeln, wie regelmäßige Ergebnis-Checks sinnvoll durchgeführt werden können. Damit ist keine Kontrolle im negativen Sinne gemeint, sondern im Sinne einer Ergebnisüberprüfung, um bei Bedarf rechtzeitig Unterstützung anzubieten. Wir ver-wenden an dieser Stelle bewusst den Begriff Ergebnis-Checks und nicht Kontrolle, da dieser Begriff eine negative Konnotation hat.

Beim **Führen mit Werten und Prinzipien** ist das Ziel, dass die Mitarbeitenden den Sinn des Ganzen – die Vision – verstehen, wissen, in welche Richtung sie vorangehen sollen, und erkennen können, was ihr Beitrag zu dieser Vision ist. Das erfordert allerdings von Mitarbeitenden sehr hohe fachliche und methodische Kompetenz sowie ein hohes Maß an Eigeninitiative. Da es hier um eine gemeinsame Vision geht, ist bei dieser Führungsform die Kommunikation und ein beinahe blindes Verständnis zwischen Führungskraft und Mitarbei-tenden entscheidend. Das erfordert absolutes Vertrauen und zwar wieder in beide Richtungen.

In kleineren Gruppen, wie zum Beispiel im Freundeskreis, braucht es keine Führungskraft. Klar übernimmt auch hier ein Gruppenmitglied die Führung, aber zum einen nicht offiziell und mit wohldefinierten Befugnissen, zum anderen meist nicht dauerhaft. Die Führungs-aufgaben werden vielmehr situativ verteilt. So entsteht eine gemeinsame Verantwortung der Gruppe. Das **Führen ohne Führungskraft** funktioniert auch in Unternehmen, wenn sie entsprechend organisiert sind.

Ein Beispiel:

Der Niederländer Jos de Blok und ein kleines Team professioneller Kranken-schwestern erkannten, dass das Pflegesystem ihre Beziehungen zu Patienten untergraben hatte. Das berufliche Engagement, das sie überhaupt erst in den Beruf gebracht hatte, war beeinträchtigt. Sie gründeten das Pflegeunternehmen Buurtzorg, um sich um die Menschen zu Hause in einer Weise zu kümmern, wie es ihre Werte und ihr Handwerk nahelegten. De Blok setzte auf „Nachbarschaftshilfe" und kleine Teams von bis zu zwölf Personen, in denen jeder gleichberechtigt arbeitete und Verantwortung übernahm. Sobald das Team größer wurde, entstand durch Teilung ein neues Team. Die Teams arbeiteten autonom, Entscheidungen wurden gemeinsam getroffen. Buurtzorgs Ansatz der Verantwortung vor Ort erwies sich bei Pflegenden und Gepflegten als beliebt. Mittlerweile gibt es über 10.000 Pflegende, in 850 selbstorganisierten Teams in ganz Niederlanden. Unterstützung erhalten die Teams von einem Backoffice und bei Bedarf von Regionaltrainern, um den Rest der Organisation freizumachen und sich auf die Pflege konzentrieren zu können. Durch das einfache Modell der Führung ohne Führungskraft, zusammen mit der starken Vision der „Nachbarschaftshilfe" findet das Unternehmen leicht Mitarbeitende, die gerne Verantwortung übernehmen, anstatt für Vorgesetzte zu arbeiten, die fernab ihrer täglichen Wirklichkeit agieren. Buurtzorg ist in 24 Ländern aktiv.

Es gibt viele weitere Beispiele, wie Unternehmen Managementstrukturen überflüssig machen, zum Beispiel Firmen, bei denen die Mitarbeitenden gemeinsam abstimmen, wie viel Gehalt an den Einzelnen gezahlt wird oder auch, wer eine Gehaltserhöhung erhält. Auch wenn der Kreativität in diesem Bereich in Deutschland aufgrund gesetzlicher Regelungen Grenzen gesetzt sind, können wir viel bewegen, wenn wir mehr Vertrauen wagen.

Insbesondere der Bereich der Selbstorganisation ist hierzulande sehr stark im Vormarsch und ähnelt dem Beispiel aus den Niederlanden. Derzeit gibt es, neben den agilen Herangehensweisen, eine ganze Reihe experimenteller Versuche, Unternehmensstrukturen flexibler aufzubauen – für uns ein interessanter Ausblick, den wir im Auge behalten werden.

Wir wollen das **Führen ohne Macht** nicht ganz unter den Tisch fallen lassen, obwohl es hierbei nicht um einen Führungsstil im klassischen Sinne geht. Von Führen ohne Macht sprechen wir immer dann, wenn eine Person Ziele erreichen soll und will, ohne die klassischen Machtinstrumente des Unternehmens dafür zur Verfügung zu haben. Die meisten Teamleitungen haben zwar eine fachliche Führungsaufgabe, besitzen aber keinerlei Personalverantwortung. Dennoch müssen sie Mitarbeitende motivieren, für das Unternehmen zu arbeiten und Aufgaben auszuführen. Auch innerhalb der gleichen Hierarchieebene kommt dieses Prinzip vor, zum Beispiel, wenn wir Hilfe von Kollegen benötigen. Wir haben tatsächlich keine Macht oder Weisungsbefugnis über die Kollegen, die auf der horizontalen Linie neben uns im Organigramm stehen. Können Sie in diesen Fällen einen Mehrwert oder Vertrauen bieten, sind Sie verlässlich oder können Verbindlichkeit erzeugen, dann besteht die Möglichkeit, dass andere Ihnen auch helfen oder Sie unterstützen. Es sind diejenigen Personen, die Vertrauen erzeugen und geben, die Entscheidungen durch ihre Kompetenz, ihr Charisma, ihre Haltung, ihren Umgang mit anderen oder ihre Kommunikationsfähigkeit beeinflussen.

Damit ist die Liste der Führungskulturen sicher noch nicht allumfassend. Sie gibt jedoch einen guten Überblick über die vorhandenen Möglichkeiten, Chancen und deren Konsequenzen. Kern aller Führungskulturen ist aus unserer Sicht die Verantwortung. Daraus resultiert zum Beispiel die Furcht vor Konsequenzen, was wiederum zur Fehlerkultur führt. Vielleicht sollten Organisationen ein gewisses Maß an aushaltbaren Regelverletzungen zulassen, nicht zuletzt auch deshalb, weil das starre Befolgen aller Regeln keine Möglichkeit für Veränderungen zulässt. Regelverletzungen führen dazu, dass die Regeln auf den Prüfstand kommen.

Das mit den Regeln ist so eine Sache, da Regeln ihren Sinn verlieren können, wenn sich die Bedingungen ändern. Aus diesem Grund sprechen wir für unser Unternehmen nicht von Regeln, sondern von Prinzipien.

Diese Prinzipien ermöglichen uns einen deutlichen Rahmen, innerhalb dessen wir uns bewegen können. Prinzipien wirken wie Leitplanken. Sie geben uns Spielraum für Unvorhergesehenes. Damit müssen wir klassische Regelbrüche gar nicht erst provozieren.

Wir halten uns ohnehin zu oft und zu lange am vermeintlichen Fehlverhalten Einzelner auf. Dabei hat es sehr selten tatsächlichen Nutzen, sich mit Schuld zu beschäftigen. Schuld, wie sie die Legislative definiert, spielt im Unternehmen ohnehin kaum eine Rolle. Wer wird schon im Tagesgeschäft verklagt, nur weil er einen Fehler gemacht hat? Dieses Konzept wird nur da relevant, wo es um Straftatbestände geht wie z. B. bei Veruntreuung oder Werksspionage. Nur hier lohnt sich die Suche nach den Schuldigen.

Trotzdem sollte dabei beachtet werden, dass eine Regel- oder Prinzipienverletzung auch immer ein Vertrauensbruch ist und es ist unerheblich, ob es sich dabei um Regeln oder Prinzipien handelt. Welche Folgen hat die Regel- oder Prinzipienverletzung für das Vertrauen, für das Unternehmen oder auch für die zukünftige Zusammenarbeit? Bewusstes oder fahrlässiges Fehlverhalten kann auch in einem Unternehmen nicht toleriert werden, weil es die Kultur vergiftet und mittelfristig zu Anarchie führt. Anarchie ist aber nicht für konstruktive Arbeit an einem gemeinsamen Ziel geeignet. Je nach Sichtweise kann eine Regel- oder Prinzipienverletzung aber auch eine Handlungsaufforderung sein. Was waren die Gründe dafür? Gegebenenfalls müssen auch die Prinzipien hinterfragt werden. Letztlich ist genau hier der Punkt, an dem das Unternehmen wachsen kann und Veränderung ermöglicht.

■ 7.2 Verantworung übernehmen

Können Sie sich noch an unser Bild mit der Unfallsituation erinnern? Wo sehen Sie sich auf dem Bild mit der Unfallsituation? In der Rolle der Ersthelfenden? Wohl kaum. Die meisten von uns sind in diesem Bild gar nicht zu sehen. Statistisch gesehen fahren acht von zehn an der Unfallstelle vorbei, übrigens mit den unterschiedlichsten Ausreden. Ein großer Teil der Vorübergehenden war so mit sich selbst oder anderen Dingen beschäftigt, dass sie die Situation schlichtweg übersehen haben. Viele haben Bedenken, Erste Hilfe zu leisten: „Ich könnte ja was falsch machen" und das wäre ja auch Sache der Profis. Wieder andere entziehen sich mit Ausreden wie „Ich dachte, da wären schon andere ...". Ich nenne das den Team-Gedanken. Team – T E A M – **T**oll **E**in **A**nderer **M**acht's. Das ist Flucht vor der Verantwortung!

In der Rolle des Opfers sehen wir uns sicher auch nicht. Ein Opfer zeichnet sich dadurch aus, dass es ohne eigenes Verschulden einen Schaden erlitten hat, oft durch Handeln anderer, das sich der eigenen Kontrolle entzieht. Opfer sein ist nicht witzig! Und wenn wir uns die Jugendsprache mal anhören, dann stellen wir fest, dass „Du Opfer" oft als Beleidigung verwendet wird. Das lässt sich nicht immer verhindern, aber eines ist klar: Je mehr Verantwortung ich für mich und meine Umgebung übernehme, desto seltener bin ich in dieser Rolle und ich will mich ja auch nicht beleidigen lassen.

Aufgabenklärung

An dieser Stelle ist es wichtig zu unterscheiden, wann wir Verantwortung übernehmen können und wann nicht. Byron Katie sagt das so: „Es gibt drei Arten von Angelegenheiten: Meine, Deine und Gottes." Ich kann nur meine Angelegenheiten regeln. Meine Angelegenheiten sind die, die nicht nur in meinen Interessenbereich, sondern auch in meinen Einflussbereich fallen.

Bei der Übernahme von Verantwortung kommt es daher darauf an, diesen Einflussbereich abzustimmen. Diese Abstimmung erfolgt am besten über eine Aufgaben- oder Auftragsklärung. Doch was heißt das im Detail? Es bedeutet, dass die zu übertragende Aufgabe gemeinsam besprochen wird, sodass im Anschluss klar ist, welche Ergebnisse erwartet werden und welche Ressourcen dafür zur Verfügung stehen.

Dazu sollte auch definiert werden, anhand welcher Kriterien die Ergebnisse bewertet werden. Dabei ist im Idealfall die Art und Weise der Durchführung denjenigen überlassen, die die Verantwortung übernehmen sollen. Insbesondere bei komplexen Aufgabenstellungen und Zielsetzungen ist diese Vorarbeit von großer Bedeutung, damit am Ende auch das Ergebnis entsteht, das von der auftraggebenden Person erwartet wurde.

Menschen sind unterschiedlich in ihrem Denken und Handeln. Demnach kann bei allen ein anderes Verständnis von der Aufgabenstellung und dem Ergebnis entstehen, wenn nicht vorab eine detaillierte Aufgabenklärung stattgefunden hat. Im schlechtesten Fall wird die Aufgabe nach bestem Gewissen ausgeführt und trotzdem gibt es ein negatives Feedback, weil das Ergebnis ein anderes sein sollte. Zu einer positiven Grundstimmung und einem guten Verhältnis trägt eine solche Vorgehensweise sehr wahrscheinlich nicht bei und bei all dem Ärger muss zudem das Ergebnis auch noch nachgebessert werden. Ein solches Ergebnis wird wahrscheinlich auch nicht dazu führen, dass bei nächster Gelegenheit wieder unvoreingenommen Verantwortung für eine Aufgabe übernommen wird. Eine unzureichende Aufgabenklärung hat also nicht nur das unzureichende Ergebnis zur Folge, sondern beschädigt gegebenenfalls auch das Vertrauen und das Miteinander.

Der Umfang der übernommenen Verantwortung wird maßgeblich durch die Art der Auftragsbeschreibung bestimmt. Je mehr Rahmenbedingungen gesetzt sind und je stärker die Entscheidungsfreiheiten durch konkrete Durchführungsanweisungen und Regeln begrenzt sind, desto weniger Verantwortung wird tatsächlich übernommen.

Ob die Aufgabenklärung schriftlich oder mündlich erfolgt, ist eine Frage der generellen Vorgehensweise, der Einstellung der Mitarbeitenden und Führungskräfte dazu und der Komplexität der Aufgabenstellung. Fakt ist jedoch, dass bei mündlichen Aufgabenstellungen häufig wichtige Details vergessen oder falsch in Erinnerung behalten wurden. Optimal ist daher eine schriftliche Dokumentation im Anschluss an ein Gespräch, damit beide Seiten die Vereinbarung jederzeit bei Bedarf einsehen können. Dabei muss das kein seitenlanges Protokoll sein, außer es handelt sich um eine sehr komplexe Aufgabe, die etwas mehr Dokumentationsbedarf erfordert. Eine E-Mail der Person, die den Auftrag annimmt und die stichpunktartig das Besprochene zusammenfasst, mit der Bitte um Bestätigung der auftraggebenden Person, ob alles richtig verstanden wurde, kann bereits ausreichen. Ein solches Schriftstück kann zudem unterstützend bei der Ergebnismessung eingesetzt werden.

Die wichtigsten Bestandteile sind:

1. **Vereinbarung der zu erreichenden Ergebnisse**
   Die Ergebnisse sollten in möglichst klarer Weise und, soweit möglich, interpretationsfrei formuliert werden. Art und Umfang dieser Vereinbarung hängen von der Aufgabe ab.

Entscheidend ist, dass bei der Übernahme der Verantwortung alle wichtigen Eigenschaften des Ergebnisses vereinbart werden. Dieser Teil schließt die Aufgabenklärung, also das Nachfragen zur Erzeugung eines gemeinsamen Verständnisses mit ein. Wir gehen im Kapitel 5 *„Relevante Ergebnisse zählen"* noch näher auf die Formulierung von Ergebnissen, Eigenschaften, Zielen und Kennzahlen ein.

2. **Vereinbarung des Handlungsrahmens**
   Bei kleineren Aufgaben und Pflichten ist der Handlungsrahmen, in dem wir uns bewegen, meist klar und es genügt, einen Zieltermin für die Übergabe der Ergebnisse zu vereinbaren. Wenn die Verantwortung größer oder die Aufgabe umfangreicher wird, ist die Vereinbarung des Handlungsrahmens oft ein kritischer Bestandteil. Wenn ich Verantwortung übernehme, ist es mir wichtig, welche Ressourcen, Zeit, Geld, Werkzeuge und andere Mitarbeitende mir für die Erzeugung der Ergebnisse zur Verfügung stehen. Dabei geht es hier nicht um Wünsche und persönliche Vorteile, sondern schlicht um eine realistische Einschätzung der Machbarkeit und das Einfordern der erforderlichen Mittel.

3. **Vereinbarung der Freiheiten/Befugnisse**
   Wir haben schon gezeigt, dass Freiheiten für die Übernahme von Verantwortung eine große Bedeutung haben. Jetzt geht es darum zu vereinbaren, welche Freiheiten für die vereinbarte Aufgabe zur Verfügung stehen. Was darf ich entscheiden? Habe ich Toleranzen beim vereinbarten Handlungsrahmen? Welche Toleranzen liegen in meinem Einflussbereich? Hier entscheidet sich, ob nur die Aufgabe oder auch die Verantwortung übergeben wird.

4. **Vereinbarung von Rechenschaftspflichten**
   Zuletzt braucht es eine Vereinbarung zur Frequenz, zu den konkreten Terminen und etwaigen Zwischenzielen für die Ergebnis-Checks. Die Ergebnis-Checks dienen der Verantwortung empfangenden Person, indem ein klarer zeitlicher und inhaltlicher Rahmen gesetzt wird. Diesen kann sie nutzen, um Entscheidungen einzuholen, Fragen zu stellen und nicht zuletzt, ihre Leistungen darzustellen. Die Instanz, welche Verantwortung gibt, hat über die Ergebnis-Checks die Chance, sich auf dem Laufenden zu halten, korrigierend einzugreifen und Feedback zu geben.

Sobald die Aufgabe geklärt und vereinbart ist, gilt es, den eigenen Einflussbereich zu nutzen und die vereinbarten Ergebnisse zu erstellen. Wenngleich es durchaus vorkommt, dass eine Lösung außerhalb des eigenen Einflussbereichs liegt, ist es wichtig zu hinterfragen, ob das die einzige Lösung ist. Es ist meist hilfreich, sich Unterstützung zu suchen, vielleicht sogar bei der Person, in deren Einflussbereich die Lösung liegt. Wichtig dabei ist der Dialog und sich nicht in die Opferrolle zu begeben. Solange wir aufmerksam bleiben und unsere Angelegenheiten und Pflichten anerkennen, können wir handeln. Oft genügt es, unsere Freiheiten zu nutzen, um eine Aufgabe zu lösen.

Fingerpointing

Wer sich der Situation hingibt und glaubt, keine Möglichkeiten, keinen Einfluss, keine Fähigkeiten oder keine Macht zu haben, wird zum Opfer. In dieser Situation wird oft zu einem bewährten Mittel gegriffen, es wird eine schuldige Person gesucht. Das sogenannte **Fingerpointing** – die Suche nach dieser schuldigen Person – ist allerdings in keiner Weise zielführend. Zielführender ist es zu eruieren, warum die Ergebnisse nicht den Vorstellungen entsprechen, und nach Ursachen zu suchen. Die Ursachensuche erlaubt es dabei, sich ganz konkret auf die Verbesserung zu konzentrieren. Natürlich können die Ursachen auch in der

Person liegen, dann sind es aber in den allermeisten Fällen fehlendes Wissen oder noch nicht ausgereifte Fertigkeiten. In beiden Fällen kann nicht von schuldhaftem Verhalten gesprochen werden. Zudem haben wir hier immer die Chance, aus den Fehlern zu lernen. Oft finden wir aber auch Ursachen in Prozessen, Verfahren, Richtlinien und anderen Rahmenbedingungen und wir täten gut daran, diese Ursachen zu bereinigen. Wie das geht, haben wir im Kapitel 6 *„Systeme zur Zusammenarbeit schaffen"* im Detail beschrieben.

Ob auf diese Weise gehandelt wird, hängt stark davon ab, wie im Unternehmen generell mit Fehlern umgegangen wird. Solange Schuldige gesucht werden, ist die Bereitschaft, über Fehler zu sprechen, gering, weil niemand gerne beschuldigt wird. Das führt oft zu einer Kultur von Vertuschung und Verharmlosung von Fehlern.

Dabei können alle an dieser Kultur arbeiten, indem sie sich einfach nicht mehr am Fingerpointing beteiligen. Es ist übrigens erstaunlich, wie sich die Wahrnehmung der Kollegen verändert, wenn ich, statt mich an den Zuweisungen von Schuld zu beteiligen, einfach sage: „Ich kläre das." Es ist dann nur wichtig, auch tatsächlich an der Suche nach den Ursachen zu arbeiten. Die Kunst ist, zu überlegen, was in Zukunft getan werden kann, damit derartige Fehler nicht wieder auftreten. Kurz, die Ursache muss gefunden werden, um dann nach einer Lösung zu suchen und aus Fehlern und Erfahrungen lernen. Der Zyklus des Verstehens (Kapitel 2 *„Die Welt des Kunden verstehen"*) kann auch in diesen Situationen erfolgreich angewendet werden.

Dabei sollten auch diese beiden Begrifflichkeiten auseinandergehalten werden. Ein Fehler ist nicht automatisch eine Erfahrung. Wenn ich einen Fehler mache und weitermache, als wäre nichts gewesen, dann lerne ich nicht daraus und mache keine weiterführende Erfahrung. Den Fehler werde ich aber sehr wahrscheinlich dann immer wieder machen, weil ich nicht eruiert habe, warum er passiert ist. Der Nutzen von Fehlern ist, daraus für die Zukunft zu lernen und Erfahrungen zu sammeln. Die Fehlerkultur in einem Unternehmen zeigt sich auch darin, ob ich eher Rechenschaft ablege oder ob ich mich rechtfertigen muss.

Rechenschaft und Rechtfertigung

Sich zu rechtfertigen, bedeutet meist zu erklären, warum Dinge anders gelaufen sind als geplant. Es ist ein eher defensiver Prozess. Schon vom Wortsinn her klingt „rechtfertigen" nach einem mühsamen Prozess: „Wie soll ich mir auch mein Recht fertigen? Nachträglich?" Da steckt die Ausrede schon in der Anlage und die ist wie eingangs beschrieben gar nicht nötig, solange ich meinen Pflichten nachkomme.

Rechenschaft abzulegen, bedeutet hingegen, darüber zu berichten, was ich getan und welche Entscheidungen ich getroffen habe, um ein bestimmtes Ergebnis zu erreichen. Im Rahmen eines Rechenschaftsberichts kann ich auf Hürden und Unwägbarkeiten hinweisen und wenn nötig, Unterstützung einfordern. Natürlich können auch Fehler angesprochen werden, aber dann geht es nur darum, wie weit die Ursachensuche fortgeschritten ist und welche Lösungsoptionen bereits umgesetzt beziehungsweise in Betracht gezogen wurden.

Ein Rechenschaftsbericht erlaubt es mir auch, Feedback zu meinen Leistungen einzuholen und daraus zu lernen. Feedback ist so eine Chance auf Verbesserung. Wenn wir jedoch im Defensivmodus der Rechtfertigung sind, fällt es uns deutlich schwerer, Hinweise auf Lücken, Schwächen und Fehler anzunehmen und daraus zu lernen.

Wie genau solche Rechenschaftsberichte aussehen können und was das mit Reporting zu tun hat, dazu geben wir in Kapitel 5 *„Relevante Ergebnisse zählen"* detaillierte Auskunft.

Persönlichkeit und Entwicklung

Bei der Übergabe von Verantwortung gibt es einen wesentlichen Faktor: den Menschen. Es gibt Menschen, denen es leichter fällt, Verantwortung zu übernehmen als anderen. Die Gründe dafür sind vielfältig. Was für eine Persönlichkeit bringt der Mensch mit und welche **innere Haltung und Werte** treiben ihn an? Diese Faktoren geben Aufschluss darüber, ob und inwieweit jemand in der Lage ist, Verantwortung zu übernehmen und wie viel Anweisung es für eine Aufgabe braucht. Es hängt also sehr stark vom Individuum ab, wie gut die Übernahme von Verantwortung überhaupt funktioniert. Personen, die eine engmaschige Führungsart mit dezidiert ausformulierten Aufgaben benötigen, um zu funktionieren, werden mit einer zielorientierten Aufgabenstellung sehr wahrscheinlich nicht zurechtkommen.

In großen Konzernen ist häufig zu beobachten, dass Mitarbeitende sich nur wie ein Rädchen am Wagen fühlen. Egal, was sie tun oder wie sie sich verhalten, es hat keine Auswirkungen auf das Unternehmen. Infolgedessen resignieren sie und verhalten sich zurückhaltend. Das führt dazu, dass sie noch weniger oder erst gar keine Verantwortung übertragen bekommen. Das führt zu Frust und ggf. weiterem Rückzug der Person. Sie erkennen sicher das Bild, es ist das Bild eines Opfers. Genau hier setzt die Entwicklung der Persönlichkeit an.

Das was wir im Allgemeinen als Haltung oder auch Charisma wahrnehmen, ist meist das Ergebnis eines persönlichen Entwicklungs- und Reifeprozesses. Charisma zu haben heißt unter anderem, eine gewisse Autorität und Sicherheit auszustrahlen. Es bedeutet, das Gefühl zu vermitteln, sich auf den Menschen, oder ganz konkret die Führungskraft, verlassen zu können und mit ihr auf dem richtigen Weg zu sein. Charisma entsteht durch die Summe der Wirkungen unseres Verhaltens. Reife, Persönlichkeit und Charisma nehmen wir oft als gegebene Eigenschaften eines Menschen an, diese Eigenschaften lassen sich jedoch wie andere Fähigkeiten ausprägen. Wer führen will, sollte zunächst einmal sich selbst führen lernen und seine Persönlichkeit weiterentwickeln.

Das setzt eine gewisse Lernbereitschaft voraus. Gerade, wenn die Verantwortung für neue oder zumindest andere Aufgaben übergeben wird, ist die Bereitschaft, sich Wissen anzueignen, wichtig. Doch nicht nur die reine Aneignung von Wissen ist hier erforderlich, sondern auch die Lernbereitschaft, aus gemachten Fehlern für die Zukunft Schlüsse zu ziehen. Stellen Sie sich dafür am besten selbst die Frage, ob Sie bereit sind, in der heutigen schnelllebigen Zeit auf Veränderungen einzugehen, oder sie zumindest akzeptieren können. Sind Sie bereit, an sich zu arbeiten, um mit diesen Situationen besser umgehen zu können? Das alles scheinen auf den ersten Blick banale Punkte zu sein, dennoch tun sich viele Menschen damit schwer. Umso wichtiger ist es, sich damit bewusst auseinanderzusetzen.

Bestes Beispiel dazu ist die agile Arbeitsweise. Statt linear zu arbeiten, wird plötzlich iterativ gearbeitet. Wenn Sie jahrelang oder gar jahrzehntelang ausschließlich mit konkreten Zielen oder in einer festgelegten Struktur gearbeitet haben und erst nach umfangreicher Entwicklungs- und Testphasen das Produkt bei der Kundschaft vorgestellt haben, dann ist es ein harter Übergang, plötzlich mit einem halb fertigen Produkt zur Kundschaft zu gehen und mit ihr darüber zu sprechen, was noch verbessert werden kann. Diese Vorgehensweise widerspricht unter Umständen der Grundüberzeugung von Arbeitsweise und -qualität, die Ihre Mitarbeitenden sich zuvor jahrelang angeeignet haben. Um sich in einem solchen Umfeld bewegen zu können, müssen alle zuerst lernen, mit dieser Arbeitsweise umzugehen, und sie innerlich auch annehmen. Nicht alle werden das können oder wollen, da es nicht ihren Werten oder Prinzipien entspricht. Im Grunde gibt es dann nur noch die Möglichkeit zu entscheiden, nicht mit dieser Veränderung mitzugehen. Auch das ist Lernen und auch das ist ein Ergebnis.

Was meinen Sie: Kann man grundsätzlich lernen, mit völlig neuen Situationen umzugehen? Wir denken, ja, doch ist es vom Menschen an sich und seiner Einstellung dazu abhängig. Eine Person, die generell offen für Neues ist, wird sich sehr wahrscheinlich schneller in einer komplett neuen Arbeitsweise zurechtfinden als eine Person, die Veränderung per se als etwas Schlechtes sieht. Einen Versuch ist es jedoch immer wert.

Vertrauen schaffen

Dass Vertrauen in Kombination mit Verbindlichkeit unerlässlich ist, haben wir bereits ausführlich in der Einleitung behandelt. Dennoch möchten wir hier noch einmal kurz Bezug auf die Verantwortung nehmen. „Walk the Talk" bildet auch hier die Grundlage, also genau das umzusetzen, was gesagt wurde, und damit Verbindlichkeit schaffen. Denn wenn Verbindlichkeit fehlt, dann wird diejenige Person, die eine Aufgabe übernehmen soll, kein Vertrauen darin haben, dass z. B. das Ergebnis fair bewertet wird und Absprachen eingehalten werden. Verbindlichkeit ist also ein Grundpfeiler dafür, dass Zusammenarbeit funktionieren kann. Um ein **Ergebnis** entsprechend bewerten zu können, müssen zudem die **Ziele** zu Beginn definiert werden. Außerdem wird festgelegt, anhand welcher Kriterien gemessen wird, ob und in welcher Qualität die Ziele erreicht werden sollen. Wenn ausreichend Vertrauen vorhanden ist, steht einer fairen Bewertung und auch einem Feedback auf Augenhöhe nichts entgegen. Dabei ist auch die positive Fehlerkultur von großer Wichtigkeit, also herausfinden, warum etwas nicht so funktioniert hat, wie geplant und daraus lernen, anstatt Schuldige zu adressieren.

■ 7.3 Verantwortung übergeben

Wenn wir eine Verantwortung zuweisen, was müssen wir tun? Na klar, wir müssen zunächst mal klären, wofür denn genau Verantwortung zu übernehmen ist. Also ob für eine Sache, eine Person, eine Gruppe (das kann auch eine Abteilung oder ein Team sein). Okay, das kriegen wir noch geklärt. Jetzt wird es kniffliger. Worin besteht denn die Pflicht? Was ist das Ziel der Verantwortungsübergabe?

Wenn ich einen Dienstwagen habe, übernehme ich die Verantwortung dafür. Ziel ist es hier, mir Bewegungsfreiheiten zu gewähren, sodass ich zu meiner Kundschaft gelange. Mit dieser Freiheit bekomme ich aber auch Pflichten wie z. B. die Erhaltung und Pflege, aber auch die Pflicht zur Einhaltung der Richtlinien für Nutzung und Abrechnung der Reisekosten. Das war noch leicht.

Im Unternehmen oder gar in der Gesellschaft wird das oft etwas schwieriger. Klar ist nur, die Ziele, welche die Verantwortlichen verfolgen sollen, spielen eine große Rolle bei der Bewertung der Entscheidungen und Handlungen.

Die Übergabe von Verantwortung sollte daher immer sorgfältig vorbereitet werden. Dabei schlagen wir folgende Vorgehensweise vor:

1. **Formulieren der Ergebniserwartung**
   Bereits vor der Übergabe einer Verantwortung müssen Sie sich darüber klar werden, welche Ergebnisse Sie genau erwarten. Vorsicht, an dieser Stelle werden oft unnötige Einschränkungen gemacht, mit denen die Handlungsfreiheiten bei der Lösung der Aufgabe empfindlich eingeschränkt werden. Zur Klärung der erwarteten Ergebnisse können Sie die gleichen Methoden anwenden, wie wir sie bereits in Kapitel 2 *„Die Welt der Kunden verstehen"* als Problembeschreibung im Service Design beschrieben haben. Je klarer mein eigenes Verständnis der Ziele und Erwartungen ist, desto leichter fällt es mir, diese zu kommunizieren. Hier hilft eine klare Beschreibung der erwarteten Ergebnisse oder Ziele.

2. **Analyse der erforderlichen Fähigkeiten**
   Bevor eine Aufgabe oder Verantwortung übergeben wird, müssen Sie sich darüber klar werden, welche fachlichen, methodischen und gegebenenfalls eben auch sozialen Fähigkeiten benötigt werden, um die Aufgabe zu lösen. Erst dann können Sie sicher einen geeigneten Mitarbeitenden auswählen und die Übernahme der Verantwortung vereinbaren. Dabei ist darauf zu achten, inwieweit die Personen, denen die Aufgabe übergeben wird, detaillierte Instruktionen zu den einzelnen Schritten der Umsetzung benötigen oder ob es ausreicht, ihnen lediglich die Aufgabe zu übergeben.

   An dieser Stelle ist es darüber hinaus hilfreich, über mögliche oder gegebenenfalls auch notwendige Unterstützungsangebote nachzudenken.

3. **Ermitteln der Rahmenbedingungen**
   Hierzu zählen das zur Verfügung gestellte Budget, die damit einhergehenden Rahmenbedingungen, bestimmte Tools, die eingesetzt werden sollen, oder auch einzubindende Beteiligte. Überlegen Sie sich, welche Mittel Sie zur Verfügung stellen wollen und können und machen Sie sich auch die Grenzen klar.

4. **Formulieren des Arbeitsauftrags**
   Wir haben weiter vorne in diesem Abschnitt bereits gesehen, wie ein Arbeitsauftrag aussehen sollte. Eine SMARTe Zielformulierung (Bild 7.6) ist dabei genauso wichtig wie die Vereinbarung zu Rahmenbedingungen und vor allem der Freiheiten. Achten Sie auch hier darauf, dass die Aufgaben mit dem erwarteten Nutzen im richtigen Detaillierungsgrad beschrieben werden.

5. **Aufgabenklärung**
   In einem Gespräch kann jetzt die Aufgabe mit den erforderlichen Befugnissen übergeben werden. Optimalerweise sind alle diese Aspekte in einem Arbeitsauftrag zusammengefasst.

Bild 7.6 SMART

Insbesondere in Bezug auf das Ergebnis gibt es weitere wichtige Punkte, die unbedingt beachtet werden müssen. Wollen Sie sicherstellen, dass ein bestimmtes Ergebnis erzeugt wird, dann müssen Sie es konkret formulieren. Prioritäten und eventuell zusätzlich auszuführende Aufgaben müssen benannt werden. Die Einordnung der Aufgabe in den betrieblichen Gesamtkontext ist von Bedeutung, um den Mitarbeitenden die Relevanz der Aufgabe zu verdeutlichen. Dadurch können sie Prioritäten besser einschätzen und auch den Sinn hinter der Aufgabe besser verstehen. Auch eine vermeintlich „kleine" Aufgabe erhält so einen Bezug zum großen Ganzen und wächst in der Bedeutung.

Die Verantwortung für auszuführende Handlungen wird definiert und eingefordert. Insbesondere in einer Hierarchiestruktur ist dies von Bedeutung, da Sie auch als Führungskraft Rechenschaft gegenüber Ihren Vorgesetzten ablegen müssen. Dies ist nur dann möglich, wenn alle Beteiligten regelmäßig über den Stand der Dinge berichten.

Vertrauen spielt an dieser Stelle erneut eine wichtige Rolle. Haben Sie mit den Mitarbeitenden einen Ergebnischeck für Freitag vereinbart, sollten Sie nicht bereits am Mittwoch nachhaken. Das verursacht Stress und Misstrauen. Lassen Sie sie los und unterstützen Sie sie dennoch. Seien Sie bereit, die Aufgabe loszulassen und nicht ständig nachzuhaken. Sie haben sich bewusst für einen Mitarbeitenden entschieden, weil Sie dieser Person die Aufgabe zutrauen und ihr vertrauen, also lassen Sie sie die Aufgabe ausführen und unterstützen Sie nur dann, wenn Unterstützung eingefordert wird. Biete jedoch schon von Anfang an Hilfestellung an und kommuniziere deutlich, dass Unterstützung nicht erst dann eingefordert werden sollte, wenn bereits etwas schiefgelaufen ist oder die Problematik beim Ergebnis-Check auftritt. Kommunizieren Sie deutlich mit den Mitarbeitenden, dass sie sich bei Blockaden, Problemen oder auch einfachen Fragen jederzeit an Sie als Führungskraft wenden können. Wenn die Weichen von Anfang an entsprechend gestellt werden, ein vertrauensvolles Verhältnis besteht und alle relevanten Informationen geflossen sind, dann steht der erfolgreichen Erledigung der Aufgabe nichts mehr im Wege.

Wir sprechen hier von Übergabe und Vereinbarung, daher müssen wir an dieser Stelle nochmal auf die Bedeutung dieser beiden Begriffe für die Verbindlichkeit hinweisen. Verantwortung wird in der Regel freiwillig übernommen. Daher ist es von großer Bedeutung, dass der Umfang der Verantwortung von beiden Seiten verstanden und akzeptiert wird. Wenn Verantwortung angeordnet wird, also eher einem Befehl gleicht, dann fehlt oft ein entscheidender Teil in der Gleichung. Es gibt viele Gründe, warum Mitarbeitende eine Verantwortung nicht übernehmen wollen. Manche haben einfach Angst vor einem möglichen Scheitern, andere sehen vielleicht einen Mangel an Befugnissen, oder es fehlt ihnen an bestimmten Fähigkeiten, die für die Erzeugung der Ergebnisse entscheidend sind. Oft ist es einfach ein fehlendes Verständnis der Aufgabe. In dieser Situation kommt es darauf an, den Auftrag zu (er-)klären und die Bedingungen für die Übernahme der Verantwortung zu verhandeln. So wird zum einen Vertrauen aufgebaut, zum anderen entsteht eine Verbindlichkeit für beide Seiten.

Vertrauen schenken

Auch über **Vertrauen** haben wir schon an verschiedenen Stellen gesprochen. Viele der bereits genannten Punkte werden ohne Vertrauen nicht funktionieren, umso wichtiger ist es, sich mit diesem Thema ausführlich vor und während des Prozesses auseinanderzusetzen. Trotzdem verwenden wir hier das Wort Vorschuss, denn damit einhergeht das **Loslassen**. Dies fällt vielen Menschen schwer, da sie vermeintlich die Kontrolle abgeben. Wenn Sie jedoch einer Person ernsthaft Vertrauen schenken möchten, dann müssen Sie in der Lage sein, loszulassen und nicht jeden Arbeitsschritt zu kontrollieren. Auch hier lohnt sich der Blick hinter die Kulissen. Warum genau fällt es Ihnen ggf. schwer, Aufgaben zu übertragen und Mitarbeitende damit zu betrauen? Dieser Kontrollverlust geht in der Regel mit dem Glauben einher, dass das Ergebnis besser wäre, wenn es selbst gemacht werden würde. Das ist eine Grundhaltung, die im mittleren Management weitverbreitet ist und es ist spannend hineinzuschauen, warum es gerade auf dieser Ebene vermehrt vorkommt. Oftmals erleben Führungskräfte im mittleren Management selbst eine enge Kontrolle und Vorgaben von ihren Führungskräften, die in der Regel auch jeden ihrer Schritte überwachen, also wenden sie diese Vorgehensweise auch bei ihren Mitarbeitenden an.

Loslassen heißt im Übrigen nicht, allein lassen. Es heißt, laufen zu lassen und bei Bedarf zu unterstützen, Impulse oder Feedback zu geben, und zwar dann, wenn es notwendig ist oder eingefordert wird. Diese Unterstützung sollten Sie schon bei der Übergabe der Aufgabe anbieten. Unterstützung können Sie leisten, indem Sie Ihre Expertise teilen. Das ist vermutlich der einfachste Weg, jemanden zu unterstützen. Doch Vorsicht, gerade hier steckt die Gefahr, dass Sie Ihren Mitarbeitenden das Gefühl geben, es sowieso besser zu können. Das führt unweigerlich dazu, dass Sie derartige Fachfragen immer selbst lösen müssen. In solchen Fällen ist es besser, die Mitarbeitenden nach ihrer Einschätzung zu fragen und sie in ihren Maßnahmen zu bestärken. Unterstützung kann aber auch ganz anders aussehen. Manchmal braucht es nur einen Hinweis, mit wem das weitere Vorgehen abzustimmen ist oder wer an einer bestimmten Stelle unterstützen kann. Hier einen Kontakt herzustellen, kann eine große Hilfe sein. Oft kommen Mitarbeitende auf ein Unterstützungsangebot zurück, weil sie sich noch unsicher sind. In solchen Situationen kommt es darauf an, den Mitarbeitenden Sicherheit zu geben und keine Lösungen. Auf der anderen Seite sollten Sie aber nicht erwarten, dass die angebotene Unterstützung in jedem Fall angenommen wird. Es ist völlig in Ordnung, wenn Sie nur zu den vereinbarten Ergebnis-Checks etwas vom Fortschritt hören und sehen, solange die Vereinbarungen eingehalten werden.

In der Managementliteratur werden oft sieben Ebenen der Delegation oder Verantwortungsübergabe unterschieden (Bild 7.7). Die Ebenen bilden dabei einen Vertrauenszuwachs der Führungskraft in die Mitarbeitenden ab. Dieser geht umgekehrt mit wachsender Freiheit bei Mitarbeitenden einher.

Diese Methodik ist auch als Delegationspoker bekannt. Es gibt durchaus Aufgaben, bei denen Sie auf Unterstützung angewiesen sind, aber die Verantwortung nicht abgeben können oder wollen. Es ist jedoch wichtig, dass Sie sich darüber im Klaren sind, wie viel Verantwortung Sie übergeben wollen. Entscheidungsbefugnisse, also echte Verantwortung, wird in diesem Modell erst ab der fünften Ebene (beraten) übergeben. Deshalb konzentrieren wir uns auch im Folgenden darauf. Die Regeln für die Übergabe von Verantwortung sind in allen Fällen die gleichen.

verbünden	Dabei teilt die Führungskraft den Mitarbeitenden lediglich ihre Entscheidung mit, nachdem diese getroffen wurde.
verkaufen	Bei dieser Variante sucht die Führungskraft durch Argumentation nach Akzeptanz bei den Mitarbeitenden, allerdings wurde die Entscheidung auch hier bereits getroffen.
befragen	Mitarbeitende werden in die Diskussion einbezogen. Die Entscheidung trifft die Führungskraft, berücksichtigt aber die Erkenntnisse der gemeinsamen Diskussion.
einigen	Das ist der klassische Konsens. Entscheidungen werden gemeinsam getroffen. Hier wird meist eine Gleichberechtigung angenommen, die in der Praxis oft nicht existiert.
beraten	Entscheidungen auch durch Mitarbeitende treffen lassen, jedoch Meinung und Rat anbieten. Dann sprechen wir von beratender Delegation.
erkundigen	Mitarbeitende weitgehend allein entscheiden lassen, jedoch regelmäßig nachfragen, mit welchen Resultaten Entscheidungen getroffen wurden.
delegieren	Den Weg für die Entscheidungen der Mitarbeitenden freimachen. Die Führungskraft wird weder in den Entscheidungs-, noch den Informationsprozess eingebunden.

Bild 7.7 7 Ebenen der Delegation

Do's:

- Übergeben Sie mit der Aufgabe die Freiheiten und Befugnisse.
- Ohne Freiheiten und Befugnisse kann kein verantwortliches Hadeln entstehen.
- Benennen Sie die Unterstützungsangebote, die Sie machen wollen.
- Es ist leichter, um Hilfe zu bitten, wenn ein konkretes Hilfsangebot existiert.
- Seien Sie offen für Fragen und geben Sie Feedback.
- Mitarbeitende wachsen an ihrer Verantwortung, wenn Sie sie dabei unterstützen.
- Interessieren Sie sich für den Fortschritt.
- Ihr Interesse am Ergebnis und am Fortschritt ist entscheidend für die Motivation und zeigt Wertschätzung.
- Fördern Sie eigenständiges Denken und Handeln.
- Je selbstständiger Mitarbeitende ihre Verantwortung wahrnehmen, desto mehr und bessere Ergebnisse erzielen Sie mit ihnen gemeinsam.
- Unterstützen Sie getroffene Entscheidungen.
- Wenn Sie Entscheidungen anderer respektieren, stärken Sie ihre Eigenständigkeit.
- Geben Sie Rückendeckung.
- Auch wenn Sie die Verantwortung abgegeben haben, sollten Sie für die Konsequenzen einstehen. Ihre Mitarbeitenden, Ihre Verantwortung!

Don'ts

- **Vermeiden Sie ungebetene Ratschläge.** Mit Ihrer Expertise werden Sie andere entmutigen und sie werden zum verlängerten Arm Ihres Intellekts – Marionetten.

- **Stellen Sie Entscheidungen nicht offen in Frage.** Sie können Mitarbeitende im persönlichen Gespräch durchaus nach den Gründen für eine Entscheidung fragen und diese auch in Frage stellen. Es muss jedoch zu jeder Zeit klar sein, dass nicht Sie, sondern die Person, der Sie die Verantwortung übergeben haben, die Entscheidung treffen. Auf keinen Fall dürfen Sie ihre Entscheidungen vor anderen in Frage stellen. Das untergräbt ihren Respekt.

- **Greifen Sie nicht in die Planung oder Umsetzung ein.** Ein Eingriff in die Souveränität des verantwortlichen Handelns zeigt Ihre Unfähigkeit, zu vertrauen.

- **Revidieren Sie getroffene Entscheidungen nicht.** Wenn Befugnisse nur so lange gelten, wie ihre Nutzung Ihr Wohlgefallen findet, aber bei Meinungsverschiedenheiten immer Ihre Meinung gilt, wird mittelfristig keiner mehr eigene Entscheidungen treffen. Das führt zu vorauseilendem Gehorsam und einem Team von Mitläufern.

Wertschätzung

Wertschätzung ist ein schwieriger Begriff, der sehr unterschiedlich interpretiert wird. Eine sehr häufige Interpretation ist die von Lob und Anerkennung. Wertschätzung bedeutet aber nicht zwangsweise nur Lob. Es schadet natürlich nicht, hin und wieder ein Lob auszusprechen, aber bitte nur dann, wenn es angebracht ist. Zudem empfindet jeder Mensch Lob unterschiedlich, je nachdem, ob er ein starkes Anerkennungsmotiv hat oder nicht. Menschen mit einem geringen Anerkennungsmotiv können beispielsweise mit Lob wenig anfangen, freuen sich aber über jede konstruktive Kritik. In vielen Unternehmen gibt es diesbezüglich eine eklatante Fehlentwicklung. Führungskräften wird aufgezwungen, in bestimmten Abständen Lob aussprechen zu müssen. Eine solche Vorgehensweise kann nur dazu führen, dass Lob nicht mehr ernst genommen wird, und das hat wiederum nichts mit ehrlicher Wertschätzung zu tun. Wenn ein Lob ausgesprochen werden soll, dann sollte es angemessen und ehrlich sein. Angemessen bedeutet in diesem Zusammenhang, dass es einen konkreten Anlass dafür gibt. Außerdem muss es direkt und in zeitlicher Nähe zu diesem konkreten Anlass ausgesprochen werden.

Wann haben Sie zuletzt eine Person für ihre Leistung gelobt?
Wenngleich Lob und Anerkennung zu gegebener Zeit und gut dosiert sicher hilfreich sind, um besondere Leistungen hervorzuheben, geht es bei echter Wertschätzung nicht immer nur darum. Es ist die Anerkennung der regelmäßigen Arbeit. Anerkennen bedeutet in diesem Zusammenhang, zu erkennen und wahrzunehmen, was geleistet wird. Wertschätzung beginnt daher mit der bewussten Wahrnehmung der Person und ihrer Leistungen oder Ergebnisse.

Wie haben Sie zuletzt einer Person Ihre Wertschätzung ausgedrückt?
Ergebnisse werden diskutiert und es gibt eine Rückmeldung dazu. Das kann ein Dank bei der Übernahme von Ergebnissen sein oder auch die kritische Auseinandersetzung mit einem Ergebnis. Dazu gehört dann neben der Identifizierung von Lücken, Fehlern und Verbesse-

rungspotenzialen auch mal ein anerkennendes Wort. Selbst konstruktive Kritik ist deutlich besser als keine Reaktion. Denn sie gibt den Mitarbeitenden zumindest die Rückmeldung, woran sie ggf. noch arbeiten müssen, genauer gesagt, wo Optimierungsbedarf herrscht.

Elemente der Wertschätzung:

1. **Dank – Wahrnehmung einer Leistung.**
   In vielen Fällen genügt ein einfacher, ehrlicher Dank. Gerade bei kleineren Aufgaben ist das adäquat. Wenn Sie Aufgaben übergeben, ist Ihnen in der Regel das Ergebnis wichtig. Da ist es ein Akt der Höflichkeit, den Erhalt des Ergebnisses mit einem freundlichen Dank zu quittieren.

2. **Lob – Herausstellen einer besonderen Leistung.**
   Besondere Leistungen bedürfen auch der besonderen Berücksichtigung. Lob kann durch ein paar anerkennende Worte im persönlichen Gespräch oder auch in einer formellen Belobigung ausgedrückt werden. Die Wahl der Umstände und des Publikums sollte dabei der Leistung angemessen sein.

3. **Förderung – Erweiterung von Aufgaben.**
   Führungskräfte können durch gezielte Förderung und Weiterentwicklung ihre Wertschätzung ausdrücken. Dabei müssen sie jedoch darauf achten, dass die Förderung nicht als Korrektur eines Mangels aufgefasst wird. Hier ist der Dialog mit den Mitarbeitenden wichtig.

4. **Vertrauen – Erweiterung der Befugnisse.**
   Viele empfinden das Geschenk von Vertrauen als eine größere Wertschätzung als ein Lob oder eine finanzielle Zuwendung das tun könnten. Geschenktes Vertrauen gibt Menschen Raum zum Wachstum. In den meisten Fällen werden sie diesen Raum nutzen, weil daraus auch immer eine implizite Verpflichtung erwächst, das Vertrauen zu rechtfertigen.

Was auf keinen Fall passieren darf, ist, dass es keinerlei Rückmeldung gibt, wenn das Ergebnis der Leistung nur kommentarlos zum Beispiel in die Ablage gelegt wird. Nichts ist frustrierender, als zu sehen, dass die Aufgabe, für die ich einen Teil meiner Lebenszeit geopfert habe, keine Beachtung findet. Ich habe mir damit Mühe gemacht, habe all meine Fähigkeiten und Kompetenzen genutzt und dann ist das Ergebnis von geringem Interesse. In die nächste Verantwortung, die ich übernehme, werde ich sicher nicht mehr so viel Energie investieren. Eine bewusste und ernst gemeinte Wertschätzung der geleisteten Arbeit hingegen kann einiges bei Mitarbeitenden bewegen.

Eine Firma hat dazu ein Experiment durchgeführt, bei dem sie unterschiedlichen Teams unterschiedliche Motivatoren gab. Ein Team hat mehr Geld bekommen, ein anderes bekam Anreize wie z. B. einen Firmenwagen, ein weiteres mehr Freizeit und das letzte Team bekam kontinuierlich Wertschätzung. Das Experiment lief mehrere Monate, am Ende wurde die Produktivität geprüft und es kam zu erstaunlichen Ergebnissen. Das Team, das kontinuierlich Wertschätzung erhielt, erbrachte die deutlich besseren Ergebnisse. Dabei war das nicht von Anfang an so, denn die größte Performancesteigerung hatte anfangs die Gruppe, die mehr Geld bekam. Die dadurch erfolgte Motivation ließ allerdings sehr schnell wieder nach. Diejenigen, die dauerhaft Wertschätzung bekamen, hatten zwar einen langsameren Anstieg in ihren Ergebnissen, sind allerdings dauerhaft auf einem hohen Niveau geblieben und konnten zum Schluss deutlich bessere Ergebnisse liefern. Es lohnt sich daher, sich mit diesen Themen wie Wertschätzung und Vertrauen intensiv zu beschäftigen.

Naturgemäß stehen in einem Unternehmen die Ergebnisse im Vordergrund. Gerade deshalb ist der bewusste Umgang mit diesen Ergebnissen so wichtig. Wir sehen hier Wertschätzung und das Streben nach guten Ergebnissen keinesfalls im Widerspruch. Trotzdem ist es eine Herausforderung, die richtige Balance zwischen Wertschätzung, Menschlichkeit und Ergebnisorientierung zu finden. Es gibt relativ reife Unternehmenskulturen, in denen auf wertschätzende Art und Weise konsequent und verbindlich Ergebnisse eingefordert werden. Dort geht es nicht immer nur ernst und sachlich zu, aber immer zielführend. Manche Unternehmen achten zu sehr auf Persönliches und agieren weniger zielführend. Andere Unternehmen stellen sehr sachlich ihre Ziele und die Ergebnisse in den Vordergrund und vernachlässigen dabei den Blick auf die Menschen mit ihren Motiven. Wir glauben, dass eine wertschätzende Kultur die besten Ergebnisse erzielt, weil die Motivation der Mitarbeitenden eine entscheidende Rolle bei der Erzeugung der Ergebnisse spielt.

Ergebnisse – Rechenschaft und Reporting

Für die Erfüllung unserer Pflichten sind wir gegenüber der Instanz, die uns die Verantwortung gegeben hat, rechenschaftspflichtig. Oft wird der jetzt fällige Statusbericht als Kontrolle wahrgenommen. Das Wort Kontrolle ist aus unserer Sicht eher negativ konnotiert. Bei einer Kontrolle fühlen wir uns persönlich bewertet und überwacht. Der Mensch steht im Mittelpunkt der Kontrolle. Die Überwachung von Arbeitsverhalten hat sich glücklicherweise durch die Corona-Pandemie und das seitdem oftmals gängige Arbeiten von zu Hause aus verändert. Kontrollaffine Vorgesetzte, die sich bisher bewusst um 16 Uhr mit Blick zum Ausgang gesetzt haben, um zu kontrollieren, wer wie lange arbeitet, müssen sich nun aus ihrer Sicht neue Wege der Überwachung suchen. Kontrolle kann aber auch vonseiten der Kunden her ausgeübt werden. Es gibt Kunden, die beispielsweise um Punkt acht Uhr morgens auf einer Servicehotline anrufen, die von acht bis 18 Uhr besetzt ist, nur um zu überprüfen, ob die Hotline auch wirklich zur Verfügung steht. Bei einem solchen Verhalten geht es nicht um die Qualität der Ergebnisse, sondern schlichtweg um Kontrolle. Diese Tendenz ist zwar rückläufig, doch solche Kontrollen finden immer noch statt. Doch der Kontrollwahn geht bei manchen Vorgesetzten noch weiter: Eine äußerst fragwürdige und offensichtlich nicht von Vertrauen geprägte Mitarbeiterbeziehung besteht, wenn Vorgesetzte Privatdetektive beauftragen, um herauszufinden, wie und wann ihre Mitarbeitenden im Homeoffice arbeiten. Bei dieser fragwürdigen Methode zeigt sich auch, dass diese Vorgesetzten nicht in der Lage sind, Ergebnis-Checks durchzuführen. Allerdings scheint vielen, bisher auch skeptischen Vorgesetzten durch die Pandemie und die damit vermehrten Tätigkeiten im Homeoffice klar geworden zu sein, dass ihr Team auch dann gute Ergebnisse liefert, wenn es selbstverantwortlich arbeiten kann. Schwarze Schafe gab und gibt es dabei sicherlich immer, egal, ob nun im Großraumbüro oder im heimischen Arbeitszimmer gearbeitet wird. Dennoch ist die Kultur der Anwesenheits- und der Aktivitätsüberwachung rückläufig und wird durch die Corona-Pandemie nochmals beschleunigt.

Wir bevorzugen den Begriff Ergebnis-Checks. Der Fokus liegt hier auf den vereinbarten Eigenschaften, Ergebnissen eben. Ergebnisse sind wichtig, daher sollten Sie Wert auf jedes Ergebnis legen und es einfordern. Sie haben bei der Verantwortungsübergabe eine Vereinbarung getroffen, welche Ergebnisse mit welchen Eigenschaften erstellt werden sollen. Jetzt geht es darum, die Lieferung der vereinbarten Ergebnisse mit den vereinbarten Eigenschaften sicherzustellen und schließlich abzunehmen. Dabei ist es wichtig, Entscheidungen zu treffen und sich festzulegen. Sicherlich ist der einfachere Weg meist, sich vage zu halten oder Entscheidungen aus dem Weg zu gehen. Auch das hat meist etwas mit der im Unternehmen leider noch vorherrschenden Fehlerkultur zu tun. Es ist viel leichter, sich bei der Ergebnisbewertung zu rechtfertigen, wenn man sich zuvor nicht konkret auf ein Ergebnis festgelegt oder eine Entscheidung getroffen hat. Leider bedingt ein solches Verhalten oftmals das Ergebnis, denn, wenn keine klaren Entscheidungen getroffen und keine klaren Positionen bezogen werden, ist die Gefahr, dass sich das Ergebnis in eine andere Richtung entwickelt als gewünscht, sehr hoch. Zudem kann auch keine Ergebnisbewertung erfolgen und daraus zu ziehende Lerneffekte entfallen ebenfalls. Wir beobachten immer häufiger, dass in Unternehmen keine Entscheidungen mehr getroffen oder Positionen bezogen werden. Besonders in großen Konzernen mit einer fehlenden Fehlerkultur kommt dies häufig vor.

Ergebnis-Checks sollten als Teil des Arbeitsauftrags vereinbart werden, sowohl in Bezug auf ihre Frequenz als auch in Bezug auf den Inhalt. Nicht jeder Arbeitsauftrag rechtfertigt ein ausgeklügeltes Reporting und ein mehrstündiges Meeting. In vielen Fällen genügen ein oder zwei Sätze im Rahmen einer täglichen Morgenroutine. Im agilen Projektvorgehen werden dazu tägliche „Stand-up" Meetings vorgeschlagen. Im Kern geht es immer darum festzustellen, was erreicht wurde und wobei es Hilfestellung, Entscheidungen oder ein Mitwirken weiterer Akteure bedarf. Das Augenmerk bei Ergebnis-Checks liegt auf dem Ergebnis und nicht auf dem Weg dorthin oder den dafür nötigen Tätigkeiten. Ergebnis-Checks finden nicht nur am Ende eines Prozesses, sondern auch zwischendurch statt. Gerade, wenn einzelne Arbeitsaufträge miteinander verwoben sind und komplexe Abhängigkeiten bestehen, kann erst mit der Rückmeldung zum Stand der Dinge der nächste Schritt sinnvoll gegangen werden. Diese Checks haben nicht das Ziel der Überwachung von Verhalten. Zwischenergebnisse oder Etappenziele können so festgestellt werden und es wird sichergestellt, dass sich alle Beteiligten noch auf dem richtigen Weg befinden. Die Ergebnis-Checks sollten in sinnvollen Abständen zur Überprüfung einzelner Meilensteine oder Zwischenergebnisse und natürlich auch der Endergebnisse vereinbart werden.

Der Inhalt der Ergebnis-Checks richtet sich in der Regel nach den vereinbarten Eigenschaften der Ergebnisse und danach, was zu welchem Zeitpunkt erreicht worden sein sollte. Die Kriterien oder auch Kennzahlen, an denen das Ergebnis und damit der Erfolg gemessen wird, sind Teil der Aufgabenbeschreibungen beziehungsweise des Arbeitsauftrags.

Daraus ergibt sich dann auch zwangsläufig, welche Informationen Mitarbeitende zu einem Ergebnis-Check mitbringen sollten. Die Details zum Reporting beschreiben wir in Kapitel 5 *„Relevante Ergebnisse zählen"*. Wichtig ist, dass Sie die Ergebnis-Checks für folgende Zwecke nutzen können:

- Unterstützungsangebote erneuern oder konkretisieren
- Auf Unterstützungsanfragen reagieren und konkrete Unterstützung geben
- Risiken und Chancen in Bezug auf den Nutzen identifizieren
- Ergebnisvereinbarung bei Änderungen von außen anpassen
- Entscheidungen treffen, die in Ihrem Einflussbereich liegen
- Feedback zur Aufgabe, zum Vorgehen und zu den Ergebnissen geben

Beim Feedback gilt es, nicht nur die Aufgabe, sondern auch die Mitarbeitenden als Personen wahrzunehmen. Wie haben sie die Aufgabe erledigt? Wo gibt es Potenziale? Optimalerweise schließt ein ehrliches Lob oder eine konstruktive Kritik an.

Fehler und Lernen

Wenn Sie Verantwortung übergeben und somit auch Entscheidungsfreiheiten, dann müssen Sie damit rechnen, das Fehler passieren. Das ist völlig normal und gehört zum Alltag. Doch, was sind Fehler genau? Als Führungskraft ist es erforderlich, genau hinzusehen. Vielleicht sind manche Ergebnisse, die Sie als Fehler wahrnehmen, gar nicht zwingend Fehler. Gegebenenfalls sind Vorgänge anders ausgeführt worden, als Sie es sich vorgestellt haben. Das bedeutet jedoch nicht automatisch, dass die Vorgehensweise oder das Ergebnis falsch ist. Diese genaue Beobachtung ist insbesondere im Hinblick auf die Entwicklung einer Fehlerkultur im Unternehmen wichtig. Wie wird also nun ein Fehler definiert?

 Fehler sind eine Abweichung von einem gewünschten oder normalen Zustand.

Abweichungen wird es immer geben, doch wie wird damit umgegangen? Was machen Führungskräfte und Mitarbeitende daraus? Zielführend ist es, wenn Mitarbeitende bei einem unerwünschten Ergebnis selbst reflektieren, was sie in Zukunft anders oder besser machen können, und diese Vorschläge entsprechend der Führungskraft kommunizieren. Und auch diejenigen, die die Verantwortung übergeben, können aus dem Ergebnis lernen, was in Zukunft anders gemacht werden sollte. Vielleicht lag die unerwünschte Abweichung an der Aufgabenübergabe oder an einer mangelnden Konkretisierung der gewünschten Ergebnisse. Unabhängig davon, wer „die Schuld" an dem Fehler trägt, ist allerdings in erster Linie erforderlich, gemeinsam eine Lösung zu finden, um gemeinsam zum Ziel zu kommen. Wie können Sie jetzt eine vernünftige Fehlerkultur etablieren?

 Do's

- Unterstützen Sie die Fehleranalyse und fordern Sie Lösungen ein.
- Die sachliche Analyse der Situation und die Suche nach Lösungen liegt in der Verantwortung Ihrer Mitarbeitenden. Unterstützen Sie sie mit Ressourcen, Zeit und anderen Mitteln, aber übernehmen Sie nicht die Lösung selbst.
- Stärken Sie den Mitarbeitenden in der Verantwortung den Rücken.
- Fehler sind unausweichlich und diejenigen, die Verantwortung übernehmen, werden auch scheitern. Unterstreichen Sie Ihr Vertrauen.

 Don'ts

- Lassen Sie kein Fingerpointing zu.
- Fragen Sie niemals „Wer?", sondern nur „Was?". Sobald Sie Schuldige suchen – und das passiert oft nur mit einer unbedachten Frage –, setzen Sie den „Frame" für Fingerpointing. Erlauben Sie diese Fragen auch nicht bei Ihren Mitarbeitenden.
- Übernehmen Sie nicht die Problemlösung.
- Wenn Sie bei Fehlern die Verantwortung für die Aufgabe übernehmen und Lösungen für das Problem erarbeiten, signalisieren Sie, dass Sie glauben, es besser zu können. Das sorgt implizit für das Gefühl des „Schuld seins".

■ 7.4 Team- und Mitarbeiterentwicklung

Gerade im Service steht und fällt die Leistung und vor allem deren Wahrnehmung bei Kunden mit den Mitarbeitenden. Der Auswahl und Weiterentwicklung der Mitarbeitenden kommt daher eine große Bedeutung zu.

Bei der Auswahl von Mitarbeitenden ist es nach wie vor üblich, ein Tätigkeitsprofil zu formulieren und dies um die Erwartungen an Fähigkeiten, Kenntnisse und entsprechenden Nachweisen zu ergänzen. Solche Profile werden dann für die Stellenausschreibung verwendet. Auf diese Weise wird potenziellen Bewerbenden schnell deutlich, ob ihre fachliche Qualifikation für den Job genügt und sich eine Bewerbung lohnt. Bei solchen Bewerbungsverfahren entsteht allerdings schnell der Eindruck, dass sich lediglich die Bewerbenden um den Arbeitgeber bemühen, der Arbeitgeber also nur auswählen müsste. In den meisten Fällen ist das jedoch ein wechselseitiger Prozess. Es geht um mehr als um fachliche Qualifikation, Karrierechancen, Vergütung und Sonderleistungen. Es geht darum, ob ein Mensch in ein Team passt und den hohen Anforderungen an die Persönlichkeit gerecht wird und umgekehrt darum, ob die Kultur eines Unternehmens zu den Bewerbenden passt.

Man könnte es fast mit einer Verabredung vergleichen, auch dort bemühen sich beide um das jeweilige Gegenüber. Im Gespräch versuchen wir herauszufinden, welche Interessen, Bedürfnisse und Wünsche sich decken und ob das für einen gemeinsamen Weg genügt. Die Absolventen von heute wissen in der Regel sehr gut, dass sie die Wahl haben und nicht das erstbeste Jobangebot annehmen müssen.

Für die Auswahl der richtigen Mitarbeitenden braucht es ein gewisses Maß an Menschenkenntnis. Um festzustellen, ob eine sich bewerbende Person passen könnte oder nicht, genügt es keineswegs, die Qualifikationen anhand von Noten und Zeugnissen zu bewerten. Die Persönlichkeit macht einen viel größeren Anteil aus.

Simon Sinek führt dazu die Auswahlkriterien des US-Seal Team Six aus. Mitglieder dieses Teams werden „die Besten der Besten der Besten" genannt. Bei der Auswahl kommt es jedoch auf mehr an als auf ihre reine Leistung [Sinek, 2014].

Sinek spannt eine Matrix zwischen Leistung und Vertrauen auf (Bild 7.8). Bei der Leistung geht es einfach darum, wie gut ein Teammitglied den Job macht. Hier geht es um fachliche und methodische Kompetenzen. Vertrauen ist die Frage danach, ob wir einem Teammitglied etwas anvertrauen würden. Sinek reduziert das auf Leistung, also „Würde ich dem Seal mein Leben anvertrauen?" und Vertrauen, also „Würde ich dem Seal meine Frau anvertrauen?".

Teammitglieder mit geringer Kompetenz und geringem Vertrauen, also Schmarotzer, will niemand haben. Sie leben von den Leistungen anderer, sind aber selbst nicht oder nur eingeschränkt in der Lage, Leistung zu erbringen.

Talente sind Teammitglieder mit hoher Kompetenz und hohem Vertrauen. Das sind die, die wir suchen. Eine echte Inspiration, alle möchten mit diesen Personen im Team arbeiten. Es fällt fast jedem leicht, für eine solche Führungskraft zu arbeiten.

Teammitglieder mit hoher Kompetenz, aber geringem Vertrauen sind schwierig. Sie bringen zwar eigene Leistung, vergiften jedoch das Verhältnis im Team. Sie halten alle anderen für schwach und dumm und reklamieren alle Ergebnisse für sich.

Bild 7.8 Teammitglieder nach Sinek

Teammitglieder mit geringer Kompetenz aber hohem Vertrauen sind oft ganz stille Arbeitskräfte. Sie sind zwar keine Leistungstragenden, aber tragen zu einem guten Arbeitsklima bei.

Die Metriken, die wir für die Bewertung von Mitarbeitenden, aber auch von Führungskräften entwickelt haben, bevorzugen diejenigen, die sich durchsetzen und die auch mit fremden Leistungen glänzen. Die Leistung ist das einzige Kriterium. Wir fördern dadurch die kompetenten Arschlöcher.

Die Seals jedoch sagen, dass es besser ist, auf der Seite des hohen Vertrauens Abstriche bei der Kompetenz zu machen, um das beste Team zu bekommen, und verzichten immer auf die kompetenten Arschlöcher. Unsere praktischen Erfahrungen sind hier ganz ähnlich und wir empfehlen Wachsamkeit gegenüber Teammitgliedern und Führungskräften, die trotz aller Kompetenz kein Vertrauen aufbauen oder zeigen können. Das Arbeiten in solchen Umgebungen ist ineffizient und macht auf Dauer krank.

Lücken in erforderlichen fachlichen oder methodischen Kompetenzen können leicht durch Trainings oder ein geeignetes Mentoring im Unternehmen geschlossen werden. Toxische Merkmale im Verhalten oder in der Persönlichkeit hingegen lassen sich nur schwer und oft auch gar nicht verändern. Die Forderung des „Hire for attitude", also Menschen wegen ihrer Haltung oder Einstellung zu engagieren, folgt aus dieser Erkenntnis. Doch Vorsicht! Es ist ein schmaler Grat zwischen der Auswahl der „richtigen" Einstellung und einer Selektion von „Gleichgesinnten" und Gleichdenkenden. Das kann schnell zu einer sehr engen Auswahl von Menschen führen. Frei nach dem Motto „Wenn zwei das Gleiche denken, ist einer zu viel", geraten wir leicht in eine Zustimmungsfalle, wenn alle Mitglieder eines Teams die gleichen Standpunkte vertreten. Eine abwechslungsreiche Mischung von verschiedenen Persönlichkeiten ist aber eine wichtige Komponente, die bei der Auswahl berücksichtigt werden sollte. Gerade Mitarbeitende mit dem gewissen Extra, den Ecken und Kanten, sind oftmals die Geheimzutaten, die ein gutes Team ausmachen. Wir haben bereits in Kapitel 2 *„Die Welt der Kunden verstehen"* gesehen, dass Vielfalt für die Kreativität und damit auch für das Verstehen eine große Rolle spielen. Mitarbeitende, die anders denken, kreative Lösungsvorschläge haben und vielleicht sogar aus einem komplett anderen Bereich kommen, gehen die Dinge einfach anders an. Dabei geht es im ersten Schritt nicht darum, ob die Lösungswege auch alle funktionieren, denn das werden sie eher nicht. Vielmehr geht es darum, offen für neue Impulse zu sein, denn nur so kann Wachstum überhaupt stattfinden. Das mag anstrengend sein, da es anders und unbequem ist, aber es ermöglicht auch einen neuen Blickwinkel. Immer gleichbleibende Prozesse und ein starrer, wenn auch bislang gut funktionierender Rhythmus führen langfristig zum Erstarren. Neue Ideen und Vorgehensweisen erzeugen hier den nötigen Bruch. Kreativität kann sich entwickeln.

Die Mitarbeiterauswahl beginnt heute bereits mit dem Auftritt des Unternehmens im Internet. Nicht nur die Webseite, sondern vor allem auch die sozialen Medien ermöglichen es potenziellen Bewerbenden, sich schon weit vor einem direkten Kontakt mit dem Unternehmen auseinanderzusetzen. Dabei geht es Arbeitssuchenden nicht mehr nur um einen Job. Viele suchen nach einer erfüllenden Aufgabe, die Sinn vermittelt und einen gewissen Stolz verleiht. Dazu ist mehr nötig als nur die Darstellung der eigenen Leistungen und Produkte. Das „Employer branding", also die Übertragung oder eigenständige Ausprägung der Marke auf die Arbeitsumgebung spielt für viele Unternehmen eine immer größere Rolle. Darüber sprechen sie indirekt die besagten potenziellen Bewerbenden an, die sich mit diesen Werten identifizieren können. Menschen interessieren sich für die Menschen hinter dem Unternehmen, für die Führungskräfte genauso wie für die zukünftigen Kollegen. Auf sämtlichen Social-Media-Plattformen gilt: Macht auf euch aufmerksam, egal ob Arbeitnehmer oder Arbeitgeber, um vom passenden beruflichen Gegenstück gefunden zu werden. Ganz gleich, auf welche Weise die Aufmerksamkeit erzeugt wird, ist das Ziel immer, die besten Talente für das Unternehmen zu finden. Doch was heißt eigentlich Talent?

Talent

Im Servicebereich wäre hier sicherlich die sogenannte „eierlegende Wollmilchsau", also eine Person, die alle Talente und Fähigkeiten mitbringt, die für die Aufgabe erforderlich sind, als optimale Besetzung der Wunsch vieler Unternehmer. Die Eigenschaften, die wir für Mitarbeitende im Service suchen sind:

a) **Freundlich**
   Kunden erwarten im direkten Kontakt ein Lächeln und eine einladende oder zumindest offene Ansprache.

b) **Aufmerksam**
   Die Servicekraft sollte achtsam sein und die Wünsche und Bedürfnisse der Kunden erkennen.

c) **Kommunikativ**
   Der Kommunikation, verbal wie nonverbal, kommt im Kundenkontakt eine besondere Bedeutung zu.

d) **Tolerant**
   Kunden sind so bunt wie das Leben. Vorurteile und Wertungen führen hier schnell zu Spannungen.

e) **Stressresistent/Gelassen**
   Gerade im Kundenkontakt kommt es schnell zu schwierigen Situationen, zeitlichem Druck und unterschwelligen Spannungen. Hier ist es entscheidend, Ruhe bewahren zu können.

f) **Motiviert/Leidenschaftlich**
   Kunden spüren, ob eine Leistung gern erbracht wird oder eher mit Widerwillen.

g) **Fachlich kompetent**
    Eine fachlich kompetente Leistungserfüllung sollte selbstverständlich sein.

Von den hier genannten sieben Eigenschaften bezieht sich nur eine auf die fachlichen Fähigkeiten. Wenn wir also bei der Auswahl nur darauf achten, dann übersehen wir die eigentlichen Talente vermutlich. Niemand bringt von Hause aus schon alle Voraussetzungen in der richtigen Mischung mit. Optimalerweise suchen Sie also nach Personen, die bereits den Großteil der Eigenschaften mitbringen. Im Service brauchen wir diejenigen, die gut mit Menschen umgehen können. Sie sind ein wichtiger Teil des Unternehmens. Es gibt einfach Menschen, die gut auf andere zugehen können, die offen sind und ein ehrliches Interesse an anderen haben. Das sind diejenigen, die im Service in der Regel gut aufgehoben sind. Sie haben ein Talent für Menschen und das ist unglaublich wertvoll. Genau das sollte genutzt werden.

Den sogenannten immateriellen Werten wie Überzeugungen und Einstellungen unseres Gegenübers fühlen wir im Vorstellungsgespräch bereits bewusst auf den Zahn. Dennoch können auch wir den Menschen natürlich nur vor den Kopf sehen. Wir versuchen trotzdem einzuschätzen, inwieweit das Gesagte auch zur restlichen Vorstellung passt. Menschenkenntnis ist hier von großer Bedeutung, dennoch wird es sich erst in der Praxis zeigen, ob das, was während des Vorstellungsgesprächs behauptet wurde im Arbeitsalltag auch gelebt wird. Ob diese Recruiting-Strategie für alle die richtige ist, können wir nicht beurteilen. Wir haben jedoch ausgezeichnete Erfahrungen damit gemacht, die persönlichen Kompetenzen, Werte und Einstellungen der Personen, die sich bewerben, in den Fokus zu stellen. Schon mehrfach haben wir fachfremde Menschen eingestellt und die Fachkompetenzen nach der Einstellung nachjustiert. Bewusst haben wir dabei nach Menschen gesucht, die mutig sind, neue Wege zu gehen, und offen dafür sind, sich neues Wissen anzueignen. Mit einer solchen Vorgehensweise gehen wir natürlich auch immer ein Risiko ein, aber es eröffnet auch uns neue Blickwinkel derjenigen Personen, die nicht bereits seit 20 oder mehr Jahren in der Branche sind und seitdem immer die gleichen Methoden anwenden.

Der Rest kann durch gezielte Förderung und Weiterbildung, vom ersten Tag an, vermittelt werden. Ganz ohne gewisse Grundvoraussetzungen geht es natürlich nicht, denn einige Fähigkeiten und Persönlichkeitsmerkmale lassen sich nur bis zu einem gewissen Maß fördern, andere gar nicht. Viele Menschen sind einfach nicht besonders kommunikativ. Das ist allerdings für den Kundenservice nicht optimal. Solche Menschen passen dann einfach nicht für diese Aufgabe. Das bedeutet nach unserer Erfahrung keine Wertung der Person.

Für die Auswahl und Bewertung von Mitarbeitenden wird gerne das ABC-Modell (Bild 7.9) herangezogen. Nach dem Modell gibt es drei Typen von Mitarbeitenden:

- **A-Mitarbeitende**
  Sie ziehen den Karren. Diese Mitarbeitenden sind motiviert, kompetent und bringen stets ihre Leistung. Das sind die Mitarbeitenden, die wir in unserem Team brauchen, um Leistung zu erbringen.

- **B-Mitarbeitende**
  Sie laufen neben dem Karren her. Diese Mitarbeitenden machen ihren Job, übernehmen aber keine zusätzliche Verantwortung. Nach dem Modell bieten diese Mitarbeitenden keinen sichtbaren Mehrwert und sind weitgehend überflüssig.

- **C-Mitarbeitende**
  Sie sitzen auf dem Karren. Diese Mitarbeitenden kosten das Unternehmen mehr, als sie durch ihre eigene Leistung erwirtschaften.

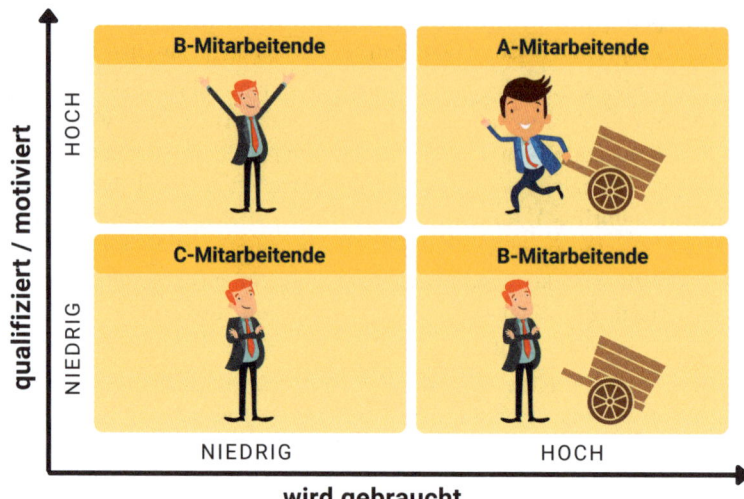

Bild 7.9 ABC-Modell

Jeder von uns könnte jetzt ohne große Mühe Kollegen in diese Kategorien einordnen. Das macht dieses Modell so eingängig und populär. In der Konsequenz wird dann empfohlen, nur A-Mitarbeitende zu suchen und zu fördern, B-Mitarbeitenden Unterstützung anzubieten und gegebenenfalls neu zu bewerten, jedoch mittelfristig auf eine Zusammenarbeit zu verzichten. Von C-Mitarbeitenden sollten Sie sich am besten gleich trennen. Bis zu einem gewissen Grad ist das Modell durchaus hilfreich, weil auch diese, oft eher intuitive, Leistungsbeurteilung zu nützlichen Erkenntnissen führt.

Das Problem mit dieser Sichtweise ist jedoch, dass sie persönlich wertend und beinahe menschenverachtend ist, weil sie suggeriert, dass die Menschen so sind. Wir sind davon überzeugt, dass jeder Mensch Talente hat. Die entscheidende Frage ist also nicht, zu welcher Gruppe (A, B oder C) Mitarbeitende gehören, sondern wie gut ihre Talente zur Aufgabe passen. Natürlich ist es nicht meine primäre Aufgabe als Unternehmen, die richtige Aufgabe für jeden zu finden, aber es macht sich aus unserer Erfahrung durchaus bezahlt, sich mit den Talenten konkret auseinanderzusetzen und Menschen individuell zu fördern. Der Wille, an sich zu arbeiten, ist dabei aber unersetzlich und unerlässlich. Letztlich liegt es in der Verantwortung jedes Menschen, für sich zu sprechen und Entscheidungen für die eigene Zukunft zu treffen. Motivation und Eigeninitiative sind also Grundvoraussetzungen für die Entwicklung von Talenten.

Talent und Marke

Wenn es Ihnen gelingt, echte Talente für Ihr Unternehmen, Ihre Aufgaben und Ihre Kultur zu finden, dann hat das wiederum einen verstärkenden Effekt auf Ihre Marke. Sowohl in Bezug zu Ihren Leistungen als auch in Bezug auf Ihr Unternehmen. Denn echte Talente verstärken Ihre Marke und ziehen so weitere Talente an. Auch wenn das den Mitarbeitenden nicht immer bewusst ist, dass sie mit ihrem Verhalten und ihren Leistungen auch die Marke des Unternehmens repräsentieren. Hierbei wird deutlich, warum es so wichtig ist, dass die Mitarbeitenden auch wirklich hinter dem Unternehmen stehen. Stehen sie voll und ganz hinter den Unternehmenswerten, dann agieren sie fast automatisch und bei jeder Interaktion nach außen im Sinne des Unternehmens und das, ohne sich ständig dessen bewusst sein zu müssen.

High Potential und High Performance

Wahres Talent zeigt Leidenschaft und inspiriert andere. Nicht egoistisch und um der Anerkennung Willen, sondern aus Neugier und Tatendrang. Oft sind es die Personen mit den etwas schrägen Ideen, die selbst denken können und es auch tun, die großen Spaß an der Arbeit haben. Sie haben die Fähigkeit, eine Aufgabe auch zu Ende zu führen, und erzeugen so den Wow-Effekt. Es geht Ihnen doch sicher auch so, dass Sie bei dieser Beschreibung schon Lust bekommen und gerne dabei sein wollen. Genau das ist der Grund, warum Talente andere Talente anlocken. High Potentials verkörpern häufig auch „schräge" Ideen. Wenn wir über Vertrauen und Verantwortung in der Führung sprechen, dann bedeutet Vertrauen an dieser Stelle auch, dass wir die schrägen Ideen nicht nur hinnehmen und akzeptieren, sondern auch fördern und fordern. Nur diese Vorgehensweise führt zu einer Weiterentwicklung des Unternehmens, ohne sich in alten Strukturen festzufahren.

Ich habe schon einige Organisationen erlebt, die recht gut darin sind, Talente zu finden, die für ihre Aufgabe brennen. Denen dann aber durch Bürokratie, ungenügende Unterstützung und fehlende Entwicklung das Feuer ausgeht. Die Besten erkennen dieses Dilemma früh und suchen Alternativen. Mit einer klaren Strategie zur Entwicklung der Potenziale ist es jedoch möglich, Talente auch längerfristig an das Unternehmen zu binden. Wobei die klassischen Mechanismen der Mitarbeiterbindung nur bedingt tauglich sind und unserer Meinung nach in die falsche Richtung gehen. Natürlich nehmen wir alle gerne Zuschüsse zum Sport, Aktienoptionen, Dienstwagen, Altersvorsorge und weitere ähnliche Leistungen an. Solche Pakete erweitern auch die Komfortzone, die dann später schwer zu verlassen ist. Das hindert die Mitarbeitenden zwar möglicherweise daran, zu gehen, kann aber die innere Kündigung nicht verhindern. Eine bessere Strategie ist die, das Interesse am Unternehmen, an den Aufgaben durch konsequentes Aufzeigen der Chancen zur persönlichen Entwicklung wachzuhalten. Mitarbeitende, die Wertschätzung erfahren und die Chance bekommen, im Unternehmen ihre Träume zu verwirklichen, haben schlichtweg keinen Grund zu gehen, solange keine anderen persönlichen Ereignisse ihre Prioritäten verändern.

Dabei verändern sich die Potenziale der Mitarbeitenden möglicherweise. Da die meisten von uns mehr als ein Talent haben, kann es durchaus sein, dass wir in einem Bereich bereits den Zenit unserer Möglichkeiten erreicht haben, während sich in einem anderen Bereich unserer Persönlichkeit ganz neue Potenziale entwickeln. Als junger Spieler galt Lionel Messi als Talent, im geschäftlichen Umfeld heißt so jemand dann „High Potential". Er entwickelte sich schnell und gehört seit Jahren zu den besten Spielern der Welt. Einen High Potential würden wir ihn dennoch nicht mehr nennen, denn er schöpft bereits sein volles Potenzial aus. Mitarbeitende, die ihr volles Potenzial ausschöpfen, nennen wir „High Performer". High Performer erbringen an ihrer aktuellen Position eine außerordentliche Leistung. Sie sind die sogenannten Leistungsträger. Während es bei High Potentials noch darauf ankommt, den Mitarbeitenden den vollen Zugriff auf ihre Möglichkeiten aufzuzeigen, kommt es beim High Performer darauf an, eine dauerhaft gute Leistung sicherzustellen. In beiden Fällen ist geeignete Förderung notwendig. Oft wird die Förderung der High Performer vergessen und alles konzentriert sich auf die High Potentials. Es braucht jedoch beides gleichermaßen in einem Unternehmen. Die High Performer erbringen ihre maximale Leistung, weil sie genau dort arbeiten, wo sie am meisten Nutzen bringen. Sie wollen in der Regel gar nicht woanders eingesetzt werden. Oft beziehen sie ihre Motivation aus dem Stolz, den sie für ihre Arbeit und die erreichte Leistung empfinden. Es ist nicht selten, dass diese Menschen ihr Wissen gerne an andere weitergeben. Hier steckt oft Potenzial für die Förderung von beiden: High Potentials und High Performern.

In jedem Fall ist eine kontinuierliche Weiterentwicklung des Unternehmens notwendig, zumal sich die Bedingungen ebenfalls verändern können: äußere Einflussfaktoren wie wirtschaftliche Veränderungen, technologische Entwicklungen oder Änderungen der politischen Bedingungen. Solche Situationen geben zwangsweise und meist auch sehr schmerzhaft Zeit und Raum zum Nachdenken. Wird die Zeit sinnvoll genutzt, kann es zu einer Weiterentwicklung des Unternehmens kommen. Besser ist es natürlich, nicht erst abzuwarten, dass sich die Bedingungen ändern, sondern auch ohne äußere Einflüsse zu handeln, um einen Umbruch oder Neuerungen in die Wege zu leiten. Google lebt diese Vorgehensweise proaktiv vor und gibt jedem Mitarbeitenden ein Zeitkontingent von 20 % zur freien Verfügung für die Arbeit an internen Projekten und Ideen. Zusätzlich können die Mitarbeitenden auch Budgets für die Umsetzung dieser Projekte erhalten oder an Projekten von Kollegen teilnehmen, die über die interne Projektbörse angeboten werden. Alle haben die ausdrückliche Erlaubnis, an Projekten außerhalb ihrer originären Aufgaben teilzunehmen. Der gedankliche Einwand mag nun sein, dass Konzerne wie Google die Freistellung von Mitarbeitenden sowie Budgets für die Umsetzung natürlich besser auffangen können als ein kleines oder mittelständisches, regionales Unternehmen. Doch das ist eine Frage der Einstellung und der Prioritäten. In unserem Unternehmen verzichten wir bewusst auf Umsatz, um gezielt einen Tag in der Woche gemeinsam kreativ zu werden. So können wir immer wieder Neues auf den Weg bringen. Unser Ansatz ist dabei nicht neu. In der Pharmazie und Biotechnologie liegt der Anteil der Ausgaben für Forschung und Entwicklung bei 15,4 % des Umsatzes und bei Software und Computerdiensten bei 10,8 %. Banken investieren dagegen nur 2,7 % in diesen Bereich. Gerade bei Pharmazie und Biotechnologie führt bei weitem nicht jede Forschung zu einem lukrativen Durchbruch. Dennoch lohnt die Investition. Im Bankenumfeld ist sehr schön zu sehen, wie neue Unternehmen Leistungen und Marktanteile übernehmen, weil es die etablierten Institute nicht schaffen, sich und ihre Leistungen neu zu erfinden. Es muss auch nicht immer eine Investition in Forschung und Entwicklung sein, manche Ideen entstehen aus der Not heraus. In der Corona-Pandemie konnten wir das sehr deutlich sehen. Einige Unternehmen haben ihre Chancen erkannt und genutzt, andere konnten sich die Potenziale nicht erschließen.

Weiterbildung

Förderung schließt selbstverständlich Weiterbildung ein. Die Verantwortung für Weiterbildung oder auch Weiterentwicklung liegt dabei zunächst beim Mitarbeitenden. Mit der Übernahme einer Aufgabe oder Verantwortung übernehmen wir auch die Verpflichtung, die erforderlichen Kompetenzen aufzubauen. Natürlich können Weiterbildungen oder andere Unterstützungsangebote bereits bei der Übernahme der Verantwortung vereinbart werden, aber letztlich liegt es im Einflussbereich des Übernehmenden, die Voraussetzungen für die Lieferung der vereinbarten Ergebnisse zu schaffen. Als Führungskraft obliegt es mir, einzuschätzen, ob ich den Mitarbeitenden die Aufgabe zutraue und welche Unterstützungsangebote ich machen will. Die Aufgabe von HR-Abteilungen ist dabei lediglich, die entsprechenden Rahmenbedingungen und Angebote zu schaffen, damit Weiterentwicklung möglich ist. Sie kann die fördernden Rahmenbedingungen schaffen wie zum Beispiel zeitliche Freistellungen oder die finanziellen Mittel. Die Umsetzungsverantwortung liegt jedoch bei den Mitarbeitenden. Es liegt dabei immer im Interesse des Unternehmens, die Fähigkeiten der Mitarbeitenden optimal auf die aktuellen und zukünftigen Anforderungen abzustimmen. Das Risiko, dass Mitarbeitende im Anschluss an eine Fortbildung kündigen, ist vergleichsweise gering gegenüber dem Risiko, dass Mitarbeitende bleiben, aber ihren Aufgaben nicht gewachsen sind. Doch in der Regel bleiben Mitarbeitende, denen Fortbildung ermöglicht wurde, länger in einem Unternehmen als diejenigen, die diese Möglichkeiten nicht erhalten.

Fördern bezieht sich nicht nur auf fachliche Weiterbildung, sondern auch auf das Erlernen neuer Verhaltensweisen und Methodiken. Das Verhalten der Mitarbeitenden ist entscheidend dafür, ob Verantwortung übernommen wird und Ergebnisse geliefert werden. Meist wird genau dies vergessen und es wird schlichtweg vorausgesetzt, dass die Mitarbeitenden schon von Anfang an alle Fähigkeiten mitbringen. Gerade, wenn es um die eher weicheren Kompetenzen geht, also Fähigkeiten, die eher der Persönlichkeit zugeschrieben werden, sieht es mit der Förderung oft eher mau aus. Hier ist es wichtig, im Blick zu haben, welche Stärken und Schwächen die Mitarbeitenden mitbringen. Je mehr Verantwortung übernommen wird, desto mehr Persönlichkeitsentwicklung ist notwendig. Sei es nur um Schritt zu halten und den meist steigenden Anforderungen weiterhin gerecht werden zu können. Ohne gezielte Weiterbildung bleibt Mitarbeitenden und jungen Führungskräften in ihrer neuen Funktion meist nur das Lernen durch Beobachtung. Das Resultat ist oftmals, das überlieferte, aber häufig inadäquate Strategien eingesetzt werden, um zu „führen". Wichtige Elemente der Persönlichkeitsentwicklung, wie Selbstreflexion, das Auseinandersetzen mit den eigenen Motiven, die Weiterentwicklung der kommunikativen Fähigkeiten und der Umgang mit Stress und Emotionen bleiben auf der Strecke. Dabei trifft dieses Phänomen auf alle Unternehmensgrößen und -arten zu und ist nicht nur bei Konzernen zu finden.

Hinweise zu den Bereichen, in denen eine Förderung sinnvoll wäre, finden sich bei den Ergebnis-Checks für übertragene Aufgaben. Die Form der Förderung kann ganz unterschiedlich sein. Manches Wissen kann in Trainings erarbeitet werden. Oft sind es jedoch tiefere Erfahrungen, die für eine Entwicklung der Persönlichkeit erforderlich sind. Hier stehen gezielte meist persönliche Weiterbildungsformate, wie Mentoring oder Coaching zur Verfügung. Beim Mentoring partizipieren Mitarbeitende von den Erfahrungen und der Praxis meist älterer Kollegen oder externer Mentoren mit ausgewiesener Erfahrung in dem Arbeitsbereich. Dabei geht es um Tipps, Kniffe und Arbeitsweisen, die typischerweise keinem Buch entnommen werden können, aber in der Praxis nachweislich funktionieren. Unter Coaching wird allgemein eine Begleitung durch einen Menschen verstanden, der durch persönliche Gespräche, Fragetechniken und Methodiken bei der Selbsterkenntnis unterstützt, Glaubenssätze bewusst macht und Blockaden löst. Coaches führen durch den Prozess, nehmen jedoch keinen direkten Einfluss auf die Entscheidungen und Folgerungen der Coaches.

Auch wir bieten ein Mentoring an. Es orientiert sich an den sieben Serviceprinzipien dieses Buchs. Wir begleiten Mitarbeitende in ihrer Rolle oder in der Entwicklung ihrer Rolle in ihrem jeweiligen Unternehmen. Wir nutzen dabei unsere Expertise, aber nicht, um den Kunden zu sagen, was sie tun sollen und schon gar nicht, um es für unsere Kunden zu tun. Wir verstehen uns als Rat- und Tippgeber, oder Sparringpartner. Wir vermitteln das notwendige Wissen und begleiten die Teilnehmenden unseres Programms auf ihrem Weg. Alle bekommen individuell genau die Unterstützung, die sie gerade benötigen, um in ihrer Rolle erfolgreich sein zu können. Unser *Servicementorenprogramm* (Bild 7.10) ist ein individuelles Empowerment auf beruflicher Ebene. Dabei stehen die Menschen im Fokus und nicht die Methoden, Prozesse oder Werkzeuge. Wir empfehlen, in regelmäßigen Abständen offen und ehrlich die Methoden, Prozesse, Abläufe und Gewohnheiten zu betrachten und eine systematische Müllabfuhr zu betreiben. Das sorgt dafür, dass die Organisation mit ihren Prozessen und Tools „schlank" bleibt.

Bild 7.10 Servicementorenprogramm

Klassische Stufenmodelle für Karrieren wird es vermutlich nicht mehr lange geben, das ist zumindest unsere These. Der Bedarf an Führungskräften geht schon allein aufgrund der aktuellen Entwicklungen hin zu eigenverantwortlichen Teams (agile Teams) zurück. Zum anderen steigt die Diversität der erforderlichen Kompetenzen. Die meisten von uns und das gilt umso stärker für die Generation Z, werden eine derart individuelle Sammlung an Kompetenzen erwerben, dass es schwerfällt, diese in klassische Jobprofile und Karrierepfade zu pressen. Sollen Weiterbildungsmöglichkeiten also als Sicherheit oder Anreiz für eine Karriereplanung dienen, muss dieser Ansatz überdacht werden. Für einige Personen mögen Stufenmodelle für die unternehmensinterne und langfristige Karriereplanung noch von Bedeutung sein, doch sinnvoller ist es, die Interessensgebiete der Mitarbeitenden zu fördern und ihnen Chancen zu geben, sich innerhalb dieser Interessensgebiete weiterzuentwickeln. Unser Tipp daher, gehe in den Dialog: Was möchten die Mitarbeitenden für sich selbst? Eine zwanghafte oder nicht selbstgewählte Veränderung ist meist nicht zielführend. Natürlich müssen die Interessen der Mitarbeitenden mit den Unternehmenszielen übereinstimmen, doch Mitarbeitende benötigen Perspektiven. Perspektiven, die ihnen aufzeigen, welche Rolle sie langfristig im Unternehmen, in der Abteilung oder ihrem Wirkungsbereich spielen werden. Wenn Mitarbeitende diese Perspektiven nicht innerhalb des Unternehmens erhalten, suchen sie sich diese eventuell außerhalb. Biete daher selbst als Unternehmen Möglichkeiten, die Ziele der Mitarbeitenden und des Unternehmens in Einklang zu bringen – und, vor allem, bleibe kontinuierlich im Dialog mit ihnen, um bei Bedarf nachjustieren zu können.

Eine Unternehmenskultur, in der Bildung durchgehend einen sehr hohen Stellenwert hat und auch strategisch umgesetzt wird, kann einen großen Wettbewerbsvorteil bedeuten. In einer solchen Kultur werden zukünftige Führungskräfte auf ihre Aufgabe langfristig vorbereitet und zusätzlich auch noch auf diesem Weg begleitet. Dabei werden sowohl fachliche als auch persönliche Entwicklung berücksichtigt, eine Win-win-Situation für alle Beteiligten entsteht.

Orientierung

Die gezielte Förderung und Weiterbildung der Mitarbeitenden erweitern ihre fachlichen und methodischen Kompetenzen. Sie eignen sich neue Fähigkeiten an. Bei der Orientierung geht es nicht um neue Fähigkeiten, sondern darum, die Leistung zu harmonisieren.

Gerade im Kundenkontakt ist es entscheidend, dass das Kundenerlebnis stets auf gleichem exzellentem Niveau ist. Ziel muss es sein, neben der konstant hohen Qualität auch ein stabiles, einheitliches Kundenerlebnis zu liefern. Dieses Kundenerlebnis müssen die Mitarbeitenden durchgängig über jeden Kundenkontakt verkörpern. Konsistentes Verhalten der Mitarbeitenden und damit das Kundenerlebnis werden entscheidend geprägt von folgenden Elementen:

1. **Sprache**

   Eine gemeinsame Sprache ist ein machtvolles Instrument und erlaubt es, Botschaften konsistent zu transportieren. Ein Beispiel: Seit wir in unserem Unternehmen auf den Begriff „Kontrolle" verzichten und stattdessen den Begriff des „Ergebnis-Checks" verwenden, hat sich unser Verständnis dessen, was in solch einer Situation passiert, grundsätzlich geändert.

2. **Handlungen**

   Die Art und Weise, wie wir Kunden begrüßen und wie wir bestimmte Leistungen erbringen, hat großen Einfluss darauf, wie die Leistungen wahrgenommen werden. Das „So machen wir das bei uns!" prägt das Kundenerlebnis und damit die Marke.

3. **Story**

   Jedes Unternehmen hat seine Geschichte. Ein Narrativ, das das Dasein des Unternehmens erklärt und den Mitarbeitenden ein Gefühl von Relevanz und Stolz gibt. Diese Geschichte erlaubt es allen, sich mit ihrer ganzen Individualität in den Dienst dieses Unternehmens zu stellen, weil sie etwas bewirken können.

4. **Vision**

   Es fällt uns deutlich leichter das Richtige zu tun, wenn wir ein Bild vor Augen haben. Ein Bild, das unserem Handeln einen Sinn gibt und das Leidenschaft entfacht. Leidenschaft ist Engagement auf höchstem Niveau. Leidenschaft entsteht nur, wenn die Mitarbeitenden an die Story und die Vision glauben.

5. **Prinzipien**

   Wir haben eingangs über den Werterahmen als wichtigen Teil der Verantwortung gesprochen und wie wichtig es ist, dass alle, die Verantwortung tragen, die Prinzipen des Unternehmens kennen und leben sollen. Das passiert allerdings nicht von allein. Eine wichtige Aufgabe von Führung ist es, diese Prinzipien zum einen vorzuleben, zum anderen immer wieder in Erinnerung zu rufen und mit Erlebnissen aller zu füllen.

Bekannte Hotelketten integrieren dazu in ihren täglichen Briefings unter anderem auch immer die Firmenprinzipien, die Story und einen Teil des „So machen wir das bei uns!", um den Mitarbeitenden Orientierung zu geben und ihr Handeln auszurichten. Dabei geht es nicht nur um Verhaltensregeln oder Vorgaben, sondern um das aktive Vorleben. Es geht darum, wie das Unternehmen funktioniert, was wichtig ist und wie es umgesetzt wird. Keine Hochglanzbroschüre, keine abgehobenen Banalitäten, kein Bullshit Bingo. Hier wird es konkret. Die genannten Elemente wirken dabei wie Leitplanken und erlauben selbst neuen Kollegen, sich im Kontext zügig zurechtzufinden und einzufügen.

Diese Leitplanken gehören natürlich auch in ein erfolgreiches Onboarding. Wir können das Onboarding als eine besondere Form der Orientierung verstehen. Im Onboarding werden lediglich weitere Elemente nach Bedarf ergänzt, um neuen Mitarbeitenden den Einstieg zu erleichtern. Ein wichtiger Punkt beim Onboarding, der leider häufig vergessen wird, ist eine Führung durch das Unternehmen. Dabei geht es nicht nur darum, neuen Kollegen zu zeigen, wo die wichtigsten Ansprechpartner ihre Büros haben, sondern es geht weit darüber hinaus.

Mitarbeitende sollen am besten sehen, erleben und letztlich auch verstehen, wofür die Kollegen zuständig sind und welche Aufgaben sie wahrnehmen. Bei der Lufthansa bekommen zum Beispiel die Mitarbeitenden aus dem IT-Servicemanagement eine Werksgeländeführung, um live zu sehen, wie die Kollegen aus der Technik die Flugzeuge warten. Natürlich haben die IT-Serviceleute nichts mit der Flugzeugwartung zu tun, doch dieser Schritt schafft eine sehr einprägsame Identifikation mit dem Unternehmen und den Leistungen.

Motivation

„Der Mensch wird durch Sinn und die Suche nach
Sinn motiviert; wenn und solange er einen Sinn
in etwas zu erblicken vermag, ist er zu Höchst-
leistungen bereit und fähig, Opfer zu bringen!"

Viktor Frankl, österreichischer Psychologe und Psychiater

Bild 7.11 Motivation

Es ist beinahe schon so etwas, wie eine Glaubensfrage: „Können und sollen Führungskräfte ihre Mitarbeitenden motivieren?" Unsere Antwort ist: „Ja, auf jeden Fall!"

Nach dem Modell der Motivationsquellen von Barbuto schöpfen wir unsere Motivation aus fünf unabhängigen Quellen:

- **Aus einer intrinsischen Prozessmotivation –
  „Die Aufgabe an sich macht einfach Spaß".**
  Es fällt uns vermutlich leicht, diese Motivation bei Musikern zu erkennen, die mit ihrer Musik erfolgreich sind. Diese Motivation lässt sich aber bei vielen Menschen finden.

  Die Aussage „Du musst nie wieder arbeiten, wenn Du tust, was Du liebst" spiegelt diese Motivation sehr gut wider.

- **Aus unserem internen Selbstverständnis –
  „Die Aufgabe bedient unsere Ideale und Werte".**
  Wir alle suchen mehr oder weniger intensiv nach Sinn, nach einer Bedeutung unseres Lebens. Diese Sinnsuche ist ein Grundmotiv menschlichen Daseins. Wir schöpfen daher große Motivation aus allem, was uns in Bezug auf unser Wertemodell und unserer Leitmotive Sinn verspricht.

- **Aus einem instrumentellen Antrieb – „Die Aufgabe ist Mittel zum Zweck".**
  Diese Motivation ist vermutlich der Klassiker unter den externen Motivatoren. Wenn wir arbeiten, um Geld zu verdienen, dann geht es uns in der Regel nicht um das Geld an sich, sondern darum, was wir uns ausmalen, was wir damit tun wollen. Das Geld ist also nur ein Zwischenziel.

- **Aus einem externen Selbstverständnis –
  „Die Aufgabe ist eine Anforderung unseres Umfelds oder des Teams".**
  Nicht selten beziehen wir unsere Motivation aus dem, was unser Umfeld, also Freunde, die Familie, die Gesellschaft von uns erwartet. Wir wollen sie nicht enttäuschen.

- **Aus internalisierten Zielen – „Die Ziele der Organisation werden verinnerlicht".**
  Auch eine zuweilen wenig reflektierte Ausrichtung an den Zielen der Organisation kann zu einer robusten Triebkraft werden, wenn diese durch die Organisation stark geprägt werden.

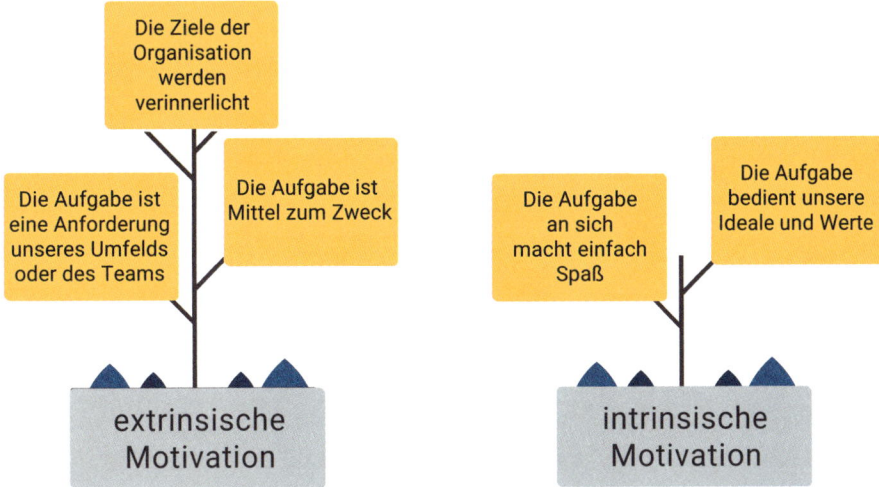

Bild 7.12 Motivationsquellen nach Barbuto

Während die ersten beiden Motivationsquellen intrinsisch sind, also aus unserem Inneren entstehen, sind die anderen drei externe Quellen (extrinsische Motivation) (siehe Bild 7.12).

Es versteht sich von selbst, dass wir intrinsische Motivation nicht von außen erzeugen können. Bei der Auswahl von Mitarbeitenden können wir hier jedoch bereits dafür sorgen, dass wir Menschen finden, die zumindest aus einer der beiden Quellen schöpfen können. Die Aufgabe des Unternehmens und insbesondere der Führungskräfte ist es, die Bedingungen zu schaffen, unter denen diese Motivationsquellen stabil bleiben.

Menschen, die ihre Motivation aus dem Sinn der Aufgabe ziehen, brauchen regelmäßig die Reflektion ihrer Wertvorstellungen und Ideale, um Situationen zu bewältigen, die den persönlichen Werten und Idealen widersprechen. Dazu sind möglichst Freiräume notwendig.

Gerade bei Menschen, die durch intrinsische Prozessmotivation getrieben sind, kommt es darauf an, dass sie mit ihren Aufgaben wachsen können. Sie brauchen regelmäßig neue Herausforderungen oder Aufgaben mit einem steigenden Schwierigkeitsgrad. Wir haben schon gezeigt, dass dazu ständiges Training erforderlich ist, um erforderliche Kompetenzen zu erwerben. Über- oder Unterforderung kann langfristig zu einem Burn- oder eben Boreout führen. Menschen, die intrinsisch motiviert sind, empfinden Prämien und Anreizsysteme oft als unzweckmäßig, sinnlos oder lächerlich.

Genau darauf setzen aber die Anreizsysteme vieler Unternehmen. Die Natur der instrumentellen Motivation ist aber eine kurzlebige. Da hier nur ein Zwischenziel verfolgt wird, nutzen sich diese Motivationsquellen schnell ab. Spätestens, wenn das Zwischenziel erreicht ist, brauchen Menschen, die ihre Motivation aus dieser Quelle schöpfen, einen Nachschlag. Das führt zu einer Incentivierungsspirale.

Die Arbeit mit dem externen Selbstverständnis oder der Internalisierung von Zielen ist eine weitere Möglichkeit, die Unternehmen nutzen können, um die Motivation ihrer Mitarbeitenden auf einem hohen Niveau zu halten. Das funktioniert aber nur, wenn es gelingt, eine Kultur zu etablieren, die eine gegenseitige Verpflichtung fördert. Eine derartige Verpflichtung kann über den Zweck des Unternehmens und eine entsprechende Story (siehe Orientierung) erzeugt werden.

Wir wissen aus Arbeiten von Kornhuber, Kanfer und Bandura, dass die Motivation allein keine Resultate erzeugt, auch wenn sie der Antrieb dafür ist. Dazu bedarf es einer Reihe von konkreten Umsetzungskompetenzen, der Volition. Zu diesen Umsetzungskompetenzen gehören vor allem:

1. Die Fokussierung der Aufmerksamkeit auf das Wesentliche

2. Ein zielführendes Emotions- und Stimmungsmanagement

3. Selbstwirksamkeit (Selbstvertrauen und Durchsetzungsstärke)

4. Eine vorausschauende Planung

5. Kreative Problemlösung

6. Eine zielbezogene Selbstdisziplin

 Menschen entfalten ihre volle Leistung immer dann, wenn ausgeprägte Umsetzungskompetenzen auf eine starke Motivation treffen. Daran gilt es zu arbeiten. Für uns selbst und für alle, für die wir Verantwortung tragen.

8 Einfach machen

Die Welt wird immer komplexer. Im Gegenzug wird unsere Aufmerksamkeitsspanne immer kürzer. Da ist es umso wichtiger, dass wir unsere Services, digitale wie analoge, so einfach wie möglich gestalten. Das gelingt am besten, wenn wir die Anforderungen der Kunden und ihren Nutzen im Blick behalten und ein klares Gesamtbild erzeugen. Dann können wir auch Schleifchen und Sonderlocken als solche erkennen und vermeiden. Letztlich geht es bei jedem Vorhaben um zwei Dinge:

- **Einfach anfangen, aus Fehlern lernen und immer besser werden.**
  Wir haben schon gezeigt, wie wichtig es ist, das Gesamtbild zu kennen. Das bedeutet aber nicht, alles bis ins letzte Detail durchplanen zu müssen. Wenn wir mit etwas Neuem beginnen, haben wir oft gar nicht genug Informationen, um detailliert zu planen. Wenn wir dennoch planen, machen wir, bewusst oder unbewusst, Annahmen. Viele dieser Annahmen stellen sich im weiteren Verlauf als ungenau, ungenügend oder falsch heraus. Die Folge ist, dass der Plan nicht mehr passt. Gehen wir mit kleinen Schritten iterativ voran, dann können wir den weiteren Weg aufgrund der Erkenntnisse entlang des Weges anpassen. Das ändert nichts am Ziel, nur am Weg dorthin. Weniger planen zu müssen, bedeutet auch, dass wir früher mit ersten konkreten Schritten anfangen können.

- **Besser nach einfachen Lösungen suchen und diese umsetzen,
  als sich in zu vielen Details zu verlieren.**
  Kompliziert kann jeder! Die Kunst, Produkte, Service, Prozesse und Strukturen einfach zu machen, beherrschen nur wenige. Der Effekt, der durch Vereinfachungen entsteht, ist dann aber so erstaunlich, dass wir uns gar nicht mehr vorstellen können, darauf zu verzichten. Die gute Nachricht ist, dass es dazu nur ein paar einfache Fähigkeiten braucht.

Das Geheimnis sind daher gleich im doppelten Sinne diese zwei Worte: **„Einfach machen"**.

Die ersten Schritte sind oft die schwierigsten, aber wenn wir erst einmal anfangen, dann lassen sich viele Probleme lösen. Es ist ein wenig wie bei der Besteigung eines Bergs. Erfahrene Bergsteiger planen den Aufstieg sorgfältig. Sie machen sich mit der Route und den Wetterbedingungen vertraut. Sie bereiten die Ausrüstung und die Verpflegung vor und planen den Aufstieg. Dann gehen sie los, Schritt für Schritt. Sie wissen nicht, welche Schwierigkeiten tatsächlich auftreten, aber sie sind sich ihrer Erfahrungen und ihrer Fähigkeiten sicher. Sie sind zuversichtlich, dass sie Schwierigkeiten lösen und überwinden können, und gehen einfach los.

Ich vermute, dass auch Edmond Hillary von Skeptikern und Bedenkenträgern umgeben war, als er das erste Mal von der Idee sprach, den Mount Everest zu besteigen. Er war nicht mal der Erste, der es versuchte und alle vor ihm waren gescheitert. Dennoch hat er es gewagt.

Das können Sie auch. Nehmen Sie Ihre Ideen und bereiten Sie sich auf den Weg vor. Planen Sie die nächsten Schritte konkret. Was brauchen Sie? Wen brauchen Sie? Was kann schon passieren? Vertrauen Sie auf Ihre Erfahrung und Ihre Kompetenzen zur Lösung der Probleme und Schwierigkeiten, die sich auf dem Weg ergeben. Und dann fangen Sie einfach an!

Starten Sie mit kleinen Schritten und beobachten Sie die Wirkung. Bei Bedarf können Sie immer noch Korrekturen und Erweiterungen vornehmen. Geschwindigkeit geht hier vor Vollständigkeit. So kommt die Organisation schnell ins Handeln und kann aus den Erfahrungen lernen.

VUCA

Flüchtigkeit, Ungewissheit, Komplexität und Mehrdeutigkeit (**v**olatility, **u**ncertainty, **c**omplexity, **a**mbiguity, kurz VUCA) – diese vier Begriffe beschreiben die heutige Welt und die Situation von Unternehmen sehr treffend. Allen voran kürzere Innovationszyklen gehören für die Verantwortlichen nun zum Tagesgeschäft. Für Serviceverantwortliche bedeutet diese Situation, dass neben Stabilität, Sicherheit und Zuverlässigkeit eine hohe Geschwindigkeit bei Veränderungen erwartet wird. Zusätzlich rückt bei der Entwicklung von Services (endlich!) der tatsächliche Nutzen für die Anwender in den Mittelpunkt: Bereits beim Design der Leistungen liegt daher der Fokus zunehmend auf der User-Experience. Alle internen Prozesse müssen flexibel gestaltet und auf diesen Fokus zugeschnitten sein, um der Konkurrenz standhalten zu können. Das setzt im Wesentlichen eine kulturelle Veränderung voraus: Die noch immer verbreitete Dominanz von Hierarchien und fachlichen Silos wird enden. In Zukunft arbeiten fachübergreifende Teams in horizontalen Netzwerken gemeinsam an Services und Innovationen für das Unternehmen.

Diese neuen Voraussetzungen bedingen zwei grundsätzliche Veränderungen bei der Gestaltung von Services, in Projekten und bei der Zusammenarbeit in Teams.

1. Geschwindigkeit ist ein zunehmend kritischer Faktor.

2. Die Kunden werden in die Gestaltung einbezogen.

Beide Faktoren bewirkten, dass iterative Herangehensweisen schnell an Bedeutung gewannen und weiter gewinnen. Sie tragen durch schrittweises Vorgehen, regelmäßiges Feedback und schnelle Reaktion durch Korrekturen in der nächsten Iteration entscheidend zu mehr Geschwindigkeit in der Umsetzung bei. Statt langer Planungsphasen mit jedem Detail der Umsetzung vor dem Start, wird schnell mit der ersten Iteration begonnen und anschließend an der weiteren Verbesserung in weiteren Iterationsschleifen gearbeitet. Das entspricht einer Ausprägung unseres Prinzips „Einfach machen" im Sinne von „Just do it". Gleichzeitig werden in den regelmäßigen Feedbackschleifen die Kunden aktiv einbezogen, so dass deren Wünsche und Anforderungen an den Service schnell und regelmäßig implementiert werden können.

Der Wunsch nach weniger Komplexität

In unserer heutigen Form des Zusammenlebens ist es zur Normalität geworden, täglich Dinge zu benutzen, die wir nicht oder zumindest nicht vollständig verstehen. Niemand weiß mehr so genau, was in einem Mobiltelefon passiert oder wie der Facharzt die anstehende Operation durchführen wird. Wir verlassen uns auf das Wissen und Können Dritter und akzeptieren im Zuge einer sinnvollen Arbeitsteilung, dass wir nicht mehr alles im Detail überblicken können. In den frühen Formen unserer Gesellschaft war das anders. In der Steinzeit gab es kaum fachliche Spezialisierung. Jeder verstand im Rahmen der damaligen Möglichkeiten, was um ihn herum passierte. Jeder wusste und konnte alles, was zum Überleben nötig war. Und wenn nicht, war das Leben in der Regel sehr kurz.

In der heutigen Zeit ist das Leben in der Regel deutlich länger. Allerdings verstehen wir im Detail kaum noch etwas von dem, was um uns herum passiert. Wir sind Experten auf einem bestimmten Gebiet, vielleicht auch auf zweien oder dreien, aber in allen anderen Themen sind wir quasi ahnungslos und vertrauen uns oft völlig fremden Menschen selbst in existentiellen Themen an. Das beginnt bei der Teilnahme am Straßenverkehr mit Fahrzeugen, bei denen wir weder Antriebs- noch Bremstechnik verstehen, aber darauf vertrauen, dass das alles sicher ist und uns schon nicht umbringen wird. Wir sehen aber auch gerade, wie es ist, wenn dieses Vertrauen in eine Technologie fehlt. Die Bereitschaft, sich zum Beispiel gegen Corona impfen zu lassen, haben bei weitem nicht alle. Ihnen fehlt einfach das Vertrauen. Eine fundierte Bewertung der Impfstoffe, ihrer Wirksamkeit, eventueller Nebenwirkungen und Langzeitfolgen gelingt den meisten von uns nicht. Selbst den Experten fällt das schwer, weil dazu Wissen aus vielen unterschiedlichen Bereichen erforderlich ist und zu manchen Fragen noch gar keine Erkenntnisse vorliegen.

Der technische Fortschritt wie die rasante Entwicklungsgeschwindigkeit in der Informationstechnologie führen zu einem exponentiell wachsenden kollektiven Wissen unserer Gesellschaft, welches unser individuelles Wissen im Verhältnis immer kleiner erscheinen lässt. Dieses ganz persönliche „relative Unwissen" erzeugt bei uns mehr oder weniger unterschwellig ein ungutes Gefühl und daraus resultierend den Wunsch, wieder mehr Dinge zu verstehen, zu durchdringen und zu überblicken. Das weckt einen zunehmenden Wunsch nach weniger Komplexität – nach Einfachheit in den verschiedenen Lebenssituationen. Wenn wir uns neue Formen der Zusammenarbeit, moderne Formen des Projektmanagements, die heutige Gestaltung von User Interfaces ansehen, so haben alle eines gemeinsam: den Drang, die Dinge möglichst einfach und übersichtlich für die Beteiligten Menschen zu gestalten.

Prozesse und Ad-hoc-Verfahren

Mit der wachsenden Industrialisierung und der rasanten Digitalisierung haben sich strukturierte Prozesse zu einem etablierten und inzwischen fast überall durchgängig verbreiteten Mittel der Zusammenarbeit entwickelt. Gemeinsame Prozesse mit klar definierten Zielen, Outputs und Aktivitäten haben dazu beigetragen, vereinbarte Ergebnisse unabhängig von Einzelpersonen oder Teams in gleichbleibender Qualität, wirtschaftlich und jederzeit wiederholbar zu erzeugen. Ein prozessorientiertes Vorgehen ist so zur Basis aller Qualitätsstandards geworden.

Je erfolgreicher Unternehmen mit klar definierten Abläufen waren, desto sicherer waren sich alle Beteiligten, den richtigen Weg zu gehen. Und wie mit allen Methoden und Werkzeugen versuchte man nun, die Wirkung durch Verfeinerungen und Verbesserungen weiter zu verstärken. Die Prozesse wurden immer größer und verzweigter, die Aktivitäten wurden immer detaillierter beschrieben und mit ausführlichen Arbeitsanweisungen versehen. So konnten immer mehr Menschen auch ohne viel Fachwissen den Prozessen folgen und Ergebnisse erzeugen. Das gipfelte in der sprichwörtlichen Vorstellung, dass die Tätigkeiten von „dressierten Affen" durchführbar sein sollten. An dieser Stelle musste die Herangehensweise scheitern.

Mit der Zeit kamen so viele Probleme dazu, wenn zu technokratisch versucht wurde, die Prozesse immer weiter zu optimieren, ohne die Beteiligten Menschen dabei im Blick zu behalten. Ehemals interessante Aufgaben motivierter Mitarbeitenden wurden zu langweiligen Arbeitsabfolgen nach Vorgaben. Diese Art der Entmündigung führt dazu, dass die Mitarbeitenden ihr Hirn an der Garderobe abgeben und der gesunde Menschenverstand auf der Strecke bleibt. Verbesserungen oder gar Innovationen werden so in starren Abläufen erstickt.

Genaugenommen sollten derartige Aufgaben, die offensichtlich nach klaren Regeln ablaufen, automatisiert werden. So bleiben nur noch Schnittstellen oder Interaktionen übrig. Auch das kann eine Vereinfachung sein.

Bei Aufgaben und Abläufen, die ein Mitdenken der beteiligten Akteure erfordern, bewegt sich die aktuelle industrielle Entwicklung allerdings weg von starren Strukturen, hin zu mehr Individualität, Eigenverantwortung, Innovation und hoher Veränderungsgeschwindigkeit. Klassische starre Prozesse können dafür keine passende Antwort liefern. Agile Ansätze mit ihren Grundsätzen wie Eigenverantwortlichkeit der Teams, kurze Entscheidungswege und iteratives Arbeiten sind keine Modeerscheinung, sondern als Reaktion auf träge Organisationsverhältnisse entstanden.

Die Perfektionsfalle

Schneller, höher, weiter lautet die Devise der heutigen Zeit. Alles soll immer schöner, besser, schneller werden. Das wirkt sich auch auf unser Verhalten in unserer täglichen Arbeit aus. Es geht immer noch ein bisschen mehr. Die fertig gestaltete, fachlich fundierte und erprobte Präsentation wird immer wieder neu überarbeitet, es könnte ja noch etwas Wichtiges fehlen. Am Ende betrug der Aufwand für die Erstellung einer wirklich guten Präsentation, die ihren Zweck völlig erfüllt hätte, nur einen Bruchteil des Aufwands für die ständigen, letztlich für das Ergebnis oft überflüssigen Überarbeitungen.

Perfektionismus kann sehr subtil auftreten. Betrachten wir das am Beispiel: Bei der Entwicklung eines Service fallen uns die unterschiedlichsten Situationen ein, in denen der Service genutzt werden könnte, aber nicht so, wie wir es geplant haben. Es müsste ja nur eine Kleinigkeit ergänzt werden und dann könnte dieser Fall auch abgebildet werden. Dann kommt noch ein Fall und noch einer und noch einer ... Sicher, jeder Fall hat seinen Nutzen, aber wenn Sie jeden Fall abbilden, dann wird Ihr Service auch immer komplizierter und Sie werden nicht fertig.

Meist machen nur wenige Varianten den Großteil des Volumens der Aufgaben aus. Es ist besser, diese gut zu machen, als alle Varianten abzubilden und dafür die häufig anfallenden Aufgaben unnötig umständlich zu machen. Je einfacher Service gestaltet wird, desto weniger fehleranfällig, leichter zu nutzen, zu steuern und zu automatisieren ist dieser.

Weil wir unsere Leistungen und Ergebnisse oft übermäßig häufig hinterfragen, um noch besser zu werden, laufen wir schnell Gefahr, an unsere Grenzen zu stoßen und im schlimmsten Fall darüber hinaus zu gehen. Und wir riskieren, statt eines guten oder exzellenten Ergebnisses kein perfektes, sondern am Ende gar kein adäquates Ergebnis zu liefern, zumindest nicht rechtzeitig.

Um nicht zu oft in die Falle zu tappen (ab und zu wird es uns passieren, das ist okay, wir sind schließlich nicht perfektionistisch ...), ist es wichtig, zu erkennen, wann ein Ergebnis gut genug ist, wann wir fertig sind. Das ist nicht immer ganz einfach, darauf gehen wir später in diesem Kapitel im Abschnitt 8.6 „Fertig statt perfekt" detailliert ein.

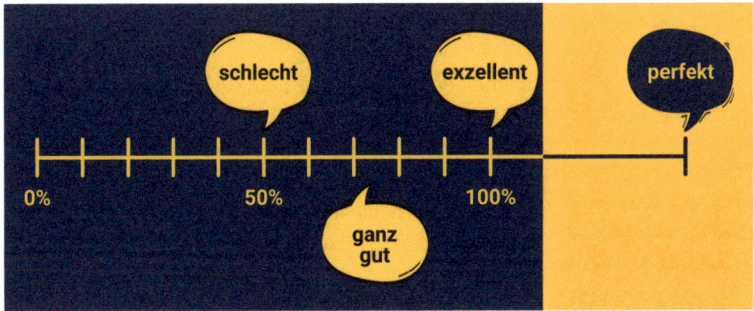

Bild 8.1 Die Perfektionsfalle (Carmen Reuter)

Paralyse durch Analyse

Kennen Sie das? Da hat einer eine Idee, wie der Service wirklich besser werden könnte. Er oder sie hat sich intensiv in den Kunden hineinversetzt und einen Bedarf identifiziert. Die Person sprüht geradezu über vor Energie und Motivation, weil damit ein schon lange bestehendes Problem gelöst wäre. Die Idee wird analysiert, diskutiert, es werden Szenarien beschrieben und Risiken identifiziert. Schließlich ist aus der Idee ein großer Haufen Probleme geworden. Jetzt fällt es schwer, die Energie aufrechtzuerhalten, um die Idee umzusetzen. Zweifel machen sich breit und die Probleme scheinen unüberwindlich. Nicht selten führt das dazu, dass Sie gar nicht erst anfangen, weil Sie unsicher geworden sind. Wir versuchen dieser Unsicherheit mit Informationen zu begegnen – und davon gibt es jede Menge. Wenn wir uns umfassend mit einer Fragestellung beschäftigen, bekommen wir in der Regel sowohl Argumente dafür als auch dagegen. Wir nutzen Bewertungsschemata, Referenzen, Studien, Benchmarks und SWOT-Analysen, um eine rationale Entscheidung zu begründen. Das geht zum Teil so weit, dass gar keine Entscheidung getroffen wird, weil immer neue Optionen und Informationen auftauchen. Dieses Phänomen hat sogar einen Namen: „Paralyse durch Analyse". Der zwanghafte Wunsch nach vollständiger Information lässt uns wie das Kaninchen vor der Schlange erstarren.

Dieses Vorgehen hat drei Gründe:

1. Wir müssen Rechenschaft für unsere Entscheidungen ablegen und die Informationsflut gibt anderen die Möglichkeit, unsere Entscheidungen zu bewerten. Wir haben schlichtweg Angst, im Überfluss der Informationen eine bessere Option oder auch nur eine bessere Argumentation übersehen zu haben.

2. Wir sind so konditioniert, dass wir davon ausgehen, dass logisches, rationales Denken automatisch zu guten Entscheidungen führt. Wenn Entscheidungen auf rein logischen Prozessen beruhen würden, dann könnten wir diese getrost den Computern überlassen – was übrigens schon versucht wird.

3. Wir wollen keine Fehler machen. Fehler werde in vielen Unternehmenskulturen immer noch nicht akzeptiert.

Unzweifelhaft ist es wichtig, zum richtigen Zeitpunkt valide Informationen für eine anstehende Entscheidung oder auch den Start der Umsetzung zu bekommen. Die Frage, die sich stellt, ist, wann wir denn genug Informationen haben, um eine gute Entscheidung zu treffen. Das hängt von vielen Faktoren ab, dazu gehören die Zahl der Optionen, das Risiko, der potenzielle Schaden einer Fehlentscheidung, die verfügbare Zeit oder auch die persönliche Risikobereitschaft.

Zukunftsoffene Entscheidungen sind aber immer mit einem Risiko behaftet, weil die Zukunft nun mal offen ist. Daran ändern auch noch so ausgefeilte Analysen nichts. Wenn wir als Pioniere Neuland betreten, muss es genügen, die größten und existenzbedrohenden Risiken zu identifizieren und ihnen zu begegnen. Die restlichen Risiken werden wir akzeptieren müssen, um erfolgreich zu sein. Siedler und noch deutlicher Stadtplaner zeigen entsprechend ihrer Rollen in der Regel deutlich weniger Risikobereitschaft.

Kopf versus Bauch

Wer kennt ihn nicht, den Begriff des Bauchgefühls? Aber kann dieses Gefühl auch ein nützlicher Parameter für gute Entscheidungen sein? Einige Fachleute vertreten die Meinung, Bauchentscheidungen seien nicht nur den auf Fakten basierenden Entscheidungen ebenbürtig, sondern ihnen sogar überlegen, weil sie deutlich schneller seien und das bei einer vergleichbaren Fehlerquote. Je mehr Erfahrung Experten in einem bestimmten Gebiet haben, desto besser funktioniert ihr Bauchgefühl, weil sie Situationen aufgrund ihrer Erfahrung intuitiv einschätzen. Das passiert oft in Bruchteilen einer Sekunde. Das legt nahe, dass es gar keinen Unterschied zwischen Kopf- und Bauchentscheidungen gibt. Letztlich gilt es, eine gute Balance aus mit vertretbarem Aufwand beschafften Informationen und der Erfahrung aus ähnlichen Situationen – dem Bauch – zu finden.

■ 8.1 Einfach ist nicht kompliziert

„Es scheint, dass Vollkommenheit nicht dann erreicht ist,
wenn man nichts mehr hinzuzufügen hat,
sondern wenn es nichts mehr wegzunehmen gibt.“

Antoine de Saint-Exupéry

Es ist unbestreitbar, dass der Fortschritt in vielen Bereichen unseres Lebens nicht nur vorangeht, sondern sich exponentiell entwickelt. Erkenntnisgewinne in einem Bereich ermöglichen Fortschritte in anderen Bereichen. Gerade die Entwicklungen auf dem Gebiet der Informationsverarbeitung erlauben uns quasi täglich neue Erkenntnisse, neue Produkte und neue Services. Dadurch verändern sich unser Leben und unsere Gesellschaft rasant.

Wir leben in einer Welt, in der es immer schwieriger wird, den Überblick zu behalten. Wir sind von einer unüberschaubaren Flut an Informationen umgeben und tun uns schwer, diese auch nur einzuordnen, geschweige denn, sie zu bewerten und zu nutzen. Technologien entwickeln sich so schnell, dass es uns schlichtweg unmöglich ist, all diese Entwicklungen zu erfassen und für uns nutzbar zu machen. Das Gleiche gilt für die Spielregeln in einer globalisierten Welt. Diese Vielfalt an Informationen, Optionen, Chancen und auch Risiken existiert aber nicht nur draußen in der Welt, sondern sie betrifft uns auch in den Unternehmen an unseren Arbeitsplätzen, ja sogar ganz privat, bei uns zu Hause.

Die Aussage aus dem Werbefilm einer Bank bringt es auf den Punkt: „Kann mal einer die Welt anhalten, nur so lange, bis ich ein paar Sachen geregelt habe …". Wir sehnen uns nach Einfachheit und sind jedes Mal freudig überrascht, wenn etwas tatsächlich mal einfach ist.

Allerdings gelingt es nur wenigen Unternehmen, ihre Produkte und Services tatsächlich so einfach zu machen. Google hat sich mit seiner Suchmaschine nicht nur deshalb durchgesetzt, weil der Suchalgorithmus so gut war, sondern weil die Suchseite übersichtlich ist. Sie hat nur diese eine Funktion! Bis Apple 2007 das erste iPhone vorgestellt hat, bekamen Telefone immer mehr Funktionen bis hin zu kompletten Tastaturen. Die Reduktion auf das Wesentliche ist offensichtlich eine Kunst, die nur wenige beherrschen.

Viele der verbreiteten Business-Applikationen haben einen Funktionsumfang erreicht, den nur noch wenige auszunutzen vermögen. Die Mitarbeitenden, die mit diesen Applikationen arbeiten müssen, sind nicht selten überfordert. Das, was als Hilfsmittel gedacht war, entwickelt sich zusehends zu einem Korsett, das uns die Flexibilität nimmt und dessen Regeln wir nicht verstehen.

Wir nehmen Systeme und Situationen unter folgenden Bedingungen als einfach wahr:

1. **Wissen**
   Wenn wir die Parameter kennen und die Zusammenhänge in einem System verstehen, dann sind sie für uns einfach. Fehlt uns dieses Verständnis, dann nehmen wir das System als kompliziert wahr.

2. **Transparenz**
   Auch wenn wir die Zusammenhänge kennen, brauchen wir Einblick in den aktuellen Zustand des Systems. Ohne die Kenntnis der aktuellen Situation lassen sich keine Aussagen über das System oder sein Verhalten treffen.

3. **Kontrolle**
   Wir brauchen das Gefühl, das System zu beherrschen. Wir wollen eingreifen können, wenn etwas nicht mehr passt. Manchmal genügt es uns schon, dass wir wissen, dass es beherrschbar ist und sich jemand darum kümmert, dass die gewünschten Ergebnisse erzielt werden. Hier ersetzen wir Kontrolle durch Vertrauen.

Oft sind wir von diesen Bedingungen weit entfernt. Sei es, weil die Anzahl der Parameter unübersichtlich ist, das System keinerlei Einblicke in seinen Status gewährt oder wir schlicht kein Vertrauen mehr in die Kontrollierbarkeit haben.

Wir sehen hier zwei Entwicklungen:

1. Fortschritt und das damit einhergehende exponentielle Wachstum von Erkenntnis führt zu Komplexität, die für den Einzelnen kaum noch zu beherrschen ist. In der Folge konzentrieren wir uns immer stärker auf einzelne Details und brauchen Menschen mit immer mehr Expertise, um die Information sinnvoll verarbeiten zu können.

2. Die Digitalisierung mit ihren Kindern Automatisierung und künstliche Intelligenz entbindet uns von den eher einfachen Aufgaben. Dies betrifft nicht nur die körperlich schweren, sondern zunehmend auch die logisch einfachen Tätigkeiten. Die Grenze dessen, was wir „einfach" nennen und demnach einer KI überlassen, verschieben wir immer weiter in Richtung dessen, was wir heute nur der Intelligenz eines Menschen zutrauen.

Es scheint verwunderlich zu sein, dass Arbeitsausfälle in den letzten Jahren trotzdem eher zunehmen. Allerdings zeigt dieser Trend auch, dass es vor allem psychische Störungen sind, die die Menschen ausfallen lassen. Wie passt das zusammen?

Die Situation lässt sich gut verstehen, wenn wir ein einfaches Modell zugrunde legen, welches den Zusammenhang zwischen Anforderungen auf der einen und der Wirksamkeit eines Menschen auf der anderen Seite ansehen.

Wenn Menschen nicht gefordert werden, langweilen sie sich. Auch diese Langeweile kann krank machen (Stichwort: Bore-out). Werden Menschen dagegen dauerhaft überfordert, entsteht Stress. Das kann Überforderung durch schwere körperliche Arbeit sein oder eine Belastung durch zu hohe psychische Anforderungen. Beides hat eine geringere Wirksamkeit zur Folge. Die betroffenen Menschen können ihre Aufgaben nicht mehr bewältigen. Das führt im Extremfall zum Burnout. Zwischen diesen beiden Extremen liegt ein Bereich, in dem wir uns wohl fühlen. Ein Bereich, der uns genug Herausforderungen bietet, um darin zu wachsen, der uns aber auf der anderen Seite nicht permanent überfordert. Dies ist der optimale Leistungsbereich, in dem wir auch ein hohes Aufgabenpensum scheinbar mühelos erledigen können. Dieser Zustand maximaler Wirksamkeit wird auch Flow genannt.

Wenn wir durch die Digitalisierung neben den stupiden und körperlich anstrengenden Aufgaben auch Teile der Aufgaben in unserem Flow-Bereich an Roboter und KI verlieren, dann bleiben nur die intellektuell und psychisch extrem fordernden Aufgaben übrig. Das heißt, dass wir dann nicht mehr im Flow arbeiten, sondern immer im roten Bereich drehen. Das macht auf Dauer krank.

Doch wie können wir Einfluss auf diese Situation nehmen? Den Wettlauf mit Automation und künstlicher Intelligenz kann der Mensch in der Arbeitswelt nicht gewinnen. Natürlich werden Menschen in der Weiterentwicklung nicht überflüssig, aber die Anforderungen an die Fachkräfte wachsen rasant.

Hier wird der Nutzen der Einfachheit offensichtlich. Einfache Systeme sind oft deutlich weniger anfällig für Störungen und Fehler. Außerdem lassen sie sich leichter und ohne großen Trainingsaufwand nutzen. Wie wir schon gesehen haben, ist die Steuerung einfacher Systeme auch leichter, weil die Bewertung von Abweichungen leichter fällt. Einfache Systeme machen weniger, aber vor allem Stress.

Leider lässt sich unsere Welt nicht beliebig vereinfachen und manche Dinge sind kompliziert. Im Service ist es unsere Aufgabe, die Interaktionen mit den Kunden an den Touchpoints entlang der Customer Journey so einfach zu gestalten, dass die Kunden sie als einfach empfinden. Ganz gleich, wie kompliziert es im Hintergrund wird, wollen Kunden verstehen, was der Service für sie tut und in welcher Form sie gerade gefordert sind, ihren Beitrag zu leisten (Wissen). Kunden brauchen Einblick in die Gesamtzusammenhänge sowohl in Bezug auf den Ablauf als auch in Bezug auf die Serviceeigenschaften (Transparenz). Schließlich brauchen sie die Sicherheit, dass wir die Serviceerbringung im Griff haben und die Ergebnisse liefern werden, die für sie den Nutzen bedeuten (Kontrolle).

Den Unterschied zwischen komplizierten und komplexen Systemen haben wir schon in Kapitel 5 *„Relevante Ergebnisse zählen"* verdeutlicht. Komplizierte Systeme lassen sich in der Regel vereinfachen, indem sie in einfachere Teile zerlegt werden. Die Teile sind im besten Fall einfache Systeme oder zumindest sind sie besser zu steuern, weil die Anzahl der Einflussfaktoren auf ein steuerbares Maß gesunken ist. Komplexe Systeme lassen sich meist nicht vollständig vereinfachen. Wir konzentrieren uns daher zunächst auf den Umgang mit komplizierten Systemen und schauen uns am Schluss noch ein paar Möglichkeiten an, wie wir mit komplexen Systemen umgehen können.

■ 8.2 Komplizierte Systeme vermeiden

Schon wenn wir etwas Neues beginnen, also zum Beispiel, wenn wir einen neuen Service gestalten, können wir viel dafür tun, dass dieser einfach bleibt. Dabei wenden wir nur die Grundprinzipien des Designs an. Design ist die Kunst, den Gestaltungsraum so lange zu beschränken, bis nur noch eine Lösung übrigbleibt. Konkret bedeutet das, dass wir uns bei jeder Designentscheidung und bei jeder neuen Funktionalität die Frage stellen müssen: „Ist das für den versprochenen Nutzen essenziell?"

MVP

Aktuelle Designmethoden kennen hier das Minimum Viable Product (MVP). Es stellt nur essenzielle Funktionalitäten bereit, mit denen der Nutzen erzielt werden soll. Dabei wird bewusst in Kauf genommen, dass das Produkt oder der Service noch nicht fertig ist. Das, was fertig ist, ist jedoch bereits nutzbar und erlebbar. Damit besteht die Chance auf echtes, direktes Feedback durch diejenigen, die sich Nutzen aus dem Produkt oder Service erwarten.

Das MVP dient dazu, die Funktionen und Leistungen bereits in einem frühen Stadium der Entwicklung im Feuer der Kundenkritik zu härten oder darin zu verbrennen.

80/20 – das Pareto-Prinzip

Das Pareto-Prinzip ist sicher der bekannteste Ansatz der Vermeidung komplizierter Systeme. Die Idee selbst ist so bestechend einfach, dass sie Anwendung an ganz unterschiedlichen Stellen findet. Eigentlich beschreibt Pareto, dass 80 % der Ergebnisse typischerweise mit 20 % des Aufwands erzielt werden. Das bedeutet aber umgekehrt auch, dass 80 % des Aufwands für nur 20 % Leistung gebraucht werden. Warum also nicht mit den 80 % anfangen?

Beispiel: In einem Projekt zur Auslagerung eines Service Desk standen wir vor der Herausforderung, dass keinerlei Wissen zu den anfallenden Anfragen und Störungen dokumentiert war, in einer Umgebung mit mehr als 450 Fachanwendungen. Wir haben die Tickets ausgewertet und dann die häufigsten 30 Anfragen und Störungen angeschaut. Zusammen machten diese 30 Tickettypen etwa 85 % aller Tickets aus. Nach nur vier Wochen Wissenstransfer wurde der Service Desk übergeben und er hat bereits im ersten Monat die geforderte Erstlösungsquote von 70 % deutlich überschritten. Minimaler Aufwand, maximaler Nutzen! Je nach Anforderung kann das Prinzip einfach wiederholt werden, bis das Ziel erreicht ist.

Top Ten Tasks

Für die Top-Ten-Analyse geht man ähnlich vor, wie bei dem oben beschriebenen Pareto-Ansatz. Dabei werden die wichtigsten oder häufigsten zehn Aufgaben angegangen und erledigt. Das Modell kann auf die unterschiedlichsten Szenarien angewendet werden, z. B. auf Prozesse, Ziele, Funktionen, etc. Dieses Modell hilft damit auch dabei, einen großen Aufgabenberg zu bewältigen. Einfach priorisieren und loslegen. Die Idee ist, dass die Aufgabenliste immer wieder auf zehn aufgefüllt wird, bis alle Aufgaben aus dem Vorrat erledigt sind. Das Modell ist in dieser Form allerdings nur für unabhängige Aufgaben geeignet. Sobald Abhängigkeiten bestehen, sollte ein ordentliches Projektmanagement betrieben werden.

Müllabfuhr etablieren

Organisationen, Prozesse und Verfahren werden heute permanent weiterentwickelt. Stetig neue Rahmenbedingungen, veränderte Kundenanforderungen oder Ideen zur Verbesserung der internen Abläufe führen dazu, dass immer neue Systeme, Regeln und Abläufe gestaltet oder vorhandene erweitert werden. Das ist richtig und wichtig, denn nur so können wir unseren Service in einer Zeit der immer kürzeren Innovationszyklen wirklich gut gestalten. Was wir allerdings in unseren Projekten immer häufiger beobachten ist, dass alte Abläufe, die längst durch neue ersetzt oder ergänzt wurden, weiter genutzt werden und so dazu führen, das komplette System zu verlangsamen. Viele Dinge werden nur noch deshalb getan, weil „wir das schon immer so gemacht haben".

Unser Tipp dazu ist ganz einfach: Schaffe ein System der Müllabfuhr. Ein regelmäßiger Zyklus, in dem das Bestehende untersucht und Überflüssiges abgeschafft wird. Lernen und entwickeln heißt also nicht nur, immer Neues zu schaffen, sondern in gleichem Maße Altes sein zu lassen, wenn es nicht mehr sinnvoll ist.

■ 8.3 Komplizierte Systeme erkennen

Im Laufe der Zeit haben viele von uns Wege gefunden, mit Systemen umzugehen, die wir als kompliziert wahrnehmen. Die meisten reagieren mit Abwehr und Ignoranz. Wenn wir Prozesse, Tools oder andere Systeme nicht verstehen, liegt es nahe, einfach daran vorbei zu agieren – so, als ob es sie gar nicht gäbe. Das ist oft aufwendig und in vielen Fällen kontraproduktiv, aber es erspart uns den Stress. Viele Kollegen sind wahre Meister darin, Abkürzungen durch Prozesse zu finden und Applikationen nur so weit zu nutzen, wie es nötig ist, um nicht negativ aufzufallen. Oft sind wir aber Teil des Problems, weil wir mit der Zeit den Blick dafür verlieren, was uns behindert und wie kompliziert wir die Dinge angehen. Was können wir also tun?

Perspektivwechsel

Um komplizierte Prozesse, Strukturen und Regeln zu erkennen, müssen wir daher vor allem eins: Abstand gewinnen und den Blickwinkel ändern. Oft hilft der Blick eines Fach- oder Organisationsfremden, der lediglich Verständnisfragen stellt, um zu erkennen, dass etwas nicht stimmt. Um dauerhaft der Gefahr komplizierter Systeme vorzubeugen, sollten Sie auf Diversität setzen. Dabei geht es nicht nur um unterschiedliche kulturelle Hintergründe, sondern auch um unterschiedliche Sicht-, Denk- und Handlungsweisen der Teammitglieder. Natürlich braucht es darüber hinaus auch eine offene Kultur, die kritisches Denken fördert. Die schlechteste Kultur ist hier der betriebliche Konservativismus, der sich im Verhinderer-Dreiklang ausdrückt: „Das haben wir schon immer so gemacht." „Da könnte ja jeder kommen." und „Wo kommen wir da hin?".

Fehleranalyse

Komplizierte Prozesse und Systeme neigen zu Fehlern. Die Fehlerhäufigkeit und der Aufwand zur Behebung der Fehler können Indizien für komplizierte Strukturen sein. Wenn Menschen in komplizierten Prozessen oder mit komplizierten Systemen arbeiten, dann werden sie die entstehenden Fehler ausgleichen. Das führt allerdings zu zusätzlichen Kosten. Hier kann eine detaillierte Analyse helfen. Abläufe können zum Beispiel mit Hilfe des process mining analysiert werden, um Schwachstellen zu erkennen.

Visualisierung

Ob etwas kompliziert ist oder nicht, erfassen wir meist direkt und intuitiv. Wenn wir dann aber sagen sollen, was genau so kompliziert ist, fällt es uns schwer, das Problem zu beschreiben. Hier helfen grafische Darstellungen. Eine Visualisierung erlaubt es +-dabei nicht nur, die Wirkungszusammenhänge zu erkennen, sondern hilft darüber hinaus bei der Zerlegung in einfachere Elemente.

■ 8.4 Komplizierte Systeme vereinfachen

Wir haben jetzt Mittel und Wege, um zu erkennen, wann eine Vereinfachung notwendig ist. Was genau können wir jetzt tun? Eigentlich ist es gar nicht kompliziert, Systeme zu vereinfachen. Wir können an ganz verschiedenen Stellen ansetzen:

Segmentieren

Durch Segmentierung entstehen kleinere, weniger komplizierte Teile, die weitgehend unabhängig vom Rest gesteuert werden können. Segmentierung kann auf Organisationen angewendet werden, um die Teile (Bereiche, Abteilungen, Teams) unabhängig steuern zu können. Produkte werden in Module und Teile zerlegt und Projekte in Teilprojekte. Die Zerlegung in handhabbare Teile hat sich bewährt. Entscheidend bei der Zerlegung sind zwei essenzielle Voraussetzungen: 1. Die Teile müssen zum Ganzen aggregiert werden können. 2. Die Anzahl der Schnittstellen zwischen den Teilen muss überschaubar sein.

Fokussieren

Die Konzentration auf das Wesentliche bedeutet immer auch, dass Möglichkeiten nicht genutzt werden. Ein klares „Nein!" zu Varianten und Zusatzfunktionen, so schön sie auch wären, ist die Grundlage eines einfachen Produkts, eines einfachen Services und eines einfachen Prozesses.

Reduzieren

Wir alle haben schon mal die Plattitüde „weniger ist mehr" gehört und wir verdrehen dabei auch schon mal die Augen. Eins ist aber sicher, weniger bedeutet immer auch einfacher.

Aus dem Kaizen oder dem Lean Management kennen wir das Prinzip, Verschwendung zu vermeiden. Die Vermeidung von Verschwendung wird dabei oft mit mehr Effizienz gleichgesetzt. Das greift aber viel zu kurz. In den meisten Fällen führt dieser Ansatz auch zu einer deutlichen Vereinfachung. Schauen wir uns dazu die Verschwendungen, die im Service relevant sind, einmal genauer an:

1. **Fehler**

   Es ist sicher unbestreitbar, dass Störungen und Fehler im Servicebetrieb umgehend gelöst werden müssen. Im Service Management nimmt der Umgang mit Störungen durch die Einrichtung eines Service Desk und die Etablierung von Prozessen zur Störungsbeseitigung einen großen Raum ein. Die Maßnahmen zur Fehlervermeidung werden oft vernachlässigt. Die konsequente Vermeidung von Fehlern wäre allerdings in jeder Beziehung die bessere Lösung. Viele der aufwendigen Strukturen und Prozesse müssten gar nicht betrieben werden oder könnten deutlich einfacher gestaltet werden.

2. **Ineffiziente Verarbeitung**

   In der Produktion kosten Werkzeugwechsel und manuelle Nacharbeiten wertvolle Zeit und bedeuten Aufwand, der nicht produktiv ist. Derartige Kosten entstehen bei der Serviceerbringung durch Informationsdefizite, schlechten Informationsfluss oder unzureichende Datenqualität. Diese erfordern in der Regel zusätzliche Kommunikation und Nacharbeiten. Nicht selten gibt es Medienbrüche zwischen den eingesetzten Werkzeugen, die zu Mehraufwänden führen.

3. **Unordnung und fehlende Strukturen finden und strukturieren**

   Auch zu viele und oft unnötige Regeln und Richtlinien sind ineffizient, beispielsweise können Freigabeschritte einen Ablauf regelrecht ausbremsen. Hier hilft übrigens eine einfache Formel: „Kill a stupid rule". Dabei werden die Regeln immer wieder auf den Prüfstand gestellt und unnötige Regeln eliminiert. Diese Art Müllentsorgung ist wichtig, weil sich Regelwerke sonst selbstständig machen und unkontrolliert wachsen.

4. **Wartezeiten**

   Kunden haben die Erwartung, dass die Interaktionen an den Touchpoints einfach sind. Wartezeiten sind dabei nur schwer zu erklären. Die Mindestanforderung ist hier die Transparenz über den Ablauf. Besser ist es jedoch, Wartezeiten gar nicht erst aufkommen zu lassen. Dazu sollten die Prozesse und Ihre Liefergeschwindigkeiten aufeinander abgestimmt und die Schnittstellen verbindlich geklärt und vereinbart werden. Dazu muss meist die Prozess- und Systemperformance optimiert werden.

5. **Extraleistung**

   Ein guter Service ist auf einen ganz spezifischen Nutzen für die Kunden hin konzipiert und enthält alle Leistungen, die dafür erforderlich sind. Jede zusätzliche Leistung ist entweder eine nicht relevante Leistung, oft auch Blindleistung genannt, oder zumindest nicht Teil der geplanten und vereinbarten Serviceleistung. Nicht geplante Extraleistungen verhalten sich wie Störungen, weil weder die Wechselwirkungen mit anderen Leistungen noch Qualität, Kundenerlebnis und Ressourcenbereitstellung geplant sind. Sie sind damit alles andere als einfach, denn es fehlt das Verständnis der Wirkzusammenhänge (Wissen), weder Status noch Qualität sind bekannt (Transparenz) und sie entziehen sich vollständig der Kontrolle. Wenn Extraleistungen für den Kunden tatsächlich einen Nutzen bieten, dann sollten sie in das Leistungsportfolio und damit auch in die Wertschöpfung aufgenommen werden. Sie werden damit Teil des Servicemodells.

Kulanzleistungen und Gesten der Aufmerksamkeit den Kunden gegenüber sind in diesem Sinne keine Extraleistungen, weil sie Teil des Kundenerlebnisses sind und als solches Teil des Servicemodells.

6. **Wege**

Es gibt im Service viele Möglichkeiten, unnötige Wege zu machen. Wege spielen eine große Rolle z. B. beim sog. Field Service, also der Erbringung von Supportleistungen bei Kunden vor Ort, und sie sind essenziell bei Logistikdienstleistungen. Aber unnötige Wege kennen wir auch aus anderen Bereichen. Der Weg in ein gemeinsames Büro, Dienstreisen und andere Wege, die oft nicht produktiv genutzt werden, seien hier erwähnt. In modernen Arbeitsumgebungen lassen sich solche Wege oft weitgehend reduzieren. Aber auch innerbetriebliche Strecken können ineffizient sein und Abläufe unnötig behindern. Diese Wege zu finden, ist mit etwas Aufwand verbunden. Es lohnt sich jedoch, hier genau hinzusehen, um Hindernisse zu identifizieren und abzubauen.

7. **Ungenutztes Talent**

In unseren hochstandardisierten Arbeitsumgebungen mit starren Abläufen, gepaart mit hierarchischem Management in starren Silos ist es schwer, Talent überhaupt zu entdecken. Wir konzentrieren uns oft auch viel mehr auf die Performance als auf die Potenziale, die in den Mitarbeitenden schlummern. Die Talente der Mitarbeitenden liegen nicht selten in ganz anderen Bereichen. Wir sehen es nur nicht, weil wir uns auf die Defizite in diesem einen Bereich konzentrieren, für den wir gerade die Verantwortung haben. Talent kann da sogar stören. Mitarbeitende am richtigen Platz eingesetzt und entsprechend gefördert, blühen regelrecht auf, sie zeigen mehr Engagement und bessere Leistung. In dieser Situation wächst Vertrauen und sie sind dann auch bereit, Verantwortung zu übernehmen. Damit steigt nicht nur die Leistung einer Organisation, sie wird auch ein Stück einfacher.

8. **Ergonomie**

Bei Ergonomie denken wir zunächst an die physische Arbeitsumgebung, an richtige Haltung, richtiges Heben und Sitzen, an Lichtverhältnisse und die Gestaltung von Arbeitsmitteln. Schlechte Ergonomie führt zu schnellerer Ermüdung und höherem Krankenstand. Die Kompensation dieser Folgen bedeutet höhere Aufwände bei der Ressourcensteuerung und kostet Zeit und Geld.

Ähnliches gilt auch für den Umgang mit digitalen Arbeitsmitteln. Eine schlechte UX/UI erschwert den Umgang mit den Arbeitsmitteln und führt zu Stress.

9. **Überkapazität**

Lagerbestände sind schon lange im Fokus, bei produzierenden Unternehmen, im Handwerk und überall da, wo Waren Teil der Dienstleistung sind. Aus finanzieller Sicht reduzieren Lagerbestände die Liquidität und überalterte Lagerbestände können oft nur noch entsorgt werden. Lager müssen aber auch verwaltet werden. Die Bestände werden also überwacht und regelmäßige Inventuren stellen sicher, dass die dokumentierten Mengen und die realen Mengen übereinstimmen. Hier gilt, was nicht gelagert wird, erzeugt keine Kosten und muss auch nicht verwaltet werden. Überkapazitäten entstehen aber auch, wenn Prozesse und Werkzeuge überdimensioniert werden. Diese Situation tritt ein, wenn bei der Auswahl zu sehr auf zukünftige Mengen und geplante Aufgaben geachtet wird. Das Argument des Investitionsschutzes wird dann immer genutzt, um weiter in die Zukunft zu planen, als man schauen kann. Das klingt erst mal nur nach breiteren Straßen, die mehr Flexibilität bieten und den zukünftigen Verkehr besser aufnehmen können, in der Praxis bedeutet das gerade bei Prozessen und Werkzeugen aber ein deutliches Plus an Aktivitäten, Freigaben, Informationsbedarfen und Funktionalitäten, die alle bedient werden wollen, ohne dass ein konkreter Nutzen entsteht. Dadurch geht der Fokus auf die wirklich wichtigen Aufgaben oft vollständig verloren.

Weniger Regeln, weniger Information, weniger Kommunikation. Geht das wirklich? Ja das geht, es hat aber Voraussetzungen. Weniger Regeln funktioniert zum Beispiel mit mehr Vertrauen und sinnvollen Ergebnis-Checks. Weniger Information funktioniert, wenn die richtigen Informationen zur richtigen Zeit an die richtigen Empfänger gehen. Dazu ist manchmal etwas mehr Struktur und gesunder Menschenverstand nötig. Weniger Kommunikation ist sinnvoll, wenn die Kommunikation klar, zielgerichtet und ergebnisorientiert stattfindet.

Vertrauen

Vertrauen basiert, wie wir in Kapitel 7 *„Mit Vertrauen und Verantwortung führen"* beschrieben haben, auf Annahmen: Kompetenzvermutung, Vertrauen in eine gute Absicht (guter Wille), die Annahme, dass Versprechen und Zusagen auch eingehalten werden, und das Vertrauen in Nachvollziehbarkeit und Transparenz. In allen unseren persönlichen Beziehungen, auch in den Beziehungen zu Kunden, Kollegen, Führungskräften und Mitarbeitenden spielt Vertrauen eine große Rolle. Fehlt uns das Vertrauen, kompensieren wir das durch stärkere Kontrolle und Einsatzbereitschaft. Gerade dann, wenn uns die Ergebnisse wichtig sind, sind wir ständig auf dem Sprung, um eingreifen zu können. Das führt zu vielen Problemen. Misstrauen führt zu Schuldzuweisungen und einer schlechten Fehlerkultur, es erhöht die Kosten der Zusammenarbeit und bremst die Lieferung von Ergebnissen durch übermäßige Kontrollen. Misstrauen macht aber darüber hinaus die Zusammenarbeit kompliziert, weil jede Beziehung auf einmal mit vielen Parametern aktiv gesteuert werden muss. Wir kennen diesen Vertrauensmangel auch als Micromanagement. Vertrauen kann hier die Kontrolle ersetzen und damit zur Vereinfachung eines Systems beitragen. Vertrauen ist sozusagen der intelligente Umgang mit der Unfähigkeit zur Kontrolle. Wie passen die Ergebnis-Checks in dieses Bild? Sind solche Checks nicht auch Ausdruck des Misstrauens? Nein, denn Vertrauen lebt von der Bestätigung der Annahmen. Jede Gelegenheit, die uns den guten Willen, die Kompetenz, die Verlässlichkeit und die Verbindlichkeit bestätigt, erhöht unser Vertrauen. Schließlich geht es hier nicht um blindes oder naives Vertrauen, sondern um ein starkes bewusstes Vertrauen, das jeder Prüfung standhält.

■ 8.5 Komplexität beherrschen

Wenn wir alles vereinfachen können, warum müssen wir uns dann Gedanken um die Beherrschung von Komplexität machen? Wäre Vermeidung nicht besser als alle Bemühungen, die Kontrolle darüber zu erlangen? Nun, für komplizierte Systeme ist das mit Sicherheit der richtige Weg. Je einfacher wir diese machen, desto weniger Aufwand müssen wir in deren Beherrschung stecken. Bei komplexen Systemen sieht das etwas anders aus. Wir charakterisieren komplexe Systeme gerade dadurch, dass sie sich der Vereinfachung und der Kontrolle entziehen. Wir kennen die Wirkzusammenhänge nicht oder nicht vollständig und können das System nicht segmentieren. Komplexe Systeme erfordern daher eine andere Herangehensweise. Um komplexe Systeme zu beherrschen, braucht es vor allem drei Dinge:

1. **Agilität**
   Komplexe Systeme reagieren oft nicht so, wie wir es erwarten. Daher müssen wir uns an die jeweiligen Bedingungen schnell anpassen können. Das erfordert eine gewisse Beweglichkeit im Umgang mit den Ergebnissen und der Situation.

2. **Diversität**
   Unterschiedliche Sicht-, Denk- und Handlungsweisen versetzen uns in die Lage, auf jede Situation reagieren zu können. Man könnte auch sagen, dass Diversität Komplexität absorbiert.

3. **Erfahrung**
   Wenn wir verschiedene Situationen und Verhaltensweisen eines komplexen Systems schon erlebt haben, dann können wir aktuelle Situationen besser einschätzen und geeignete Steuerimpulse setzen. Auch hier gilt: „Erfahrung kannst du nicht lernen, die musst du machen!"

■ 8.6 Fertig statt perfekt

Relevante Ergebnisse zählen

Im Prinzip ist es ganz einfach, festzulegen, wann etwas fertig ist. Fertig ist eine Aufgabe, ein Prozess oder ein Projekt, wenn die relevanten Ergebnisse geliefert worden sind. Der Haken daran ist es, herauszufinden, welche Ergebnisse denn tatsächlich erzeugt worden sind und wie relevant diese vor allem für die Kunden, aber auch für andere Stakeholder sind. Weil das ein so wichtiges Thema ist, haben wir dafür ein eigenes Prinzip geschaffen und erläutern in Kapitel 5 *„Relevante Ergebnisse zählen"*, wie Sie dieses Prinzip nutzen.

Liefergeschwindigkeit vs. Perfektion

Weiter oben haben wir bereit über die Perfektionsfalle gesprochen und auch darüber, wie man zum Beispiel mit dem Pareto-Prinzip vermeiden kann, sich in zu vielen Details zu verzetteln. Es gilt hier, eine Balance zu finden zwischen Geschwindigkeit und Perfektion. Das ist besonders wichtig, weil die Innovationszyklen, seit die Digitalisierung richtig Fahrt aufgenommen hat, immer kürzer werden. Das führt dazu, dass Geschwindigkeit sich untrennbar zu einem wichtigen Bestandteil des eigentlichen Ergebnisses entwickelt. Immer öfter passiert es, dass Ergebnisse obsolet werden, weil es zu lange gedauert hat, sie zu liefern, einfach weil inzwischen bereits die nächste Iteration der Innovation stattgefunden hat oder andere Erwartungen und Anforderungen in den Vordergrund gerückt werden. Frei nach dem Motto: Wer zu spät kommt, den bestraft das Leben.

Weiter oben haben wir das Prinzip des MVP (minimum viable products) kurz erklärt. Es hat sich in vielen Unternehmen etabliert, um schnell relevante (Teil-)Ergebnisse zu erzielen.

Hier wird zunächst möglichst schnell ein Ergebnis erzeugt, das gerade die Mindestanforderungen der Kunden erfüllt. An diesem MVP wird dann gemeinsam mit den Kunden daran gearbeitet, dieses Produkt oder diesen Service genau dort zu verbessern, wo der größte Nutzen für die Kunden entsteht. Die nun entstandene zweite Iteration des Ergebnisses durchläuft die gleiche Schleife. Das stellt zum einen sicher, dass schnell die Dinge entwickelt werden, die den Kunden wichtig sind, und zum anderen, dass weniger Aufwand in Dinge gesteckt wird, die für die Kunden nicht so wichtig oder sogar irrelevant sind. (Bild 8.2)

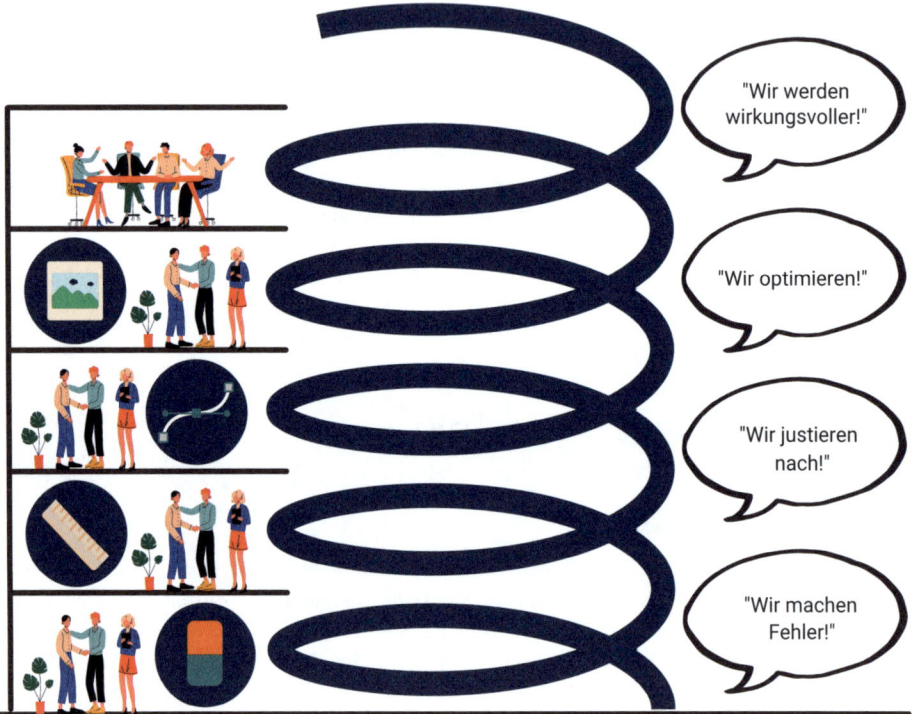

Bild 8.2 Iteratives Vorgehen

Erwartungsmanagement

Wenn wir bereit sind, Kompromisse beim Ergebnis einzugehen, dann müssen wir uns natürlich auch darüber Gedanken machen, ob wir die Erwartungen unserer Kunden und Stakeholder weiterhin erfüllen. Selbst wenn Liefervereinbarungen erfüllt werden, heißt das nicht automatisch, dass unsere Kunden auch mit dem Ergebnis zufrieden sind. Neben den faktischen Eigenschaften spielt für die Zufriedenheit die individuelle Erwartung an ein Produkt oder einen Service eine sehr wichtige Rolle. Genauso wie die Vereinbarung der Produkt- oder Serviceeigenschaften sind wir daher gefragt, die Erwartungen der Kunden zu kennen, mit ihnen umzugehen und sie im besten Fall auch zu steuern. Das ist natürlich eine Herausforderung, denn Erwartungen lassen sich nicht einfach so wegdiskutieren. Ein regelmäßiger Dialog und ein hervorragendes Verständnis für die Welt der Kunden können hier sehr nützlich sein. Mehr dazu erläutern wir in Kapitel 2 „Die Welt der Kunden verstehen".

■ 8.7 Einfach machen und das universelle Servicemodell

Wie die Vereinfachungen in deinem Fall konkret aussehen, werden Sie für Ihren Service, Ihre Systeme und Ihre Organisation individuell ermitteln müssen. Ich möchte aber an dieser Stelle noch ein paar Anregungen für die Anwendung der beschriebenen Mittel zur Vereinfachung auf das universelle Servicemodell geben. Mit wenig Aufwand entsteht so ein einfacher Service in einer schlanken Serviceorganisation. Dabei ist es unerheblich, ob Sie den Service und die Organisation gerade neu gestalten oder einen bestehenden Service in einer bestehenden Organisation vereinfachen wollen. Sie können das universelle Servicemodell schon als eine Segmentierung betrachten, mit der wir die komplizierten Zusammenhänge, die einen Service ausmachen, drastisch vereinfachen und damit greifbar machen. Schauen wir uns doch einmal die Perspektiven des Modells an:

- **Zweck**
  Hier können Sie am besten vereinfachen, wenn Sie sich klar auf ein Nutzenversprechen und wenige Serviceeigenschaften fokussieren.

- **Interaktion**
  Interaktionen werden einfacher, wenn wir Vertrauen zum Kunden aufbauen und vertrauenswürdig agieren.

- **Aufgaben**
  Die Aufgaben können wir vereinfachen, wenn wir uns auf wenige Kernaktivitäten fokussieren, die Aufgabenbereiche klar strukturieren und segmentieren, Verantwortung übergeben und Vertrauen in die Mitarbeitenden setzen und sie durch konsequente Ergebnis-Checks unterstützen. Regeln sollten auf ein Mindestmaß reduziert werden.

- **Ressourcen**
  Moderne Servicearchitekturen werden auf einzelne einfache Bestandteile zurückgeführt, die jeweils nur eine oder wenige Funktionen übernehmen.

- **Organisation**
  Der erste Schritt zu einer einfacheren Organisation ist die Segmentierung. Nutzen wir jedoch darüber hinaus auch die Fokussierung und das Vertrauen, dann werden aus den Segmenten schlagkräftige Teams, die in der Lage sind, spezifische oder lokale Herausforderungen zu meistern und hervorragende Ergebnisse zu liefern.

- **Wertschöpfung**
  Für die Kalkulation, das Preismodell, die Budgetierung und den Ausgabenplan geht es vor allem um Reduzierung. Weniger Details, weniger Kennzahlen, weniger Genauigkeit. Es ist unsinnig, Kosten und Preise auf den Cent genau zu kalkulieren, wenn für die Kalkulation Annahmen gemacht werden, die diese Werte um ein Vielfaches davon schwanken lassen. Der Anspruch an die Genauigkeit macht es unverhältnismäßig kompliziert.

- **Pläne**
  Da Pläne unsere Handlungsabsichten für eine angenommene Zukunft beschreiben, sind sie bezüglich der zugrunde liegenden Annahmen und Voraussetzungen stets unsicher. Je weiter wir in die Zukunft blicken, desto weniger valide sind unsere Annahmen und damit

auch unsere Handlungsabsichten. Vereinfachung beginnt also hier stets mit Reduzierung und Fokussierung. Wenige Details und Fokus auf die zu erstellenden Ergebnisse sind hier der Schlüssel. Oft hilft es auch, wenn Pläne segmentiert und einzeln verfolgt werden. In unserem Servicemodell ist ein Teil dieser Segmentierung schon angelegt.

Wenn ich mir die Mechanismen zur Vereinfachung ansehe, dann fällt mir auf, dass es fast immer darum geht, weniger zu machen. Weniger Details, weniger Machtfülle, weniger Varianten, weniger Funktionen, weniger Information und weniger Kommunikation. Dieses „Weniger" ist es, was uns den Überblick zurückgibt. Wir können uns wieder darauf konzentrieren, was wir wissen, haben den Durchblick und bekommen die Kontrolle zurück. So geht einfach machen!

Ein Thema sollten wir an dieser Stelle noch ansprechen, weil es sich dazu eignet, einige Aufgaben einfacher zu machen, das ist die Automatisierung. Gerade einfache Aufgaben, auch Aufgaben mit umfangreichen Regeln, können gut automatisiert werden. Digitale Workflows, Robotic Process Automation (RPA) und weitere Methoden dienen dazu, die gut beschreibbaren Aufgaben vollständig in die Obhut von Software und Maschinen zu geben. Das gibt den Mitarbeitenden Freiraum für die anspruchsvolleren Aufgaben. Inzwischen können wir sogar Abläufe automatisieren, bei denen wir noch nicht alle Regeln vollständig beschreiben können. Zu diesem Zweck setzen wir künstliche Intelligenz und heuristische Verfahren ein. So übergeben wir weitere Aufgaben an die Software.

Dabei entsteht die paradoxe Situation, die wir zu Beginn dieses Abschnitts schon erläutert haben. Wir übergeben Aufgaben an Maschinen, um es den Mitarbeitenden leichter zu machen. Da wir allerdings mit den einfachsten Aufgaben anfangen, bleiben mit der Zeit immer komplizlertere Aufgaben übrig. Am Ende werden es nur noch komplexe Sachverhalte sein, denen die Mitarbeitenden Herr werden sollen. Das führt unweigerlich zu einem Gefühl der Überforderung. Wenn wir vor großen Herausforderungen stehen, sagen wir: „Wenn es leicht wäre, könnte es ja jeder." Wir drücken damit unsere Zuversicht aus, dass unsere Kompetenz und unsere Erfahrung uns helfen werden, die Herausforderung zu meistern. In Zukunft werden wir dann wohl sagen müssen: „Wenn es leicht wäre, könnte es ja eine Maschine." Ich hoffe, dass wir dann immer noch die Zuversicht besitzen, die verbleibenden komplexen Situationen zu meistern.

■ 8.8 Letzter Aufruf für deine Servicereise

Jetzt sind Sie dran, die ersten Schritte zu gehen. Wir haben Ihnen die Prinzipien vorgestellt, mit denen guter Service gelingt. Das universelle Servicemodell gibt Ihnen die Möglichkeit, Ihr Gesamtbild zu erzeugen und nach und nach die Teile zu erarbeiten, die einen erfolgreichen Service ausmachen.

Weil wir in diesem Kapitel darüber schreiben, wie es gelingen kann, bei all der Aufgabenfülle rasch zu ersten Ergebnissen zu kommen, möchten wir zum Schluss noch ein paar Tipps geben, wie Sie die entstehenden Häppchen auch genießbar machen.

Wie Sie vermutlich inzwischen gelernt haben, steht und fällt alles, was Sie tun, damit, dass Sie Ihre Wunschkunden und Ihr Nutzenversprechen kennen, also sollten Sie genau hier beginnen, daraus einen ersten Entwurf Ihres Geschäftsmodells zu machen. Das sollte nicht länger als etwa zwei bis drei Tage dauern. Denken Sie daran, dass Sie hierfür schon Ihr Büro verlassen sollten, um Ihre Geschäftsidee, mit all den Annahmen, die Sie machen, mit Ihren Wunschkunden zu verifizieren. Ihr Geschäftsmodell werden Sie im Laufe der Zeit immer wieder justieren, ergänzen oder revidieren. Das ist völlig in Ordnung! Hier greift das Prinzip *„Die Welt des Kunden verstehen"* aus Kapitel 2.

Wenn der Entwurf Ihres Geschäftsmodells steht, sollten Sie sich konkrete Gedanken über die Ergebnisse und die Eigenschaften Ihres Service machen und soweit Ihnen das möglich ist, auch schon erste Qualitäten beschreiben. Das sind die relevanten Ergebnisse Ihres Service.

Jetzt geht es an die Serviceprozesse und die Customer Journey. Damit legen Sie den Grundstein für Ihre Abläufe und erste Ideen zur Inszenierung an den Touchpoints. Hier finden die Methoden und Anregungen aus Kapitel 3 „Den Menschen in den Mittelpunkt stellen" Anwendung.

Sobald der Ablauf klar ist, können Sie sich überlegen, wer die einzelnen Aufgaben oder Aufgabenbereiche übernehmen kann. Damit steigen Sie in die Formulierung der Liefermodelle ein. Für einen ersten Piloten genügt das schon. Dazu können Sie die Prinzipien aus Kapitel 7 *„Mit Vertrauen und Verantwortung führen"* nutzen. Sobald Sie genügend Feedback von Ihren Pilotkunden haben, können Sie sowohl die Liefermodelle als auch, wenn erforderlich, die Betriebsmodelle konkretisieren. Dazu werden Sie vermutlich Werkzeuge aus Kapitel 6 *„Systeme zur Zusammenarbeit schaffen"* nutzen.

Wenn sich Ihr Servicedesign etwas stabilisiert, Sie also keine fundamentalen Veränderungen mehr am Servicemodell und den Liefermodellen haben, können Sie in die Kalkulation der Kosten und die Preisfindung einsteigen. In manchen Fällen kann es sinnvoll sein, eine erste Preisindikation bereits im Piloten zu finden, um auch hier das Feedback der Pilotkunden einzuholen. Zur Unterstützung finden Sie Werkzeuge sowohl in Kapitel 5 *„Relevante Ergebnisse zählen"* als auch in Kapitel 2 *„Die Welt des Kunden verstehen."*

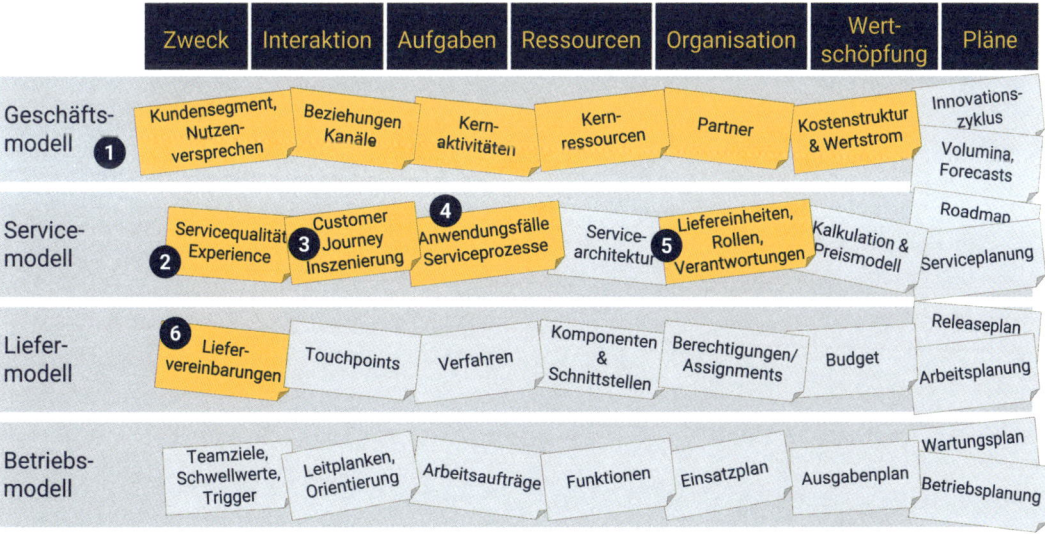

Bild 8.3 USM-Reihenfolge

Für einige Aufgaben im universellen Servicemodell gibt es keine eindeutige Reihenfolge, in der sie abgearbeitet werden müssen. Es empfiehlt sich hier, die konkreten Bedürfnisse der Pilotkunden im Auge zu behalten und die Aufgaben zu priorisieren, die für den Kunden die größte Herausforderung darstellen. Hören Sie einfach auf Ihre Wunschkunden und fangen Sie an (Bild 8.3).

9 Die Autoren

Martin Beims

Martin Beims ist ein geschätzter Impulsgeber für Servicemanagement und Gründer der aretas GmbH. Die ersten Berührungspunkte mit dem Thema hatte er in den 1990er-Jahren, als er für verschiedene internationale Unternehmen die Servicestrukturen in Europa mitgestaltete. Das Thema ließ ihn nicht mehr los und er sammelte als Berater und Trainer wertvolle Erfahrungen, bis er im Jahr  2010 gemeinsam mit Roland Fleischer und Nico Kroker die aretas GmbH gründete, um die gemeinsame Vision von besserem Service zu leben.

Neben seiner Arbeit als Servicementor gibt er bereits seit vielen Jahren seine Erfahrungen in seinen Büchern weiter. Der Bestseller „ITSM in der Praxis mit ITIL" erschien im letzten Jahr nunmehr in der 5. Auflage. Darüber hinaus ist er charismatischer Redner, gern gesehener Key Note Speaker und Referent.

Die Gestaltung hervorragender Services, empathisches Veränderungsmanagement und die Umsetzung moderner Formen der Führung und Zusammenarbeit gehören zu seinen Lieblingsthemen. Wichtig sind ihm dabei immer der direkte Bezug zu den Menschen in der Praxis und ein gesundes Maß an Pragmatismus. Diese Erfahrungen spiegeln sich in den sieben Managementprinzipien für glückliche Kunden und Mitarbeiter wider, die er in diesem Buch veröffentlicht.

martin.beims@aretas.de

Roland Fleischer

Dr. Roland Fleischer führt als leidenschaftlicher Visionär für modernen Service gemeinsam mit seinen zwei Partnern die aretas GmbH. Als Naturwissenschaftler geht er den Dingen gerne auf den Grund. Er sucht nach Struktur, nach Regelmäßigkeiten und nach der Systematik. Seit über 20 Jahren ist Dr. Fleischer inzwischen auf der Suche nach der Systematik exzellenter Services.

Er hat sich in dieser Zeit dem Service aus unterschiedlichen Perspektiven genähert: als Agent und Teamleiter im On-Site Support, als Service Manager, als Berater für Service Management und aus strategischer Sicht. Durch seine langjährige Arbeit in international führenden Unternehmen hat er Expertise im Aufbau und in der Weiterentwicklung von Serviceorganisationen erworben.

Die Erkenntnisse aus vielen unterschiedlichen Aufgaben und Situationen im Service hat er nun gemeinsam mit Martin Beims und Nico Kroker in diesem Buch „Service als Prinzip" zusammengestellt. Dr. Fleischer legt besonderen Wert auf einen guten Umgang mit Verantwortung und eine Kultur des Vertrauens. Seine Vorträge unter dem Titel „Ich war's nicht – Die Kunst Verantwortung zu übernehmen" sollen Menschen in Serviceorganisationen inspirieren, bewusst Verantwortung zu übernehmen.

roland.fleischer@aretas.de

Nico Kroker

Nico Kroker hat auf seinem beruflichen Weg einige Stationen erlebt und dort wertvolle Erfahrungen sammeln können. Begonnen hat er seine berufliche Laufbahn im Handwerk. In der KFZ-Mechatronik entwickelte er seine analytischen Fähigkeiten und erarbeitete sich dort auch den Meistertitel. Als Produktmanager in der Distribution entwickelte er später ein ausgeprägtes Gespür für zielorientiertes Handeln und seinen Sinn für Zahlen.

Seine Aufgeschlossenheit Neuem gegenüber machte ihn schließlich zum Trainer und Berater im Servicemanagement, wo er seine Schwerpunkte bei der Steuerung von Ablauforganisationen mit Kennzahlen setzte. Heute steuert er die finanziellen Geschicke der aretas GmbH und beschäftigt sich primär mit den Schwerpunkten der Unternehmensführung. Er ist seit über zehn Jahren auch als Dozent für IT-Controlling aktiv. Bei seinen Kunden etabliert er eine Ergebniskultur, die von Verbindlichkeit und Wertschätzung geprägt ist. In der praktischen Zusammenarbeit ist er der lebende Beweis, dass sich Humor und Controlling nicht zwingend gegenseitig ausschließen. Seine gesammelten Erfahrungen aus der Welt der Zahlen hat er nun in dieses Buch eingebracht.

nico.kroker@aretas.de

Literatur

[Ariely, 2015]	Dan Ariely: Wer denken will muss fühlen. Droemer 2015
[Borden, 1964]	Neil Hopper Borden: The Concept of the Marketing Mix. Journal of Advertising Research 1964
[Booms/Bittner, 1982]	Bernard H. Booms, Mary J. Bittner: Marketing Services by managing the environment.Cornell Hotel and Restaurant Administration Quarterly 1982
[Brown, 2009]	Tim Brown: Change by Design, HarperBusiness 2009
[Bruhn/Hadwich, 2018]	Manfred Bruhn, Karsten Hadwich: Service Business Development. Springer Gabler 2018
[Casagranda, 1994]	Michael Casagranda: Industrielles Service Management. Gabler 1994
[Curedale, 2019]	Robert Curedale: Empathy Maps. Design Community College Inc. 2019
[Deming, 1982]	William Edwards Deming: Productivity, and Competetive Position. Massachusetts Institute of Technology 1982
[Drucker, 1977]	Peter F. Drucker: People and Performance: The Best of Peter Drucker on Management. Harper's College Press 1977
[Kahnemann, 2016]	Daniel Kahnemann: Schnelles Denken, langsames Denken. Penguin 2016
[Kano et al., 1984]	Noriaki Kano, Seraku Nobuhiku, Takhashi Fumio, Tsuji Shinichi: Attractive quality and must-be quality. Journal of the Japanese Society for Quality Control 1984
[Kaplan/Norton, 2001]	Robert S. Kaplan/David P. Norton: Die strategiefokussierte Organisation. Schäffer Poeschel 2001
[Keller/Ott, 2018]	Berhard Keller, Cirk Sören Ott: Touchpoint Management. Haufe 2018
[Kim/Mauborgne, 2015]	W. Chan Kim, Renée A. Mauborgne: Blue Ocean Strategy. Harvard Business Review Press 2015
[Kim/Humble/Debois/Willis, 2016]	Gene Kim, Jez Humble, Patrick Debois, John Willis: Das DevOps Handbuch. IT Revolution Press 2016
[Knoblauch/Kurz, 2013]	Jörg Knoblauch, Jürgen Kurz: Die besten Mitarbeiter finden und halten. Campus 2013
[Kütz, 2003]	Martin Kütz: Kennzahlen in der IT. dpunkt Verlag 2003
[Lauterbach 2001]	Ute Lauterbach: Spielverderber des Glücks. Kösel 2001
[Lies, 2012]	Jan Lies: Mandanten binden durch Service. NWB 2012
[Loitsch, 2021]	Alexander Loitsch: Scrum Master 2.0. Hanser 2021

[Maglio/Kielszewski/Spohrer, 2012] Paul P. Maglio, Cheryl A. Kielszewski, James C. Spohrer: Handbook of Service Science. Springer 2012

[McCarthy, 1960] Edmund Jerome McCarthy: Basic Marketing. Irwin (Richard D.) Inc. 1960

[Merath, 2011] Stefan Merath: Die Kunst seine Kunden zu lieben. Gabal 2011

[Merath, 2008] Stefan Merath: Der Weg zum erfolgreichen Unternehmer. Gabal 2008

[Niven/Lamorte, 2016] Paul R. Niven, Ben Lamorte: Objectives and Key Results. Wiley 2016

[Osterwalder/Pigneur 2010] Alexander Osterwalder, Yves Pigneur: Business Model Generation. Wiley 2010

[Osterwalder/Pigneur 2014] Alexander Osterwalder, Yves Pigneur, et al.: Value Proposition Design. Pearson 2014

[Pepels, 2007] Werner Pepels: After Sales Service. Geschäftsbeziehungen profitabel gestalten. Symposion Publishing 2007

[PMI, 2004] Project Management Institute: A Guide to the Project Management Body of Knowledge: PMBOK Guide PMI, 2004

[PRINCE2, 2005] Office of Government Commerce: Managing Successful Projects with PRINCE2. The Stationery Office Books, 5th reviewed Ed., 2005

[PRINCE2, 2009] Office of Government Commerce: PRINCE2®: 2009. Managing Successful Projects with PRINCE2®

[Reichheld/Seidensticker, 2006] Fred Reichheld, Franz-Josef Seidensticker: Die ultimative Frage. Hanser 2006

[Reiss, 2009] Steven Reiss: Das Reiss Profile: Die 16 Lebensmotive. Gabal 2009

[Ries, 2017] Eric Ries: The Lean Startup. Currency 2017

[Schüller, 2014] Anne M. Schüller: Das Touchpoint Unternehmen. Gabal 2014

[Service Operation, 2011] OGC: ITIL Service Operation 2011 Edition. TSO 2011

[Sinek, 2014] Simon Sinek: Frag immer erst Warum, Redline Wirtschaft 2014

[Wardley, 2005] Simon Wardley, On Pioneers, Settlers, Town Planners and Theft. blob.gardeviance.org 2005

[Weckert, 2011] Al Weckert: Bedürfnisse: Die „ultimative" Bedürfnisliste. Spektrum der Mediation 2011

[Wöhe, 2020] Günter Wöhe: Einführung in die Allgemeine Betriebswirtschaftslehre. Vahlen 2020

Stichwortverzeichnis

A

ABC-Modell 88
Agilität 249
Anwendungsfälle 108
Arbeitsauftrag 119, 213
Arbeitsplanung 116
Aufbauorganisation 169
Aufgabe 99, 103, 108, 115, 119
Ausgabenplanung 121
Automatisierung 164

B

B2B 69
B2C 69
Balanced Scorecard (BSC) 129, 130
Basismerkmal 72
Bedürfnisse 58
Begeisterungsmerkmal 71, 78
Betriebsmodell 98, 118
Betriebsplanung 121
Betroffene und Beteiligte 81
Blue Ocean 166
Budget 116, 160
Business Case 141
Business Model Canvas 104

C

Call to action 37
Charisma 211
Community 15, 45, 102
Controlling 150
Customer Journey 24, 107

D

Delegation 215
Design 14
Design Thinking 11
DEVOPS 191
Dienstleistung 10

Digitalisierung 1
Diversität 249
Drip Kampagne 32

E

Einflussbereich 208
Einsatzplan 121
Empathy Map 16, 70
Employer branding 224
Ergebnisse 124
Ergebnis-Checks 66, 142, 143, 219
Ergebniseigenschaften 132
Ergebniserwartung 134, 213
Erwartungsmanagement 250
Experimentieren 13

F

Feedback 170
Fehler 221
Fehlerkultur 84
Fingerpointing 209
Five-Why 94
Freiheiten 209
Führen 193
– mit Macht 204
– mit Zielen 204
– ohne Führungskraft 205

G

Generation Y 3
Generische Prozessmodelle 182
Gesamtbild 91
Geschäftsmodell 98, 101
Golden Circle 95

H

Handlungskompetenz 81
Handlungsrahmen 209
Hierarchische Führung 202

High Performance   227
High Potential   227

I
Informieren   12
Inszenierung   74, 107
Interaktion   98, 102, 107, 114, 119, 138
Interne Liefervereinbarungen   140

K
Kalkulation   110
Kano-Modell   71
Kaufentscheidung   35
Kennzahlen   146
Kennzahlensteckbrief   147
Kernprozesse   2
Kommunikation   62
Kompetenzvermutung   201
Komplex   242
Kompliziert   242
Kontrolle   64
Kooperative Führung   203
Kundenorientierung   80
Kundenzufriedenheit   71
Künstliche Intelligenz (KI)   164

L
Lead nurturing   28
Lean Startup   11
LEARN-Modell   42
Leistung   15
Leistungsmerkmal   72
Leitplanken   58, 79, 119
Liefermodell   98, 112
Liefervereinbarung   113
Loyalität   56

M
Managen   193
Manipulation   87
Markenauftritt   58
Marketing   14
Marketing Mix   27
Marketing-Strategie   28
Mikromanagement   84
Minimum Viable Product (MVP)   174, 243
Mission   93
Mitarbeiterbindung   87
Motivationsquellen   232
Motivatoren   85

Motive   35

N
Nutzenanalyse (Value Proposition)   20
Nutzenversprechen   102

O
Off-Stage   77
OKR-Modell   126
On-Stage   77
Opfer   207
Organisation   99, 103, 109, 116, 121
Orientierung   119, 230

P
Paralyse durch Analyse   199
Pareto-Prinzip   243
PDCA   11
Perfektionsfalle   238
Persona   16, 69
Persönlichkeitsentwicklung   73
Pflicht   196
Pioniere   165
Pläne   99, 104, 111, 116, 121
PMBOK   191
Positionierung   58
Preismodell   110
Pricing-Modell   157
PRINCE2   191
Prinzipien   63
Process mining   245
Produkt   10
Projektaufträge   140
Projektmanagement   191
Prototyp   25
Prozesse   163, 178

Q
Qualität   70

R
RACI-Matrix   138
RACI-Modell   183
Rapport   37
Rechenschaft   219
Rechenschaftpflichten   137, 209
Rechnungswesen   153
Red Ocean   166
Reiss Motivation Profile   61
Release-Planung   116

Relevanz   129
Reporting   219
Respekt   66
Ressourcen   99, 103, 108, 115, 120
Revision   151
Roadmap   111
Routinen   173

S
SCRUM   191
Service   4
Servicearchitektur   108
Servicebeschreibung   136
Servicedefinition   6
Serviceerlebnis   108
Service Experience   105
Servicekosten   155
Servicekultur   63
Service-Level   137, 140
Service Management   139
Servicementorenprogramm   229
Servicemodell   98, 105
Serviceplanung   111
Servicepricing   157
Serviceprozesse   108
Servicequalität   105
Servicevereinbarung   106, 136
Siedler   165
Silos   180
Situationen   149
SMART-Prinzip   146
Social listening   19
Soziale Verantwortung   68
Span of Control   202
Speedboat   171
Stadtplaner   165
Stakeholder   141
Stakeholder-Analyse   36
Starfisch   170
Strategie   93
Strategieentwicklung   126

T
Talent   224
Teams   163, 169
Tests   25
Touchpoint   28, 75, 114

U
Universelles Servicemodell   130, 251
User Experience (UX)   74
User Interface (UI)   76

V
Value Chain   161
Value Networks   162
Verantwortung   109, 194
Verbindlichkeit   201
Vereinbarungen   134
Verfahren   115
Verfügbarkeit   158
Verifizieren   13
Verkauf   14
Verlässlichkeit   201
Verstehen   11
Vertrauen   57, 200, 212
Vision   93
Volition   234
VUCA   236

W
Wartungsplan   121
Werte   63, 196
Wertschätzung   65, 66, 217
Wertschöpfung   99, 103, 110, 116, 121, 148
Wunschkunden   56, 58

Z
Zählen   132
Ziele   93
Zufriedenheit   70, 129
Zukunftsbild   92
Zusammenarbeit   174
Zweck   98, 102, 105, 113, 118